中国电子学会物联网专家委员会推荐

普通高等教育物联网工程专业“十三五”规划教材

嵌入式Linux开发技术及实践

青岛英谷教育科技股份有限公司　编著

西安电子科技大学出版社

内容简介

本书从嵌入式系统的基本概念出发，以 ARM9 系列处理器 S3C2440 为基础，配合开发板硬件平台，深入浅出地讲解了基于 ARM 的嵌入式 Linux 开发的各个环节。

本书分为两篇——理论篇和实践篇。理论篇介绍了嵌入式系统的基本概念和组成、ARM 基础开发、ARM 进阶开发、系统构建、驱动移植、应用编程以及 GUI 程序设计。实践篇与理论篇相对应，以如何实现一个物联网网关为案例，将理论与实践相结合，使读者加深对嵌入式 Linux 开发技术的理解并掌握基于 ARM 的嵌入式 Linux 开发知识，全面提高动手能力。

本书重点突出，偏重应用，适用面广，可作为本科计算机科学与技术、通信电子，高职高专计算机软件、计算机网络专业的嵌入式 Linux 课程的教材。

图书在版编目（CIP）数据

嵌入式 Linux **开发技术及实践**/青岛英谷教育科技股份有限公司编著.

—西安：西安电子科技大学出版社，2014.1(2018.2 重印)

普通高等教育物联网工程专业“十三五”规划教材

ISBN 978-7-5606-3313-8

Ⅰ. ① 嵌… Ⅱ. ① 青… Ⅲ. ① Linux 操作系统—程序设计—高等学校—教材 Ⅳ. ① TP316.89

中国版本图书馆 CIP 数据核字(2014)第 001537 号

策　　划　毛红兵

责任编辑　毛红兵　张俊利

出版发行　西安电子科技大学出版社(西安市太白南路 2 号)

电　　话　(029)88242885　88201467　　邮　　编　710071

网　　址　www.xduph.com　　电子邮箱　xdupfxb001@163.com

经　　销　新华书店

印刷单位　陕西华沐印刷科技有限责任公司

版　　次　2014 年 1 月第 1 版　　2018 年 2 月第 3 次印刷

开　　本　787 毫米×1092 毫米　1/16　印　张　30

字　　数　715 千字

印　　数　5001～8000 册

定　　价　68.00 元

ISBN 978-7-5606-3313-8/TP

XDUP 3605001-3

如有印装问题可调换

普通高等教育物联网工程专业
“十三五”规划教材编委会

前　言

随着物联网产业的迅猛发展，企业对物联网工程应用型人才的需求越来越大。“全面贴近企业需求，无缝打造专业实用人才”是目前高校物联网专业教育的革新方向。

本系列教材是面向高等院校物联网专业方向的标准化教材，教材内容注重理论且突出实践，强调理论讲解和实践应用的结合，覆盖了物联网的感知识别、网络通信及应用支撑等物联网架构所包含的关键技术。教材研发充分结合物联网企业的用人需求，经过了广泛的调研和论证，并参照多所高校一线专家的意见，具有系统性、实用性等特点，旨在使读者在系统掌握物联网开发知识的同时，具备综合应用能力和解决问题的能力。

该系列教材具有如下几个特色。

1. 以培养应用型人才为目标

本系列教材以应用型物联网人才为培养目标，在原有体制教育的基础上对课程进行深层次改革，强化“应用型技术”动手能力，使读者在经过系统、完整的学习后能够达到如下要求：

- 掌握物联网相关开发所需的理论和技术体系以及开发过程规范体系；
- 能够熟练地进行设计和开发工作，并具备良好的自学能力；
- 具备一定的项目经验，包括嵌入式系统设计、程序编写、文档编写、软硬件测试等内容；
- 达到物联网企业的用人标准，实现学校学习与企业工作的无缝对接。

2. 以新颖的教材架构来引导学习

本系列教材分为四个层次：知识普及、基础理论、应用开发、综合拓展，这四个层面的知识讲解和能力训练分布于系列教材之间，同时又体现在单本教材之中。具体内容在组织上划分为理论篇和实践篇：理论篇涵盖知识普及、基础理论和应用开发；实践篇包括企业应用案例和综合知识拓展等。

■ **理论篇**：最小学习集。学习内容的选取遵循“二八原则”，即重点内容占企业中常用技术的 20%，以“任务驱动”方式引导 80%的知识点的学习，以章节为单位进行组织，章节的结构如下：

✓ 本章目标：明确本章的学习重点和难点；

✓ 学习导航：以流程图的形式指明本章在整本教材中的位置和学习顺序；

✓ 任务描述：以“案例教学”驱动本章教学的任务，所选任务典型、实用；

✓ 章节内容：通过小节迭代组成本章的学习内容，以任务描述贯穿始终。

■ **实践篇**：以任务驱动，多点连成一线。以接近工程实践的应用案例贯穿始终，力求使学生在动手实践的过程中，加深对课程内容的理解，培养学生独立分析和解决问题的能力，并配备相关知识的拓展讲解和拓展练习，拓宽学生的知识面。

本系列教材借鉴了软件开发中“低耦合、高内聚”的设计理念，组织架构上遵循软件开发中的 MVC 理念，即在保证最小教学集的前提下可根据自身的实际情况对整个课程体系进行横向或纵向裁剪。

3. 以完备的教辅体系和教学服务来保证教学

为充分体现“实境耦合”的教学模式，方便教学实施，保障教学质量和学习效果，本系列教材均配备可配套使用的实验设备和全套教辅产品，可供各院校选购：

■ **实验设备**：与培养模式、教材体系紧密结合。实验设备提供全套的电路原理图、实验例程源程序等。

■ **立体配套**：为适应教学模式和教学方法的改革，本系列教材提供完备的教辅产品，包括教学指导、实验指导、视频资料、电子课件、习题集、题库资源、项目案例等内容，并配以相应的网络教学资源。

■ **教学服务**：教学实施方面，提供全方位的解决方案(在线课堂解决方案、专业建设解决方案、实训体系解决方案、教师培训解决方案和就业指导解决方案等)，以适应物联网专业教学的特殊性。

本系列教材由青岛东合信息技术有限公司编写，参与本书编写工作的有韩敬海、李红霞、卢玉强、张玉星、李瑞改、孙锡亮、刘晓红、袁文明等。参与本书编写工作的还有青岛农业大学、潍坊学院、曲阜师范大学、济宁学院、济宁医学院等高校的教师。本系列教材在编写期间还得到了各合作院校专家及一线教师的大力支持和协作。在本系列教材出版之际要特别感谢给予我们开发团队大力支持和帮助的领导及同事，感谢合作院校的师生给予我们的支持和鼓励，更要感谢开发团队每一位成员所付出的艰辛劳动。

由于水平有限，书中难免有不当之处，读者在阅读过程中如有发现，请通过公司网站(http://www.dong-he.cn)或公司教材服务邮箱(dh_iTeacher@126.com)联系我们。

高校物联网专业项目组

2013 年 11 月

目　录

理　论　篇

实 践 篇

理论篇

第1章 概 述

本章目标

- ◆ 了解嵌入式系统的定义和特点。
- ◆ 了解嵌入式系统的发展。
- ◆ 了解 ARM 处理器系列。
- ◆ 了解嵌入式 Linux 操作系统的特点。
- ◆ 了解嵌入式开发的不同。
- ◆ 了解嵌入式开发在不同阶段开发环境的使用。

学习导航

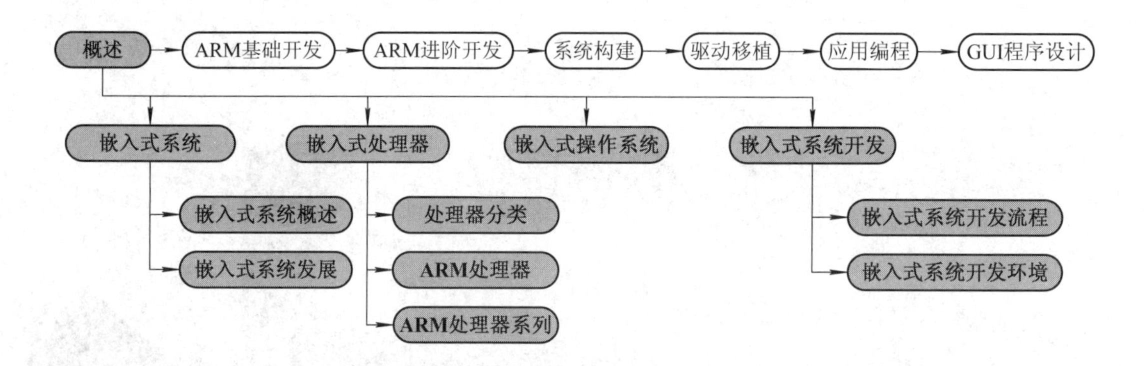

1.1 嵌入式系统

目前，嵌入式系统已经全面融入我们的日常生活中，小到MP3、手机等微型数字化产品，大到智能家电、数字机床、机器人等都离不开嵌入式系统的应用。美国著名的未来学家尼葛洛庞帝在1999年曾预言，4～5年后嵌入式系统是继PC和Internet之后最伟大的发明，这个预言已经成为现实。现在的嵌入式系统正处于高速发展的阶段。

1.1.1 嵌入式系统概述

嵌入式系统(Embedded System)的定义是：以应用为中心，以计算机技术为基础，软硬件可裁剪，适用于应用系统，对功能、可靠性、成本、体积、功耗等方面有着特殊要求的专用计算机系统。它的主要特点是嵌入、专用。

嵌入式系统也是一种计算机系统，但它与通用的计算机系统的不同之处在于，嵌入式系统是一种“完全嵌入受控器件内部，为特定应用环境而设计的专用计算机系统”，具体体现在以下几个方面：

✧ 嵌入式系统是面向特定应用的。嵌入式 CPU 大多是为特定应用而设计的，具有功耗低、体积小、集成度高等特点，一般是包括多个外围设备接口的片上系统。

✧ 嵌入式系统是将先进的计算机技术、半导体技术和电子技术与各个行业的具体应用相结合的产物，这就决定了它必然是一个技术密集、资金密集、高度分散、不断创新的知识集成系统。

✧ 嵌入式系统的硬件和软件的设计都必须效率高、量体裁衣、去除冗余，这样系统才能体现更高的性价比，在选择上更有竞争力。

✧ 嵌入式系统和具体应用有机地结合在一起，它的升级换代和产品同步进行，因此嵌入式系统产品一旦进入市场，将具有较长的生命周期。

✧ 为了提高系统的执行速度和可靠性，嵌入式系统的软件一般都固化在存储器芯片中。

✧ 嵌入式系统本身并不具备自主开发的能力，因此必须有配套的开发工具和环境才能开发。

嵌入式系统是面向用户、面向应用的系统，这就决定了嵌入式系统的组成。一般来讲，一个嵌入式系统由应用软件、嵌入式操作系统和硬件设备组成，如图 1-1 所示。

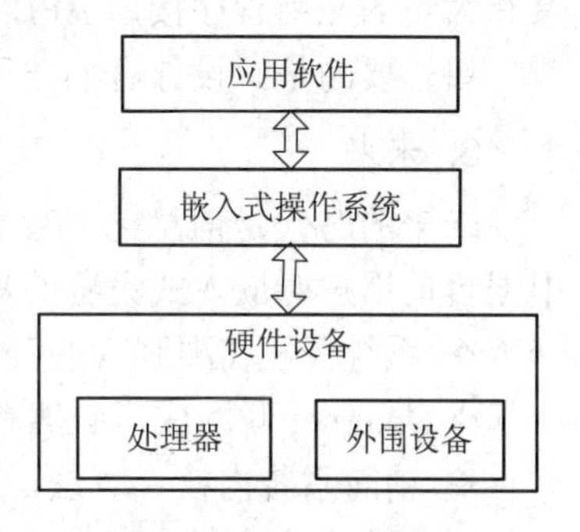

图 1-1 嵌入式系统组成

嵌入式系统各部分的功能如下：

✧ 应用软件可以具体实现用户的需求，是开发者在操作系统上基于硬件接口所开发的软件，其功能是完成嵌入式系统的功能应用；

✧ 嵌入式操作系统是整个系统的核心，它负责整个系统的软、硬资源的分配，任务的调度和控制等，可实现系统所要求的功能；

✧ 硬件设备包括嵌入式处理器及其外围设备，其中嵌入式处理器是硬件设备中的核心，外围设备是嵌入式系统用于实现存储、通信、显示等功能的辅助部件。

1.1.2 嵌入式系统发展

从 20 世纪 70 年代单片机的出现到各式各样的嵌入式微处理器、微控制器的大规模应用，嵌入式系统已经有了 30 多年的发展历史。

1. 过去

嵌入式系统的出现最初基于单片机(SCM，Single Chip Microcomputer)。利用单片机实现的设备已经初步具备了嵌入式的应用特点，但是这时的应用只是使用 8 位芯片，执行一些单线程的程序，还谈不上“系统”的概念。

最早的单片机是 Intel 公司的 8048，它出现在 1976 年。之后在 20 世纪 80 年代初，Intel

公司又进一步完善了8048，在它的基础上研制成功了8051，这在单片机的历史上是值得纪念的一页，迄今为止，51系列的单片机仍然是最为成功的单片机，在各种产品中有着非常广泛的应用。

20 世纪 80 年代早期，“嵌入式操作系统”出现了，它是在微控制器(MCU，Micro Controller Unit)的基础上开发的。设计者们可以根据要求进行外围接口电路的扩展，可以在专用操作系统上进行开发，缩短了开发周期，提高了开发效率，但是CPU与系统的兼容性很差，功能相对单一。

2. 现在

随着新技术、新工艺的飞速发展，嵌入式系统技术也获得了广阔的发展。具体表现在：

✧ 嵌入式操作系统能够运行于各种不同类型的处理器上，兼容性好、操作系统内核小、效率高，并且有高度的模块化和扩展性。

✧ 同时具备文件和目录管理，支持多任务，支持网络应用，具备图形窗口和用户界面，具有大量的应用程序接口API，使得开发应用程序比较简单。

更重要的是，设计者们还可以根据目标系统的要求进行软件、硬件的定制。

3. 未来

未来的时代是信息化、智能化和网络化的，嵌入式系统还具有极其宽广的发展空间。根据目前用户对嵌入式设备的需求来看，未来嵌入式系统应具有以下特点：

✧ 系统开发需要强大的开发工具和操作系统的支持。

✧ Internet联网成为必然趋势。

✧ 精简系统内核、算法，降低功耗和软硬件成本。

✧ 提供良好的人机交互界面。

1.2 嵌入式处理器

嵌入式系统硬件层的核心是嵌入式处理器，它是控制、辅助系统运行的硬件单元。因此，处理器的性能直接关系到整个嵌入式系统的性能。

1.2.1 处理器分类

目前，嵌入式处理器已经超过1000种，流行的架构体系有30多个系列。从最初的4位处理器以及目前仍然大规模使用的8位单片机，到最新的受到广泛青睐的32位/64位嵌入式CPU，处理器的速度越来越快、性能越来越强、封装引脚越来越多。根据功能以及应用场合的不同，处理器可分为以下几类：

1. 嵌入式微处理器

嵌入式微处理器(MPU，Micro Processor Unit)是由通用计算机中的CPU演变而来的，具有32位以上的处理器，但它只保留了和嵌入式功能相关的硬件。与工业控制计算机相比，嵌入式MPU具有体积小、重量轻、成本低、可靠性高等优点。目前主要的嵌入式MPU有Am186/88、386EX、ARM/StrongARM系列，在市场上占有很大的优势。

2. 嵌入式微控制器

嵌入式微控制器(MCU，Micro Controller Unit)的片上外设资源比较丰富，适合于控制，因此称为微控制器，其典型代表是单片机。单片机芯片内部集成了RAM、ROM、I/O、A/D、TIMER等基本功能外设，实用性较强，开发较容易，价格也比较低廉，因此8/16位单片机在嵌入式设备上仍有广泛的应用。比较有代表性的单片机有大家比较熟知的51核的单片机系列。近来Atmel公司推出的AVR单片机具有很高的性价比，推动了单片机的发展。

但是MCU因资源的限制，例如总线宽度一般为4位、8位或16位，使得MCU处理速度有限，进行一些复杂的应用很困难，运行操作系统更难。

3. 嵌入式DSP处理器

嵌入式DSP处理器(EDSP，Embedded Digital Signal Processor)是专门用于信号处理方面的处理器，在系统结构和指令算法方面进行了特殊设计，具有很高的编译效率和执行速度，在数字滤波、光谱分析等仪器上已获得大规模的使用。但是DSP是运算密集处理器，一般用于执行特定算法，实现控制比较困难，为了追求执行效率，一般不使用操作系统。目前，使用较为广泛的DSP是TI公司的TMS320C2000/5000系列。

4. 嵌入式片上系统

嵌入式片上系统(SOC，System On Chip)，顾名思义，是直接在处理器片内嵌入操作系统。SOC从整个系统的功能和性能出发，利用IP核(Intellectual Property Core)复用和深亚微米技术，采用软件和硬件结合的设计和验证方法，综合考虑软硬件资源的使用成本，设计满足性能要求的高效率、低成本的软硬件体系结构。目前高集成半导体工艺技术的飞速发展，使得SOC成为替代集成电路的主要解决方案，也已经成为当前微电子芯片发展的必然趋势。

1.2.2 ARM处理器

ARM处理器具有一个32位精简指令集(RISC)处理器架构，其丰富的硬件资源和软件资源广泛地使用在嵌入式系统设计中，常作为嵌入式系统处理器的首选。

1. ARM简介

ARM是Advanced RISC Machines的简写，可以理解为以下三个含义：

✧ 一个生产高级RISC(精简指令集)处理器的公司。

✧ 一种高级RISC的技术。

✧ 一类采用高级RISC的处理器。

也就是说，ARM是一类嵌入式微处理器，同时也是一个公司的名字。

ARM公司成立于1990年，总部位于英国剑桥，它是一家专门从事16位/32位RISC微处理器知识产权设计的供应商，并不生产和销售实际的半导体芯片，只是向生产和销售半导体的公司和厂商授权ARM内核，并提供基于ARM架构的开发设计技术。

对于每一个授权公司和厂商来说，他们获得的授权都是独一无二的。他们可以根据不同的应用领域和自身的技术优势，适当加入外围电路，形成自己的ARM微处理器芯片进入市场，从而缩短了开发周期，提升了产品竞争力。例如本书采用的ARM9系列的ARM S3C2440，即为三星公司在ARM公司向其授权的ARM9内核及开发技术基础上开发研制而成的半导体芯片。

到目前为止，ARM 公司向 200 多家公司出售了 600 多个处理器许可证，全球已经销售了超过 150 亿枚基于 ARM 的芯片。

2. RISC

RISC 的英文全称是 Reduced Instruction Set Computing，即“精简指令集”。RISC 与 CISC(Complex Instruction Set Computing，复杂指令集)相对应，这是指令系统两个截然不同的优化方向。

RISC 的主要特点如下：

✧ 简化指令集，原则是使常用指令简单高效，不常用功能通过流水线技术和超标量技术加以弥补，增强了处理效率。

✧ 采用大量寄存器，并且使寄存器操作简单化，使大部分指令操作可以在寄存器中进行，提高了处理速度。

3. ARM 体系架构版本

ARM 体系架构各版本从最初开发至今已经有了重大改进，在保持各版本更高的兼容性的基础上不断完善。其典型架构版本发展历史以及代表内核如图 1-2 所示。

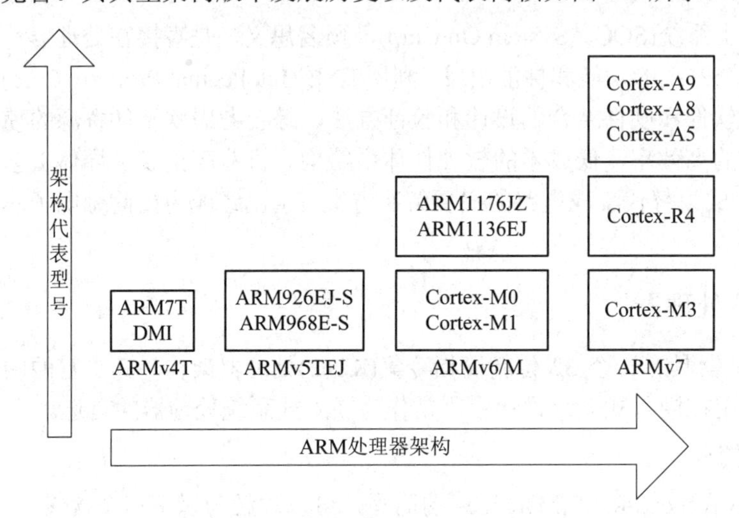

图 1-2　ARM 处理器架构进化

各个架构版本的特点如下所述：

✧ ARMv4T 架构：引进了 16 位 Thumb 指令集和 32 位 ARM 指令集，目的是在同一个架构中同时提供高性能和较高的代码密度。16 位 Thumb 指令集相对于 32 位 ARM 指令集可缩减高达 35%的代码大小，同时保持 32 位架构的优点。采用此架构的内核如 ARM7TDMI，具体芯片有三星 S3C44B0x 系列等。

✧ ARMv5TEJ 架构：引进了数字信号处理(DSP)算法和 Jazelle Java 字节码引擎来启用 Java 字节码的硬件执行，从而改善了用 Java 编写的应用程序的性能。与非 Java 加速内核比较，Jazelle 将 Java 执行速度提高了 8 倍，并且减少了 80%的功耗。许多基于 ARM 处理器的便携式设备中已经使用此架构，目的是在游戏和多媒体应用程序的性能方面提供显著改进的用户体验。采用此架构的内核如 ARM926EJ-S，具体芯片有 ATMEL 的 AT91SAM926x

系列等。

✧ ARMv6 架构：引进了包括单指令多数据(SIMD)运算在内的一系列新功能。SIMD 扩展已针对多种软件应用程序(包括视频编解码器和音频编解码器)进行优化，对于这些软件应用程序，SIMD 扩展最多可将性能提升 4 倍。此外，还引进了作为 ARMv6 架构的变种的 Thumb-2 和 TrustZone 技术。采用此架构的内核如 ARM1176JZ，具体芯片有三星 S3C6410x 系列等。

✧ ARMv7 架构：此架构是目前 ARM 公司最新的架构，所有 Cortex 处理器都实现了 ARMv7 架构(ARMv6/M 的 Cortex-M 系列处理器除外)。所有 ARMv7 架构都实现了 Thumb-2 技术(一个经过优化的 16 位/32 位混合指令集)，在保持与现有 ARM 解决方案的代码完全兼容的同时，既具有 32 位 ARM 指令集的性能优势，又具有 16 位 Thumb 指令集的代码大小优势。ARMv7 架构还包括 NEON 媒体加速技术，该技术可将 DSP 和媒体处理吞吐量提升高达 400 个百分比，并提供改进的浮点支持以满足下一代 3D 图形和游戏物理学以及传统嵌入式控制应用程序的需要。

1.2.3 ARM 处理器系列

目前，基于 ARM 内核结构的处理器有以下系列：ARM7 系列、ARM9 系列、ARM9E 系列、ARM10 系列、ARM11 系列、SecurCore 系列以及 Intel StrongARM 系列等，其中 ARM7、ARM9、ARM9E、ARM10 和 ARM11 系列为通用处理器系列。每个系列名字都有后缀字母，例如 ARM7TDMI、ARM920T 等等，这些后缀字母的含义如下：

✧ T：表示支持 Thumb 指令集。

✧ D：表示支持片上调试。

✧ M：表示支持内嵌硬件乘法器。

✧ I：表示支持片上断点和调试点。

✧ E：表示支持增强型 DSP 功能。

下面分别介绍各个系列的特点以及应用领域。

1. ARM7

ARM7 系列处理器包括 ARM7TDMI、ARM7TDMI-S、ARM720T、ARM7EJ 等。其主要特点如下：

✧ 32 位 RISC 处理器。

✧ 具有嵌入式 ICE，调试开发方便。

✧ 兼容 16 位的 Thumb 指令集，代码密度高。

✧ 0.9 MIPS/MHz 的 3 级流水线结构。

✧ 支持小型操作系统。

✧ 主频最高可达 130 MHz。

✧ 指令与其他通用系列兼容，产品容易升级。

主要应用领域：工业控制、Internet 设备、网络和调制解调器设备以及移动电话等。

2. ARM9

ARM9 系列处理器主要包括 ARM920T、ARM922T 和 ARM940T。其主要特点如下：

✧ 5 级流水线。

✧ 提供 1.1MIPS/MHz 的哈佛结构。

✧ 支持 32 位 ARM 指令集和 16 位 Thumb 指令集。

✧ 支持 32 位的高速 AMBA 总线接口。

✧ 支持 MMU、指令 Cache、数据 Cache。

✧ 支持多种操作系统。

主要应用领域：无线设备、仪器仪表、安全系统、高端打印机、数字照相机等。

本书将选取三星公司 ARM920T 内核的 S3C2440 作为嵌入式系统的处理器。

3. ARM9E

ARM9E 系列处理器包括 ARM926EJ-S、ARM946E-S 和 ARM966E-S。其主要特点如下：

✧ 支持 DSP 指令集。

✧ 支持数据 Cache 和指令 Cache。

✧ 主频最高可达 300 MHz。

主要应用领域：无线设备、数字消费品、成像设备、工业控制、网络设备等。

4. ARM10

ARM10 系列处理器包括 ARM1020E、ARM1022E 和 ARM1026EJ-S。其主要特点如下：

✧ 与 ARM9 相比，在相同时钟频率下，性能提高 50%，功耗极低。

✧ 支持 DSP 指令集。

✧ 6 级整数流水线。

✧ 支持 32 位 ARM 指令集和 16 位 Thumb 指令集。

✧ 支持 VFP10 浮点协处理器。

✧ 支持 MMU、指令 Cache、数据 Cache。

✧ 主频最高可达 400 MHz。

✧ 内嵌并行读/写操作部件。

✧ 支持多种操作系统。

主要应用领域：下一代无线设备、数字消费品、成像设备、工业控制、通信和信息系统。

5. ARM11

ARM11 系列处理器包括 ARM1136J、ARM1156T2、ARM1176JZ。其主要特点如下：

✧ 使用 ARM v6 体系架构。

✧ 8 级流水线，64 位数据。

✧ 低延迟中断模式。

✧ 支持 MMU，4 个 64 KB 指令和数据 Cache。

✧ 内嵌可配置的 TCM。

✧ 有 4 个主存端口。

✧ 可以集成 VFP 协处理器。

应用领域：无线、消费类电子、网络处理、汽车电子等。

6. SecurCore

SecurCore 系列处理器包括 SecurCore SC100、SecurCore SC110、SecurCore SC200 和 SecurCore SC210。其主要特点如下：

- ✧ 32 位 RISC 技术。
- ✧ 灵活的保护单元，确保操作系统和应用数据的安全。
- ✧ 采用软内核技术，防止外部对其进行扫描探测。
- ✧ 可集成用户自己的安全特性和其他协处理器。

SecurCore 系列专为安全需要设计，主要应用领域：电子商务、电子政务、电子银行业务、网络和认证系统等。

7. Intel StrongARM

Intel StrongARM 系列处理器包括 StrongARM SA-1100 等。其主要特点如下：

- ✧ 采用 ARM 体系架构。
- ✧ 具有高度集成的 32 位 RISC 微处理器。
- ✧ 融合了 Intel 设计与处理技术和 ARM 体系架构。

主要应用领域：便携式通信产品、消费类电子产品、掌上电脑等。

1.3 嵌入式操作系统

嵌入式操作系统(Embedded Operating System，EOS)指用于嵌入式系统的操作系统。广义来说，嵌入式操作系统是一种用途广泛的系统软件，通常包括与硬件相关的底层驱动软件、系统内核、设备驱动接口、通信协议、图形界面以及标准化浏览器等。操作系统负责嵌入式系统的全部软、硬件资源的分配、任务调度以及控制协调并发活动。例如，常用嵌入式设备——手机，其键盘、触摸屏、显示、网络、视频、文档管理等都需要操作系统来统一管理。

在嵌入式领域中，操作系统种类繁多，常见的通用型嵌入式操作系统有 Linux、VxWorks、Windows CE、uC/OS，以及应用在智能手机和平板电脑的 Android 等。

1. VxWorks

VxWorks 操作系统是美国 WindRiver 公司于 1983 年设计开发的一种实时操作系统。VxWorks 具有可裁剪的微内核结构，高效的任务管理，灵活的进程间通信，微秒级的中断处理，支持多种物理介质及标准，完整的 TCP/IP 网络协议等。VxWorks 在航天、航空、军事方面应用较多。其缺点是支持的硬件少，源码不开放，授权费较高。

2. Windows CE

Windows CE 是微软公司开发的一个开放的、可升级的 32 位嵌入式操作系统，是基于掌上型电脑类的电子设备操作。它相当于精简的 Windows 95，图形用户界面相当出色。Windows CE 可以灵活裁剪以减少系统体积，并提供了丰富的硬件驱动程序，与 PC 上的 Windows 操作系统相通，对于习惯 Windows 操作系统的设计者而言，开发更加容易。其缺点是源码不开放，内存占用多，授权费较高。

3. uC/OS

uC/OS 是 Micrium 公司开发的操作系统。uC/OS 的源码公开，可裁剪，是可移植性强的实时性嵌入式操作系统，设计者很容易就能把操作系统移植到各个不同的硬件平台上。缺点是它仅是一个实时内核，硬件驱动需要设计者自行开发，还要收费。

4. Linux

Linux 系统属于 GNU 自由操作系统，采用的是 GPL(General Public License)协议，这是最开放也是最严格的许可协议方式，规定了源码可以无偿地获取并且修改，因此保证了源码的公开性。目前，越来越多的 Linux 爱好者参与着 Linux 的开发工作，为 Linux 操作系统的标准化做出了巨大的贡献。

嵌入式 Linux 系统是指对标准 Linux 系统进行裁剪后，能够固化在嵌入式设备的存储器芯片中，适合特定应用的 Linux 系统。在目前开发的嵌入式系统中，49%的项目选择 Linux 作为操作系统，Linux 现已成为嵌入式操作的理想选择。

Linux 作为嵌入式操作系统的优势如下：

(1) 内核小，可定制。Linux 具有独特的内核机制，用户可以方便地开发定制，可以自由地卸装用户模块，不受任何限制，使整个系统可以短小精炼。裁剪后的内核最小甚至可以达到几十千字节，这对资源要求比较严格的嵌入式系统特别适合。

(2) 源码开放。Linux 内核源码可以直接从官方网站上获取，并且这些 Linux 爱好者就是最好的技术支持。

(3) 可应用多种硬件平台。Linux 支持 X86、PowerPC、ARM 等 30 多种 CPU 和硬件平台，很容易开发和使用。

(4) 性能优异。Linux 运行高效且稳定，良好的内核结构可以让用户更好地使用硬件资源。

(5) 良好的网络支持。Linux 的内核结构在网络方面是非常完整的，它提供了对包括十兆位、百兆位、千兆位的以太网络及无线网络、令牌环、光纤甚至卫星的支持。

(6) 低成本开发系统。源码开放，不需缴纳版权费，良好的技术支持缩短了开发周期，间接地减少了开发成本。

Linux 系统的缺点是实时性较差、内核调试不方便、开发难度比较大。

1.4 嵌入式系统开发

嵌入式系统开发是在硬件基础上构建一个系统环境，要求开发者对硬件系统和软件系统(操作系统)的开发都要熟悉，这就说明嵌入式系统的开发与通常的软件开发或硬件开发有很大的不同。本节从开发流程和开发环境两个方面来概括描述嵌入式系统的开发。

1.4.1 嵌入式系统开发流程

一般来说，一个嵌入式系统的开发流程如图 1-3 所示。

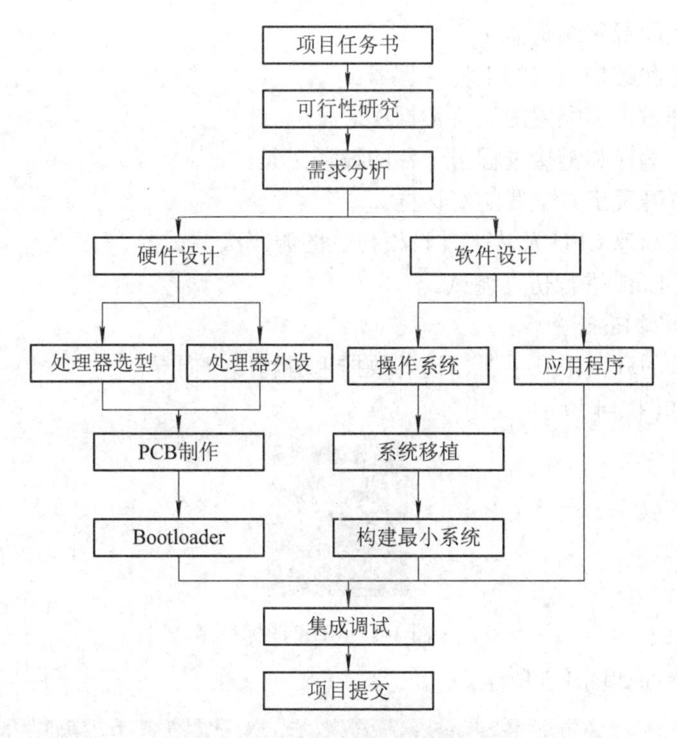

图 1-3 嵌入式系统开发流程图

从图中可以看出，最终提交进行集成测试的程序有三个部分：Bootloader、基于操作系统构建的最小系统以及应用程序。对于嵌入式系统来说，这三个部分必不可少。嵌入式系统开发就是对这三个部分的相关开发。

1.4.2 嵌入式系统开发环境

通常，嵌入式系统在不同的开发阶段使用不同的开发环境与开发工具。本书针对初学者的学习过程，将嵌入式系统开发分为三个阶段，即 ARM 基础开发阶段、Linux 系统开发阶段和嵌入式 Linux 开发阶段。下面将针对这三个阶段概括介绍相关开发环境及开发工具，详细应用将在后面章节陆续进行讲叙。

1. ARM 基础开发

ARM 的基础开发即 ARM 的裸机开发，此过程没有操作系统的参与，一般采用少量的汇编语言和 C 语言来实现处理器对各基本外设的驱动使用。开发流程为编码→编译→链接→调试→下载，常用到的开发工具如下：

1) MDK

MDK-ARM 开发套件是 ARM 公司收购 Keil 后推出的针对各种嵌入式处理器的软件开发工具。MDK-ARM 包括 μVision4 集成开发环境与 RealView 编译器，支持 ARM7、ARM9 和最新的 Cortex-M 核处理器，具有自动配置启动代码、集成 Flash 烧写模块、强大的软件模拟、性能分析等功能，集编辑、编译、仿真于一体，与传统的 ADS 工具相比，最新版本编译器的性能改善超过 20%。

MDK 的特点如下：

✧ 功能强大的源码编辑器。
✧ 用于创建和维护工程的工程管理器。
✧ 可根据开发工具配置的设备数据库。
✧ 集汇编、编译和链接过程于一体的编译工具。
✧ 用于设置开发工具配置的对话框。
✧ 真正集成高速 CPU 及片上外设模拟器的源码级调试器。
✧ 可配合 J-Link 进行仿真调试。
✧ 可直接烧写 Flash。
✧ 提供完善的开发工具手册、设备数据手册和用户向导。

MDK 图标如图 1-4 所示。

图 1-4 MDK 图标

MDK 使用界面如图 1-5 所示。

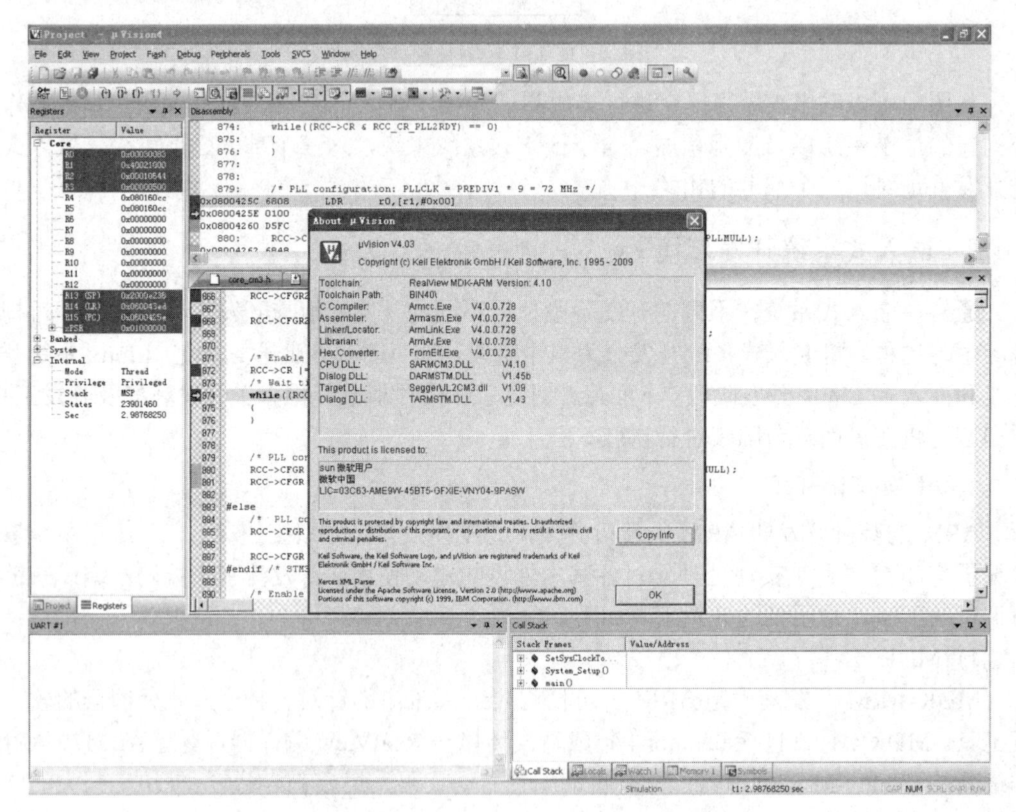

图 1-5 MDK 使用界面

2) J-Link 仿真器

J-Link 是 SEGGER 公司为支持仿真 ARM 内核芯片推出的 JTAG 仿真器，支持 ARM7、

ARM9、ARM11 等系列内核芯片，即插即用，操作方便，可实现调试、烧写 Flash 等功能，是学习开发 ARM 比较实用的工具。MDK 配合 J-Link 仿真器可以实现可视化的仿真调试。

3) DNW

DNW 软件是三星公司开发的基于 ARM 处理器的嵌入式系统开发工具，主要有两个功能：

✧ 串口调试程序。

✧ 在 Windows 下通过 USB 下载程序并将其烧写至 Flash。

DNW 图标如图 1-6 所示。

图 1-6　DNW 图标

DNW 使用界面如图 1-7 所示。

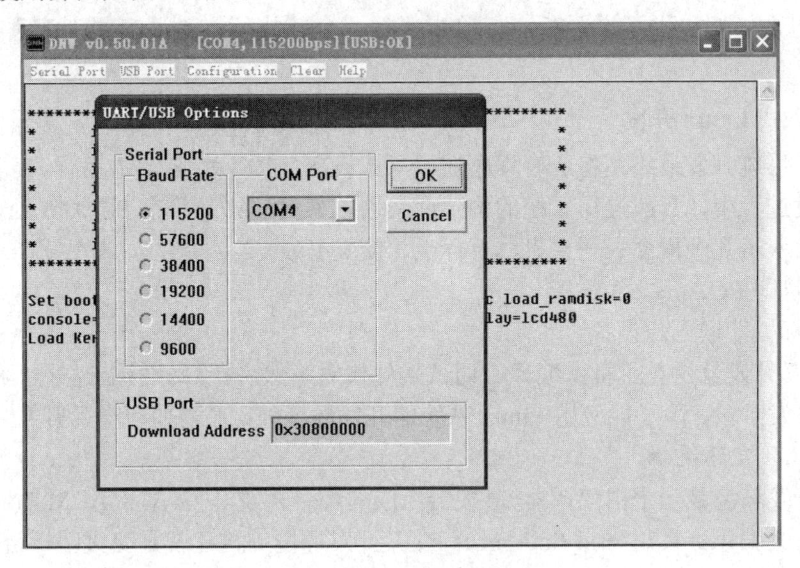

图 1-7　DNW 使用界面

2. Linux 系统开发

Linux 系统开发是嵌入式系统开发的基础，在此阶段要完成内核的移植和根文件系统的构建。这里介绍嵌入式 Linux 发行版本环境和 Linux 下的 C 语言开发环境的建立。

1) Linux 发行版本环境

本书将采用发行版本 Ubuntu 作为 Linux 的操作系统。Ubuntu 的安装通常有三种方式：光盘安装、Wubi 安装和 VMware 虚拟机安装。本书采用虚拟机安装方式。

VMware 是一个在 Window 或 Linux 计算机上运行的应用程序，可以模拟一个基于 X86 的标准 PC 环境，和真实的 PC 环境一样，可以分区、格式化、安装操作系统、安装应用程序和软件。

Ubuntu 是一个目前最受欢迎的 Linux 桌面开源操作系统。Ubuntu 的目标在于为一般用户提供一个最新、稳定、免费和易用的操作系统。它具有系统安全性高、易用性强、多种安装方式、界面友好等特色。

2) Linux 下的 C 语言开发环境

Linux 下的 C 语言与其他环境下的 C 语言程序设计一样，也是遵循编码→编译→链接→调试→运行的开发流程。Linux 下的 C 语言开发环境组成如下：

✧ glibc，要构建一个完整的 C 语言开发环境，glibc 是必不可少的。它是 Linux 下 C 语言的主要函数库，也是系统中最底层的应用程序接口，几乎所有的运行库都会依赖它。

✧ Vi，是 Linux 系统下的文本编辑器，同 Window 下的记事本一样。开发者可以在此环境下编写源码。

✧ GCC(GNU CC)，是 GNU 推出的功能强大、性能优越的多平台编译器，能对 C、C++、汇编等多种语言进行编译。而且 GCC 是一个交叉平台编译器，能够在当前 CPU 平台上为多种不同体系结构的硬件平台提供编译功能，特别适合在嵌入式领域的开发。

✧ Gdb 调试器，是 GNU 推出的 UNIX/Linux 的程序调试工具。在开发过程中，若能很快定位程序中的问题，提高开发效率，调试这一环节必不可少。虽然 Gdb 调试器没有图形画面，但是仍然提供了设置断点、单步执行、全速执行、查看变量、查看堆栈情况的功能。

3. 嵌入式 Linux 开发

嵌入式系统开发最终是将所有程序在嵌入式设备(ARM 处理器)上运行，实现系统需求。但是在开发过程中，一般操作系统的构建或应用软件的调试都是在 PC(X86 处理器)上进行的。这就引入了几个概念——主机、目标板、交叉开发。

✧ 主机即 PC。

✧ 目标板即嵌入式设备。

✧ 交叉开发就是在主机上编译、调试软件代码，然后在目标板上运行，验证程序。

在此开发阶段，除了能应用 Linux 系统的开发环境外，还需要有交叉开发环境的构建。

1) 交叉开发环境

交叉开发环境是一个由编译器、链接器组成的综合开发环境。基于 ARM 的嵌入式 Linux 下的主要交叉编译工具是 arm-linux-gcc。交叉开发环境的构建就是交叉编译链的构建。有以下两种构建方法：一是直接从 Linux 官方网站上获取开发者们已经编译出的常用体系结构的工具链；二是自己动手编译新的工具链。构建过程会在后续章节详细讲解。

2) Minicom

Minicom 是 Linux 系统下常用的串口通信工具，但它不是窗口式的工具，因此操作比较复杂，在使用之前，需要先配置串口标识、波特率、校验位等参数。

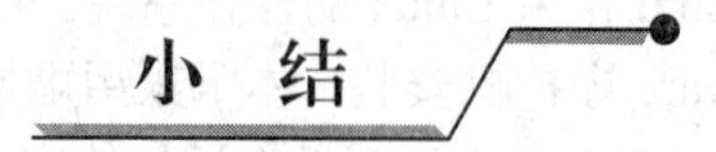

小 结

通过本章的学习，学生应该掌握：

◆ 嵌入式系统是完全嵌入受控器件内部，为特定应用环境而设计的专用计算机系统。

◆ 嵌入式特点：嵌入、专用。

◆ ARM 处理器包括 ARM7、ARM9、ARM9E、ARM10、ARM11 和其他系列。

◆ 嵌入式 Linux 操作系统具有易移植、内核小、源码开放、支持硬件平台多等特点。

◆ 嵌入式开发的不同之处，是操作系统如何与硬件平台紧密结合。

◆ 不同开发阶段应用不同的开发环境，在嵌入式系统开发中，主要的工作是对交叉编译环境的构建。

1．嵌入式系统的主要特点：__________、__________。

2．嵌入式处理器可分为：__________、__________、__________、__________。

3．简述嵌入式系统。

4．ARM 这个名称的含义是什么？

5．简述 Linux 系统作为嵌入式系统的优势。

6．简述嵌入式系统开发流程。

第 2 章 ARM 基础开发

本章目标

- ◆ 了解 S3C2440 的内核结构。
- ◆ 掌握 ARM 编程基本指令和使用。
- ◆ 掌握 S3C2440 的时钟和电源系统。
- ◆ 掌握 S3C2440 的 GPIO 用法。
- ◆ 掌握 S3C2440 的存储器控制器原理。
- ◆ 掌握 S3C2440 的中断处理过程。
- ◆ 掌握 S3C2440 的 ADC 和触摸屏的应用。
- ◆ 掌握 S3C2440 的定时器应用。

学习导航

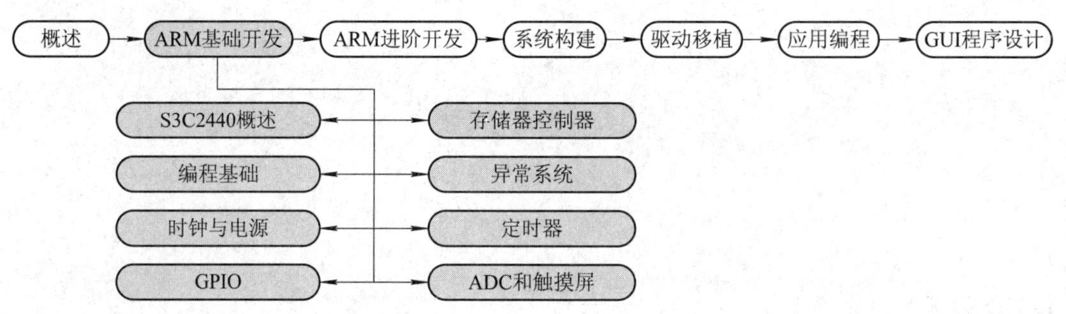

任务描述

➢【描述 2.D.1】

使用 ARM 指令点亮 LED。

➢【描述 2.D.2】

实现汇编程序和 C 程序的相互调用。

➢【描述 2.D.3】

编写一段代码实现系统时钟 FCLK 为 400 MHz，HCLK 为 100 MHz，PCLK 为 50 MHz，UCLK 为 48 MHz。

➢【描述 2.D.4】

利用 GPIO 编程实现跑马灯程序。

➢【描述 2.D.5】

实现程序到 SDRAM 的复制，并在 SDRAM 中执行。

➢【描述 2.D.6】

利用外部中断实现按键控制 LED 亮灭。

➢【描述 2.D.7】

实现 ADC 的采集。

2.1　S3C2440 概述

S3C2440 是三星公司推出的一款基于 ARM920T 内核的 16 位/32 位 RISC 微处理器。ARM920T 实现了 MMU(Memory Management Unit)，AMBA(Advanced Microcontroller Bus Architecture)总线和哈佛结构高速缓存体系，同时支持 Thumb16 位指令集，从而能以较小的存储空间需求获得 32 位的性能。S3C2440 除了具有低功耗、高性能的特点之外，还通过提供一套完整的通用系统外设，减少了整体系统的成本，为手持设备等普通应用领域的嵌入式开发提供了小型芯片微控制器的解决方案。

1. 系统结构

S3C2440 的系统结构如图 2-1 所示。其中，处理器 S3C2440 由 ARM920T 内核和其外设组成。

ARM920T 内核由 ARM9TDMI 核心、存储管理单元 MMU 和高速 Cache(缓存)3 部分组成。其中，MMU 可以管理虚拟内存，高速缓存由独立的 16KB 指令高速 Cache 和 16KB 数据高速 Cache 组成。ARM920T 有两个内部协处理器：CP14 和 CP15。CP14 控制软件对调试信道的访问，用于调试控制。CP15 为系统控制处理器，提供了另外 16 个寄存器用于存储系统控制及其他系统控制，例如 C3 寄存器定义了内存中 16 个域的访问权限。

外设控制执行 ARM 公司的 AMBA 高级微控制总线标准的 AHB 总线和 ASB 总线，分别用于高速外设和低速外设的控制。

2. 外设接口

S3C2440 为 289 PI N 处理器，片内集成了丰富的接口资源，具体如下：

✧ 外部存储控制器(SDRAM 控制和片选逻辑)。

✧ LCD 控制器，提供 1 通道 LCD 专用 DMA。

✧ 3 通道 UART。

✧ 2 通道 SPI。

✧ 1 通道 IIC 总线接口(支持多主机)。

✧ 1 通道 IIS 总线音频编码器接口。

✧ AC’97 编码器接口。

✧ 兼容 SD 主接口协议 1.0 版和 MMC 卡协议 2.11 兼容版。

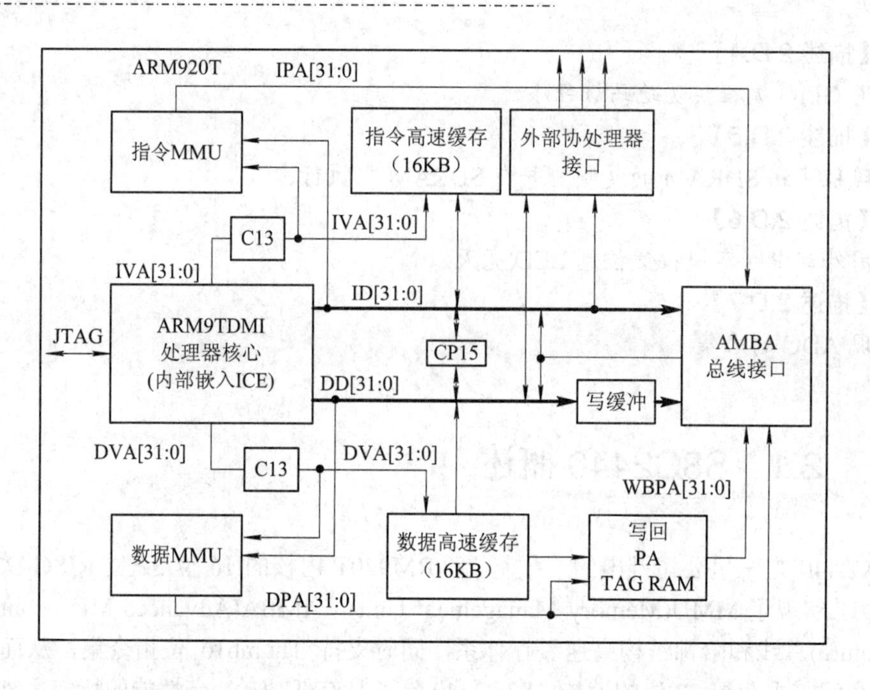

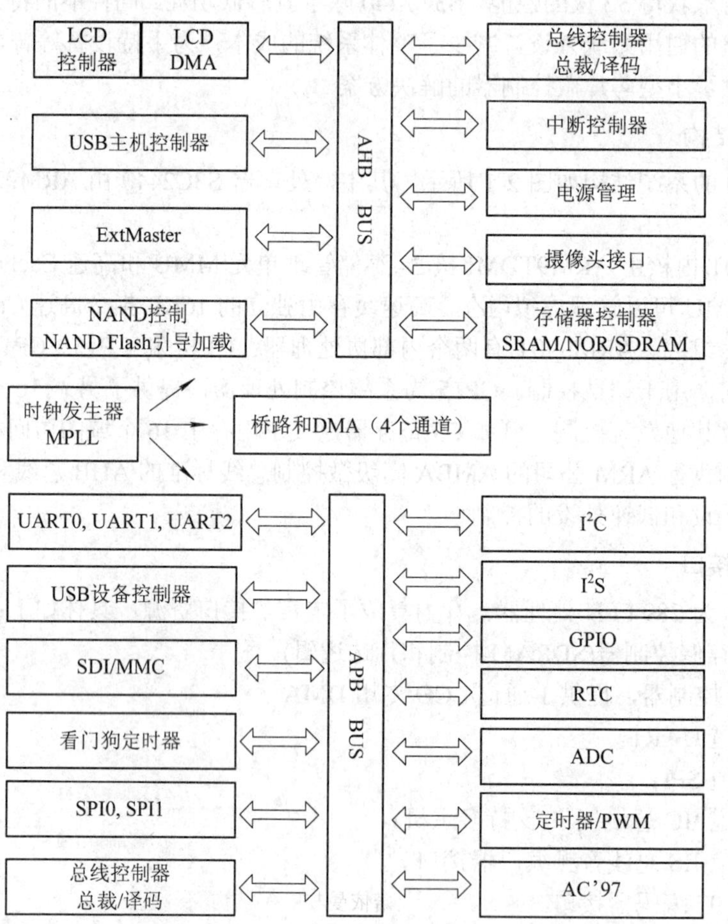

图 2-1　S3C2440 系统结构图

✧ 2 通道 USB 主机和 1 通道 USB 设备(1.1 版本)。

✧ 4 通道 PWM 定时器和 1 通道内部定时器/看门狗定时器。

✧ 8 通道 10 位 ADC 和触摸屏接口。

✧ 具有日历功能的 RTC。

✧ 摄像头接口。

✧ 130 个通用 I/O 口和 24 通道外部中断源。

✧ 具有普通、慢速、空闲和掉电模式。

✧ 具有 PLL 片上时钟发生器。

正常情况下，S3C2440 的内核工作电压为 1.2 V，存储器电压为 1.8 V/2.5 V/3.3 V，I/O 电压为 3.3 V。在 1.2 V 电压下，内核工作频率为 300 MHz，在 1.3 V 工作电压下，内核工作频率可以达到 400 MHz。

本章将重点介绍 S3C2440 的基础开发，主要讲解 S3C2440 的编程基础、时钟与电源系统、I/O 口使用、存储器控制器的使用、异常系统、定时器的使用以及 ADC 的使用。

2.2　编程基础

使用 S3C2440 处理器进行开发，需要了解该处理器的体系结构、编程语言以及编程模式。本节将从以上三个方面介绍 S3C2440，为以后的开发过程打下基础。

2.2.1　S3C2440 体系结构

S3C2440 采用 ARM 公司的 ARM920T 内核，内核的体系结构决定了处理器工作状态、运行模式、存储器格式以及寄存器组织等各个方面。

1. 体系结构

ARM920T 内核体系结构的主要特点如下：

✧ 采用哈佛结构，拥有独立的指令和数据总线，使指令和数据的读取可以在同一个周期进行。与冯 • 诺依曼结构相比，哈佛结构具有分开存储、独立编址、两倍带宽、执行效率更高的特点，可实现对指令和数据的同时访问。两种结构对比如图 2-2 所示。

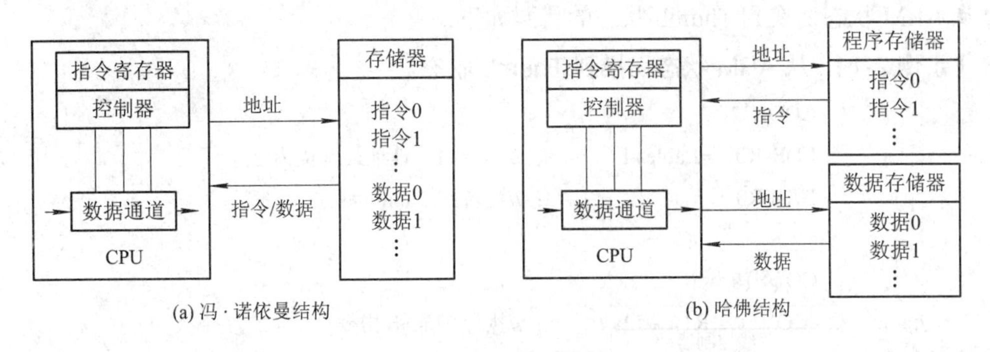

图 2-2　冯·诺依曼与哈佛结构图

✧ 采取 5 级流水线技术，分为取指(F)、指令译码(D)、执行(E)、访问数据存储器(M)

和回写寄存器(W)。5 级流水线设计细化了 3 级流水线，增加了两个功能部件，可以分别访问存储器并写回结果，且将 3 级流水线中读寄存器的操作转移到译码部件上，使流水线结构在功能上更平衡，提高了处理器的并行性，解决了 3 级流水线中因为寄存器操作而导致的流水线阻塞。ARM 系列处理器的流水线对比如图 2-3 所示。

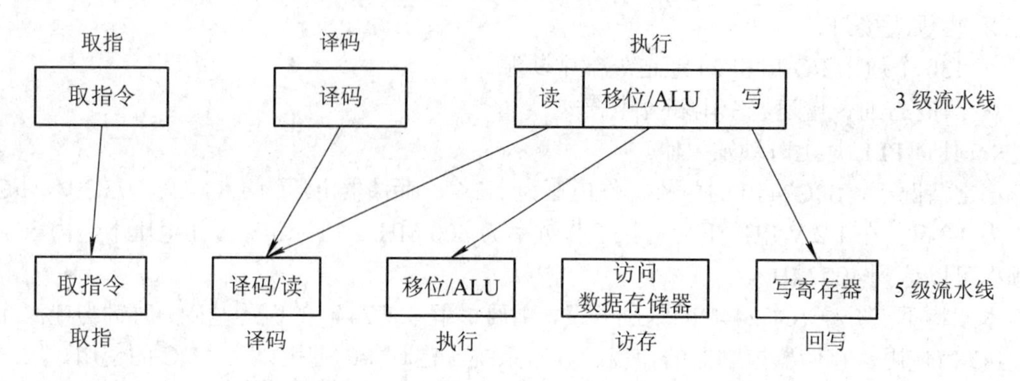

图 2-3 ARM 3 级/5 级流水线

✧ 两套指令集：ARM/Thumb。ARM 指令为 32 位，Thumb 指令为 16 位，Thumb 为 ARM 的功能子集，与对应的 ARM 代码相比，可节省 30%～40%的存储空间，代码密度比较高，同时具有 32 位代码的所有优点。

✧ 支持 MMU，实现虚拟内存管理以及访问权限的定义，使处理器可以支持操作系统众多任务的运行。

✧ 支持 16 KB 数据 Cache 和 16 KB 指令 Cache，极大地提高了处理器的运行速度。

2. 工作状态

ARM920T 有两种工作状态：

✧ ARM 状态：执行 32 位以字对齐的 ARM 指令。

✧ Thumb 状态：执行 16 位以半字对齐的 Thumb 指令，在此状态下，程序计数器 PC 使用位 1 来切换半字。

在系统复位开始执行代码时，只能处于 ARM 状态，之后两种状态可以通过带状态切换的分支跳转指令 BX 互相切换。这两种工作状态的改变，不影响处理器的工作模式和相关寄存器的内容。

从 ARM 状态切换到 Thumb 状态的代码如下：

【示例 2-1】 从 ARM 状态切换到 Thumb 状态

```
            CODE32
            LDR R0，=Lable+1          ；//标号+1，地址最低位为 1
            BX   R0                   ；//跳转到 Thumb 状态

            CODE16
    Lable   MOV      R1，#12          ；//执行 Thumb 指令
            ⋮
```

从 Thumb 状态切换到 ARM 状态的代码如下：

【示例 2-2】 从 Thumb 状态切换到 ARM 状态

```
          CODE16
          LDR R0，=Lable          ；//标号地址最低位为 0
          BX   R0                 ；//跳转到 ARM 状态

          CODE32
Lable     MOV      R1，#12        ；//执行 ARM 指令
          ⋮
```

所有异常都是在ARM状态中执行。如果处理器在Thumb状态时发生异常，将进入ARM状态中进行异常处理，异常处理返回时自动切换回 Thumb 状态。

因 Thumb 状态使用较少，本书不再进行详细讲解，在以后的章节中所提及的处理器状态均为 ARM 状态。

3. 运行模式

ARM920T 有 7 种运行模式，根据不同模式对资源访问的不同，又分为用户模式、特权模式和异常模式。处理器运行模式分类和进入方式如表 2-1 所示。

表 2-1　处理器运行模式

<table>
<tr><th colspan="3">处理器模式</th><th>说　明</th><th>进入方式</th></tr>
<tr><td colspan="3">用户模式(usr)</td><td>应用程序执行状态</td><td>不能切换到其他模式</td></tr>
<tr><td rowspan="6">特权模式</td><td colspan="2">系统模式(sys)</td><td>特权级的操作系统任务</td><td>可以切换到其他模式</td></tr>
<tr><td rowspan="5">异常模式</td><td>快中断模式(fiq)</td><td>快速中断处理</td><td>在 FIQ 响应时进入</td></tr>
<tr><td>中断模式(irq)</td><td>通用的中断处理</td><td>在 IRQ 响应时进入</td></tr>
<tr><td>管理模式(svc)</td><td>操作系统使用的保护模式</td><td>在系统复位和软件中断时进入</td></tr>
<tr><td>中止模式(abt)</td><td>用于虚拟存储及存储保护</td><td>数据或指令预取中止时进入</td></tr>
<tr><td>未定义模式(und)</td><td>用于软件仿真的硬件协处理</td><td>执行了一个未定义指令时进入</td></tr>
</table>

模式的改变可由软件控制，或者由外部中断或者由异常进入。系统上电复位后进入管理模式，但当特定的异常出现时，处理器进入相应的异常模式，每种异常模式都有一些独立的寄存器，用以保护系统，以免在异常退出时出现错误。

但用户模式和系统模式不能由异常进入，而是要在修改当前程序状态寄存器 CPSR 后才能进入。

4. 存储器格式

ARM 支持的数据类型有：

✧ 字(Word)：32 位，按 4 字节对齐。

✧ 半字(Half-Word)：16 位，按 2 字节对齐。

✧ 字节(Byte)：按 8 位对齐。

ARM920T 的存储器以字节(8 位)作为一个单元存储数据，每个单元分配一个存储地址，并且从 0 地址开始做线性递增。S3C2440 作为 32 位的处理器，是对字进行存储，占用 4 个存储单元。根据数据在存储单元的排列顺序，分为大端模式和小端模式。

✧ 小端模式：字数据的低字节存储在低地址中，高字节存储在高地址中。

✧ 大端模式：字数据的高字节存储在低地址中，而低字节存储在高地址中。

例如，数据 0x12345678 的大、小端存储模式如图 2-4 所示。

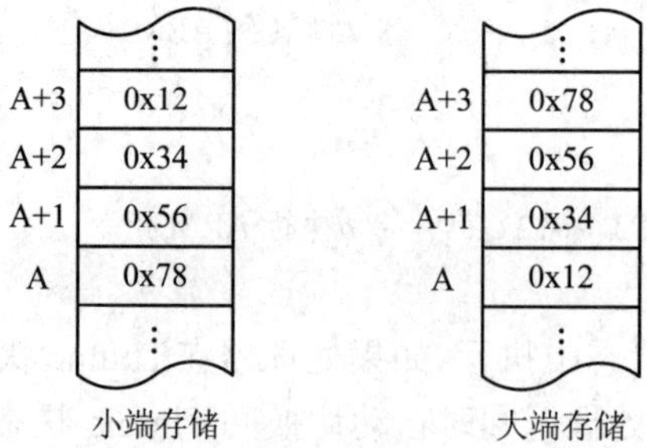

地址	小端存储	地址	大端存储
	⋮		⋮
A+3	0x12	A+3	0x78
A+2	0x34	A+2	0x56
A+1	0x56	A+1	0x34
A	0x78	A	0x12
	⋮		⋮

图 2-4　大、小端存储模式

5. 寄存器组织

ARM920T 有 37 个各为 32 位的寄存器，但在同一时刻并不是所有的寄存器都可见。处理器的状态和运行模式决定了寄存器的可见度。在 ARM 的 7 种工作模式下，除用户模式和系统模式共享一组寄存器外，其他 5 种模式都各自对应一组相应的寄存器组。

在各模式下可访问的寄存器如表 2-2 所示。

表 2-2　各模式下可访问的寄存器

寄存器	用户	系统	管理	中止	未定义	中断	快中断
通用寄存器	R0						
	R1						
	R2						
	R3						
	R4						
	R5						
	R6						
	R7						
	R8						R8_fiq
	R9						R9_fiq
	R10						R10_fiq
	R11						R11_fiq
	R12						R12_fiq
	R13		R13_scv	R13_abt	R13_und	R13_irq	R13_fiq
	R14		R14_scv	R14_abt	R14_und	R14_irq	R14_fiq
	R15(PC)						
状态寄存器	CPSR						
	——		SPSR_sc	SPSR_abt	SPSR_und	SPSR_irq	SPSR_fiq

由表 2-2 中可以看出，37 个寄存器共包括 31 个通用寄存器和 6 个状态寄存器。具体

包括：

(1) 通用寄存器 R0～R15，可分为以下几类：

✧ 未分组寄存器 R0～R7，在所有的运行模式下，R0～R7 都映射到同一物理地址，是真正的通用寄存器。

✧ R8～R12，为了更快地处理数据，处理器不必为保护寄存器而浪费时间，为 fiq 模式单独分配物理地址 R8_fiq～R12_fiq，在其他模式下，物理地址 R8～R12 是统一的。

✧ R13，堆栈指针寄存器(SP)，除用户模式和系统模式共用外，其他各模式都拥有自己的物理 R13_mode。程序先初始化各模式的 R13_mode，使其指向该模式专用的栈指针。R13 的用法如下：

● 当进入该模式时，可以将需要使用的寄存器保存在 R13 所指向的栈中。

● 当退出该模式时，将保存在 R13 所指向的栈中的寄存器值恢复，实现了程序的现场保护。

✧ R14，链接寄存器(LR)，除用户模式和系统模式共用外，其他各模式都拥有自己的物理 R14_mode。R14 有两个特殊用处。

● 存放子程序的返回地址：在执行 BL 指令时，R14 自动被设置为子程序的返回地址，当子程序返回时，执行语句 MOV　PC，LR 实现子程序的返回。

● 存放异常模式的返回地址，返回处理过程与子程序返回类似，是由硬件完成的。

✧ 程序计数器 PC(R15)，它指向正在“取指”的指令，而不是正在“执行”的指令。在 ARM 状态下，PC = 正在执行指令的 PC + 8。R15 寄存器为各模式通用。

(2) 当前程序状态寄存器 CPSR 和保存程序状态寄存器 SPSR，CPSR 仅 1 个，SPSR 用于异常处理的 CPSR，在不同工作模式对应 6 个不同物理寄存器 SPSR_mode。

CPSR 和 SPSR 反映了当前处理器的状态，可以通过专用指令进行读取和设置。它们的功能具体体现在：

✧ 保存最近 ALU 操作的信息。

✧ 控制中断的使能和禁止。

✧ 设置处理器的运行模式。

CPSR 寄存器各位的具体内容如图 2-5 所示。

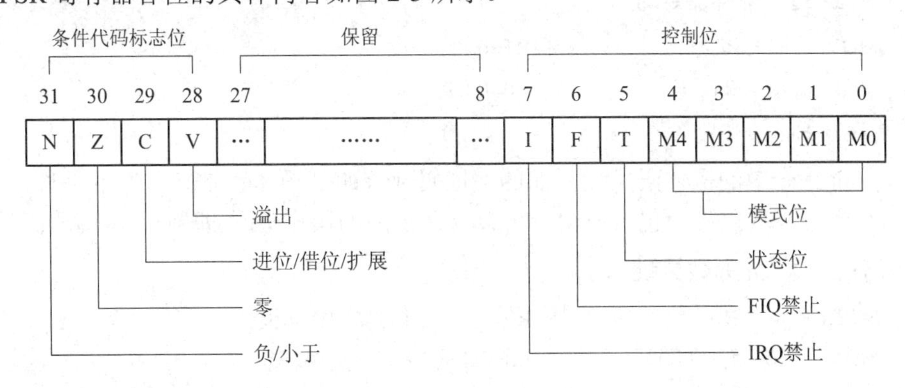

图 2-5　CPSR 寄存器

32 个位的具体含义如下：

✧ 4 个条件代码标志位 N、Z、C、V，可以通过算术操作、逻辑操作等进行设置。通常，带后缀 S 的汇编指令影响条件代码标志。

✧ 位[27:8]保留。

✧ CPSR[7:0] 后 8 位，为处理器控制位，当发生异常时，这些位可被硬件改变。在特权模式下，也可通过软件来进行修改。各位含义如下：

• 2 个中断控制位 F 和 I，代表 FIQ 中断和 IRQ 中断。此位为 1 时，中断被禁止。

• 1 个处理器状态位 T，当 T = 1 时，处理器处于 Thumb 状态；当 T = 0 时，处理器处于 ARM 状态。

• 5 个处理器模式位 M[4:0]，对应模式如表 2-3 所示。注意：不能将非法值写入 M[4:0]中，否则将使处理器将进入一个无法恢复的模式。

表 2-3　模式编码表

M[4:0]	10000	10001	10010	10011	10111	11011	11111
模式	用户	快中断	中断	管理	中止	未定义	系统

2.2.2　汇编指令集

在 ARM 开发中，虽然大部分代码可以用 C 语言来实现，但是在启动代码和驱动程序代码中，仍使用了大量的汇编指令，学习汇编指令可以促进对 ARM 体系结构更深层次的了解，这也是 ARM 开发的基础。

本节主要描述以 ARM920T 内核的 ARM 指令集及其用法，包括 ARM 的寻址方式、ARM 常用指令集以及汇编编程的模板。

1. ARM 寻址方式

寻址方式是根据指令中给出的地址码字段来实现寻找真实操作数地址的方式。ARM 处理器具有 8 种基本寻址方式。

1) 寄存器寻址

操作数的值在寄存器中，指令中的地址码字段指出的是寄存器编号，指令执行时直接取出寄存器值来操作。示例代码如下：

【示例 2-3】 寄存器寻址

```
MOV    R1，R2              ；R1=R2
SUB    R0，R1，R2          ；R0=R1-R2
```

2) 立即寻址

立即寻址指令中的操作码字段后面的地址码部分即是操作数本身，也就是说，数据就包含在指令当中，取出指令也就取出了可以立即使用的操作数(立即数)。示例代码如下：

【示例 2-4】 立即数寻址

```
SUBS   R0，R0，#1          ；R0=R0-1，并且影响标志位
MOV    R0，#0xFF000        ；R0=0xFF000
```

3) 寄存器移位寻址

寄存器移位寻址是 ARM 指令集特有的寻址方式。当第 2 个操作数是寄存器移位方式时，第 2 个寄存器操作数在与第 1 个操作数结合之前，选择进行移位操作。示例代码如下：

【示例 2-5】 寄存器移位寻址

```
MOV     R0，R2，LSL #3          ；R2 的值左移 3 位，结果放入 R0，即 R0 = R2 × 8
ANDS    R1，R1，R2，LSL R3      ；R1 = R1&(R2 × 8)
```

4) 寄存器间接寻址

寄存器间接寻址指令中的地址码给出的是一个通用寄存器的编号，所需的操作数保存在寄存器指定地址的存储单元中，即寄存器为操作数的地址指针。示例代码如下：

【示例 2-6】 寄存器间接寻址

```
LDR     R1，[R2]                ；将 R2 指向的存储单元的数据读出，保存在 R1 中
SWP     R1，R1，[R2]            ；将寄存器 R1 的值和 R2 指定的存储单元的内容交换
```

5) 基址寻址

基址寻址就是将基址寄存器的内容与指令中给出的偏移量相加，形成操作数的有效地址。基址寻址用于访问基址附近的存储单元，常用于查表、数组操作、功能部件寄存器访问等。示例代码如下：

【示例 2-7】 基址寻址

```
LDR     R2，[R3，#0x0C]  ；读取 R3 + 0x0C 地址上的存储单元的内容放入 R2
STR     R1，[R0，#-4]!   ；先进行 R0 = R0−4 运算，然后把 R1 的值保存到 R0 指定的存储单元
```

6) 多寄存器寻址

多寄存器寻址一次可以传送几个寄存器值，允许一条指令传送 16 个寄存器的任何子集或所有寄存器。示例代码如下：

【示例 2-8】 多寄存器寻址

```
LDMIA R1!，{R2-R7，R12}  ；将 R1 指向的单元中的数据读出到 R2～R7、R12 中(R1 自动加 1)
STMIA R0!，{R2-R7，R12}  ；将 R2～R7、R12 的值保存到 R0 指向的存储单元中(R0 自动加 1)
```

7) 堆栈寻址

堆栈是一个按特定顺序进行存取的存储区，操作顺序为“后进先出”。堆栈寻址是隐含的，它使用一个专门的寄存器(堆栈指针)指向一块存储区域(堆栈)，指针所指向的存储单元即是堆栈的栈顶。

按堆栈的方向可分为两种堆栈方式：

✧ 递增堆栈(A)：堆栈指针向高地址方向生长。

✧ 递减堆栈(D)：堆栈指针向低地址方向生长。

按堆栈指针的最后指向又可分为两种堆栈方式：

✧ 满堆栈(F)：堆栈指针指向最后压入的堆栈的有效数据项。

✧ 空堆栈(E)：堆栈指针指向下一个待压入数据的空位置。

由此可以组合四种类型的堆栈方式：

✧ 满递增，指令为 LDMFA，STMFA。

✧ 空递增，指令为 LDMEA，STMEA。

✧ 满递减，指令为 LDMFD，STMFD。

✧ 空递减，指令为 LDMED，STMED。

示例代码如下：

【示例 2-9】 堆栈寻址

```
STMFD   SP!，{R1-R7，LR}    ；将 R1～R7，LR 入栈，满递减堆栈。
LDMFD   SP!，{R1-R7，LR}    ；数据出栈，放入 R1～R7，LR 寄存器，满递减堆栈。
```

8) 相对寻址

相对寻址是基址寻址的一种变通。由程序计数器 PC 提供基准地址，指令中的地址码作为偏移量，两者相加后得到的地址即为操作数的有效地址。示例代码如下：

【示例 2-10】 相对寻址

```
BL       SUBR1              ；调用 SUBR1 子程序
BEQ      LOOP               ；条件跳转到 LOOP 标号处
         ⋮
LOOP     MOV      R6，#1
         ⋮
SUBR1    ⋮
```

2. ARM 常用指令集

ARM 微处理器的指令集主要有六大类：

✧ 跳转指令。
✧ 数据处理指令。
✧ 程序状态寄存器(PSR)处理指令。
✧ 存储器访问指令。
✧ 协处理器指令。
✧ 异常产生指令。

下面介绍几种在嵌入式开发中常用的汇编指令。

1) 跳转指令

常用跳转指令如表 2-4 所示。

表 2-4 跳 转 指 令

指　　令	说　　明	功　　能
B　lable	跳转指令	PC←lable
BL　lable	带返回的跳转指令，常用于子程序返回	LR←PC−4，PC←lable
BX　Rm	带状态切换的跳转指令	切换处理器状态

跳转指令 B 和 BL 的跳转长度限制在当前指令的 ±32 Mb 的范围内，如果分支跳转超过 ±32 Mb，必须使用一个偏移量或绝对地址目标，将其先放到某一寄存器中。BX 为 ARM 状态与 Thumb 状态切换指令。示例代码如下：

【示例 2-11】 B 指令

```
B     QUIT         ；跳转到 QUIT 标号处
B     0x1234       ；跳转到地址 0x1234 处
```

【示例 2-12】 BL 指令

```
        BL    FUN1                ；跳到子程序，LR=返回地址
        ⋮
    FUN1：
        ⋮
        MOV   PC，LR              ；子程序返回
```

2）存储器访问指令

ARM 处理器是典型的 RISC 处理器，对存储器的访问只能通过加载 LD 和存储 ST 指令实现。指令搭配不同的后缀代表着不同的操作方式。例如：

✧ LDRH/STRH 用于字节数据的访问。

✧ LDR/STR 指令常用于对内存变量的访问、内存缓存数据的访问、查表等。

✧ LDM/STM 是多寄存器存取指令，常用于现场保护、栈操作、数据复制、参数传递等。

部分存储器访问指令如表 2-5 所示。

表 2-5　存储器访问指令

指　　令	说　　明	功　　能
LDR　Rd，addr	将存储器字数据读入寄存器	Rd←[addr]
STR　Rd，addr	将寄存器数据保存到存储器	[addr]←Rd
LDM　Rn{!}，reglist	将存储器数据批量读入寄存器	reglist←[Rn…]
STM　Rn{!}，reglist	将批量寄存器数据保存到存储器	[Rn…]←reglist

示例代码如下：

【示例 2-13】 LDR 指令

```
    LDR      R1，[R0，#0x10]        ；将 R0+0x10 地址的数据保存到 R1
    LDR      R1，[R0+R2]            ；将 R0+R2 地址的数据保存到 R1
```

【示例 2-14】 STR 指令

```
    STR      R1，[R0，#0x10]        ；将 R1 的数据保存到 R0+0x10 地址处
    STR      R1，[R0+R2]            ；将 R1 的数据保存到 R0+R2 处
```

【示例 2-15】 LDM 指令

```
    LDMIA    R0!，{R3-R9}           ；将 R0 指向的地址上的多个数据保存到 R3～R9
```

【示例 2-16】 STM 指令

```
    STMIA    R0!，{R3-R9}           ；将 R3～R9 的数据存储到 R0 指向的地址上
```

3）数据处理指令

数据处理指令可分为四类：数据传送指令、算术逻辑运算指令、比较指令和乘法指令。其中数据处理指令只能对寄存器的内容进行操作，而不能对内存中的数据进行操作。部分数据处理指令如表 2-6 所示。

表 2-6 数据处理指令

指　　令	说　　明	功　　能
MOV Rd，operand2	数据传送指令	Rd←operand2
ADD Rd，Rn，operand2	加法运算指令	Rd←Rn+operand2
SUB Rd，Rn，operand2	减法运算指令	Rd←Rn−operand2
AND Rd，Rn，operand2	逻辑与操作指令	Rd←Rn&operand2
ORR Rd，Rn，operand2	逻辑或操作指令	Rd←Rn|operand2
CMP Rd，Rn，operand2	比较指令	标志 N/Z/V/C←Rn−operand2
TEQ Rd，Rn，operand2	相等测试指令	标志 N/Z/V/C←Rn^operand2
MUL Rd，Rm，Rs	32 位乘法指令	Rd = Rm × Rs

示例代码如下：

【示例 2-17】 MOV 指令

```
MOV    R1，#0x10              ；R1=0x10
MOV    R0，R1                 ；R0=R1
MOVS   R3，R1，LSL #2         ；R3=R1<<2，并影响标志位
```

【示例 2-18】 ADD 指令

```
ADD    R0，R1，R2             ；R0=R1+R2
ADD    R0，R1，#123           ；R0=R1+123
ADD    R0，R1，R2，LSL #1     ；R0=R1+R2*2
```

【示例 2-19】 SUB 指令

```
SUB    R0，R1，R2             ；R0=R1-R2
SUB    R0，R1，#123           ；R0=R1-123
SUB    R0，R1，R2 LSL#1       ；R0=R1-R2<<1
```

【示例 2-20】 AND 指令

```
MOV    R0，0XFF
AND    R0，R0，#3             ；取出 R0 的最低 2 位
```

【示例 2-21】 ORR 指令

```
ORR    R0，R0，#3             ；或操作
```

【示例 2-22】 CMP 指令

```
CMP  R1，#0X10                ；比较
```

【示例 2-23】 TEQ 指令

```
TEQ   R0，R1                  ；R1 和 R0 中的值按位异或
```

【示例 2-24】 MUL 指令

```
MUL    R0，R1，R2             ；R0=R1 × R2
```

4) 程序状态寄存器访问指令

此指令常用于 CPSR 或 SPSR 的读写操作，如表 2-7 所示。目标寄存器不能为 R15。

表 2-7　程序状态寄存器访问指令

指　令	说　明	功　能
MSR　psr，Rd/#immed_8r	写状态寄存器	psr←Rd/#immed_8r
MRS　Rd，psr	读状态寄存器	Rd←psr

示例代码如下：

【示例 2-25】 MSR 指令

```
MSR   CPSR，R0          ；复制 R0 到 CPSR 中
```

【示例 2-26】 MRS 指令

```
MRS   R0，CPSR          ；复制 CPSR 到 R0 中
```

5) 协处理指令

ARM 可支持 16 个协处理器的操作，通过协处理指令来实现，如表 2-8 所示。

表 2-8　协 处 理 指 令

指　令	说　明	功　能
CDP coproc opl，CRd，CRn，{，op2}	协处理器数据操作指令	取决于协处理器
LDC{L} coproc，CRd <addr>	协处理器数据读取指令	取决于协处理器
STC{L} coproc，CRd <addr>	协处理器数据写入指令	取决于协处理器
MRC coproc，op1，Rd，CRn，{，op2}	寄存器到协处理器数据传送	取决于协处理器
MCR coproc，op1，Rd，CRn，{，op2}	协处理器到寄存器数据传送	取决于协处理器

示例代码如下：

【示例 2-27】 CDP 指令

```
CDP   p1，10，c1，c2，c3     ；请求 p1 用 C1 和 C3 运行操作 10，结果放 C1 中
```

【示例 2-28】 LDC 指令

```
LDC   p5，c2，[R2，#4]       ；读取 R2+4 地址的数据，放入 p5 的 c2 中
```

【示例 2-29】 STC 指令

```
STC   p5，c1，[R0]           ；将 p5 的 c1 的数据写入到 R0 中
```

【示例 2-30】 MRC 指令

```
MRC   p5，2，R2，c3，c2      ；将协处理器 p5 操作 2 后的数据传送到寄存器 R2 中
```

【示例 2-31】 MCR 指令

```
MCR   p6，2，R7，c1，c2      ；将 R7 的数据传送到协处理器 p6 的寄存器中
```

6) 软中断指令 SWI

SWI 指令用于产生软中断，主要用于用户程序调用操作系统。执行 SWI 指令后，处理器完成以下动作：

✧ 切换到管理模式。

✧ 将 CPSR 的内容复制到 SPSR 寄存器。

✧ 程序跳转到软件中断入口。

7) 伪指令

ARM 伪指令不是 ARM 指令集中的指令，只是为了编程方便定义了伪指令，在编译时这些指令可以被等效的 ARM 指令所代替。常用伪指令如表 2-9 所示。

表 2-9 伪 指 令

指 令	说 明	功 能
ADR{op} Rd，exper	小范围地址读取指令	Rd←exper.addr
ADRL{op} Rd，exper	中范围地址读取指令	Rd←exper.addr
LDR{op} Rd，=exper/lable	大范围地址读取指令	Rd←exper.addr
NOP	空操作	延时

对于 ADR 指令，若地址值为非字对齐时，取值范围是 −255～255 字节之间；字对齐时，取值范围是 −1024～1024 之间；对于基于 PC 相对偏移的地址值时，取值是前后两个字处。ADR 可以加载地址，用于查表等操作。

对于 ADRL 指令，若地址值为非字对齐时，取值范围是 −64K～64K 字节之间；字对齐时，取值范围是 −256 K～256 K 字节之间；ADRL 可以加载地址，实现程序跳转等操作。

对于 LDR 指令，可用于加载一个 32 位的立即数或地址值到指定寄存器中，常用于加载芯片外围功能部件的寄存器地址。

与存储器访问指令 LDR 操作不同，伪指令的 LDR 参数必有“=”。

示例代码如下：

【示例 2-32】 ADR 指令

```
        ADR     R0，DISP_TAB        ；加载查表地址
        LDRB    R1，[R0，R2]        ；使用 R2 作为参数，进行查表
        ⋮

DISP_TAB                            ；表地址
        DCB 0x00，0x11，0x22，0x33，0x44，0x55，0x66，0x77     ；表内容
```

【示例 2-33】 LDR 指令

```
⋮
LDR R0，=IOPIN                  ；加载 GPIO 寄存器 IOPIN 的地址
LDR R1，[R0]                    ；读取 IOPIN 寄存器的值
⋮
LDR R0，=IOSET                  ；加载 GPIO 寄存器 IOSET 的地址
LDR R1，=0x00500500             ；加载立即数
STR R1，[R0]                    ；IOSET=0x00500500，为 IOSET 赋值
```

3. 汇编程序模板

下述内容用于实现任务描述 2.D.1——利用 ARM 指令点亮 LED。实现步骤如下：

(1) 启动 MDK，新建工程 led.uvproj，并配置工程选项(详细操作参见本章实践篇)。

(2) 添加源文件 LED.S，代码如下：

【描述 2.D.1】 LED.S

```
AREA Reset，CODE，READONLY            ；声明只读代码段 Reset
PRESERVE8                             ；字节对齐关键字
CODE32                                ；ARM 程序
ENTRY                                 ；程序入口
START                                 ；标号顶格写

LDR R3，=0x56000010                   ；ARM 指令
LDR R4，=0xddd7fc
STR R4，[R3]

LDR R1，=0x56000014
LDR R2，=0xffff
STR R2，[R1]

LDR R1，=0x56000014
MOV R2，#0x00000
STR R2，[R1]

B    START

END                                   ；程序结束
```

从上述代码可以看出，在 ARM 汇编中，所有标号要顶格写，所有指令不能顶格写，注释用“；”号隔开指令。

(3) 将开发板、J-Link、PC 连接好，开发板上电，编译代码后进入调试状态，单步运行，将发现开发板 LED0～LED4 全部点亮、熄灭、点亮。

2.2.3　汇编与 C 语言的交互编程

C 语言具有的良好的可移植性使其在嵌入式系统开发中应用广泛，但是 C 语言并不能完全代替汇编语言，因为汇编语言是专门针对控制器而生，运行速度可以精确到一个指令周期，实时性较强，能够直接控制硬件的状态。例如在硬件系统的初始化中，CPU 工作状态的设定、主频的设定、中断使能等都将会用汇编代码来实现。因此，在嵌入式系统开发中，一般采取混合编程的方法，充分利用各个语言的优势，使软件开发周期缩短。

混合编程一般采用三种方式，并应用在不同场合下：

✧ 内嵌汇编，针对汇编代码比较短的情况，可以采用这种方式。

✧ 汇编程序和 C 程序之间进行变量的互访。

✧ 利用 ATPCS 规则，实现汇编程序与 C 程序相互调用。

下面将详细介绍混合汇编的过程。

1. 内嵌汇编

内嵌汇编的语法为：

```
_asm
{
    指令
     ⋮
    指令
}
```

例如，在C程序enable_IRQ函数中嵌入汇编代码使能IRQ中断，代码如下：

【示例2-34】 内嵌汇编语法

```
void enable_IRQ(void)
{
    int    tmp
    _asm                                //嵌入汇编代码
    {
        mrs   tmp，CPSR
        bic   tmp，tmp，#0x80
        msr   CPSR_c，tmp
    }
}
```

当使用内嵌汇编时，有以下几点需要注意：

✧ 小心使用物理寄存器。
✧ 不要使用寄存器来代替变量。
✧ 除了CPSR和SPSR以外，无需保存和恢复寄存器。

2. 全局变量

使用IMPORT伪指令引入全局变量，并利用LDR和STR指令根据全局变量的地址访问它们，对于不同类型的变量，需要采用不同选项的LDR和STR命令：

✧ unsigned　char类型：LDRB/STRB。
✧ unsigned　short类型：LDRH/STRH。
✧ unsigned　int类型：LDR/STR。
✧ char类型：LDRSB/STRSB。
✧ short类型：LDRSH/STRSH。

下面是一个汇编代码的函数，读取全局变量globval，将其加1后写回。

【示例2-35】 汇编代码访问全局变量

```
        IMPORT        globval              ；IMPORT引入全局变量
        ⋮
fuc1
        LDR   R1，=globval                 ；采用LDR读取内容
```

```
LDR   R0，[R1]
ADD   R0，R0，#1
STR   R0，[R1]
MOV   PC，LR
```

3. ATPCS 规则

为了能使单独编译的 C 语言程序和汇编程序之间相互调用，必须为子程序间的调用制定一定的规则。在 ARM 处理器中，这个规则即 ATPCS(ARM/Thumb Procedure Call Standard)，它制定了一些子程序间调用的基本规则。下面详细介绍 ATPCS 规则及汇编程序与 C 程序相互调用的实现。

基本规则包括：各寄存器的使用规则及其相应的名称；堆栈的使用规则；参数传递的规则。

(1) 寄存器的使用规则。

✧ 子程序间通过 R0～R3 寄存器来传递参数，记作 A0～A3，被调用子程序返回前无需恢复 R0～R3 的内容。

✧ 子程序中使用 R4～R11 来保存局部变量，记作 V1～V8，在调用子程序的进口和出口处，应分别对所用到的寄存器的内容进行保存和恢复。

✧ 寄存器 R12 作为临时寄存器，记作 IP。

✧ 寄存器 R13 作为堆栈指针，记作 SP，在进入和退出子程序时该值必须相等。

✧ 寄存器 R14 作为连接寄存器，记作 LR，用于保存子程序的返回地址。

✧ 寄存器 R15 是程序计数器，记作 PC，不能用于其他用途。

(2) 堆栈使用规则。

✧ 堆栈为 FD 类型，即满递减堆栈。

✧ 堆栈操作必须是 8 字节对齐。

✧ 在汇编程序中必须使用 PRESERVE8 伪指令指明程序是 8 字节对齐。

(3) 参数传递规则。

✧ 对于参数个数可变的子程序来说，当参数不超过 4 个时，可以使用寄存器 R0～R3；当参数超过 4 个时，可以使用堆栈来传递参数。

✧ 子程序返回时，若返回结果为 32 位整数，使用 R0 返回；若返回结果为 64 位整数，使用 R0 和 R1 返回。

4. C 程序调用汇编程序

C 程序调用汇编程序，需要注意以下两点：

✧ 在汇编程序中用 EXPORT 伪指令声明该子程序。

✧ 在 C 程序中使用 extern 关键字声明外部函数。

5. 汇编程序调用 C 程序

汇编程序调用 C 程序，需要做以下工作：

✧ 在汇编程序中使用 IMPORT 伪指令声明要调用的 C 程序函数。

✧ 在调用 C 程序中，要正确设置入口参数，然后使用 BL 调用。

下述代码用于实现任务描述 2.D.2——实现汇编程序和 C 程序的相互调用。

【描述 2.D.2】 Ini.s

```
        AREA Reset，CODE，READONLY
        PRESERVE8
        ENTRY

        IMPORT ledMain                ；IMPORT 声明外部函数 ledMain
        EXPORT ledInit                ；EXPORT 声明 ledinit 可被调用

        bl ledMain                    ；调用外部函数 ledMain

    ledInit                           ；子函数

        ldr   r3，=0x56000010
        ldr   r4，=0xddd7fc
        str   r4，[r3]

        ldr r1，=0x56000014
        ldr r2，=0xffff
        str r2，[r1]

        mov  pc，lr                   ；子函数返回
        END
```

【描述 2.D.2】 led.c

```
#define GPBCON (*(volatile unsigned *)0x56000010)
#define GPBDAT (*(volatile unsigned *)0x56000014)
#define GPBUP (*(volatile unsigned *)0x56000018)

#define uchar unsigned char
#define uint unsigned int

extern ledinit( )；                    //声明外部函数
void Delay(int x)；

void Delay(int x)
{     int k，j；
      while(x)
      {     for (k=0；k<=0xff；k++)
                  for(j=0；j<=0xff；j++)；
            x--；
      }
}
```

```
int ledMain(void)
{
    ledinit( );          //调用外部函数

    while (1)            //死循环
    {
        GPBDAT = ~(1<<5);
        Delay(5);
        GPBDAT = ~(1<<6);
        Delay(5);
        GPBDAT = ~(1<<8);
        Delay(5);
        GPBDAT = ~(1<<10);
        Delay(5);
    }
}
```

程序在 MDK 编译后运行，可以看到 LED 灯轮流闪烁。

2.3　时钟与电源

S3C2440 的时钟体系可以产生系统必须的时钟信号：FCLK、HCLK、PCLK、UCLK。其中：

✧ FCLK 用于 CPU 内核 ARM920T。

✧ HCLK 用于 AHB 总线上的设备，如存储器控制器、中断控制器、LCD 控制器、DMA、USB 主机模块等。

✧ PCLK 用于 APB 总线上的设备，如 WDT、IIS、I^2C、PWM 定时器、MMC/SD 接口、ADC、UART、GPIO、RTC、SPI 等。

✧ UCLK 为 USB 设备的工作频率，值为 48 MHz。

S3C2440 的电源体系则给出了四种电源管理模式，用来保证系统完成各项任务的最佳功耗。

2.3.1　时钟体系

在 1.3 V 工作电压下，主频 FCLK 的频率可高达 400 MHz。但 S3C2440 的时钟源一般源自外部晶振或外部时钟，为了系统的稳定性，该频率一般较低，例如本书采用开发板选取晶振的频率为 12 MHz。也就是说，外部晶振频率远达不到系统所需要的高频时钟，这时需要锁相环(PLL)进行倍频处理。本节将从时钟源的选取、锁相环的使用、时钟寄存器的配置等方面，具体讲述 S3C2440 如何将外部低频时钟源信号处理成为系统所需要的高频时钟信号。

1. 时钟源

S3C2440 的时钟源的选择如图 2-6 所示。

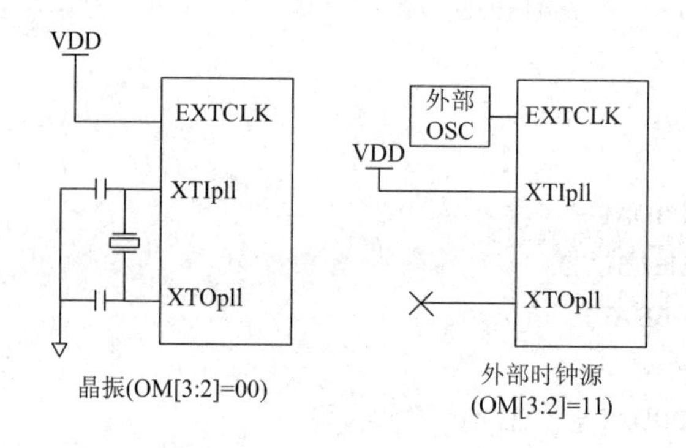

图 2-6 S3C2440 时钟源

从图中可以看出：S3C2440 的时钟可以选用晶振(XTIpll)，也可以使用外部时钟(EXTCLK)。时钟的选择是在复位信号的上升沿时由芯片引脚 OM3、OM2 的组合状态来确定，对应关系如表 2-10 所示。

表 2-10 时钟源的选择

OM[3:2]	主时钟源	USB 时钟源
00	晶振	晶振
01	晶振	外部时钟
10	外部时钟	晶振
11	外部时钟	外部时钟

2. 锁相环(PLL)

S3C2440 包含两个 PLL：UPLL 和 MPLL。它们的作用分别是：

✧ UPLL 提供 48 MHz 的 USB 设备时钟信号 UCLK。

✧ MPLL 可以产生 3 种时钟信号，即 FCLK、HCLK 和 PCLK，它们可以通过时钟比控制寄存器 CLKDIVN 被设置成一定的比例，且比例可以改变。

锁相环(PLL)的工作原理如图 2-7 所示。

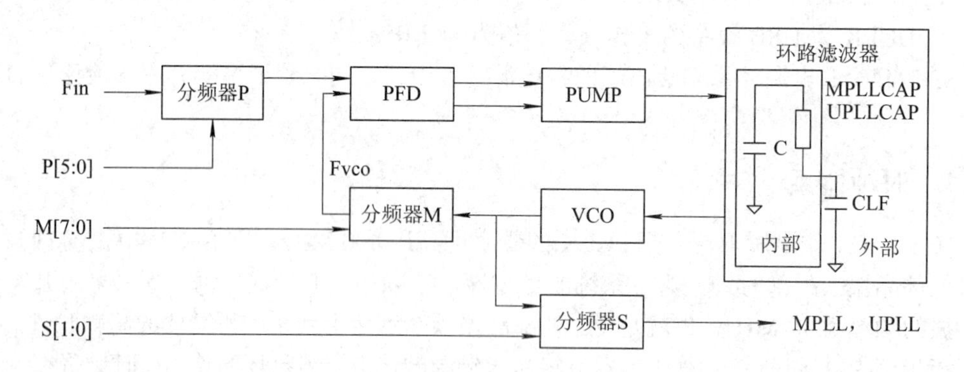

图 2-7 锁相环(PLL)工作原理图

下面以 MPLL 为例，讲解输入时钟 Fin 是如何倍频为 FCLK 的。

(1) 上电时，PLL 没有被启动，此时 FCLK=Fin，当复位信号变为高电平后，PLL 按默认的 PLL 配置运行，但此时 PLL 是不稳定的，需要重新设置 PLL。

(2) 当重新为 PLL 设置时，时钟逻辑先禁止 FCLK，甚至使用 PLL 锁定时间(Lock Time)使 PLL 稳定输出。在锁定时间内，FCLK 停止产生，CPU 停止工作，锁定时间的长短由 LOCKTIME 寄存器设定。

(3) 锁定时间过后，MPLL 输出正常，CPU 工作在新的 FCLK 下。

从图 2-7 可以看出，S3C2440 通过使用三个倍频因子 MDIV、PDIV 和 SDIV 来设置 Fin 倍频为 FCLK，它们的关系如下：

$$\text{MPLL(FCLK)} = \frac{2\times m\times \text{Fin}}{p\times 2^{s}}$$

UPLL 的设置方法与 MPLL 相同，计算公式如下：

$$\text{UPLL} = \frac{m\times \text{Fin}}{p\times 2^{s}}$$

其中，m = MDIV + 8，p = PDIV + 2，s = SDIV。

3. 时钟控制寄存器

S3C2440 提供了三个专门的时钟寄存器用于产生系统时钟，如果要取得合适的系统时钟，需要将时钟寄存器进行合理的配置。下面分别介绍各寄存器的详细配置。

1) 锁定时间寄存器(LOCKTIME)

此寄存器用于设置锁定时间(Lock Time)的长短。由前面内容可知，系统如果改变频率后硬件需要稳定一段时间，这段时间就由 LOCKTIME 寄存器控制。一般情况下，LOCKTIME 寄存器使用默认值即可。

LOCKTIME 寄存器的配置如表 2-11 所示。

表 2-11　LOCKTIME 寄存器

LOCKTIME	位	描　述	初始值
U_LTIME	[31:16]	UCLK 的 UPLL 锁定时间计数值(300 μs)	0xFFFF
M_LTIME	[15:0]	FCLK 的 MPLL 锁定时间计数值(300 μs)	0xFFFF

2) PLL 控制寄存器(MPLLCON，UPLLCON)

PLL 控制寄存器包括 MPLLCON 与 UPLLCON 两个寄存器，用于设置倍频因子，设置完成后，就会进入锁定期间，锁定时间过后，PLL 将输出稳定的时钟频率。PLL 控制寄存器的设置如表 2-12 所示。

表 2-12　MPLLCON/UPLLCON 寄存器

MPLLCON/UPLLCON	位	描　述	初始值
MDIV	[19:12]	主分频控制	0x96/0x4d
PDIV	[9:4]	预分频控制	0x03/0x03
SDIV	[1:0]	后分频控制	0x0/0x0

表 2-13 给出的是官方推荐的 MPLL 配置参数，在实际开发中尽量使用表中的推荐值。

表 2-13 PLL 值选择表

输入频率	输出频率	MDIV	PDIV	SDIV
12.0000 MHz	48.00 MHz(UPLL)	56(0x38)	2	2
12.0000 MHz	96.00 MHz(UPLL)	56(0x38)	2	1
12.0000 MHz	271.50 MHz	173(0xAD)	2	2
12.0000 MHz	304.00 MHz	68(0x44)	1	1
12.0000 MHz	405.00 MHz	127(0x7F)	2	1
12.0000 MHz	532.00 MHz	125(0x7D)	1	1
16.9344 MHz	47.98 MHz(UPLL)	60(0x3C)	4	2
16.9344 MHz	95.96 MHz(UPLL)	60(0x3C)	4	1
16.9344 MHz	266.72 MHz	118(0x76)	2	2
16.9344 MHz	296.35 MHz	97(0x61)	2	2
16.9344 MHz	399.65 MHz	110(0x6E)	3	1
16.9344 MHz	530.61 MHz	86(0x56)	1	1
16.9344 MHz	533.43 MHz	118(0x76)	1	1

当设置 MPLL 和 UPLL 的值时，应先设置 UPLL，然后间隔 7 个 NOP 后再设置 MPLL。

3) 时钟控制比寄存器(CLKDIVN)

此寄存器用来设置 FCLK、HCLK 和 PCLK 三者的比例。寄存器设置如表 2-14 所示。

表 2-14 CLKDIVN 寄存器

CLKDIVN	位	描 述	初始值
DIVN_UPLL	[3]	0：UCLK = UPLL 时钟， UPLL 时钟 = 48 MHz 1：UCLK = UPLL 时钟/2，UPLL 时钟 = 96 MHz UCLK = 48MHz	0
HDIVN	[2:1]	00：HCLK = FCLK 01：HCLK = FCLK/2 10：HCLK = FCLK/4 当 CAMDIVN[9] = 0 时 HCLK = FCLK/8 当 CAMDIVN[9] = 1 时 11：HCLK = FCLK/3 当 CAMDIVN[9] = 0 时 HCLK = FCLK/6 当 CAMDIVN[9] = 1 时	00
PDIVN	[0]	0：PCLK = HCLK 1：PCLK = HCLK/2	0

4. 系统频率设置方法

下述内容用于实现任务描述 2.D.3——编写一段代码实现系统时钟 FCLK 为 400 MHz，HCLK 为 100 MHz，PCLK 为 50 MHz，UCLK 为 48 MHz。假设系统时钟是 12 MHz，编程思路如下：

(1) 设置锁定时间寄存器 LOCKTIME，使用默认值 0x0ffffff。

(2) 设置时钟控制比寄存器 CLKDIVN，PCLK：HCLK：FCLK = 1：2：8，所以值为 0x0d。

(3) 设置 UPLLCON 控制寄存器，根据倍频公式和主频要求计算或查表得 MDIV =

0x38，PDIV=0x02，SDIV=0x01。

(4) 延时等待 7 个 NOP 间隔。

(5) 设置 MPLLCON 控制寄存器，根据倍频公式和主频要求计算或查表得 MDIV = 0x7f，PDIV = 0x02，SDIV = 0x01。

系统频率设置的代码如下：

【描述 2.D.3】 系统频率设置

```
；设置锁定时间，默认值 0x0ffffff
ldr    r0，=LOCKTIME
ldr    r1，=0x0ffffff
str    r1，[r0]

；CLKDIVN=0X0d，PCLK：HCLK：FCLK=1：2: 8
ldr    r0，=CLKDIVN
ldr    r1，=0x0000000c
str    r1，[r0]

；UPLLCON=0x00038021，UCLK=48MHz
ldr    r0，=UPLLCON
ldr    r1，=0x00038021
str    r1，[r0]
；设置 UPLL 后，等待 7 个 nop 间隔
nop
nop
nop
nop
nop
nop
nop

；由公式计算得知：在 Fin = 12 MHz 时，MDIV = 0x7f，PDIV = 2，SDIV = 1
ldr    r0，=MPLLCON
ldr    r1，=0x0007f0021
str    r1，[r0]
```

执行完此段代码后，系统的主频 FCLK 为 400 MHz。

2.3.2　电源模式

在 S3C2440 中，电源管理模块可以通过软件控制时钟以达到减少电源功耗的功能。在此基础上，S3C2440 提供了四种电源模式：普通模式、空闲模式、慢速模式和睡眠模式。每一种模式下的时钟和电源状态各不同，且各种模式之间不能随意转换，如表 2-15 所示。

表 2-15 每种电源模式的时钟和电源状态

模式	ARM920T	AHB 模块	电源管理	GPIO	RTC 时钟	APB 模块
普通	O	O	O	SEL	O	SEL
空闲	×	O	O	SEL	O	SEL
慢速	O	O	O	SEL	O	SEL
睡眠	OFF	OFF	等待唤醒	先前状态	O	OFF

从表中可以看出：

✧ 普通模式：所有外设和基本模块都可以运行，此模式的功耗最大。

✧ 空闲模式：CPU 不工作、外设工作，任何中断请求都可以唤醒 CPU 并退出空闲模式。

✧ 慢速模式：PLL 不工作，CPU 和外设工作的时钟由外部原始时钟提供。

✧ 睡眠模式：除了一个电源供给唤醒电路外，其他电源不工作，此模式的功耗最低，可以通过外部中断 EINT[15:0]或 RTC 中断唤醒。

2.4 GPIO

GPIO，通用输入输出(General Purpose I/O)的简称，是 I/O 的一种形式。"通用"即该 I/O 口可以通过引脚外接不同种类的外部设备。在嵌入式系统中，经常需要控制许多结构简单的外部设备，有时只需要 CPU 提供输入高低电平信号即可，例如控制 LED 的亮或灭。

S3C2440 提供多个 I/O 寄存器用于控制 I/O 口是用于输入、输出还是其他特殊功能。GPIO 的使用在 ARM 开发中是最基础的硬件操作，只有掌握了外部设备最基本的开发流程，才能在以后的开发应用中举一反三，缩短开发周期。

2.4.1 概述

S3C2440 共有 289 个引脚，其中有 130 个多功能 I/O 口，这些 I/O 接口的特点如下：

✧ 共分为 9 组 GPIO，即 GPA、GPB、GPC、GPD、GPE、GPF、GPG、GPH、GPJ，每组 I/O 接口外接引脚数不同。

✧ 大部分 I/O 是复用的，可以单独被配置为输入模式、输出模式或者功能模式，但 GPA 除了用做功能模式外，只能用作输出口。

✧ 每组 I/O 接口都有独立的数据寄存器、控制寄存器、上拉电阻寄存器来控制接口工作状态和输入输出数据。

2.4.2 GPIO 寄存器

GPIO 的应用重点是其相关寄存器的配置。只有对寄存器进行合理的配置，才能实现 I/O 的功能。在配置寄存器时，因为 S3C2440 芯片包含的 I/O 口的寄存器与内存单元统一编址，所以访问 I/O 口寄存器的方法与访问内存单元相同，可以用 LDR/STR 或伪指令 LDR 进行操作。S3C2440 每组 I/O 都可以通过 3 个寄存器来控制和访问，这 3 个寄存器分别是：控制寄存器 GPxCON、数据寄存器 GPxDAT、内部上拉使能寄存器 GPxUP，其中 x 为 A～J。

本小节以端口 B 为例分别详细介绍 3 个寄存器。

1) 控制寄存器(GPxCON)

S3C2440 中，大多数 I/O 端口具有复用功能，控制寄存器 GPxCON 就是用于设置各 I/O 端口的功能，即输入、输出还是其他功能。以端口 B 为例说明各 I/O 口的控制寄存器 GPBCON 的设置如表 2-16 所示。

表 2-16　GPBCON 寄存器

GPBCON	位	描　述	初始值
GPB10	[21:20]	00：输入　01：输出　10：nXDREQ0　11：保留	0
GPB9	[19:18]	00：输入　01：输出　10：nXDACK0　11：保留	0
GPB8	[17:16]	00：输入　01：输出　10：nXDREQ1　11：保留	0
GPB7	[15:14]	00：输入　01：输出　10：nXDREQ1　11：保留	0
GPB6	[13:12]	00：输入　01：输出　10：nXBREQ　11：保留	0
GPB5	[11:10]	00：输入　01：输出　10：nXBACK　11：保留	0
GPB4	[9:8]	00：输入　01：输出　10：TCLK[0]　11：保留	0
GPB3	[7:6]	00：输入　01：输出　10：TOUT3　11：保留	0
GPB2	[5:4]	00：输入　01：输出　10：TOUT2　11：保留	0
GPB1	[3:2]	00：输入　01：输出　10：TOUT1　11：保留	0
GPB0	[1:0]	00：输入　01：输出　10：TOUT0　11：保留	0

由表中可以看出，GPBCON 寄存器的每两位决定一个引脚的功能：00 表示输入；01 表示输出；10 表示第二功能；11 保留。GPB～GPJ 口的功能控制都是相同的。以下代码是将 GPB5 设置为输出。

【示例 2-36】 设置 GPB5 为输出

```
LDR     R0，=0x56000010          ；GPBCON 寄存器地址 0x56000010
MOV     R1，#0x00000400          ；[11:10]为 0b01，输出
STR     R1，[R0]                 ；配置 GPBCON，GPB5 为输出
```

对于 GPA 口，GPACON 寄存器的每一位对应一个引脚，具体定义如下：

✧ 为 0 时，引脚为输出功能。

✧ 为 1 时，引脚为功能引脚，作为地址线或用于地址控制。

一般情况下，GPACON 寄存器的每位都被设置为 1，作为地址线或地址控制，用以访问外部存储部件。

2) 数据寄存器(GPxDAT)

GPxDAT 寄存器用于读写引脚，当引脚被设置为输入时，可从此寄存器相应位读取数据。当引脚被设置为输出时，写此寄存器可以写到端口的相应位中。GPBDAT 寄存器描述如表 2-17 所示。

表 2-17　GPBDAT 寄存器

GPBDAT	位	描　述	初始值
GPB[10:0]	[10:0]	配置为输入时，相应位为引脚状态 配置为输出时，0 为低电平，1 为高电平	0

以下代码设置 GPB5 输出高低电平。

【示例 2-37】 GPB5 输出高低电平

```
LDR     R0，=0x56000014          ；GPBDAT 寄存器地址 0x56000014
MOV     R1，#0x0020
STR     R1，[R0]                 ；GPB5 输出高电平
MOV     R1，#0x00000000
STR     R1，[R0]                 ；GPB5 输出低电平
```

3) 内部上拉使能寄存器(GPxUP)

GPxUP 寄存器控制每个引脚是否使用上拉电阻。当相应位为 0 时，使能此引脚上拉电阻；当相应位为 1 时，禁止上拉电阻。GPBUP 寄存器如表 2-18 所示。

表 2-18 GPBUP 寄存器

GPBUP	位	描 述	初始值
GPB[10:0]	[10:0]	0：使能上拉 1：禁止上拉	0

以下代码将 GPB 口上拉电阻禁止。

【示例 2-38】 禁止 GPB 口上拉电阻

```
LDR     R0，=0x56000018          ；GPBUP 寄存器地址 0x56000018
MOV         R1，#0xff            ；每位为 1
STR     R1，[R0]                 ；上拉电阻禁止
```

2.4.3 GPIO 编程

GPIO 的编程有三个步骤：

(1) 根据需求分析端口功能。

(2) 配置 GPxCON 和 GPxUP 寄存器。

(3) 对端口进行 GPxDAT 操作，读或写。

下述内容用于实现任务描述 2.D.4——利用 GPIO 编程实现跑马灯程序。编程思路如下：

(1) 分析 GPB 口控制 LED 的原理图，如图 2-8 所示。

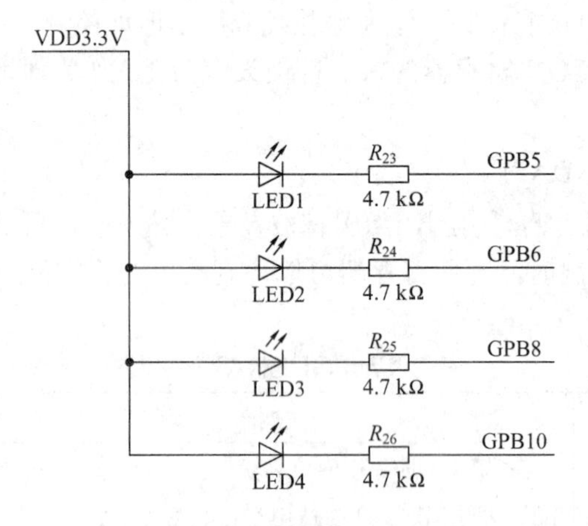

图 2-8 GPB 口控制 LED 原理图

由原理图可知，GPB5、GPB6、GPB8、GPB10 分别接到了 LED1、LED2、LED3、LED4 上，且 LED0～LED3 共阳。因此 GPB5、GPB6、GPB8、GPB10 分别为输出端，且当输出为低电平时，LED 被点亮；输出为高电平时，LED 被熄灭。

(2) GPB5、GPB6、GPB8、GPB10 为输出端，GPBCON 寄存器的控制此引脚的位[13:10]、[17:16] 和 [21:20] 为 0b01，那么 GPBCON 为 0x1dd7fc。

(3) 写 GPBDAT，控制 LED 亮灭。

代码如下：

【描述 2.D.4】 init.s

```
AREA RESET，CODE，READONLY
ENTRY
ldr r13，=0x1000
IMPORT ledMain
b ledMain
END
```

【描述 2.D.4】 ledmain.c

```
/**********************LED 跑马灯*******************************/
// 描      述 : LED1，LED2，LED3，LED4 轮流闪烁
/*************************************************************/
/*
     程序接口说明
     GPB5   ------ LED1
     GPB6   ------ LED2
     GPB8   ------ LED3
     GPB10 ------ LED4
*/
/*-----------------------地址声明-------------------------*/
#define GPBCON (*(volatile unsigned *)0x56000010)    // GPBCON 地址
#define GPBDAT (*(volatile unsigned *)0x56000014)    // GPBDAT 地址
#define GPBUP (*(volatile unsigned *)0x56000018)     // GPBUP 地址

/*---------------------函数声明--------------------------*/
void Delay(int x);
/*-------------------------------------------------------/
函数名称:      Delay
功能描述:      延时函数
传    参:      int x
返 回 值:      无
-------------------------------------------------------*/
```

```
void Delay(int x)
{
    int k，j;
    while(x)
    {
        for (k=0；k<=0xff；k++)
            for(j=0；j<=0xff；j++);
        x--;
    }
}
/*------------------------------------------------------------
函数名称：    ledMain
功能描述：    入口程序
              初始化后，进入跑马灯死循环
传    参：    无
返 回 值：    int 0
------------------------------------------------------------*/
int ledMain(void)
{
    //配置寄存器
    GPBCON = 0x1dd7fc;              // GPB5，GPB6，GPB8，GPB10 设置为输出
    GPBDAT = ((1<<5)|(1<<6)|(1<<8)|(1<<10));        //输出 1，使 LED 全灭
    GPBUP = 0x00；//上拉电阻使能

    //通过读写寄存器实现跑马灯效果
    while (1)                  // 死循环
    {
        GPBDAT = ~(1<<5);       //LED1 亮
        Delay(5);
        GPBDAT = ~(1<<6);       //LED2 亮
        Delay(5);
        GPBDAT = ~(1<<8);       //LED3 亮
        Delay(5);
        GPBDAT = ~(1<<10);      //LED4 亮
        Delay(5);
    }
}
```

将程序在 MDK 下编译后运行，可以看到 4 个 LED 轮流闪烁，最终实现流水灯效果。

2.5 存储器控制器

在 ARM 片内资源中，内存很小，为了能够存储并运行操作系统或应用程序等大型文件，需要在 ARM 存储接口上进行扩展。这样一个嵌入式系统可能包含了多种类型的存储部件，如 SRAM、SDRAM、ROM、FLASH、磁盘等。ARM 处理器提供了一个存储管理部件，为访问外部存储部件提供存储地址信号和控制信号，即存储器控制器。

2.5.1 概述

S3C2440 的存储器控制器的特性如下：

✧ S3C2440 的存储器控制器提供了访问外部存储器的所有控制信号，有 27 位地址信号、32 位数据信号、8 个片选信号以及读/写控制信号等。

✧ 总共有 8 个存储器 BANK(BANK0～BANK7)，容量可达 1 GB。

✧ BANK0～BANK5 容量为固定的 128 MB，BANK6 和 BANK7 的容量可以通过编程改变，但两者必须容量相等。

✧ BANK0～BANK6 都有固定的起始地址，BANK7 的起始地址可变，但必须与 BANK6 衔接。

✧ BANK0 数据线宽只能是 16 位/32 位，其他 BANK 可以编程访问线宽(8 位/16 位/32 位)。

✧ 所有存储器 BANK 的访问周期都是可编程的。

✧ 支持 SDRAM 的自刷新和掉电模式。

✧ 支持大、小端模式(通过软件设置选择)。

S3C2440 的存储地址映射图如图 2-9 所示。

系统上电后，将从 BANK0 开始执行程序。

根据引脚 OM[1]和 OM[0]外接方式的不同，S3C2440 处理器有两种启动方式：NAND Flash 启动和 NOR Flash 启动。两种启动方式下的内存的地址映射略有不同(图 2-9 中灰色区域)。本书介绍的开发板采取 NAND Flash 启动方式。

S3C2440 处理器为 32 位，理论上寻址范围可以达到 $2^{32} = 4$ GB。实际上 S3C2440 处理器对外引出的地址线只有 27 根，寻址空间只能是 $2^{27} = 128$ MB 的范围。为了达到 1 GB 的寻址空间，处理器还对外引出 8 根片选信号 nGCS0～nGCS7，分别对应 8 个存储器，这样 S3C2440 的寻址空间就达到了 8×128 MB = 1 GB 的范围。

从图 2-9 可以看出，S3C2440 的地址分配情况为：

✧ 0x00000000～0x3FFFFFFF，BANK0～BANK7，每个 BANK 分别对应不同的外设，共 1 GB。

✧ 0x40000000～0x47FFFFFF，根据启动方式的不同，功能有所不同。

✧ 0x48000000～0x5FFFFFFF，作为特殊功能寄存器。

✧ 0x60000000～0xFFFFFFFF，未被使用。

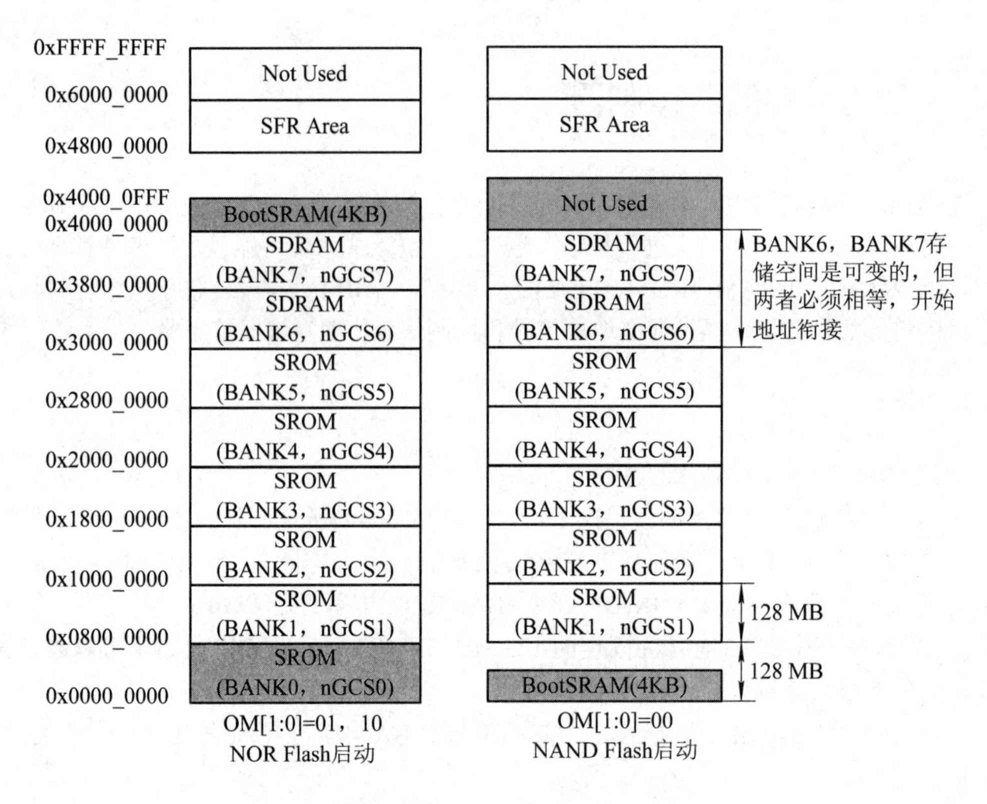

图 2-9 S3C2440 地址映射图

S3C2440 的 8 个 BANK 中，每个 BANK 都有自己的起始地址和片选信号 nGCSx，并且对应某一类外设。当需要访问外接设备时，nGCSx 引脚输出低电平信号，选择对应 BANKX 后，就可以通过存储器控制器进行地址选择，这样，对外设的操作就可以转向对 CPU 内部地址空间的操作。

2.5.2 存储器控制器寄存器

S3C2440 存储器控制器的地址为 0x48000000～0x48000030，通过配置存储器控制器提供的 13 个寄存器就可以达到访问外围存储设备的目的。这 13 个寄存器分别为：

✧ 总线宽度和等待控制寄存器(BWSCON)。

✧ BANK 控制器组(BANKCONn，n=0～5)。

✧ BANK 控制器组(BANKCONn，n=6，7)。

✧ 刷新控制寄存器(REFRESH)。

✧ BANK 大小寄存器(BANKSIZE)。

✧ SDRAM 模式寄存器组(MRSRBn，n=6，7)。

下面分别介绍这些寄存器。

1) 总线宽度和等待控制寄存器(BWSCON)

BWSCON 的每 4 位对应一个 BANK，其中 BANK1～BANK7 配置位相同，而 BANK0 的数据总线宽度是由硬件决定的，即由芯片引脚 OM[1:0]的连接状态决定。BWSCON 寄存器的描述如表 2-19 所示。

表 2-19　BWSCON 寄存器

BWSCON	位	描　述	初始值
STn	1 位	控制 BANK 的 L1B/LB 引脚输出信号 0：使 LIB/LB 与 nWBE[3:0]相连 1：使 LIB/LB 与 nBE[3:0]相连	0
WSn	1 位	BANK 的 WAIT 状态，通常为 0 0：WAIT 禁止　　1：WAIT 使能	0
DWn	2 位	BANK 的数据总线宽度(位宽) 00：8 位　01：16 位　10：32 位　11：保留	0
DW0	[2:1]	BANK0 的数据总线宽度(只读)，由引脚 OM[1:0]决定 01：16 位　10：32 位	—

2) BANK 控制器(BANKCONn，n = 0～5)

BANKCONn(n = 0～5)用来控制外接设备的访问时序，一般使用默认值 0x0700。

3) BANK 控制器(BANKCONn，n = 6，7)

BANKCONn(n = 6，7)用来控制外接设备的访问时序，一般使用默认值 0x18008。

4) 刷新控制寄存器(REFRESH)

REFRESH 决定了 SDRAM 的刷新使能、刷新模式和刷新时间。REFRESH 寄存器的描述如表 2-20 所示。

表 2-20　REFRESH 寄存器

REFRESH	位	描　述	初始值
REFEN	[23]	SDRAM 刷新使能 0：禁止　　1：使能	0
TREFMD	[22]	SDRAM 自刷新模式 0：CBR/自动刷新　1：自刷新	0
Trp	[21:20]	SDRAM RAS 预充电时间 00：2 个时钟　　01：3 个时钟 10：4 个时钟　　11：不支持	10
Tsrc	[7:6]	SDRAM 半行周期时间 00：4 个时钟　　01：5 个时钟 10：6 个时钟　　11：7 个时钟	11
刷新计数器	[10:0]	SDRAM 刷新计数值	0

5) BANK 大小寄存器(BANKSIZE)

BANKSIZE 定义了 SDRAM 的容量大小。BANKSIZE 寄存器的描述如表 2-21 所示。

表 2-21　BANKSIZE 寄存器

BANKSIZE	位	描　述	初始值
BURST_EN	[7]	ARM 核突发操作使能 0：禁止　　　　1：使能	0
SCKE_EN	[5]	SDRAM 掉电模式使能 SCKE 控制 0：禁止掉电模式　　1：使能掉电模式	0
SCLK_EN	[4]	只在 SDRAM 访问周期时间 SCLK 使能，未访问 SDRAM 时，SCLK 变为低电平 0：SCLK 一直有效　　1：SCLK 只在访问时有效(推荐)	0
BK76MAP	[2:0]	BANK6/7 存储器映射 000：32M　001：64M　010：128M 100：2M　101：4M　110：8M　111：16M	010

6) SDRAM 模式设置寄存器(MRSRBn，n = 6，7)

MRSRBn 寄存器定义了 SDRAM 的工作模式，能修改的位只有 SDRAM 的时序参数 CL[6:4]。MRSRBn 一般取默认值 0x30。MRSRBn 寄存器的描述如表 2-22 所示。

表 2-22　MRSRBn 寄存器

MRSRBn	位	描　述	初始值
WBL	[9]	写突发长度 0：突发(固定)　　1：保留	×
TM	[8:7]	测试模式 00：模式寄存器组(固定)　01，10，11：保留	××
CL	[6:4]	CAS 等待时间 000：1 个时钟　　010：2 个时钟 011：3 个时钟　　其他：保留	×××
BT	[3]	突发类型 0：连续(固定)　　1：保留	×
BL	[2:1]	突发长度 000：1(固定)　　其他：保留	×××

⚠ 注意：当程序在 SDRAM 中运行时，一定不要刷新 MRSR 寄存器。

2.5.3　存储器控制器编程

S3C2440 的每个 BANK 都可以用来外接总线型设备，这些设备共用系统的总线。每个设备都有自己的片选信号，但地址线都是共用的。BANK0～BANK5 的连接方式是一样的，BANK6 和 BANK7 连接 SDRAM 时比较复杂，下面以 BANK6/BANK7 分别外接三星 32 MB 的 SDRAM(K4S561632)为例讲解存储器控制器编程的具体过程。

1. SDRAM 概述

在嵌入式系统中，因 NAND Flash 良好的性价比使之成为系统常用的程序文件存储介质。但 NAND Flash 不是总线型设备，读写速度比较慢，不具备程序运行功能，所以一般在执行过程中，CPU 首先从复位地址 0x0 读取启动代码，在完成初始化后，将程序先复制到内存中执行，增加程序运行效率，同时，用户堆栈、运行数据也都放在内存中。

SDRAM(Synchronous Dynamic Random Access Memory)即同步动态随机存储器，也就是通常所说的内存，其名称含义如下：

✧ 同步是指存储器工作需要同步时钟，命令的发送和数据的传输都以同步时钟为基准。

✧ 动态是指存储阵列需要不断地刷新来保证数据不丢失。

✧ 随机是指数据不是线性依次存储，而是自由地按指定地址进行数据读写。

SDRAM 的内部是一个个存储阵列组合，阵列中的每个单元格就是一个存储单元。每个存储阵列对应一个逻辑 BANK(L-BANK)。寻址方式是先选中 L-BANK 块地址，再指定行地址，最后指定列地址。SDRAM 存储结构逻辑图如图 2-10 所示。

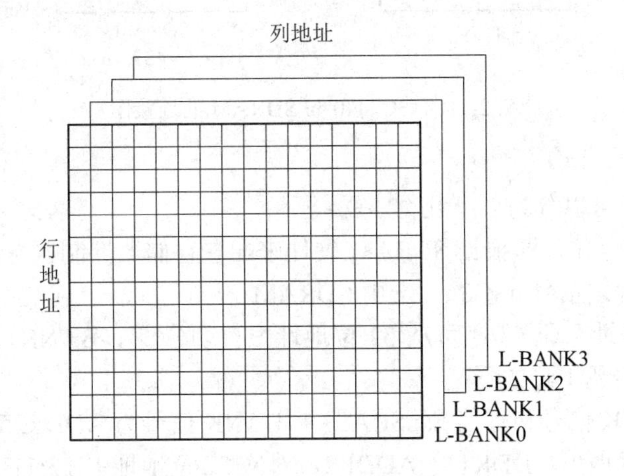

图 2-10　SDRAM 存储结构逻辑图

2. SDRAM 连接方式

三星 K4S561632 为 16 位，有 4 个 BANK，32 MB 的 SDRAM，行地址线有 13 根，列地址线有 9 根，地址复用。S3C2440 处理器选择 2 片 16 位 SDRAM 扩展为 32 位 SDRAM，分别对应 BANK 片选信号 nGCS6 和 nGCS7，因此 SDRAM 的访问地址为 0x30000000～0x33FFFFFF，共 64 MB。CPU 除了连接地址线和数据线之外，还应提供以下控制信号：

✧ SCKE：SDRAM 时钟有效信号。

✧ SCLK0/SCLK1：SDRAM 时钟信号。

✧ DQM0～DQM3：数据掩码信号。

✧ nSCSn：SDRAM 片选信号，等同 nGCS6 或 nGCS7。

✧ A25/A24：BANK 地址信号，与 BA0/BA1 相连，对应 4 个 BANK。

✧ nSRAS：SDRAM 行地址选中信号。

✧ nSCAS：SDRAM 列地址选中信号。

✧ nWE：SDRAM 写允许信号。

S3C2440 与 SDRAM 的连接示意图如图 2-11 所示。

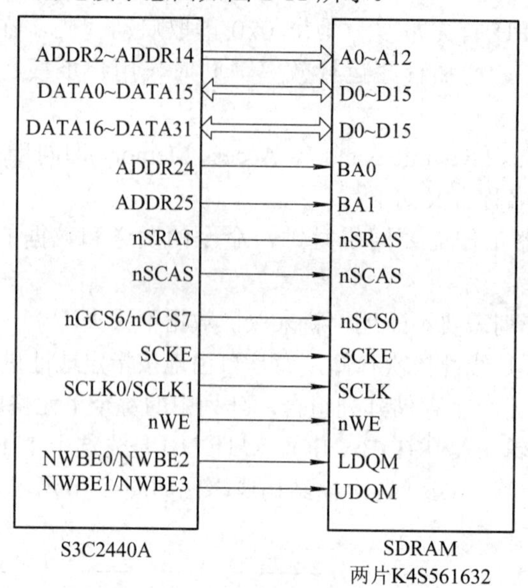

图 2-11　S3C2440 与 SDRAM 的连接图

3. SDRAM 访问方式

SDRAM 的访问可以分为以下几个步骤：

(1) SDRAM 初始化，即根据 SDRAM 硬件来配置存储器控制器寄存器。

(2) CPU 发送片选信号 nSCSn，选中 SDRAM。

(3) 具体地址寻址，即 CPU 可从 32 位地址中自动分离 L-BANK，发送行地址信号和列地址信号。具体实现步骤如下：

✧ 发送 L-BANK 信号和行信号 nSRAS，L-BANK 信号为 ADDR25/ADDR24，对应 32 位地址中[25:24]，行地址 ADDR14～ADDR2，对应 32 位地址中[23:11]。

✧ 发送列信号 nSCAS，列地址 ADDR9～ADDR2，对应 32 位地址中[10:2]。

✧ 根据寄存器配置，S3C2440 的 BANK6 位宽为 32 位，ADDR1、ADDR0 为 0，即对应 32 位地址中[1:0]为 0。

✧ S3C2440 的 BANK6 的起始地址为 0x30000000，根据 BANK 访问地址=Bank 起始地址+地址线地址(ADDR25[25:0])×2，所以 CPU 可访问的 SDRAM 地址为 0x30000000～0x33FFFFFF，共 64 MB。

(4) 数据传输，即存储地址选中以后，就可以对此区域进行数据读写。

以 BANK6、BANK7 分别外接三星 32 MB 的 SDRAM(K4S561632)为例进行存储器控制器寄存器的配置。由数据手册可知，K4S561632 为 16 位，有 4 个 BANK，32 MB 的 SDRAM，行地址线有 13 根，列地址线有 9 根，因此各寄存器配置如下：

【示例 2-39】 SDRAM 初始化

```
BWSCON = 0x22011110; // BANK6、BANK7 线宽为 32 位；BANK5 为 8 位；其余为 16 位
BANKCON0 = 0x0700; // BANK0～BANK5 使用默认值 0x0700
BANKCON1 = 0x0700;
```

```
BANKCON2 = 0x0700；
BANKCON3 = 0x0700；
BANKCON4 = 0x0700；
BANKCON5 = 0x0700；
BANKCON6 = 0x018005；//存储器类型 MT[16:15]=0b11，外接 SDRAM 且列地址线为 9 位
BANKCON7 = 0x018005；//同 BANK6
REFRESH = 0x08C07A3；//SDRAM 自动刷新使能
BANKSIZE = 0x0B1；//SDRAM 为 64 MB
MRSRB6 = 0x030；//注意：代码在 SDRAM 运行中时，一定不能刷新此寄存器
MRSRB7 = 0x030；
```

下述内容用于实现任务描述 2.D.5——实现程序到 SDRAM 的复制，并最终在 SDRAM 中执行。编程思路如下：

(1) SDRAM 初始化，本例使用查表方式。

(2) 将代码从 0 地址复制到 SDRAM 中，程序代码为任务描述 2.D.4 代码。

(3) 程序跳到 SDRAM(地址为 0x30000000)中执行。

代码如下：

【描述 2.D.5】 init.s

```
MEM_CTL_BASE    equu    0x48000000
SDRAM_BASE      equ     0x30000000
begin           equ     0x30000000

    AREA Reset，CODE，READONLY
    PRESERVE8
    CODE32
    ENTRY

IMPORT main                              ；外部函数

bl   disable_watch_dog                   ；关闭 WATCHDOG
bl   memsetup                            ；SDRAM 初始化
bl   copy_steppingstone_to_sdram         ；复制代码到 SDRAM 中

ldr   pc，=nosdram                       ；跳到 SDRAM

nosdram
    ldr sp，=0x34000000                  ；设置堆栈
    bl   main
disable_watch_dog                        ；往 WATCHDOG 寄存器写 0
```

```
    mov r1，   #0x53000000
    mov r2，   #0x0
    str r2，   [r1]
    mov pc，lr                        ；返回

；将 Stepping-stone 的 4 KB 数据全部复制到 SDRAM 中
；Stepping-stone 起始地址为 0x00000000，SDRAM 中起始地址为 0x30000000
copy_steppingstone_to_sdram

    mov r1，#0
    ldr r2，=SDRAM_BASE
    mov r3，#4*1024
loop1
    ldr r4，[r1]，#4          ；从 Stepping-stone 读取 4 字节的数据，并让源地址加 4
    str r4，[r2]，#4          ；将此 4 字节的数据复制到 SDRAM 中，并让目地地址加 4
    cmp r1，r3                ；判断是否完成：源地址是否等于 Stepping-stone 的末地址？
    bne loop1                 ；若没有复制完，继续
    mov pc，lr                ；返回

；SDRAM 初始化
memsetup

    mov  r1，#MEM_CTL_BASE     ；存储器控制器的 13 个寄存器的开始地址
    adrl  r2，mem_cfg_val      ；这 13 个值的起始存储地址
    add  r3，r1，#52           ；13 × 4 = 54
loop2
    ldr r4，[r2]，#4           ；读取设置值，并让 r2 加 4
    str r4，[r1]，#4           ；将此值写入寄存器，并让 r1 加 4
    cmp r1，r3                 ；判断是否设置完所有 13 个寄存器
    bne loop2                  ；若没有完成，继续
    mov pc，lr                 ；返回

align 4
mem_cfg_val    dcd 0x22011110，0x00000700，0x00000700，0x00000700，0x00000700，
0x00000700，0x00000700，0x00018005，0x00018005，0x008C07A3，0x000000B1，0x00000030，
0x00000030；

end
```

ledmain.c 代码请参照任务描述 2.D.4 代码 ledmain.c。

将程序编译后运行，可以看到 4 个 LED 轮流闪烁，但闪烁频率比任务描述 2.D.4 的结果要慢的多。

2.6 异常系统

异常和中断都是采用中断的方式来处理，因此通常将中断和异常均称为异常。其中：

✧ 异常是 CPU 在执行过程中出现的错误，即不正常的情况。例如 CPU 在执行过程中突然掉电产生复位，称为复位异常。

✧ 中断是 CPU 在执行程序时，系统发生了一件急需 CPU 处理的事件，事件处理完成后，CPU 再返回指向原来正在执行的程序。

2.6.1 异常

1. 异常种类

ARM920T 所支持的七种异常及其异常向量表如表 2-23 所示。每种异常的发生都导致处理器进入不同的工作模式。

当同时出现多个异常时，按照异常优先级来确定他们的处理顺序，由高到低的顺序如表 2-24 所示。

表 2-23 异常向量表

异常向量表	异　常	具 体 含 义	进入模式
0x00000000	复位异常	当 CPU 刚上电或按下复位键时产生	管理模式
0x00000004	未定义指令异常	在流水线译码阶段，当处理器遇到不能处理的指令时产生，可用于软件仿真	未定义模式
0x00000008	软件中断异常	执行 SWI 指令时产生，可在用户模式下调用特权操作指令，用于实现操作系统调用	管理模式
0x0000000C	预取中止异常	在流水线取指阶段，处理器预取指令的地址不存在或该地址不允许此指令访问时，存储器会向处理器发中止信号，但当预取指令时才会产生该异常	中止模式
0x00000010	数据中止异常	执行存储器访问指令 Load/Store 时，目标地址不存在或该地址不允许当前指令访问时产生	中止模式
0x00000014	保留异常	——	保留
0x00000018	中断 IRQ 异常	当处理器的外部中断请求引脚有效，且 CPSR 中 I 位为 0 时产生，系统外设可通过该异常请求中断服务	中断模式
0x0000001C	快中断 FIQ 异常	当处理器的外部中断请求引脚有效，且 CPSR 中 F 位为 0 时产生，常用于数据传输和通道处理	快中断模式

表 2-24 异常优先级

优先级	异 常
1	复位
2	数据中止
3	快中断 FIQ
4	中断 IRQ
5	预取中止
6	未定义指令、软件中断

复位异常是系统中最高优先级的异常。

2. 异常处理过程

系统运行时，异常可能会随时发生，为了保证处理器在发生异常时不处于未知状态，在应用程序设计中，首先应进行异常处理。处理器通常以中断的方式来处理异常，即当一个异常发生时，处理器首先进行现场保护，然后到异常的入口处执行异常处理程序。异常退出时，处理器将恢复发生异常时的现场。

(1) 在异常发生后，ARM 内核会自动做以下工作：

✧ 保存返回地址：将下一条指令地址保存到链接寄存器 R14_mode(LR)中。

✧ 保存执行状态：复制 CPSR 的内容到相应的 SPSR_mode 中。

✧ 模式切换：根据异常类型设置 CPSR[4:0]运行模式，同时进入 ARM 状态，禁止中断。

✧ 跳入异常向量表：设置 PC 为相应的异常向量地址。

(2) 当异常结束时，异常处理程序将会进行以下步骤：

✧ 将返回地址放入 PC 中(链接寄存器 R14 适当减去一个偏移量，偏移量由异常类型决定，如表 2-25 所示)。

✧ 复制 SPSR_mode 的内容到 CPSR 中。

✧ 如果在异常进入时置位了中断禁止标志位，那么清除中断禁止标志位。

由 2.2.1 节可知，CPU 采用流水线技术，造成当前执行指令的地址应该是 PC−8，那么下条指令的地址应该是 PC−4。在异常发生时，CPU 会自动将 PC−4 的值保存到 LR 中，但是该值是否正确还要根据异常的类型才能决定。异常返回地址以及退出异常处理程序所推荐使用的指令如表 2-25 所示。

表 2-25 异常入口/出口指令表

异 常 入 口	返 回 指 令	返 回 地 址
复位	无	无
数据中止	SUBS PC，R14_abt，#8	R14−8
中断 IRQ	SUBS PC，R14_irq，#4	R14−4
快中断 FIQ	SUBS PC，R14_fiq，#4	R14−4
预取中止	SUBS PC，R14_abt，#4	R14−4
未定义指令	MOVS PC，R14_und	R14
软件中断	MOVS PC，R14_svc	R14

例如，复位异常通常由系统上电和系统复位引起。当产生复位异常时，根据 ARM9 处理异常的过程可知，系统将自动执行如下操作：

(1) 保存 R14 和 SPSR；对于复位异常，R14 和 SPSR 可以忽略。

(2) 修改 CPSR 值，即 CPSR[4:0]=0b10011，进入特权模式；CPSR[5]=0，进入 ARM 状态；CPSR[6]=1，禁止快速中断；CPSR[7]=1，禁止外部中断。

(3) 设置 PC 值，使 PC=0x00000000。

在程序跳转到 0x00000000 后，将执行复位异常中断处理程序，即启动代码。一般来讲，在这段程序中主要完成以下操作：

① 设置异常向量表。

② 初始化栈，为各模式分配栈空间。

③ 初始化存储系统，关键 I/O 口等。

④ 开中断。

⑤ 切换处理器模式。

⑥ 跳转到应用程序(C 程序)执行。

可以通过下面的简单指令定义异常向量表。

【示例 2-40】 异常向量表

```
ResetEntry
    b   Reset_Handler          ; 0x00 跳入 reset 处理程序
    b   Undef_Handler          ; 0x04 跳入未定义异常处理程序
    b   SWI_Handler            ; 0x08 跳入软中断异常处理程序
    b   PAbt_Handler           ; 0x0c 跳入指令预取异常处理程序
    b   DAbt_Handler           ; 0x10 跳入数据中止异常处理程序
    nop                        ; 0x14 保留
    b   IRQ_Entry              ; 0x18 跳入中断处理程序
    b   FIQ_Handler            ; 0x1c 跳入快中断异常程序
```

2.6.2 中断机制

中断是 ARM 的异常模式之一，对于 ARM920T 内核来说，只有 FIQ 和 IRQ 两种中断模式，但对于 S3C2440 整个处理器系统来说，中断源多达几十个，最终这些中断源将会被分类到 FIQ 和 IRQ 中断上去请求内核相应中断。

1. 中断源种类

S3C2440 可响应 60 个中断源的请求，这些中断源按硬件设置可分为：

✧ 内部中断源，嵌入式系统常见硬件产生的中断信号，例如 UART 串口中断源、定时器中断源等。内部中断源又包含子内部中断源，例如 S3C2440 可以支持 3 个 UART 串口，每个串口对应 1 个 INT_UARTn，每个串口又可以产生 3 个子中断：接收数据中断 INT_RXDn、发送数据中断 INT_TXDn、数据错误中断 INT_ERRn。

✧ 外部中断源，外部接口挂载设备产生的中断信号，例如按键中断等，外部中断源又包含子外部中断源。

S3C2440 的中断源如表 2-26 所示。

表 2-26　S3C2440 中断源

中断源	描　述	中断源	描　述
INT_ADC	ADC 和触屏中断	INT_DMA0	DMA 通道 0 中断
INT_RTC	RTC 闹钟中断	INT_LCD	LCD 中断
INT_SPI1	SPI1 中断	INT_UART2	UART2 中断
INT_UART0	UART0 中断	INT_TIMER4	定时器 4 中断
INT_IIC	IIC 中断	INT_TIMER3	定时器 3 中断
INT_USBH	USB 主机中断	INT_TIMER2	定时器 2 中断
INT_USBD	USB 设备中断	INT_TIMER1	定时器 1 中断
INT_NFCON	NAND Flash 控制中断	INT_TIMER0	定时器 0 中断
INT_UART1	UART1 中断	INT_WDT_AC97	看门狗定时器中断
INT_SPI0	SPI0 中断	INT_TICK RTC	时钟滴答中断
INT_SDI	SDI 中断	nBATT_FLT	电池故障中断
INT_DMA3	DMA 通道 3 中断	INT_CAM	摄像头接口中断
INT_DMA2	DMA 通道 2 中断	EINT1_23	外部中断 1～23
INT_DMA1	DMA 通道 1 中断	EINT0	外部中断 0

S3C2440 的中断次级源如表 2-27 所示。

表 2-27　S3C2440 中断次级源

中断次级源	描　述	源
INT_AC97	AC97 中断	INT_WDT_AC97
INT_WDT	看门狗中断	
INT_CAM_P	摄像头接口中 P 端口捕获中断	INT_CAM
INT_CAM_C	摄像头接口中 C 端口捕获中断	
INT_ADC_S	ADC 中断	INT_ADC
INT_TC	触摸屏中断	
INT_ERR2	UART2 错误中断	INT_UART2
INT_TXD2	UART2 发送中断	
INT_RXD2	UART2 接收中断	
INT_ERR1	UART1 错误中断	INT_UART1
INT_TXD1	UART1 发送中断	
INT_RXD1	UART1 接收中断	
INT_ERR0	UART0 错误中断	INT_UART0
INT_TXD0	UART0 发送中断	
INT_RXD0	UART0 接收中断	

2. 中断控制器

系统中断是嵌入式系统实时处理内部或外部事件的一种机制，对不同的 CPU 而言，中断的大体流程都相同。当 CPU 收到多个中断请求时，由中断控制器进行仲裁以后再请求 ARM920T 内核是 FIQ 中断还是 IRQ 中断。中断控制器处理中断过程如图 2-12 所示。

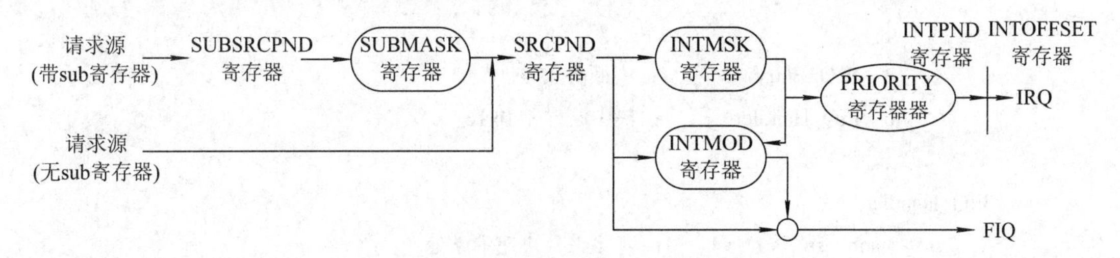

图 2-12　中断控制器处理中断过程框图

由图中可以看出中断控制器的工作过程：

(1) 由硬件产生的中断请求根据中断源类型分别将信号送到 SUBSRCPND(SubSource Pending)寄存器和 SRCPND(Source Pending)寄存器，SUBSRCPND 是子中断源暂存寄存器，用来保存子中断源信号，SRCPND 是中断源暂存寄存器，用来保存中断源信号。

✧ 对不带子中断源寄存器的中断源被触发后，SRCPND 寄存器中相应位被置 1。

✧ 对带子中断源寄存器的中断源被触发后，SUBSRCPEND 寄存器中的相应位被置 1，如果此中断没有被 INTSUBMSK 寄存器屏蔽的话，它在 SRCPND 寄存器中的相应位也被置 1。

(2) MODE 是中断模式判断寄存器，用来判断当前中断是否为快速中断，如果被触发的中断中有快速中断，那么 INTMOD 寄存器中为 1 的位对应的中断是 FIQ。

(3) 对于一般的中断 IRQ，可能同时有几个中断被触发，未被 MASK 寄存器屏蔽的中断经过比较后，经过 PRIORITY 中断源优先级仲裁选择器选择出优先级最高的中断，此中断在 INTPND 寄存器中的相应位被置 1。INTPND 是中断源结果寄存器，里面存放优先级仲裁出的唯一中断源。

(4) 确定是 FIQ 还是 IRQ 模式后，中断控制器向 CPU 发出 FIQ 请求或 IRQ 请求。如果程序状态寄存器 PSR 的 F 位或 I 位被置 1，CPU 则不会接受来自中断控制器的中断请求；如果要接受 CPU 的中断请求，则必须清除 PSR 的 F 位和 I 位并设置 INTMSK 的相应位为 0。

3. 中断处理

在 ARM 的异常模式处理中，只有 FIQ 异常和 IRQ 异常为中断模式，ARM 内核响应了 FIQ 或 IRQ 中断后，将根据异常向量跳转入中断服务子程序中。

S3C2440 处理器中断处理过程如下：

(1) 异常向量，若是 IRQ 中断，CPU 程序指针指向 IRQ 异常入口 0x18；若是 FIQ 中断，CPU 程序指针指向 FIQ 异常入口 0x1C。

(2) 确定中断源，进入中断服务程序。

✧ 对于 IRQ，先通过读取 INTPND 寄存器或 INTOFFSET 寄存器的值来确定中断源，然后进入中断服务程序。

✧ 对于 FIQ，无需判断中断源，CPU 直接由异常入口 0x1C 处进行处理。

(3) 在中断服务程序之前和之后还应分别对现场进行保存和恢复。

以下代码是 S3C2440 的中断处理程序：

【示例 2-41】 中断服务子程序

```
ResetEntry                    ；复位入口
    ⋮
    b  IRQ_Entry              ；中断异常 0x18
    b  FIQ_Handler            ；快中断异常 0x1c
    ⋮
FIQ_Handler
        sub  sp，sp，#4       ；直接进入快速中断处理
        stmfdsp!，{r8-r9}

        ldr   r9，=INTOFFSET
        ldr   r9，[r9]
        ldr   r8，=HandleEINT0
        add  r8，r8，r9，lsl #2
        ldr   r8，[r8]
        str   r8，[sp，#8]
        ldmfd       sp!，{r8-r9，pc}
IRQ_Entry
        sub  sp，sp，#4           ；reserved for PC
        stmfdsp!，{r8-r9}

        ldr   r9，=INTOFFSET  ；根据 INTOFFSET 的内容进行判断进入哪个中断服务子程序
        ldr   r9，[r9]
        ldr   r8，=HandleEINT0
        add  r8，r8，r9，lsl #2
        ldr   r8，[r8]
        str   r8，[sp，#8]
        ldmfd       sp!，{r8-r9，pc}
        ⋮
```

2.6.3 中断控制器寄存器

根据中断控制器的工作过程(见图 2-12)，下面将依次讲解中断控制逻辑中各寄存器的作用及配置方法。

1) 子中断源挂起寄存器(SUBSRCPND)

SUBSRCPND 用来表示 INT_RXD0、INT_TXD0 等中断是否发生，每位对应一个中断，当这些中断发生并且没有被 INTSUBMSK 寄存器屏蔽时，它们中的若干位将汇集出现在

SRCPND 寄存器的某一位上。要清除中断，往此寄存器中某位写 1。SUBSRCPND 寄存器描述如表 2-28 所示。

表 2-28　SUBSRCPND 寄存器

寄存器	R/W	描　　述	初始值	地 址
SUBSRCPND	R/W	子中断源挂起寄存器 0：未请求中断　1：已中断请求	0x0	0x4A000018

2) 子中断屏蔽寄存器(INTSUBMSK)

INTSUBMSK 用来屏蔽 SUBSRCPND 寄存器所标识的中断，INTSUBMSK 寄存器中某位设置为 1 时，对应的中断被屏蔽。INTSUBMSK 寄存器描述如表 2-29 所示。

表 2-29　INTSUBMSK 寄存器

寄存器	R/W	描　　述	初始值	地 址
INTSUBMSK	R/W	子中断屏蔽寄存器 0：中断服务可用　1：屏蔽中断请求	0xFFFF	0x4A00001C

3) 源挂起寄存器(SRCPND)

SRCPND 每一位指示对应的中断是否被激活，当中断源请求中断时，对应位被置 1。SRCPND 寄存器描述如表 2-30 所示。

表 2-30　SRCPND 寄存器

寄存器	R/W	描　　述	初始值	地 址
SRCPND	R/W	源挂起寄存器 0：未请求中断　1：已中断请求	0x0	0x4A000000

4) 中断屏蔽寄存器(INTMSK)

INTMSK 用来屏蔽 SRCPND 寄存器所标识的中断。INTMSK 寄存器中某位被设为 1 时，对应的中断被屏蔽，但它只能屏蔽 IRQ 中断，不能屏蔽 FIQ 中断。INTMSK 寄存器描述如表 2-31 所示。

表 2-31　INTMSK 寄存器

寄存器	R/W	描　　述	初始值	地 址
INTMSK	R/W	中断屏蔽寄存器 0：中断服务可用　1：屏蔽中断请求	0xFFFFFFFF	0x4A000008

5) 中断模式判断寄存器(INTMOD)

INTMOD 为中断模式判断寄存器，当某位被设为 1 时，对应的中断为 FIQ 模式，反之为 IRQ 模式。同一时间，INTMOD 只能有一位被设为 1。INTMOD 寄存器描述如表 2-32 所示。

表 2-32　INTMOD 寄存器

寄存器	R/W	描　　述	初始值	地 址
INTMOD	R/W	中断寄存器 0：IRQ 模式　1：FIQ 模式	0x0	0x4A000004

6) 中断优先级寄存器(PRIORITY)

当同时发生多个 IRQ 中断时，中断控制器将选出最高优先级的中断。中断优先级通过

7 个仲裁器来完成，包括 6 个一级仲裁器和 1 个二级仲裁器，如图 2-13 示。

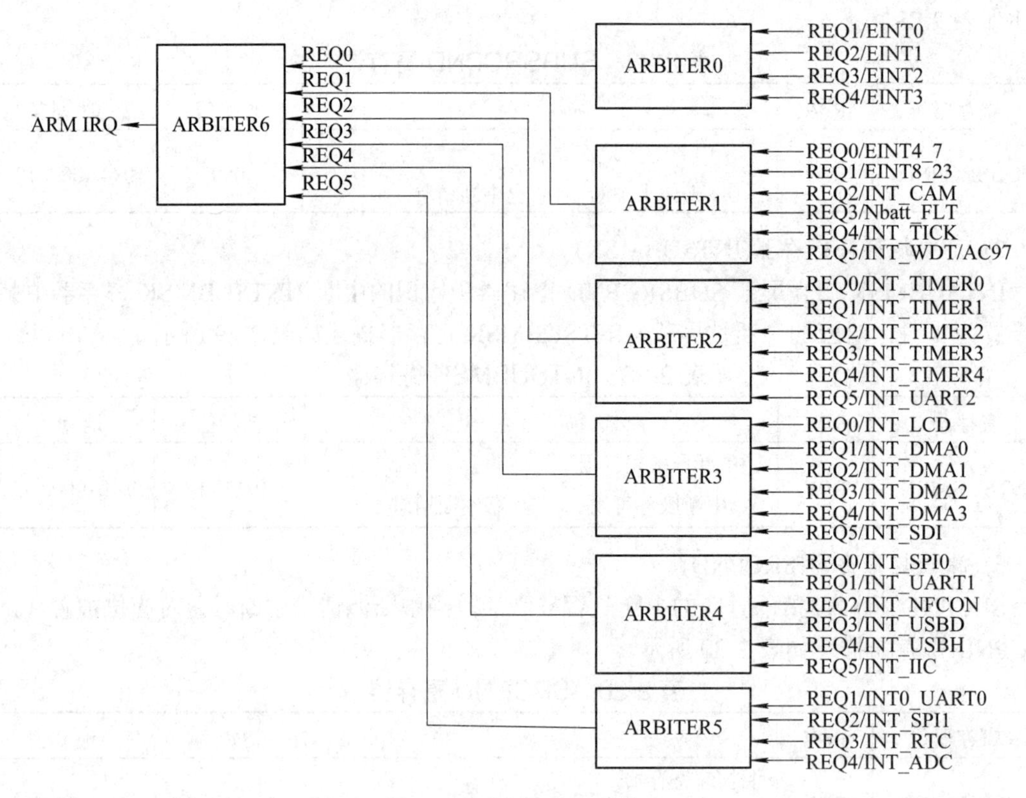

图 2-13 中断优先级仲裁器

PRIORITY 寄存器使用三位来控制每个仲裁器：

✧ 一位仲裁器模式控制(ARB_MODE)，用于选择仲裁器工作模式。

✧ 两位选择控制信号(ARB_SEL)，用于控制各中断源的优先级。

PRIORITY 寄存器描述如表 2-33 所示。

表 2-33 PRIORITY 寄存器

PRIORITY	位	描 述	初始值
ARB_SELn(n = 0，5)	2 位	仲裁器组 n 优先顺序集 00：REQ0-1-2-3-4-5 01：REQ0-2-3-4-1-5 10：REQ0-3-4-1-2-5 11：REQ0-4-1-2-3-5	00
ARB_SELn(n = 1，2，3，4)	2 位	仲裁器组 n 优先顺序集 00：REQ0-1-2-3-4 01：REQ0-2-3-4-1 10：REQ0-3-4-1-2 11：REQ0-4-1-2-3	00
ARB_MODE(n=0～5)	1 位	仲裁器组 n 优先级翻转使能 0：优先级不翻转 1：优先级翻转	1

7) 中断挂起寄存器(INTPND)

经过中断优先级选出优先级最高的中断后，在 INTPND 寄存器中的相应位被置 1。同一时间，此寄存器只有一位被置 1。在中断服务子程序中可以根据这个位确定是哪个中断。

INTPND 寄存器的描述如表 2-34 所示。

表 2-34　INTPND 寄存器

寄存器	R/W	描　　述	初始值	地　址
INTPND	R/W	中断挂起寄存器 0：未发生中断请求　1：发出中断请求	0x7F	0x4A0000010

8) 中断偏移寄存器(INTOFFSET)

INTOFFSET 指明是哪个 IRQ 中断。根据此值进入相应的服务子程序。当 INTPND 寄存器中位[x]为 1 时，INTOFFSET 寄存器的值为 x(x 为 0～31)。清除 SRCPND、INTPND 寄存器时，INTOFFSET 寄存器被自动清除。INTOFFSET 是只读寄存器。INTOFFSET 寄存器的描述如表 2-35 所示。

表 2-35　INTOFFSET 寄存器

寄存器	R/W	描　　述	初始值	地　址
INTOFFSET	R	中断偏移寄存器 指示 IRQ 中断请求源	0x7F	0x4A0000010

2.6.4　中断编程

对于中断的使用，可以通过以下步骤来实现：

(1) 中断控制器寄存器的配置。

(2) 中断设备初始化。

(3) 编写中断向量表。

(4) 编写中断服务程序。

下面的内容用于实现任务描述 2.D.6——利用外部中断实现按键控制灯亮灭。

按键控制 LED 亮灭原理图如图 2-14 所示。

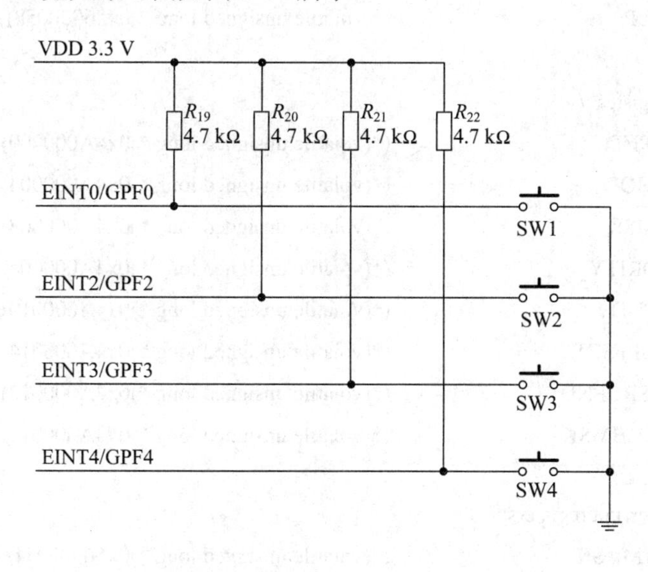

图 2-14　按键控制 LED 亮灭原理图

从图中可以看出，按键 SW1～SW2 所接的 CPU 引脚为外部中断 0 和 2，当按下按键时，CPU 调用其中的中断服务程序来点亮或熄灭对应的 LED。

实现代码如下：

【描述 2.D.6】 s3c2440.h

```
/* WOTCH DOG register */
#define      WTCON                   (*(volatile unsigned long *)0x53000000)

/* SDRAM regisers */
#define      MEM_CTL_BASE            0x48000000
#define      SDRAM_BASE              0x30000000

/* NAND Flash registers */
#define NFCONF                       (*(volatile unsigned int   *)0x4e000000)
#define NFCMD                        (*(volatile unsigned char *)0x4e000004)
#define NFADDR                       (*(volatile unsigned char *)0x4e000008)
#define NFDATA                       (*(volatile unsigned char *)0x4e00000c)
#define NFSTAT                       (*(volatile unsigned char *)0x4e000010)

/*GPIO registers*/
#define GPBCON                       (*(volatile unsigned long *)0x56000010)
#define GPBDAT                       (*(volatile unsigned long *)0x56000014)

#define GPFCON                       (*(volatile unsigned long *)0x56000050)
#define GPFDAT                       (*(volatile unsigned long *)0x56000054)
#define GPFUP                        (*(volatile unsigned long *)0x56000058)

/*interrupt registes*/
#define SRCPND                       (*(volatile unsigned long *)0x4A000000)
#define INTMOD                       (*(volatile unsigned long *)0x4A000004)
#define INTMSK                       (*(volatile unsigned long *)0x4A000008)
#define PRIORITY                     (*(volatile unsigned long *)0x4A00000c)
#define INTPND                       (*(volatile unsigned long *)0x4A000010)
#define INTOFFSET                    (*(volatile unsigned long *)0x4A000014)
#define SUBSRCPND                    (*(volatile unsigned long *)0x4A000018)
#define INTSUBMSK                    (*(volatile unsigned long *)0x4A00001c)

/*external interrupt registers*/
#define EINTMASK                     (*(volatile unsigned long *)0x560000a4)
#define EINTPEND                     (*(volatile unsigned long *)0x560000a8)
```

【描述 2.D.6】 init.s

```
；功能：初始化，设置中断模式、系统模式的栈，设置好中断处理函数
    AREA Reset，CODE，READONLY
    PRESERVE8
    CODE32
    ENTRY
    ；声明外部函数
    IMPORT  main
    IMPORT  disable_watch_dog
    IMPORT  init_led
    IMPORT  init_irq
    IMPORT  EINT_Handle

；中断向量，本程序中，除 Reset 和 HandleIRQ 外，其他异常都没有使用
；0x00: 复位异常
    b    HandleReset

；0x04: 未定义指令中止模式的向量地址
HandleUndef
    b    HandleUndef

；0x08: 管理模式的向量地址，通过 SWI 指令进入此模式
HandleSWI
    b    HandleSWI

；0x0c: 指令预取终止导致的异常的向量地址
HandlePrefetchAbort
    b    HandlePrefetchAbort

；0x10: 数据访问终止导致的异常的向量地址
HandleDataAbort
    b    HandleDataAbort

；0x14: 保留
HandleNotUsed
    b    HandleNotUsed

；0x18: 中断模式的向量地址
    b    HandleIRQ
```

```
; 0x1c: 快中断模式的向量地址
HandleFIQ
    b    HandleFIQ

HandleReset
    ldr sp, =4096                  ; 设置栈指针，以下都是C函数，调用前需要设好栈
    bl   disable_watch_dog         ; 关闭WATCHDOG

    msr cpsr_c, #0xd2              ; 进入中断模式
    ldr sp, =3072                  ; 设置中断模式栈指针

    msr cpsr_c, #0xdf              ; 进入系统模式
    ldr sp, =4096                  ; 设置系统模式栈指针

    bl   init_led                  ; 初始化LED的GPIO管脚
    bl   init_irq                  ; 调用中断初始化函数
    msr cpsr_c, #0x5f              ; 设置I-bit=0，开IRQ中断

    ldr lr, =halt_loop             ; 设置返回地址
ldr pc, =main                      ; 调用main函数

halt_loop
    b    halt_loop

HandleIRQ
    sub lr, lr, #4                         ; 计算返回地址
    stmdb    sp!,    { r0-r12, lr }        ; 保存使用到的寄存器

    ldr lr, =int_return                    ; 设置调用ISR，即EINT_Handle函数的返回地址
    ldr pc, =EINT_Handle                   ; 调用中断服务函数，在int.c中
int_return
    ldmia    sp!,    { r0-r12, pc }^       ; 中断返回，^表示将spsr的值复制到cpsr

     end
```

【描述 2.D.6】 init.c

```
//init.c: 进行一些初始化
#include"s3c2440.h"

#define GPB5_out          (1<<(5*2))        // LED1
```

```
#define GPB6_out          (1<<(6*2))        // LED2

#define GPF2_eint         (2<<(2*2))        // K2，EINT2
#define GPF0_eint         (2<<(0*2))        // K1，EINT0

void disable_watch_dog(void)
{
    WTCON = 0;            //关闭 WATCHDOG，往这个寄存器写 0 即可
}

void init_led(void)
{
     GPBCON = GPB5_out | GPB6_out ;
     GPBDAT = 0xff;
}

// 初始化 GPIO 引脚为外部中断
// GPIO 引脚用作外部中断时，默认为低电平触发、IRQ 方式(不用设置 INTMOD)
void init_irq( )
{
    GPFCON    = GPF0_eint | GPF2_eint ;
    //ARB_SEL0 = 00b，ARB_MODE0 = 0: REQ1 > REQ3，即 EINT0 > EINT2
    PRIORITY = (PRIORITY & ((~0x01) | (0x3<<7))) | (0x0 << 7) ;

    // EINT0、EINT2 使能
    INTMSK    &= (~(1<<0)) & (~(1<<2));
}
```

【描述 2.D.6】 int.c

```
//中断服务函数
#include"s3c2440.h"

void EINT_Handle( )
{
    unsigned long oft = INTOFFSET;              //中断偏移寄存器
    switch( oft )
    {
        // SW1 被按下
        case 0:
        {
```

```
            GPBDAT |= (0xf<<5);              // 所有 LED 熄灭
            GPBDAT &=  ~(1<<5);              // LED1 点亮
            break;
        }

        // SW2 被按下
        case 2:
        {
            GPBDAT |= (0x0f<<5);             // 所有 LED 熄灭
            GPBDAT &=  ~(1<<6);              // LED2 点亮
            break;
        }
        default:
            break;
    }
    //清中断
    SRCPND = 1<<oft;
    INTPND = 1<<oft;
}
```

【描述 2.D.6】 main.c

```
int main( )
{
    while(1); 死循环
    return 0;
}
```

在 MDK 下编译运行程序，当依次按下按键 SW1 和 SW2 时，LED1 和 LED2 状态发生改变。

2.7 定时器

S3C2440 的定时器的特性有：

- ✧ 5 个 16 位定时器，4 个具有 PWM 功能。
- ✧ 两个 8 位预分频器和两个 4 位分频器。
- ✧ 自动重载模式或单稳脉冲模式。
- ✧ 死区生成器(用于大电流设备)。

本节将详细讲解定时器的定时原理以及定时器的用法。

2.7.1 概述

S3C2440 有 5 个 16 位定时器，定时器 0～3 有 PWM 功能，具有输出引脚，而定时器 4 不具有 PWN 功能，没有输出引脚。另外定时器 0 有 1 个用于大电流设备的死区生成器。

1. 时钟源

定时器的时钟源是 PCLK，首先经过预分频器降低频率后，进入第二个分频，可以生成 5 种不同的分频信号(1/2、1/4、1/8、1/16 和 TCLK)。其中，定时器 0 和定时器 1 共用 1 个 8 位预分频器，定时器 2、定时器 3、定时器 4 共用另一个 8 位预分频器。定时器逻辑结构如图 2-15 所示。

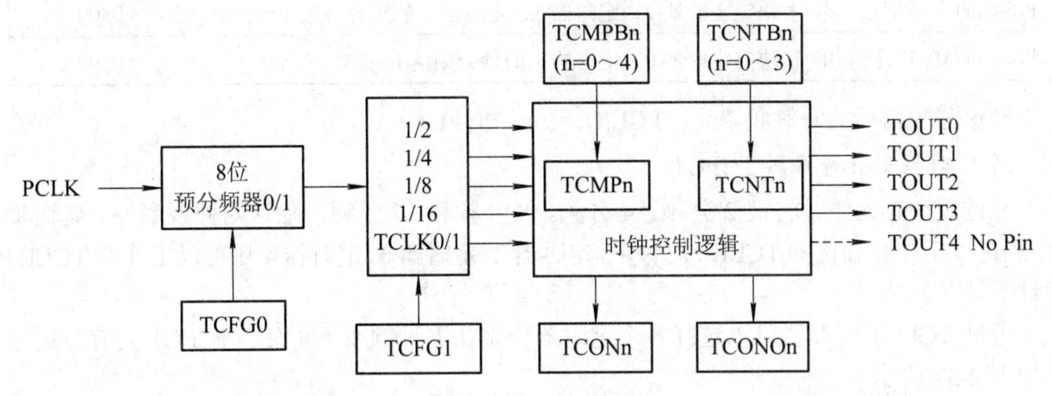

图 2-15　定时器结构图

其中，8 位预分频值可以通过设置 TCFG0 寄存器来设置，二级分频值可以通过 TCFG1 寄存器来设置，也可以通过外部时钟引脚 TCLK0、TCLK1 来设置。

2. 工作原理

根据图 2-15 可知，定时器的工作原理如下：

(1) 启动定时后，定时比较缓存寄存器 TCMPBn 和定时计数缓存寄存器 TCNTBn 被分别加载到时钟控制逻辑内的比较器 TCMPn 和递减计数器 TCNTn。

(2) TCNTn 减一计数，并且有：

✧ 对于通用定时器，当 TCNTn 递减到零时，产生定时器中断请求通知 CPU。

✧ 对于 PWM，当 TCNTn 递减到与 TCMPn 的值匹配时，TOUTn 改变输出电平；当 TCNTn 递减到零时，TOUTn 再次翻转。因此，可以通过设置 TCMPn 和 TCNTBn 的值来设置 PWM 的占空比。

(3) 若将定时器配置为重载，TCMPBn 和 TCNTBn 将重新加载，启动下一个计数流程。

(4) 若定时器禁止重载或关闭定时器时，则不会再进行重载，定时器停止工作。

TCMPBn 和 TCNTBn 的双缓存特征保证了在改变频率和占空比时，定时器产生稳定的输出。

2.7.2　定时器寄存器

S3C2440 处理器提供了多个寄存器用于实现定时器的的功能。本节内容详细说明了各个寄存器的功能以及配置方法。

1) 定时器配置寄存器 TCFG0

TCFG0 寄存器用于配置两个 8 位预分频器，TCFG0 寄存器的描述如表 2-36 所示。

表 2-36 TCFG0 寄存器

TCFG0	位	描　述	初始值
保留	[31:24]	—	0x00
死区长度	[23:16]	死区段长度	0x00
Prescaler 1	[15：8]	决定定时器 2、定时器 3、定时器 4 的预分频值(0～255)	0x00
Prescaler 0	[7：0]	决定定时器 0、定时器 1 的预分频值(0～255)	0x00

经过分频器后的时钟频率为：PCLK/(预分频值+1)。

2) 定时器配置寄存器 TCFG1

经过预分频的时钟将被 2 分频、4 分频、8 分频和 16 分频，除这四种频率外，定时器 0/1 还可以工作在外接的 TCLK0 时钟下，定时器 2、定时器 3、定时器 4 还可以工作在 TCLK1 时钟下。

通过 TCFG1 寄存器可以选择各个定时器分别在哪种频率下工作。TCFG1 寄存器的描述如表 2-37 所示。

表 2-37 TCFG1 寄存器

TCFG1	位	描　述	初始值
保留	[31:24]	—	0x00
DMA 模式	[23:20]	选择 DMA 请求通道 0000：未选择　0001：定时器 0　0010：定时器 1 0011：定时器 2 0100：定时器 3　0101：定时器 4 0110：保留	0x00
MUXn (n = 0，1)	各 4 位	选择 PWM 定时器 n 的选通输入 0000：1/2　0001：1/4　0010：1/8 0011：1/16　01xx：外部 TCLK0	0x00
MUXn (n = 2，3，4)	各 4 位	选择 PWM 定时器 n 的选通输入 0000：1/2　0001：1/4　0010：1/8 0011：1/16　01xx：外部 TCLK1	0x00

3) 定时器控制寄存器 TCON

TCON 是 5 个定时器的控制位寄存器，定时器 1、定时器 2、定时器 3 的控制位相同，共占用 4 位。其中：

✧ 1 位控制定时器的自动重载的开启或关闭。

✧ 1 位控制定时器输出变相的开启或关闭。

✧ 1 位控制定时器的手动更新。

✧ 1 位控制定时器的启动或停止。

而定时器 0 和定时器 4 的控制略有不同，定时器 0 多一位死区操作使能位，而定时器 4 因为没有 PWN 功能，缺少一位定时器输出变相位。TCON 寄存器的描述如表 2-38 所示。

表 2-38　TCON 寄存器

TCON	位	描　述	初始值
定时器 4 (自动重载开关)	[22]	定时器 4 自动重载开启关闭 0：单稳态　　1：间隙模式(自动重载)	0
定时器 4 (手动更新)	[21]	定时器 4 的手动更新 0：无操作　　1：更新 TCNTB4	0
定时器 4 (启动/停止)	[20]	定时器 4 的启动/停止 0：停止　　1：启动	0
定时器 0 (死区使能)	[4]	定时器 0 死区操作 0：禁止　　1：使能	0
定时器 0 (自动重载开关)	[3]	定时器 0 自动重载开启关闭 0：单稳态　　1：间隙模式(自动重载)	0
定时器 0 (输出变相开/关)	[2]	定时器 4 的输出变相开启或关闭 0：关闭变相　　1：TOOUT0 变换极性	0
定时器 0 (手动更新)	[1]	定时器 0 的手动更新 0：无操作　　1：更新 TCNTB0 和 TCMPB0	0
定时器 0 (启动/停止)	[0]	定时器 0 的启动/停止 0：停止　　1：启动	0

4) TCNTBn，TCMPBn，TCNTOn

定时器 0～定时器 3 各有 TCNTBn，TCNTn，TCMPBn，TCMPn，TCNTOn 共 5 个寄存器(其中 TCNTn，TCMPn 是内部寄存器，没有对应的地址，通过读 TCNTOn 的值可以得到 TCNTn 的值)。TCNTBn 和 TCMPBn 被加载到 TCNTn 和 TCMPn 中，在计数过程中，TCNTBn 和 TCMPBn 的值是不变的，变的是 TCNTn 的值。定时器 0～定时器 3 各有一个对应的输出脚 TOUT0～TOUT3。

定时器 4 有 TCNTB4，TCNT4，TCNTO4 共 3 个寄存器，其中 TCNT4 是内部寄存器。

2.7.3　定时器编程

本节从定时器最常用的通用定时和 PWM 两方面来描述定时器的编程方法。

1. 通用定时器

定时器的编程步骤如下：

(1) 设置定时器的输入频率，初始化 TCFG0 和 TCFG1，根据时钟源进行分频。

(2) 设置定时器初始值，初始化 TCNTBn 和 TCMPBn。

(3) 设置递减计数器相比较的初始值。

(4) 设置控制寄存器 TCON。

(5) 启动定时器。

假设 PCLK 为 50 MHz，将定时器 0 设为 0.5 s 的代码如下：

【示例 2-42】 定时器 0 定时 0.5 s

```
/*
 * Timer input clock Frequency = PCLK / {prescaler value+1} / {divider value}
 * {prescaler value} = 0~255
 * {divider value} = 2，4，8，16
 * 本实验的 Timer0 的时钟频率=100MHz/(99+1)/16=62500Hz
 * 设置 Timer0 0.5 s 触发一次中断：
 */

    TCFG0   = 99;              // 预分频器 0 = 99
    TCFG1   = 0x03;            // 选择 16 分频
    TCNTB0 = 31250;            // 0.5 s 触发一次中断
    TCON    |= (1<<1);         // 手动更新
    TCON    = 0x09;            // 自动加载，清“手动更新”位，启动定时器 0
```

2. PWM 定时器

PWM 的编程步骤如下：

(1) 设置相应的输出管脚为 PWM 功能。

(2) 设置定时器的输入频率，初始化 TCFG0 和 TCFG1，根据时钟源进行分频。

(3) 设置定时器初始值，初始化 TCNTBn 和 TCMPBn。

(4) 改变寄存器 TCMPB 得到 PWM 占空比。

(5) 设置控制寄存器 TCON。

(6) 启动 PWM。

使用定时器 0 进行 PWM 输出，且占空比为 50%的代码如下：

【示例 2-43】 PWM 输出

```
GPBCON |= 2    //最低两位赋值为 10，配置 GPB0 为复用功能，TOUT0 作为 PWM 输出
TCFG0   = 99;          //预分频器 0 = 99
TCFG1   = 0x03;        //选择 16 分频
TCNTB0 = 5000;
TCMPB0 = 2500;         //TCMPB0 的值是 TCNTB0 的一半，占空比 50%
TCON    |= (1<<1);     //手动更新
TCON    = 0x09;        //启动定时器 0
```

2.8 ADC 和触摸屏

完成模拟量到数字量转换的电路，称为 ADC(Analog to Digital Converter)，它能够将连续变化的模拟信号转换成计算机系统能够分析、处理的数字信号，在数据采集领域有着广

泛的应用。S3C2440 的 ADC 除了做一般模式的 A/D 转换外，还作为电阻式触摸屏的接口。本节将主要讲述 S3C2440 ADC 一般 A/D 模式用法，对于触摸屏接口，只做概括的介绍。

2.8.1　ADC 概述

S3C2440 ADC 的特性主要有如下几个方面：

✧ 分辨率为 10 位。
✧ 差分线性误差为 1.0LSB(Least Significant Bit)。
✧ 积分线性误差为 2.0LSB。
✧ 最大转换率为 500KSPS(Kilo Samples Per Second)。
✧ 功耗低。
✧ 供电电压为 3.3 V。
✧ 模拟输入范围为 0～3.3 V。
✧ 具有片上采样-保持功能。
✧ 具有普通转换模式。
✧ 具有分离的 X/Y 方向转换模式。
✧ 具有自动(顺序)X/Y 方向转换模式。
✧ 具有等待中断模式。

S3C2440 的 ADC 是具有 10 位 CMOS 的 8 通道 ADC，8 个引脚 A[7:0]并不复用，其中有 4 个引脚 A[7:4]分别作为 XP、XM、YP、YM，可以直接与触摸屏相连，如果不用作触摸屏接口，这 4 个引脚也可以当作普通 A/D 转换输入端，如图 2-16 所示。

由图中可以看出，ADC 和触摸屏接口中有一个 A/D 转换器，可以通过设置寄存器来选择对哪路模拟信号进行采样，ADC 对外输出两种信号，INT_ADC 和 INT_TC。INT_ADC 表示 A/D 转换结束中断信号，INT_TC 表示触摸屏按下中断信号。

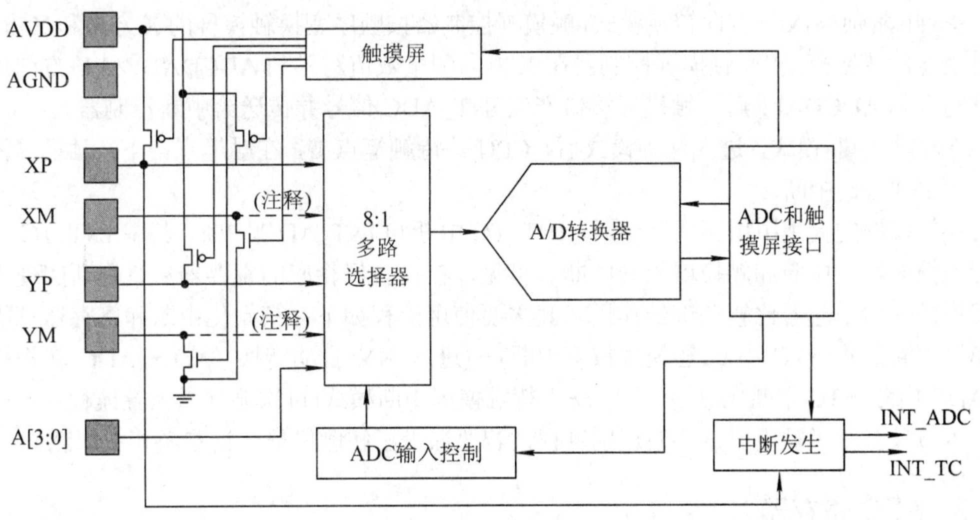

注释：
使用触摸屏时，触摸屏接口 XM 或 YM 只连接到地。
未使用触摸屏时，XM 或 YM 被连接到模拟输入信号端，进行普通的 ADC 转换。

图 2-16　S3C2440 ADC 和触摸屏接口

S3C2440 ADC 有以下工作模式：

(1) 普通转换模式，是通用 ADC 转换模式，此模式可以通过设置 ADCCON 寄存器进行初始化并且读写 ADCDATA0 数据寄存器完成。

(2) 触摸屏接口模式，此模式主要用于触摸屏的转换模式。

(3) 待机模式，当 ADCCON[2]被设置为“1”时，激活待机模式，在此模式下，停止 A/D 转换操作并且 ADCDAT0、ADCDDAT1 寄存器中的数据是先前转换的数据。

2.8.2 触摸屏

触摸屏按照工作原理的不同，分为超声波屏、电容屏、电阻屏和红外屏。每一种触摸屏都有各自的优缺点，但电阻式触摸屏以低价格、高稳定性以及和用户有良好的接口等优势取得了广泛的使用。

电阻式触摸屏的工作原理主要是通过压力感应原理来实现对屏幕内容的操作和控制的，它将矩形区域中触摸点(X，Y)的物理地址转换为 X 坐标和 Y 坐标的电压。很多 LCD 模块都采用电阻式触摸屏，这种屏幕可以用 4 线、5 线、7 线和 8 线来产生偏置电压，同时读回触摸点的电压。

S3C2440 内置 ADC 和触摸屏控制接口可以直接驱动 4 线电阻触摸屏，直接由 4 个引脚 XP、XM、YP、YM 与触摸屏相连，当触摸笔点击触摸屏时，触点坐标 X、Y 的电压 XP 和 YP 通过转换后就可以得到。

触摸屏接口共有 3 种模式：

✧ 分离 X/Y 方向转换模式，触摸屏控制器可以工作在两个转换模式之一下。X 方向模式将 X 方向转换数据写到 ADCDATA0，触摸屏接口产生 INT_ADC 信号并传送给中断控制器。Y 方向模式将 Y 方向转换数据写到 ADCDAT0，触摸屏接口产生 INT_ADC 信号并传送给中断控制器。

✧ 自动(顺序)X/Y 方向转换模式，触摸屏控制器按顺序变换触摸屏的 X 方向和 Y 方向。在自动方向转换模式中，触摸屏控制器在 X 方向测量数值写入到 ADCDAT0 和 Y 方向测量数据写入到 ADCDAT1 后，触摸屏接口产生 INT_ADC 信号并传送给中断控制器。

✧ 等待中断模式，进入这种模式后，CPU 等待触笔点击，在触笔点击下，触摸屏控制器产生 INT_TC 中断。

在触摸屏的使用中用到两个中断，INT_TC 中断和 INT_ADC 中断，其中 INT_TC 中断包括触摸屏按下中断和触摸屏松开中断。可见，在设置好相应的寄存器后，中断的使用在触摸屏的使用中起着比较关键的作用，其主要使用流程如下：初始化中断和寄存器→等待触摸屏中断模式→TC 中断(触摸屏按下中断)→(进入 XY 自动转换模式)→(ADC 转换完成后)ADC 中断→TC 中断(松开触摸屏)→等待触摸屏中断模式(再次循环以上各流程)。

本节只介绍了触摸屏设备的识别过程，若要深入了解触摸屏，请参考相关书籍。

2.8.3 ADC 寄存器

要使用 S3C2440 的 A/D 转换器进行模拟信号到数字信号的转换，需要配置 3 个寄存器 ADCCON、ADCTSC 和 ADCDAT0。

1) ADC 控制寄存器 ADCCON

ADCCON 是 ADC 的控制寄存器，也是最主要的设置寄存器，它决定了 ADC 的工作方式、转换频率和是否启动。ADCCON 寄存器的描述如表 2-39 所示。

表 2-39　ADCCON 寄存器

ADCCON	位	描　述	初始值
ECFLG	[15]	转换结束标志位 0：A/D 正在转换　　1：A/D 转换已结束	0
PRSCEN	[14]	A/D 转换器预分频使能 0：禁止　　　　　1：使能	0
PRSCVL	[13:6]	A/D 转换器预分频值(0～255) ADC 频率应该设置为 PCLK 的 1/5	0xFF
SEL_MUX	[5:3]	模拟输入通道选择 000：AIN0　　001：AIN1 010：AIN2　　011：AIN3 100：YM　　101：YP 110：XM　　111：XP	0x00
STDBM	[2]	待机模式选择 0：正常工作模式　　1：待机模式	0
READ_START	[1]	读启动 A/D 转换 0：禁止读启动操作　1：使能读启动操作	0
ENABLE_START	[0]	使能 A/D 转换启动，如果 READ_START 为 1，此值无效 0：无操作　　　　　1：A/D 转换启动后且在启动后清零	0

假设 PCLK = 50 MHz，且 ADCCON[PPSCVL] = 49 时，那么：

A/D 转换器频率 = 50 MHz /(49+1) = 1 MHz；

A/D 转换时间 = 1/(1/5) = 5 μs

2) ADC 触摸屏控制寄存器 ADCTSC

ADCTSC 寄存器主要用于触摸屏的功能设置，也可以通过 ADSTSC[2] = 0 设置触摸屏接口用作普通 A/D 转换，在普通转换模式中，使用默认值即可。ADCTSC 寄存器的描述如表 2-40 所示。

表 2-40　ADCTSC 寄存器

ADCTSC	位	描　述	初始值
AUTO_PST	[2]	自动顺序 X 方向和 Y 方向转换 0：正常 ADC 转换　　1：自动顺序 X 方向和 Y 方向转换	0

3) ADC 转换数据寄存器 ADCDAT0 与 ADCDAT1

S3C2440 包含两个 ADC 转换数据寄存器 ADCDAT0 和 ADCDAT1。在普通 A/D 转换

模式中，用 ADCDAT0[9:0]来保存转换后的数据。在触摸屏应用中，分别使用 ADCDAT0 和 ADCDAT1 保存 X 位置和 Y 位置的转换数据。ADCDAT0 寄存器的描述如表 2-41 所示。

表 2-41　ADCDAT0 寄存器

ADCDAT0	位	描　述	初始值
XPDATA (正常 ADC)	[9:0]	X 方向转换数值(正常 ADC 转换数据) 数值范围：0～3FF	—

另外有关 ADC 的寄存器还有很多，包括触摸屏接口特殊寄存器、ADC 启动延时寄存器(ADCDLY)、ADC 转换数据寄存器(ADCDAT1)、ADC 触摸屏起落中断检测寄存器(ADCUPDN)等，本书不再详细叙述。

2.8.4　ADC 编程

S3C2440 的普通 A/D 转换的使用可通过以下几个步骤实现：

(1) 设置控制寄存器 ADCCON，选择频率和通道。

(2) 设置 ADCCONn 相应的位启动转换。

(3) 等待 A/D 转换结束。

(4) 读取相应通道转换结果寄存器 ADCDAT0 的值。

下述代码用于实现描述 2.D.7——编写程序实现 ADC 的采集。

【描述 2.D.7】 s3c2440.h

```
#ifndef __S3C2440_H
#define __S3C2440_H


// Clock & Power Management
#define LOCKTIME            (*(volatile unsigned long *) 0x4C000000)
#define MPLLCON             (*(volatile unsigned long *) 0x4C000004)
#define UPLLCON             (*(volatile unsigned long *) 0x4C000008)
#define CLKCON              (*(volatile unsigned long *) 0x4C00000C)
#define CLKSLOW             (*(volatile unsigned long *) 0x4C000010)
#define CLKDIVN             (*(volatile unsigned long *) 0x4C000014)
#define CAMDIVN             (*(volatile unsigned long *) 0x4C000018)


// Watchdog Timer
#define WTCON               (*(volatile unsigned long *) 0x53000000)
#define WTDAT               (*(volatile unsigned long *) 0x53000004)
#define WTCNT               (*(volatile unsigned long *) 0x53000008)


// I/O port
#define GPHCON              (*(volatile unsigned long *) 0x56000070)
```

```
#define GPHDAT                    (*(volatile unsigned long *) 0x56000074)
#define GPHUP                     (*(volatile unsigned long *) 0x56000078)

// A/D Converter
#define ADCCON                    (*(volatile unsigned long *) 0x58000000)
#define ADCTSC                    (*(volatile unsigned long *) 0x58000004)
#define ADCDLY                    (*(volatile unsigned long *) 0x58000008)
#define ADCDAT0                   (*(volatile unsigned long *) 0x5800000C)
#define ADCDAT1                   (*(volatile unsigned long *) 0x58000010)
#define ADCUPDN                   (*(volatile unsigned long *) 0x58000014)

#endif // __S3C2440_H
```

【描述 2.D.7】 init.s

```
    AREA reset，CODE，READONLY
    PRESERVE8
    ENTRY

    IMPORT main
    IMPORT clock_init

    ldr sp，=40000100          ；设置栈指针，以下都是 C 函数，调用前需要设好栈
    ；初始化代码请参考任务描述 2.D.5
    b   disable_watch_dog      ；关闭 WATCHDOG，否则 CPU 会不断重启
    bl  clock_init             ；设置 MPLL，改变 FCLK、HCLK、PCLK
    b   memsetup               ；设置存储器控制器以使用 SDRAM

    ldr sp，=0x32000000        ；设置栈指针
    ldr lr，=halt_loop         ；设置返回地址
    ldr pc，=main              ；调用 main 函数

halt_loop
b   halt_loop

    END
```

【描述 2.D.7】 init.c

```
//时钟初始化
#include <s3c2440.h>
```

```
void clock_init(void);

#define PCLK                    50000000        //设置 PCLK 为 50 MHz

#define S3C2440_MPLL_200MHZ         ((0x5c<<12)|(0x01<<4)|(0x02))
void clock_init(void)
{
    CLKDIVN  = 0x03;                  // FCLK:HCLK:PCLK=1:2:4，HDIVN=1，PDIVN=1
    __asm
    {
        mrc     p15，0，r1，c1，c0，0
        orr     r1，r1，#0xc0000000
        mcr     p15，0，r1，c1，c0，0
    }

    MPLLCON = S3C2440_MPLL_200MHZ;
}
```

【描述 2.D.7】 ReadAdc.c

```
int ReadAdc(int ch)
{
    // 选择模拟通道，使能预分频功能，设置 A/D 转换器的时钟 = PCLK/(49+1)
    ADCCON = PRESCALE_EN | PRSCVL(49) | ADC_INPUT(ch);

    // 清除位[2]，设为普通转换模式
    ADCTSC &= ～(1<<2);

    // 设置位[0]为 1，启动 A/D 转换
    ADCCON |= ADC_START;

    // 当 A/D 转换真正开始时，位[0]会自动清 0
    while (ADCCON & ADC_START);

    // 检测位[15]，当它为 1 时表示转换结束
    while (!(ADCCON & ADC_ENDCVT));

    // 读取数据
    return (ADCDAT0 & 0x3ff);
}
```

【描述 2.D.7】 main.c

```
void main(void)
{
int t0;
    while (1)
    {
        t0 = ReadAdc(0);                //读通道 0 的 A/D 值
    }
}
```

将程序编译完成后运行仿真、设置断点、改变可调电阻器，可以看到电压值的变化。

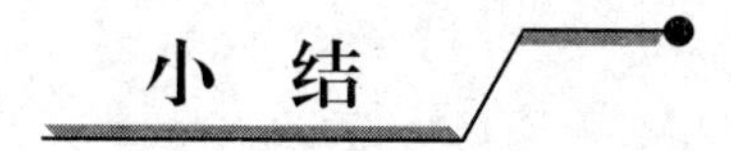

小 结

通过本章的学习，学生应该掌握：

◆ S3C2440 基于 ARM920T 内核，5 级流水线技术，采用 RISC，具有 16 KB 数据 Cache 和 16 KB 指令 Cache，支持 MMU。

◆ ARM 提供了一系列汇编指令集，还支持汇编语言与 C 语言的混合编程。

◆ S3C2440 时钟体系可提供 FCLK、HCLK、PCLK、UPLK 4 种时钟信号。电源体系可提供 4 种电源模式。

◆ S3C2440 具有 130 多个 GPIO，每个 I/O 口有 3 个寄存器，即功能控制寄存器 GPxCON、数据寄存器 GPxDAT、上拉使能控制寄存器 GPxUP。

◆ S3C2440 的存储器控制器提供访问外部存储器地址和控制信号，共有 8 个 BANK，容量可达 1 GB。

◆ S3C2440 支持 7 种异常模式，中断是一种异常。

◆ S3C2440 有 60 个中断源，但对于内核，中断只有两种，即 IRQ 和 FIQ。

◆ S3C2440 有 5 个 16 位定时器，其中定时器 0～定时器 3 具有 PWM 功能，具有自动重载功能。

◆ S3C2440 具有 10 位 8 通道 ADC，与触摸屏接口共用。

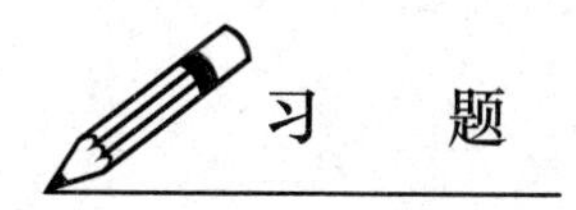

习 题

1．ARM 处理器有___________种工作模式，分别是___________。

2．在 ARM 处理器中，常用做 SP 寄存器的物理寄存器是___________，常用做 LR 寄存器的物理寄存器是___________，常用做 PC 寄存器的物理寄存器是___________。

3．以下叙述中，不符合 RICS 特征的是(　　)。

A．指令长度固定，种类少

B．寻址方式丰富，指令功能尽量增强

C．设置大量通用寄存器，访问存储器指令简单

D．选取使用频率较高的指令

4．下面哪条语句(　　)执行后，实现了 R0=[R1+R2*4]。

A．LDR　R0，[R1，R2，LSL #2]

B．LDR　R0，[R1，R2，LSL #2]!

C．LDR　R0，[[R1]，R2，LSL #2]

D．LDR　R0，[R2，R1，LSL #2]

5．简述 ARM 的中断处理过程。

6．简述 S3C2440 存储器组织及地址如何分配。

7．编写程序，实现按键按下，蜂鸣器鸣叫的功能。

第 3 章　ARM 进阶开发

本章目标

- ◆ 了解 NOR Flash 与 NAND Flash 的原理及区别。
- ◆ 掌握 NAND Flash 的使用方法。
- ◆ 理解 UART 的特点及传送方式。
- ◆ 掌握 UART 的应用。
- ◆ 了解 USB 协议及分类。
- ◆ 掌握 USB 的应用。
- ◆ 了解 DMA 的主要特性。
- ◆ 了解 DMA 的应用。
- ◆ 理解 LCD 显示器的接口及时序。
- ◆ 掌握 LCD 的应用。
- ◆ 理解虚拟地址与物理地址的关系。
- ◆ 掌握 MMU 的应用。

学习导航

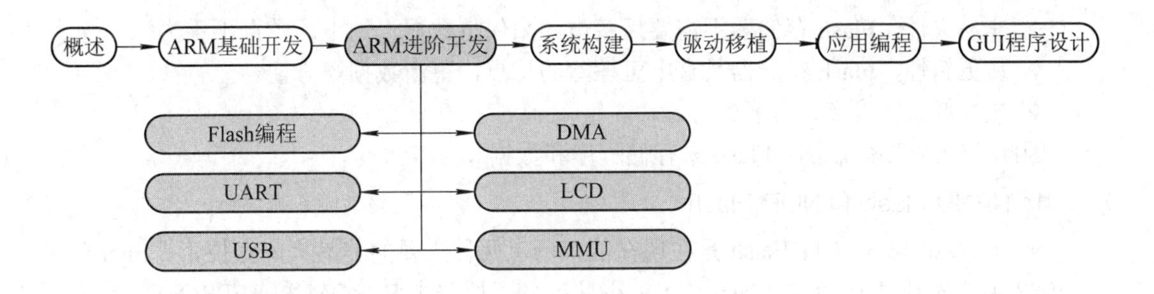

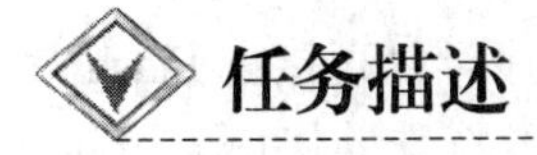

任务描述

➢【描述 3.D.1】

编写程序，实现 NAND Flash 的读写操作。

➢【描述 3.D.2】

实现往串口写入一个字符，开发板收到后再通过串口输出。

➢【描述 3.D.3】

USB 程序的分析。

➢【描述 3.D.4】

编写配置 DMA 函数，实现源为内存、目标地址为串口。

➢【描述 3.D.5】

LCD 上显示一个矩形。

➢【描述 3.D.6】

编写一段代码，禁止与启动 MMU 及 Cache。

3.1 Flash 编程

通常来说，开发板至少会支持两个存储系统，SDRAM 和 Flash。SDRAM 一般作为系统的内存(在程序进行初始化后即可使用)，而 Flash 则作为各种应用程序或数据的存储载体。有关 SDRAM 的内容已在本书第 2 章第 2.5.3 节中具体讲解，本节将讲解嵌入式系统中有关 Flash 的应用。

3.1.1 概述

Flash 是一种非易失性(Non-Volatile)内存，在没有电流供应的条件下也能够长久地保持数据，它在嵌入式系统中的地位与 PC 上的硬盘类似，用于保存系统运行所需要的操作系统、应用程序等。

Flash 存储器具有以下几个基本特点：

✧ 非易失性，Flash 存储器不需要后备电源来保持数据，掉电后数据不丢失。

✧ 易更新性，Flash 存储器具有电可擦除的特点，更新数据很方便。

✧ 成本低、密度高、可靠性好。

因此，嵌入式系统常用 Flash 来存储程序和数据。

1. NAND Flash 和 NOR Flash

NOR Flash 与 NAND Flash 是在现在的市场上两种主要的非易失闪存技术。Intel 公司于 1988 年首先开发出 NOR Flash 技术，彻底改变了原先由 EPROM 和 EEPROM 一统天下的局面。NAND Flash 则是由 Toshiba 公司在 1989 年开发的。

NOR Flash 带有 SRAM 接口，支持 Execute ON Chip 技术，即程序可以直接在 Flash 片内执行。NAND Flash 属于 I/O 设备，需要串行的读取数据，因此需要特殊的接口来访问，对处理器的要求较高。

NAND Flash 与 NOR Flash 的主要性能比较如表 3-1 所示。

表 3-1 NOR Flash 和 NAND Flash 性能比较

区别	NOR Flash	NAND Flash
接口	带有通用 SRAM 接口，有专门的地址总线和数据总线	串行读取数据，利用 8 个 I/O 引脚传送控制、地址和数据信息，管理操作需要特殊接口
读写性能	擦除以块进行，执行一个写入/擦除的操作时间约为 5 s；读速度较快	擦除以块进行，执行一个写入/擦除操作的时间约为 4 ms；读速度较慢
访问方式	随机访问	顺序访问
容量和成本	容量小，一般为 1 MB～32 MB，尺寸大，价格高	容量大，一般为 16 MB～512 MB，尺寸小，价格低
寿命	擦写次数达十万次	擦写次数达百万次
可靠性	一般不存在坏块，若有坏块，则是致命的	坏块随机分布
升级性	不同容量对地址线需求不同，升级比较麻烦	不同容量对 CPU 接口需求相同，升级简单
应用场合	应用简单，能直接执行程序，适合存储少量代码且需要多次擦写情况	应用比较复杂，不能直接执行程序，适合数据存储密度高的情况

正是由于 NOR Flash 和 NAND Flash 不能同时拥有对方的优点，这就使得在项目中，有时会采取 NOR Flash 和 NAND Flash 两者并存的程序存储系统。本书所用开发板只选取了 NAND Flash，因此本节重点讲解 NAND Flash 的应用，关于 NOR Flash 的应用请参考相关资料。

2. 系统启动方式

若 NOR Flash 和 NAND Flash 两个设备并存，S3C2440 在上电时首先需要选择从哪个设备启动程序。具体选择是通过外部模式引脚 OM1 和 OM0 的逻辑电平来配置的，如表 3-2 所示。

表 3-2 启动方式选择表

OM1	OM0	启动方式
0	0	NAND Flash
0	1	16 位 NOR Flash
1	0	32 位 NOR Flash
1	1	Test Mode

从表中可以看出，OM[1:0]所决定的启动方式有以下几种：

✧ OM[1:0]=00，处理器从 NAND Flash 启动。

✧ OM[1:0]=01，处理器从 16 位 NOR Flash 启动。

✧ OM[1:0]=10，处理器从 32 位 NOR Flash 启动。

✧ OM[1:0]=11，处理器从 Test Mode(测试模式)启动。

NOR Flash 可以直接连接到 BANK0 上作为系统 ROM，地址空间从 0x00000000～0x08000000(0～128 MB)，因此可以用于启动系统(S3C2440 上电后，是从 0x00000000 地址

开始执行)。

NAND Flash 是 I/O 设备，作为外部存储器连接到 S3C2440 的 NAND Flash 控制器上。NAND Flash 没有被分配地址空间，只能作为程序或数据的存储载体，因此不能在其中直接运行程序，若要运行程序，必须将存储内容拷贝到 RAM 中运行。

3. 从 NAND Flash 启动

为了支持系统从 NAND Flash 启动系统，S3C2440 配备了一个内置的被映射到 BANK0 的 BootSRAM 缓冲器，叫做“Stepping-stone(进阶石)”，其地址被映射到 0x00000000。当引导启动时，NAND Flash 存储器的前 4 KB 将被硬件系统自动加载到 Stepping-stone 中并且运行加载到“Stepping-stone”的启动程序中。

3.1.2 NAND Flash 控制器

S3C2440 提供了一组特殊的接口对 NAND Flash 进行读写操作，并利用硬件机制实现从 NAND Flash 启动运行，这组接口称为 NAND Flash 控制器。

NAND Flash 控制器的特性如下：

✧ 引导启动，程序在复位期间被传送到 4 KB 的 Stepping-stone 中，传送完成后，程序在 Stepping-stone 中执行。

✧ NAND Flash 存储器接口支持 256 字节、512 字节、1 K 字节和 2 K 字节页。

✧ 用户可以直接通过软件访问 NAND Flash 存储器。

✧ 具有 8 位/16 位 NAND Flash 存储器接口总线。

✧ 支持小端模式，按字节、半字、字访问数据和 ECC 数据寄存器。

✧ Stepping-stone 接口，支持大、小端模式的按字节、半字、字访问。

✧ Stepping-stone 的 4 KB 内部 SRAM 可以在 NAND Flash 引导启动后用于其他用途。

下面内容从控制器的组成和数据校验两个方面介绍 NAND Flash 控制器的工作原理。

1. NAND Flash 控制器组成

NAND Flash 控制器组成如图 3-1 所示。

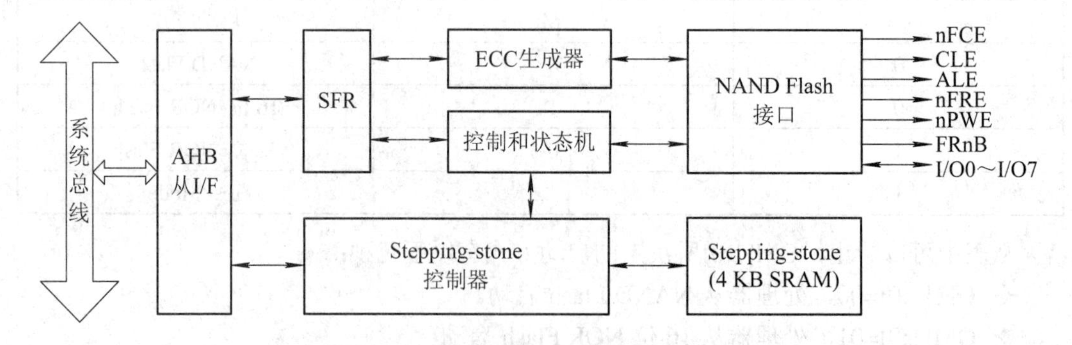

图 3-1 NAND Flash 控制器方框示意图

由图可知 NAND Flash 控制器由 NAND Flash 接口、ECC 生成器、控制和状态机、Stepping-stone 控制器以及 Stepping-stone 组成。其中，NAND Flash 接口提供给 NAND Flash 存储器各个控制信号和数据传输 I/O 信号。

NAND Flash 控制器的工作流程如下：

(1) 当系统复位且 OM[1:0] = 00 时，NAND Flash 控制器将通过引脚(NCON、GPG13、GPG14、GPG15)来获取连接的 NAND Flash 信息，量等。各各引脚对应的 NAND Flash 信息如表 3-3 所示。

表 3-3　NAND Flash 控制引脚配置

引脚	描　述
OM[1:0]	00：使能 NAND Flash 存储器启动
NCON	普通/先进 NAND Flash 存储器选择 0：普通 NAND Flash(256 字/512 字节页大小，3/4 地址周期) 1：先进 NAND Flash(1 K 字/2 K 字节页大小，4/5 地址周期)
GPG13	NAND Flash 存储器页容量选择 0：页=256 字(NCON=0)或页=1 K 字(NCON=1) 1：页=512 字节(NCON=0)或页=2 K 字节(NCON=1)
GPG14	NAND Flash 存储器地址周期选择 0：3 个地址周期(NCON=0)或 4 个地址周期(NCON=1) 1：4 个地址周期(NCON=0)或 5 个地址周期(NCON=1)
GPG15	NAND Flash 存储器总线宽度选择 0：8 位宽度 1：16 位宽度

(2) NAND Flash 控制器自动加载 NAND Flash 内前 4 KB 的程序代码到 Stepping-stone。

(3) 在加载完成后，Stepping-stone 内的程序代码开始执行。

2. 数据校验

NAND Flash 控制器除了能进行数据的访问操作外，还可以进行访问数据的校验，此项工作由控制器内部的 ECC 生成器完成。

NAND Flash 的 ECC(错误纠正码)生成、检测和指示均由 NAND Flash 控制器的硬件支持。NAND Flash 控制器由 4 个 ECC 模块组成，两个用于 2048 B 的 ECC 奇偶校验码的生成，另两个用于 16 B ECC 奇偶校验码的生成。

在 NAND Flash 的每一页中有两个区，main 区和 spare 区，main 区用于存储正常数据，spare 区存储其他附加信息，其中包括 ECC 校验码。在写入一页时，将 main 区数据的 ECC 校验码存储到 spare 区的特定区域。在下一次读到这一页时，同时计算 ECC 校验码并与存储在 spare 区的 ECC 校验码相比较，若相同，则说明读取数据正确；若不同，则说明读取数据错误。

3.1.3　NAND Flash 控制器寄存器

通过对 NAND Flash 寄存器组的配置可以实现 NAND Flash 的初始化操作与访问操作。NAND Flash 控制器寄存器组按功能可以分为两部分。

1. 基本操作寄存器

1) NAND Flash 配置寄存器 NFCONF

NFCONF 寄存器是用来设置 NAND Flash 的时序参数 TACLS、TWRPH0、TWRPH1 的。TACLS 为 CLE/ALE 有效到 nWE 有效之间的持续时间；TWRPH0 为 nWE 的有效持续时间；TWRPH1 为 nWE 无效到 CLE/ALE 无效之间的持续时间，这些时间都是以 HCLK 为单位的。设置时只需要比 Flash 芯片的 datasheet 给出的最小时间大就可以。

配置寄存器的[3:0]是只读位，用来指示外部所接的 NAND Flash 的配置信息，它们是由配置引脚 NCON、GPG13、GPG14 和 GPG15 所决定的。NFCONF 寄存器的详细配置如表 3-4 所示。

表 3-4 NFCONF 寄存器

NFCONF	位	描 述	初始值
TACLS	[13:12]	CLE 和 ALE 持续值设置(0～3) Duration = HCLK × TACLS	01
TWRPH0	[10:8]	TWRPH0 持续值设置(0～7) Duration = HCLK × (TWRPH0+1)	000
TWRPH1	[6:4]	TWRPH1 持续值设置(0～7) Duration = HCLK × (TWRPH1+1)	000
AdvFlash	[3]	只读，先进/普通 NAND Flash 存储器，由 NCON0 引脚状态决定	NCON0
PageSize	[2]	只读，NAND Flash 存储器的页面大小，由 GPG13 引脚状态决定	GPG13
AddrCycle	[1]	只读，NAND Flash 存储器的地址周期，由 GPG14 引脚状态决定	GPG14
BusWidth	[0]	只读，NAND Flash 存储器的总线宽度，由 GPG15 引脚状态决定	GPG15

2) NAND Flash 控制寄存器 NFCONT

NFCONT 用来使能/禁止 NAND Flash 控制器、使能/禁止控制引脚信号 nFCE、初始化 ECC。NFCONT 寄存器的详细配置如表 3-5 所示。

表 3-5 NFCONT 寄存器

NFCONT	位	描 述	初始值
Lock-tight	[13]	紧锁配置 0：禁止紧锁 1：使能紧锁	0
Soft Lock	[12]	软件上锁设置 0：禁止上锁 1：使能上锁	1
EnbIllegalAccINT	[10]	非法访问中断控制 0：禁止中断 1：使能中断	0
EnbRnBINT	[9]	RnB 状态输入信号传输中断控制 0：禁止 RnB 中断 1：使能中断	0
RnB_TransMode	[8]	RnB 传输检测配置 0：检测上升沿 1：检测下降沿	0
SpareECCLock	[6]	锁定备份区域 ECC 产生 0：开锁备份 ECC 1：锁定备份 ECC	1
MainECCLock	[5]	锁定主数据区域 ECC 产生 0：开锁 1：锁定	1
IintECC	[4]	初始化 ECC 编码器(只写) 1：初始化	0
Reg_nCE	[1]	nFCE 信号控制 0：使能片选 1：禁止片选	1
MODE	[0]	NAND Flash 控制器运行模式 0：禁止工作 1：使能工作	0

3) NAND Flash 命令寄存器 NFCMMD

对于不同型号的 Flash，操作命令一般不同，只用到低 8 位[7:0]。

4) NAND Flash 地址寄存器 NFADDR

当写这个寄存器时，它将对 Flash 发出地址信号。只用到低 8 位来传输地址信号，所以需要分次写入一个完整的 32 位地址。

5) NAND Flash 数据寄存器 NFDATA

只用到低 8 位，读、写此寄存器将启动对 NAND Flash 的读数据、写数据操作。

6) NAND Flash 操作状态寄存器 NFSTAT

只用到位 0，用来检测 NAND Flash 设备是否准备好。NFSTAT 寄存器如表 3-6 所示。

表 3-6　NFSTAT 寄存器

NSTAT	位	描　述	初始值
RnB	[0]	RnB 输入引脚的状态(只读) 0：NAND Flash 忙 1：NAND Flash 就绪	1

2. ECC 校验寄存器

NAND Flash 控制器寄存器中还提供了诸多有关 ECC 校验寄存器，用于管理 NAND Flash 的 ECC 校验，例如：

✧ NAND Flash 主数据区域 ECC 寄存器 NFMECCD0/1。
✧ NAND Flash 空闲区域 ECC 寄存器 NFSECCD。
✧ NAND Flash ECC0/1 状态寄存器 NFMECC。
✧ NAND Flash 主数据区域 ECC 状态寄存器 NFMECC。
✧ NAND Flash 空闲区域 ECC 状态寄存器 NFSECC。
✧ NAND Flash 块地址寄存器 NFSBLK 及 NFEBLK。

3.1.4　NAND Flash 实例

本书所配备开发板使用的 NAND Flash 存储器为 Samsung 的 K9F2G08U0A，下面以此型号的 Flash 为例讲解 NAND Flash 的工作原理以及 S3C2440 对 NAND Flash 的操作过程。

1. K9F2G08U0A 物理结构

K9F2G08U0A 主要以 Page(页)为单位进行读写操作，以 Block(块)为单位进行擦除操作。每一页中又分为 main 区和 spare 区。main 区用于正常数据的存储，spare 区用于存储一些附加信息，如块好坏的标记、页内的 ECC 校验和等。

K9F2G08U0A 的存储阵列如图 3-2 所示。

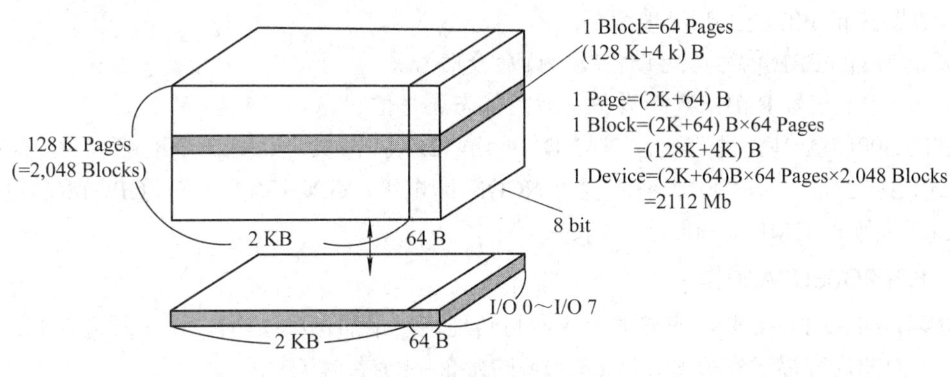

图 3-2　K9F2G08U0A 的存储阵列

由上图可知，K9F2G08U0A 的一页为(2 K + 64) B，2 KB 表示的是 main 区容量，64 B 表示的是 spare 区容量，它的一块为 64 页，而整个设备包括了 2048 个块。这样计算 Flash 一共有 2112 Mb 容量，main 区容量则有 256 MB(即 256 M × 8 b)。

2. K9F2G08U0A 与 S3C2440 的连接

K9F2G08U0A 与 S3C2440 的连接如图 3-3 所示。

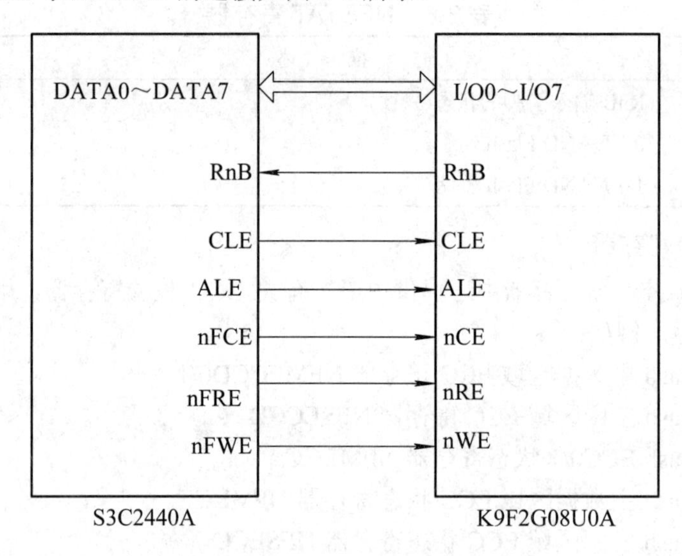

图 3-3　S3C2440 与 K9F2G08U0A 连接图

从图中可知，S3C2440 为 K9F2G08U0A 提供 8 个 I/O 引脚、5 个使能引脚、1 个状态引脚，地址、数据和命令都是在这些使能信号的配合下，通过 8 个 I/O 引脚进行传输的。各引脚的具体作用如下：

✧ DATA0～DATA7：8 个 I/O 口进行命令、地址、数据的输入/输出。

✧ 命令锁存使能 CLE：当 CLE 为高和 WE 在上升沿时，命令被锁存在命令寄存器中。

✧ 地址锁存使能 ALE：当 ALE 为高和 WE 在上升沿时，地址被锁存在地址寄存器中。

✧ 芯片使能 nFCE 与写使能 nFWE：当对设备写操作时，nFCE 与 nFWE 应同时为低电平，数据在 nFWE 的上升沿被锁存。

✧ 读使能 nFRE 信号：对设备发出读命令信号。

✧ 就绪/忙信号 RnB：判断设备是就绪状态还是忙状态。

K9F2G08U0A 是先进的 8 位 NAND Flash，2K 字节/页，需要 5 个地址周期，根据表 3-3 所述，S3C2440 的外部引脚应配置为 NCON(高电平)、GPG13(高电平)、GPG14(高电平)、GPG15(低电平)、OM[1:0]=00。

3. K9F2G08U0A 操作

访问 NAND Flash 时，应先传命令，再传地址，最后读/写数据，期间要检查 Flash 的状态。下面的内容描述有关 K9F2G08U0A 的命令字与寻址方式。

1) 命令字

不同型号的 Flash，操作命令各不一样。K9F2G08U0A 提供一个命令集来完成对 Flash 的各种操作，有的命令需要一个周期，有的需要两个周期，如表 3-7 所示。

表 3-7　K9F2G08U0A 命令字

命　令	第一个周期	第二个周期	忙状态可接受命令
Read(读)	00h	30h	—
Read for Copy Back	00h	35h	—
Read ID(读 ID)	90h	—	—
Reset(复位)	FFh	—	O
Page Program(写)	80h	10h	—
Two-Plane Page Program	80h～11h	81h～10h	—
Copy-Back Program	85h	10h	—
Two-Plane Copy-Back Program	85h～11h	81h～10h	—
Block Erase(块擦除)	60h	D0h	—
Two-Plane Block Erase	60h～60h	D0h	—
Random Data Input(随意读)	85h	—	—
Random Data Output(随意写)	05h	E0h	—
Read Status(读状态)	70h	—	O
Read EDC Status	7Bh	—	O

在实际编程中，经常用宏定义各个命令字，方便使用。示例代码如下。

【示例 3-1】　宏定义常用命令字

```
#define CMD_READ1            0x00         //页读命令周期 1
#define CMD_READ2            0x30         //页读命令周期 2
#define CMD_READID           0x90         //读 ID 命令
#define CMD_WRITE1           0x80         //页写命令周期 1
#define CMD_WRITE2           0x10         //页写命令周期 2
#define CMD_ERASE1           0x60         //块擦除命令周期 1
#define CMD_ERASE2           0xd0         //块擦除命令周期 2
#define CMD_STATUS           0x70         //读状态命令
#define CMD_RESET            0xff         //复位
#define CMD_RANDOMREAD1      0x05         //随意读命令周期 1
#define CMD_RANDOMREAD2      0xE0         //随意读命令周期 2
#define CMD_RANDOMWRITE      0x85         //随意写命令
```

2) 存储单元寻址

K9F2G08U0A 总线宽度为 8 位，容量为 256 MB，需要地址线 28 根，S3C2440 需要 5 个地址周期来访问存储单元，如表 3-8 所示。

表 3-8 K9F2G08U0A 地址序列

地址周期	I/O0	I/O1	I/O2	I/O3	I/O4	I/O5	I/O6	I/O7	备注
第一个	A0	A1	A2	A3	A4	A5	A6	A7	行地址
第二个	A8	A9	A10	A11	L	L	L	L	行地址
第三个	A12	A13	A14	A15	A16	A17	A18	A19	列地址
第四个	A20	A21	A22	A23	A24	A25	A26	A27	列地址
第五个	A28	L	L	L	L	L	L	L	列地址

由表中可以看出，前两个地址周期访问的 A0～A11 为页内地址(0～2 KB)，后三个地址周期访问的 A12～A28 为页地址。如果直接访问块，地址需要从 A18 开始。

3) 读写操作

NFCMMD、NFADDR 和 NFDATA 寄存器分别用于传输命令、地址和数据，为了方便使用，利用宏定义实现 Flash 的读写数据操作。用宏定义读写 32 位数据和 8 位数据的代码如下。

【示例 3-2】 宏定义数据读写

```
#define NF_RDDATA( )          (rNFDATA)                    //读 32 位数据
#define NF_RDDATA8( )         (rNFDATA8)                   //读 8 位数据
#define NF_WRDATA(data)       {rNFDATA = (data); }         //写 32 位数据
#define NF_WRDATA8(data)      {rNFDATA8 = (data); }        //写 8 位数据
```

4. K9F2G08U0A 编程

S3C2440 对 NAND Flash 只支持软件模式的访问，具体访问步骤如下：

(1) NAND Flash 初始化，设置 NAND Flash 配置寄存器 NFCONF 和控制寄存器 NFCONT。

(2) 若是第一次操作 NAND Flash，需要复位 NAND Flash(片选使能后发送命令字 0xff)，若不是第一次操作，直接执行步骤 3)。

(3) 写命令字到命令寄存器 NFCMMD。

(4) 写地址到地址寄存器 NFADDR。

(5) 读/写数据寄存器 NFDATA 之前，应先通过寄存器 NFSTAT[0](即 RnB 输入引脚)来检测 NAND Flash 是否准备就绪。

下述内容用于实现任务描述 3.D.1——实现 NAND Flash 的基本读写操作，包括 Flash 的初始化、页读、页写、块擦除等。实现步骤如下：

1) 编写项目所需要的头文件

【描述 3.D.1】 include.h

```
#ifndef    __INCLUDE_H_
#define    __INCLUDE_H_


//NAND Flash 控制器寄存器地址
#define rNFCONF (*(volatile unsigned *)0x4E000000)
```

```
#define rNFCONT (*(volatile unsigned *)0x4E000004)
#define rNFCMD    (*(volatile unsigned *)0x4E000008)
#define rNFADDR   (*(volatile unsigned *)0x4E00000C)
#define rNFCMMD   (*(volatile unsigned *)0x4E000008)
#define rNFDATA   (*(volatile unsigned *)0x4E000010)
#define rNFDATA8  (*(volatile unsigned char *)0x4E000010)
#define rNFMECC0  (*(volatile unsigned *)0x4E00002c)
#define rNFSTAT   (*(volatile unsigned *)0x4E000020)
#define rNFESTAT0 (*(volatile unsigned *)0x4E000024)
#define rGPACON   (*(volatile unsigned *)0x56000000)
#define rNFMECCD0                  (*(volatile unsigned long *) 0x4E000014)
#define rNFMECCD1                  (*(volatile unsigned long *) 0x4E000018)
#define rNFSECCD                   (*(volatile unsigned long *) 0x4E00001C)
#define rNFSECC                    (*(volatile unsigned long *) 0x4E000034)

#define TACLS          1//7  // 1-clk(0ns)
#define TWRPH0  4//7  // 3-clk(25ns)
#define TWRPH1  1//7  // 1-clk(10ns)   //TACLS+TWRPH0+TWRPH1>=50ns

#define U32 unsigned int
#define U16 unsigned short
#define S32 int
#define S16 short int
#define U8   unsigned char
#define  S8   char

#define TRUE 1
#define FALSE 0

#define OK 1
#define FAIL 0

#endif
```

2) 编写启始代码 init.s

【描述 3.D.1】 init.s

```
IMPORT main
AREA Reset，CODE，READONLY
PRESERVE8
ENTRY
```

```
ldr r13，=0x31000000
b   main                    ；进入 main 函数

ldr pc，=0x30000000

END
```

3) 编写 NAND Flash 功能子程序 nand.c

nand.c 子程序中实现了操作命令宏定义，实现了设备初始化函数 NF_Init( )、复位函数 rNF_Reset( )、读设备 ID 函数 rNF_ReadID( )、整页读函数 rNF_ReadPage( )、整页写函数 rNF_WritePage( )、块擦除函数 rNF_EraseBlock( )、随机写函数 rNF_RamdomRead( )、随机读函数 rNF_RamdomWrite( )。其具体代码如下：

【描述 3.D.1】 nand.c

```
#include "include.h"

#define CMD_READ1          0x00                      //页读命令周期 1
#define CMD_READ2          0x30                      //页读命令周期 2
#define CMD_READID         0x90                      //读 ID 命令
#define CMD_WRITE1         0x80                      //页写命令周期 1
#define CMD_WRITE2         0x10                      //页写命令周期 2
#define CMD_ERASE1         0x60                      //块擦除命令周期 1
#define CMD_ERASE2         0xd0                      //块擦除命令周期 2
#define CMD_STATUS         0x70                      //读状态命令
#define CMD_RESET          0xff                      //复位
#define CMD_RANDOMREAD1         0x05                 //随意读命令周期 1
#define CMD_RANDOMREAD2         0xE0                 //随意读命令周期 2
#define CMD_RANDOMWRITE         0x85                 //随意写命令

#define rNFDATA8 (*(volatile unsigned char *)0x4E000010)

#define NF_CMD(data)          {rNFCMD   = (data)；}        //传输命令
#define NF_ADDR(addr)         {rNFADDR = (addr)；}         //传输地址
#define NF_RDDATA( )           (rNFDATA)                   //读 32 位数据
#define NF_RDDATA8( )          (rNFDATA8)                  //读 8 位数据
#define NF_WRDATA(data)       {rNFDATA = (data)；}         //写 32 位数据
#define NF_WRDATA8(data)      {rNFDATA8 = (data)；}        //写 8 位数据

#define NF_nFCE_L( )          {rNFCONT &=  ～(1<<1)；}
#define NF_CE_L( )            NF_nFCE_L( )                 //打开 NAND Flash 片选
#define NF_nFCE_H( )          {rNFCONT |= (1<<1)；}
```

```
#define NF_CE_H( )              NF_nFCE_H( )                    //关闭 NAND Flash 片选
#define NF_RSTECC( )            {rNFCONT |= (1<<4); }           //复位 ECC
#define NF_MECC_UnLock( )       {rNFCONT &= ～(1<<5); }         //解锁 main 区 ECC
#define NF_MECC_Lock( )         {rNFCONT |= (1<<5); }           //锁定 main 区 ECC
#define NF_SECC_UnLock( )       {rNFCONT &= ～(1<<6); }         //解锁 spare 区 ECC
#define NF_SECC_Lock( )         {rNFCONT |= (1<<6); }               //锁定 spare 区 ECC

#define NF_WAITRB( )            {while(!(rNFSTAT&(1<<0))); }    //等待 NAND Flash 不忙
#define NF_CLEAR_RB( )          {rNFSTAT |= (1<<2); }           //清除 RnB 信号
#define NF_DETECT_RB( )         {while(!(rNFSTAT&(1<<2))); }    //等待 RnB 信号变高，即不忙

U8 ECCBuf[20];

U8 rNF_IsBadBlock(U32 block);
U8 rNF_MarkBadBlock(U32 block);
void delay(U32 n)
{
    U32 i=0;
    for(i=0; i<n; i++);
}

//初始化 NAND Flash 控制器
void NF_Init( void )
{
    //配置芯片引脚 PIN17～22 第二功能
    rGPACON = (rGPACON &～(0x3f<<17)) | (0x3f<<17);

    //TACLS=1、TWRPH0=2、TWRPH1=0，8 位 IO，
    rNFCONF = (TACLS<<12)|(TWRPH0<<8)|(TWRPH1<<4)|(0<<0);

    //非锁定，屏蔽 NAND Flash 中断，初始化 ECC 及锁定 main 区和 spare 区 ECC，使能 NAND
Flash    //片选及控制器
    rNFCONT = (0<<13)|(0<<12)|(0<<10)|(0<<9)|(0<<8)|(1<<6)|(1<<5)|(1<<4)|(1<<1)
                |(1<<0);
}
//复位操作，在 NAND Flash 第一次操作，首先要进行复位操作，选中设备后，发送命令字 0xFF
static void rNF_Reset( )
{
    NF_CE_L( );                     //打开 NAND Flash 片选
    NF_CLEAR_RB( );                 //清除 RnB 信号
```

```
        NF_CMD(CMD_RESET);          //写入复位命令
        NF_DETECT_RB( );            //等待 RnB 信号变高，即不忙
        NF_CE_H( );                 //关闭 NAND Flash 片选
    }
    //读取 K9F2G08U0A 芯片 ID
    char rNF_ReadID( )
    {
        char pMID=0;
        char pDID;
        char cyc3，cyc4，cyc5;
        NF_nFCE_L( );                   //打开 NAND Flash 片选
        NF_CLEAR_RB( );                 //清 RnB 信号
        NF_CMD(CMD_READID);             //读 ID 命令
        NF_ADDR(0x0);                   //写 0x00 地址

        //读 5 个周期的 ID
        //pMID = NF_RDDATA( );          //厂商 ID：0xEC
        //pDID = NF_RDDATA( );          //设备 ID：0xDA
        //cyc3 = NF_RDDATA( );          //0x10
        //cyc4 = NF_RDDATA( );          //0x95
        //cyc5 = NF_RDDATA( );          //0x44
        pMID = NF_RDDATA8( );           //厂商 ID：0xEC
        pDID = NF_RDDATA8( );           //设备 ID：0xDA
        cyc3 = NF_RDDATA8( );           //0x10
        cyc4 = NF_RDDATA8( );           //0x95
        cyc5 = NF_RDDATA8( );           //0x44
        NF_nFCE_H( );                   //关闭 NAND Flash 片选
        return (pDID);
    }
```

//整页读，读操作是以页为单位进行的，在写入读命令的两个周期之间写入要读取的页地址，然后读取数据

```
    U8 rNF_ReadPage(U32 page_number，U8 *buf)
    {
        U32 i，mecc0，secc;
        NF_RSTECC( );                   //复位 ECC
        NF_MECC_UnLock( );              //解锁 main 区 ECC
        NF_nFCE_L( );                   //打开 NAND Flash 片选
        NF_CLEAR_RB( );                 //清 RnB 信号
```

```
    NF_CMD(CMD_READ1);              //页读命令周期 1
    //写入 5 个地址周期
    NF_ADDR(0x00);                          //列地址 A0～A7
    NF_ADDR(0x00);                          //列地址 A8～A11
    NF_ADDR((page_number) & 0xff);          //行地址 A12～A19
    NF_ADDR((page_number >> 8) & 0xff);     //行地址 A20～A27
    NF_ADDR((page_number >> 16) & 0xff);    //行地址 A28
    NF_CMD(CMD_READ2);                      //页读命令周期 2
    NF_DETECT_RB( );                        //等待 RnB 信号变高，即不忙
    //读取一页数据内容
    for (i = 0; i < 2048; i++)
    {
        buf[i] =   NF_RDDATA8( );
    }
    NF_MECC_Lock( );    //锁定 main 区 ECC 值
    NF_SECC_UnLock( );  //解锁 spare 区 ECC
    //读 spare 区的前 4 个地址内容，即第 2048～2051 地址，这 4 个字节为 main 区的 ECC
    mecc0=NF_RDDATA( );
    //把读取到的 main 区的 ECC 校验码放入 NFMECCD0/1 的相应位置内
    rNFMECCD0=((mecc0&0xff00)<<8)|(mecc0&0xff);
    rNFMECCD1=((mecc0&0xff000000)>>8)|((mecc0&0xff0000)>>16);
    NF_SECC_Lock( );    //锁定 spare 区的 ECC 值
    //继续读 spare 区的 4 个地址内容，即第 2052～2055 地址，其中前 2 个字节为 spare 区的 ECC 值
    secc=NF_RDDATA( );
    //把读取到的 spare 区的 ECC 校验码放入 NFSECCD 的相应位置内
    rNFSECCD=((secc&0xff00)<<8)|(secc&0xff);
    NF_nFCE_H( );               //关闭 NAND Flash 片选
    //判断所读取到的数据是否正确
    if ((rNFESTAT0&0xf) == 0x0)
        return 0x66;            //正确
    else
        return 0x44;            //错误
}

//整页写，在两个写命令周期之间分别写入页地址和数据
U8 rNF_WritePage(U32 page_number, U8 *buf)
{
    U32 i, mecc0, secc;
    U8 stat, temp;
```

```
temp = rNF_IsBadBlock(page_number>>6);       //判断该块是否为坏块
if(temp == 0x33)
    return 0x42;                             //是坏块，返回
NF_RSTECC( );                                //复位 ECC
NF_MECC_UnLock( );                           //解锁 main 区的 ECC
NF_nFCE_L( );                                //打开 NAND Flash 片选
NF_CLEAR_RB( );                              //清 RnB 信号
NF_CMD(CMD_WRITE1);                          //页写命令周期 1
//写入 5 个地址周期
NF_ADDR(0x00);                               //列地址 A0～A7
NF_ADDR(0x00);                               //列地址 A8～A11
NF_ADDR((page_number) & 0xff);               //行地址 A12～A19
NF_ADDR((page_number >> 8) & 0xff);          //行地址 A20～A27
NF_ADDR((page_number >> 16) & 0xff);         //行地址 A28

//写入一页数据
for (i = 0; i < 2048; i++)
{
    //NF_WRDATA8((char)(i+6));
    NF_WRDATA8(buf[i]);
}
NF_MECC_Lock( );                             //锁定 main 区的 ECC 值
mecc0=rNFMECC0;                              //读取 main 区的 ECC 校验码

//把 ECC 校验码由字型转换为字节型，并保存到全局变量数组 ECCBuf 中
ECCBuf[0]=(U8)(mecc0&0xff);
ECCBuf[1]=(U8)((mecc0>>8) & 0xff);
ECCBuf[2]=(U8)((mecc0>>16) & 0xff);
ECCBuf[3]=(U8)((mecc0>>24) & 0xff);

NF_SECC_UnLock( );                           //解锁 spare 区的 ECC
//把 main 区的 ECC 值写入到 spare 区的前 4 个字节地址内，即第 2048～2051 地址
for(i=0; i<4; i++)
{
    NF_WRDATA8(ECCBuf[i]);
}
NF_SECC_Lock( );                             //锁定 spare 区的 ECC 值
secc=rNFSECC;                                //读取 spare 区的 ECC 校验码
//把 ECC 校验码保存到全局变量数组 ECCBuf 中
```

```
    ECCBuf[4]=(U8)(secc&0xff);
    ECCBuf[5]=(U8)((secc>>8) & 0xff);
    //把 spare 区的 ECC 值继续写入到 spare 区的第 2052～2053 地址内
    for(i=4; i<6; i++)
    {
        NF_WRDATA8(ECCBuf[i]);
    }
    NF_CMD(CMD_WRITE2);              //页写命令周期 2
    delay(1000);                     //延时一段时间，以等待写操作完成
    NF_CMD(CMD_STATUS);              //读状态命令
    //判断状态值的第 6 位是否为 1，即是否在忙，该语句的作用与 NF_DETECT_RB( ); 相同
    do
    {
        stat = NF_RDDATA8( );
    }while(!(stat&0x40));
    NF_nFCE_H( );                    //关闭 NAND Flash 片选
    //判断状态值的第 0 位是否为 0，为 0 则写操作正确，否则错误
    if (stat & 0x1)
    {
        temp = rNF_MarkBadBlock(page_number>>6);      //标注该页所在的块为坏块
        if (temp == 0x21)
            return 0x43;             //标注坏块失败
        else
            return 0x44;             //写操作失败
    }
    else
        return 0x66;                 //写操作成功
}
```

//NAND Flash 的擦除操作是以块为单位进行的，因此在写地址周期时，只需要写 3 个行周期，从 A18 开始写起

```
U8 rNF_EraseBlock(U32 block_number)
{
    char stat, temp;
    temp = rNF_IsBadBlock(block_number);      //判断该块是否为坏块
    if(temp == 0x33)
        return 0x42;                          //是坏块，返回

    NF_nFCE_L( );                             //打开片选
```

```
    NF_CLEAR_RB( );                          //清 RnB 信号
    NF_CMD(CMD_ERASE1);                      //擦除命令周期 1
    //写入 3 个地址周期，从 A18 开始写起
    NF_ADDR((block_number << 6) & 0xff);     //行地址 A18～A19
    NF_ADDR((block_number >> 2) & 0xff);     //行地址 A20～A27
    NF_ADDR((block_number >> 10) & 0xff);    //行地址 A28
    NF_CMD(CMD_ERASE2);                      //擦除命令周期 2
    delay(1000);                             //延时一段时间
    NF_CMD(CMD_STATUS);                      //读状态命令

    //判断状态值的第 6 位是否为 1，即是否在忙，该语句的作用与 NF_DETECT_RB( )；相同
    do
    {
        stat = NF_RDDATA8( );
    }while(!(stat&0x40));

    NF_nFCE_H( );                            //关闭 NAND Flash 片选
    //判断状态值的第 0 位是否为 0，为 0 则擦除操作正确，否则错误
    if (stat & 0x1)
    {
        temp = rNF_MarkBadBlock(block_number>>6);        //标注该块为坏块
        if (temp == 0x21)
            return 0x43;                     //标注坏块失败
        else
            return 0x44;                     //擦除操作失败
    }
    else
        return 0x66;                         //擦除操作成功
}

//随机读
U8 rNF_RamdomRead(U32 page_number，U32 add)
{
    NF_nFCE_L( );                            //打开 NAND Flash 片选
    NF_CLEAR_RB( );                          //清 RnB 信号
    NF_CMD(CMD_READ1);                       //页读命令周期 1
    //写入 5 个地址周期
    NF_ADDR(0x00);                           //列地址 A0～A7
    NF_ADDR(0x00);                           //列地址 A8～A11
```

```
    NF_ADDR((page_number) & 0xff);          //行地址 A12～A19
    NF_ADDR((page_number >> 8) & 0xff);     //行地址 A20～A27
    NF_ADDR((page_number >> 16) & 0xff);    //行地址 A28
    NF_CMD(CMD_READ2);                      //页读命令周期 2
    NF_DETECT_RB( );                        //等待 RnB 信号变高，即不忙
    NF_CMD(CMD_RANDOMREAD1);                //随意读命令周期 1
    //页内地址
    NF_ADDR((char)(add&0xff));              //列地址 A0～A7
    NF_ADDR((char)((add>>8)&0x0f));         //列地址 A8～A11
    NF_CMD(CMD_RANDOMREAD2);                //随意读命令周期 2
    return NF_RDDATA8( );                   //读取数据
}
//随机写
U8 rNF_RamdomWrite(U32 page_number，U32 add，U8 dat)
{
    U8 temp，stat;
    NF_nFCE_L( );                           //打开 NAND Flash 片选
    NF_CLEAR_RB( );                         //清 RnB 信号
    NF_CMD(CMD_WRITE1);                     //页写命令周期 1
    //写入 5 个地址周期
    NF_ADDR(0x00);                          //列地址 A0～A7
    NF_ADDR(0x00);                          //列地址 A8～A11
    NF_ADDR((page_number) & 0xff);          //行地址 A12～A19
    NF_ADDR((page_number >> 8) & 0xff);     //行地址 A20～A27
    NF_ADDR((page_number >> 16) & 0xff);    //行地址 A28
    NF_CMD(CMD_RANDOMWRITE);                //随意写命令
    //页内地址
    NF_ADDR((char)(add&0xff));              //列地址 A0～A7
    NF_ADDR((char)((add>>8)&0x0f));         //列地址 A8～A11
    NF_WRDATA8(dat);                        //写入数据
    NF_CMD(CMD_WRITE2);                     //页写命令周期 2
    delay(1000);                            //延时一段时间
    NF_CMD(CMD_STATUS);                     //读状态命令
    //判断状态值的第 6 位是否为 1，即是否在忙，该语句的作用与 NF_DETECT_RB( ); 相同
    do{
        stat =  NF_RDDATA8( );
    }while(!(stat&0x40));
    NF_nFCE_H( );                           //关闭 NAND Flash 片选
    //判断状态值的第 0 位是否为 0，为 0 则写操作正确，否则错误
```

```
    if (stat & 0x1)
        return 0x44;                    //失败
    else
        return 0x66;                    //成功
}
```

4) 编写主函数

主函数用于测试 nand.c 的设备操作的函数。

【描述 3.D.1】 main.c

```
int main(void)
{
    U8   *buf = (U8 *)0x30001000;
    U8   stat;

    NF_Init( );                     //初始化
    NF_Reset( );                    //复位设备
    rNF_ReadID( );                  //读 NAND Flash ID

    rNF_writePage(64，buf);         //写取 0 页内容到 buf 区
    rNF_ReadPage(64，buf);          //读取 0 页内容到 buf 区

}
```

在 MDK 下将程序编译后运行，在主函数的读写函数中设置断点，可以实现将 SDRAM 中某一地址空间内容写入到 NAND Flash 某一块中，之后再读出到 SDRAM 中的另一地址空间，查看两部分数据是否一致。

3.2 UART

在嵌入式系统中，经常用 UART 来进行 CPU 与外围设备的通信，UART 是一种异步串行通信，例如，工业中常用的 RS-232、RS-485 通信以及现在电子设备上常用的 USB，在本质上都是串行通信。本节将主要讲解 UART 的原理以及 S3C2440 UART 的使用方法。

3.2.1 概述

在计算机的数据通信中，经常会用到以下几个基本术语：

✧ 并行：数据各位同时进行传输。

✧ 串行：数据逐位进行传输。

✧ 全双工：收/发可同时进行(串行通信)。

✧ 半双工：收/发不可同时进行(串行通信)。

✧ 异步串行通信：以字符为单位进行传输。

✧ 同步串行通信：以数据块为单位进行传输。

✧ 波特率：单位时间内传输的位数。

UART，即通用异步收发传输器(Universal Asynchronous Receive/Transmitter)，是一种通用串行数据总线，用于异步通信，可实现全双工发送和接收。不仅可以实现嵌入式系统之间的通信，还可以实现与 PC 之间的通信。

UART 以位传输，传输过程为，发送数据时，CPU 将并行数据先存放到 UART 发送寄存器中，再通过 FIFO(先进先出队列)传送到串行设备；接收数据时，UART 先将串行字符汇集到 UART 接收缓存区中，CPU 再进行读取接收寄存器数据。

两个端口之间的通信，以帧为数据传输单位，一个帧由一组具有完整意义的位组成，例如开始位、数据位、校验位、停止位。依据通信协议，比特率、数据位、停止位和奇偶校验位这几个参数必须匹配。一个典型的 UART 传输数据帧(使用 1 个开始位，7 个数据位，1 个校验位，2 个停止位)如图 3-4 所示。

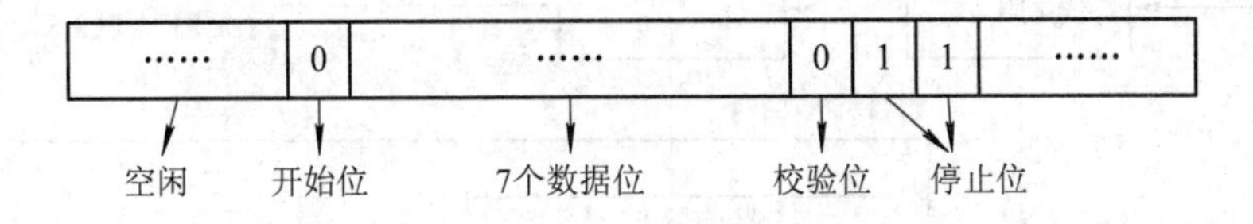

图 3-4　典型 UART 传输数据帧

两个 UART 端口全双工方式通信时，最简单的三线连线方式如图 3-5 所示。

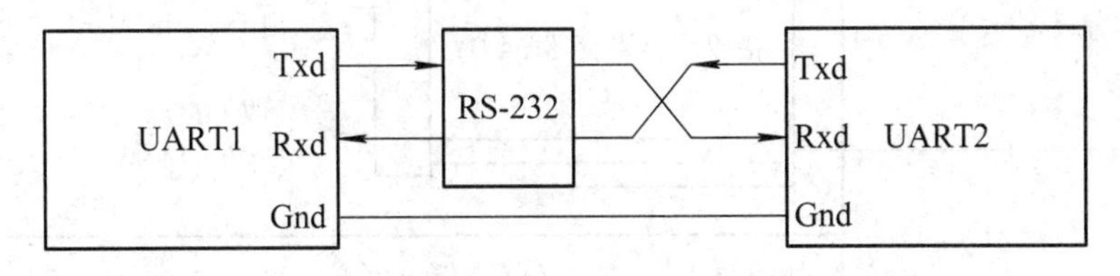

图 3-5　UART 连线图

其中：

✧ Txd 用于发送数据。

✧ Rxd 用于接收数据。

✧ Gnd 用于为双方提供参考电平。

✧　UART 为标准的 TTL/CMOS 逻辑电平(0～5 V 或 0～3.3 V 等)，为了增强数据的传输能力，增长数据的传输长度，通常把 TTL/CMOS 电平通过电平转换芯片(例如 Max232 等)转换为 RS-232 逻辑电平(3 V～12 V 表示 0，–3 V～–12 V 表示 1)。

3.2.2　S3C2440 UART

S3C2440 中的 UART 有 3 个独立的 UART 通道，其主要特性如下：

✧ 基于 DMA 或基于中断操作的 RxD0、TxD0、RxD1、TxD1、RxD2、TxD2。

✧ UART 通道 0、通道 1、通道 2 带有 IrDA 1.0 和 64 B FIFO。

✧ UART 通道 0、通道 1 带 nRTS0、nCTS0、nRTS1、nCTS1。

✧ 支持握手发送/接收功能。

UART 由波特率发生器、发送器、接收器和控制单元组成。如图 3-6 所示。

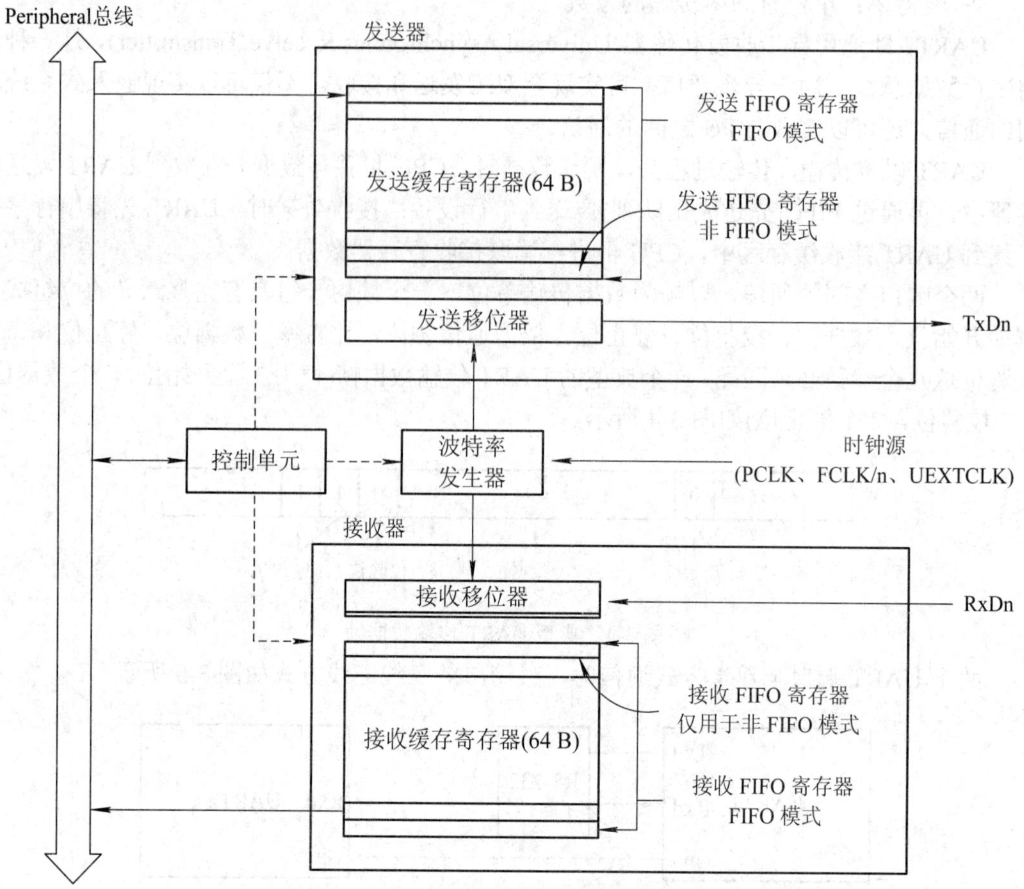

注：在 FIFO 模式中，所有 64 位的缓冲寄存器被用作 FIFO 寄存器；在非 FIFO 模式中，只有 1 位缓冲寄存器被用作存储寄存器

图 3-6　S3C2440 UART 组成图

其中：

✧ 波特率发生器可以由 PCLK、FCLK/n 或 UEXTCLK(外部输入时钟)时钟驱动。

✧ 发送器和接收器各包含 64 B FIFO 和数据移位器。在非 FIFO 模式下，传输数据不使用 FIFO 缓存，而是一个字节一个字节地传输，即 FIFO 深度为 1。

✧ 发送数据，发送 FIFO 中数据时，在发送前先复制数据到发送移位器，再通过 TxDn 发出。

✧ 接收数据，接收移位器接收 RxDn 上的数据并复制到接收 FIFO 中。

✧ S3C2440 UART 的操作需要设置的参数有波特率、数据帧格式以及传输方式。

1. 波特率

每个 UART 的波特率发生器为发送器和接收器提供串行时钟。波特率值根据 UART 波特率分频寄存器 UBRDIVn 的分频系数计算，时钟源可以是 S3C2440A 的系统时钟也可以是外部时钟。计算公式如下：

$$UBRDIVn = \mathrm{int}\left(\frac{\text{UART时钟}}{\text{波特率}\times 16}\right) - 1$$

【示例 3-3】 波特率为 115200 b/s，UART 时钟为 40 MHz，计算 UBRDIVn 的值。

$$UBRDIVn = \mathrm{int}\left(\frac{40000000}{115200\times 16}\right) - 1 = \mathrm{int}(21.7) - 1 = 22 - 1 = 21$$

2. 数据帧

S3C2440 的每个 UART 在发送和接收数据时，都支持可编程数据帧，即可由 1 个起始位，5 个～8 个数据位，1 个可选奇偶位，1 个～2 个停止位组成。数据帧是由 UART 行控制寄存器 ULCONn 指定。

3. 传输方式

UART 可以通过查询方式、中断方式和 DMA 方式实现数据的传输。

✧　查询方式，在主程序的循环体内不断查询 UART 端口，当有数据来时，就接收数据；当有数据发送时，就发送数据。其示例代码如下。

【示例 3-4】 查询方式实现数据发送操作

```
{
    while(1)
    {
      if(发送状态 == 可发送)
      执行数据发送操作;
    }
}
```

【示例 3-5】 查询方式实现数据接收操作

```
{
    while(1){
    if(接收状态 == 有数据到达)
    执行数据接收操作;
              }
}
```

✧　中断方式，UART 的发送和接收就是一个中断源，在主程序循环体内并不执行数据传输程序，而只在中断服务程序内进行。

✧　DMA 方式，DMA 硬件自动实现数据的转移，CPU 几乎不用干涉。

4. UART 寄存器

UART 传输数据时，需要设置多个参数，诸如波特率、数据帧格式等，这都通过 UART 相关寄存器的配置来实现。

1) UART 分频寄存器 UBRDIVn

UBRDIVn 的[15:0]用来设置分频值，从而计算出传输波特率。

2) UART 线路控制寄存器 ULCONn

ULCONn 寄存器用来设置数据帧格式、是否是红外传输、奇偶检验、停止位个数及字长度等。寄存器配置如表 3-9 所示。

表 3-9 ULCONn 寄存器

ULCONn	位	描 述	初始值
红外模式	[7]	决定是否使用红外模式 0：普通模式 1：红外模式	0
奇偶校验	[5:3]	奇偶校验产生和检查的类型 0xx：无奇偶校验 100：奇校验 101：偶校验 110：固定/检查奇偶校验为 1 111：固定/检查奇偶校验为 0	000
停止位	[2]	停止位个数 0：1 个停止位 1：2 个停止位	0
字长度	[1:0]	数据位个数 00：5 位 01：6 位 10：7 位 11：8 位	00

3) UART 控制寄存器 UCONn

UCONn 寄存器用来选择 UART 时钟源、设置 UART 中断方式，寄存器的具体配置如表 3-10 所示。

表 3-10 UCONn 寄存器

UCONn	位	描 述	初始值
FCLK 分频	[15:12]	当时钟源选择了 FCLK/n 的分频器值，n = 7～44 n 由 UCON0[15:12]、UCON1[15:12]、UCON2[14:12]所决定 UCON2[15]是 FCLK/n 的使能位 0：禁止 1：使能 (1) 若设置 n = 7～21，使用 UCON0[15:12]，UCON1、UCON2 必须为 0，UART 时钟=FCLK/(分频器+6)，分频器 > 0 (2) 若设置 n = 22～36，使用 UCON1[15:12]，UCON0、UCON2 必须为 0，UART 时钟=FCLK/(分频器+21)，分频器 > 0 (3) 若设置 n = 37～43，使用 UCON2[14:12]，UCON0、UCON1 必须为 0，UART 时钟=FCLK/(分频器+36)，分频器 > 0 (4) 若 UCON0[15:12]、UCON1[15:12]、UCON2[14:12]都为 0，则分频器 n = 44，UART 时钟 = FCLK/44	00
时钟选择	[11:10]	UART 时钟源选择 00、10：PCLK 01：UEXTCLK 11：FCLK/n	00
Tx 中断	[9]	如下情况发生时，将产生发送中断 不使用 FIFO 时，发送缓冲区为空 使用 FIFO 时，FIFO 中的数据达到 TxFIFO 的触发阈值 中断方式：0：脉冲 1：电平	0
Rx 中断	[8]	如下情况发生时，将产生接收中断 不使用 FIFO 时，接收到一个数据 使用 FIFO 时，FIFO 中的数据达到 RxFIFO 的触发阈值 中断方式：0：脉冲 1：电平	00

续表

UCONn	位	描　述	初始值
Rx 超时	[7]	当使能 UART FIFO 时，使能/禁止 Rx 超时中断 0：禁止　　1：使能	0
Rx 错误状态中断	[6]	异常时允许 UART 产生中断，如接收操作期间的断点、帧错误、奇偶错误或溢出错误 0：不产生接收错误状态中断　1：产生接收错误状态中断	0
环回模式	[5]	UART 进入环回模式使能，自发自收，此模式只用于测试 0：正常操作　　1：环回模式	0
发送终止信号	[4]	该位置位后，UART 在一个帧时间内发送一个终止信号，在发送信号后该位自动清 0。0：正常发送　　1：发终止信号	0
发送模式	[3:2]	决定用哪种功能来写数据到 UART 发送缓存寄存器 00：无效　01：中断请求或查询方式 10：DMA0 请求(仅对 UART0)　　DMA3 请求(仅对 UART2) 11：DMA1 请求(仅对 UART1)	00
接收模式	[1:0]	决定用哪种功能来读取 UART 接收缓存寄存器的数据 00：无效　01：中断请求或查询方式 10：DMA0 请求(仅对 UART0)　　DMA3 请求(仅对 UART2) 11：DMA1 请求(仅对 UART1)	00

4) UARTTx/Rx 状态寄存器 UTRSTATn

UTRSTATn 寄存器用来描述数据是否已经发送完毕、是否已经接收到数据。寄存器内容如表 3-11 所示。

表 3-11　UTRSTATn 寄存器

UTRSTATn	位	描　述	初始值
发送器空	[2]	当发送缓冲区中没有数据且最后一个数据已经发送出去时自动置 1	1
发送缓存区空	[1]	当发送缓冲区中没有数据时，此位自动设为 1	1
接收缓冲区数据就绪	[0]	当接收到数据时，此位自动设为 1	0

5) UART 错误寄存器 UERSTATn

UERSTATn 寄存器用来表示在接收状态时，各种错误是否发生。错误状态如表 3-12 所示。

表 3-12　UERSTATn 寄存器

UERSTATn	位	描　述	初始值
断点监测	[3]	接收到断点信号后自动置 1	0
帧错误	[2]	接收期间发生帧错误后自动置 1	0
奇偶校验错误	[1]	接收期间发生奇偶错误时自动置 1	0
溢出错误	[0]	接收期间发生溢出错误时自动置 1	0

6) UART 发送缓存寄存器 UTXHn

CPU 将数据写入这个寄存器，UART 将会将它保存到缓冲区中并自动发送出去。

7) UART 接收缓存寄存器 URXHn

当 UART 接收到数据时，CPU 读取此寄存器，即可获得数据。

8) 其他寄存器

UFCONn 寄存器、UFSTATn 寄存器，UFCONn 寄存器用于设置是否使用 FIFO，设置各 FIFO 的触发阈值，即发送 FIFO 中有多少个数据时产生中断、接收 FIFO 中有多少个数据时产生中断，并且可以通过设置 UFCONn 寄存器来复位各个 FIFO。读取 UFSTATn 寄存器可以知道各个 FIFO 是否已满，以及其中有多少个数据。

UMCONn 寄存器、UMSTATn 寄存器，这两类寄存器用于流量控制，本书不做介绍。

3.2.3 UART 编程

UART 编程一般遵循以下步骤：

(1) I/O 初始化，即设置 UART 相应的 I/O 功能为 UART 功能。

(2) UART 设备初始化，设置 UBRDIVn、ULCONn、UCONn 等寄存器，用于设置波特率、传输格式、选择 UART 时钟、中断方式等。

(3) 接收、发送数据，进行数据处理。

下述内容用于实现任务描述 3.D.2——实现往串口写入 1 个字符，开发板收到后再通过串口输出。其实现步骤如下：

1) 所需头文件

所需头文件的源码如下。

【描述 3.D.2】 s3c2440.h

```
/* WOTCH DOG register */
#define     WTCON               (*(volatile unsigned long *)0x53000000)

/* SDRAM regisers */
#define     MEM_CTL_BASE        0x48000000
#define     SDRAM_BASE          0x30000000

/* NAND Flash registers */
#define NFCONF                  (*(volatile unsigned int  *)0x4e000000)
#define NFCMD                   (*(volatile unsigned char *)0x4e000004)
#define NFADDR                  (*(volatile unsigned char *)0x4e000008)
#define NFDATA                  (*(volatile unsigned char *)0x4e00000c)
#define NFSTAT                  (*(volatile unsigned char *)0x4e000010)

/*GPIO registers*/
#define GPBCON                  (*(volatile unsigned long *)0x56000010)
```

```
#define GPBDAT          (*(volatile unsigned long *)0x56000014)

#define GPFCON          (*(volatile unsigned long *)0x56000050)
#define GPFDAT          (*(volatile unsigned long *)0x56000054)
#define GPFUP           (*(volatile unsigned long *)0x56000058)

#define GPGCON          (*(volatile unsigned long *)0x56000060)
#define GPGDAT          (*(volatile unsigned long *)0x56000064)
#define GPGUP           (*(volatile unsigned long *)0x56000068)

#define GPHCON          (*(volatile unsigned long *)0x56000070)
#define GPHDAT          (*(volatile unsigned long *)0x56000074)
#define GPHUP           (*(volatile unsigned long *)0x56000078)

/*UART registers*/
#define ULCON0          (*(volatile unsigned long *)0x50000000)
#define UCON0           (*(volatile unsigned long *)0x50000004)
#define UFCON0          (*(volatile unsigned long *)0x50000008)
#define UMCON0          (*(volatile unsigned long *)0x5000000c)
#define UTRSTAT0        (*(volatile unsigned long *)0x50000010)
#define UTXH0           (*(volatile unsigned char *)0x50000020)
#define URXH0           (*(volatile unsigned char *)0x50000024)
#define UBRDIV0         (*(volatile unsigned long *)0x50000028)

#define ULCON1          (*(volatile unsigned long *) 0x50004000)
#define UCON1           (*(volatile unsigned long *) 0x50004004)
#define UFCON1          (*(volatile unsigned long *) 0x50004008)
#define UMCON1          (*(volatile unsigned long *) 0x5000400C)
#define UTRSTAT1        (*(volatile unsigned long *) 0x50004010)
#define UERSTAT1        (*(volatile unsigned long *) 0x50004014)
#define UFSTAT1         (*(volatile unsigned long *) 0x50004018)
#define UMSTAT1         (*(volatile unsigned long *) 0x5000401C)
#define UTXH1           (*(volatile unsigned char *) 0x50004020)
#define URXH1           (*(volatile unsigned char *) 0x50004024)
#define UBRDIV1         (*(volatile unsigned long *) 0x50004028)

#define ULCON2          (*(volatile unsigned long *) 0x50008000)
#define UCON2           (*(volatile unsigned long *) 0x50008004)
#define UFCON2          (*(volatile unsigned long *) 0x50008008)
#define UMCON2          (*(volatile unsigned long *) 0x5000800C)
```

```
#define UTRSTAT2        (*(volatile unsigned long *) 0x50008010)
#define UERSTAT2        (*(volatile unsigned long *) 0x50008014)
#define UFSTAT2         (*(volatile unsigned long *) 0x50008018)
#define UTXH2           (*(volatile unsigned char *) 0x50008020)
#define URXH2           (*(volatile unsigned char *) 0x50008024)
#define UBRDIV2         (*(volatile unsigned long *) 0x50008028)

/*interrupt registes*/
#define SRCPND          (*(volatile unsigned long *)0x4A000000)
#define INTMOD          (*(volatile unsigned long *)0x4A000004)
#define INTMSK          (*(volatile unsigned long *)0x4A000008)
#define PRIORITY        (*(volatile unsigned long *)0x4A00000c)
#define INTPND          (*(volatile unsigned long *)0x4A000010)
#define INTOFFSET       (*(volatile unsigned long *)0x4A000014)
#define SUBSRCPND       (*(volatile unsigned long *)0x4A000018)
#define INTSUBMSK       (*(volatile unsigned long *)0x4A00001c)

/*external interrupt registers*/
#define EINTMASK        (*(volatile unsigned long *)0x560000a4)
#define EINTPEND        (*(volatile unsigned long *)0x560000a8)

/*clock registers*/
#define  LOCKTIME       (*(volatile unsigned long *)0x4c000000)
#define  MPLLCON        (*(volatile unsigned long *)0x4c000004)
#define  UPLLCON        (*(volatile unsigned long *)0x4c000008)
#define  CLKCON         (*(volatile unsigned long *)0x4c00000c)
#define  CLKSLOW        (*(volatile unsigned long *)0x4c000010)
#define  CLKDIVN        (*(volatile unsigned long *)0x4c000014)

/*PWM & Timer registers*/
#define  TCFG0          (*(volatile unsigned long *)0x51000000)
#define  TCFG1          (*(volatile unsigned long *)0x51000004)
#define  TCON           (*(volatile unsigned long *)0x51000008)
#define  TCNTB0         (*(volatile unsigned long *)0x5100000c)
#define  TCMPB0         (*(volatile unsigned long *)0x51000010)
#define  TCNTO0         (*(volatile unsigned long *)0x51000014)

#define GSTATUS1        (*(volatile unsigned long *)0x560000B0)
```

2) 编写启动代码 init.s

具体代码请参考任务描述 2.D.5 中的 init.s。

3) 编写串口子程序 serial.c

子程序 serial.c 实现了串口初始化操作、接收和发送子函数。

【描述 3.D.2】 serial.h

```
void uart0_init(void);
void putc(unsigned char c);
void putstr(unsigned char* str);
unsigned char getc(void);
int isDigit(unsigned char c);
int isLetter(unsigned char c);
```

【描述 3.D.2】 serial.c

```
#include "s3c2440.h"
#include "serial.h"
#define TXD0READY     (1<<2)
#define RXD0READY     (1)

#define PCLK                  50000000      // init.c 中的 clock_init 函数设置 PCLK 为 50 MHz
#define UART_CLK              PCLK          //  UART0 的时钟源设为 PCLK
#define UART_BAUD_RATE   38400              // 波特率
#define UART_BRD              ((UART_CLK  / (UART_BAUD_RATE * 16)) – 1)

//UART0 初始化
void uart0_init(void)
{
    GPHCON   |= 0xa0;                     // GPH2、GPH3 分别用作 TXD0、RXD0
    GPHUP    = 0x00;                      // GPH2、GPH3 内部上拉

    ULCON0   = 0x03;                      // 8N1(8 个数据位，无校验位，1 个停止位)
    UCON0    = 0x05;                      // 查询方式，UART 时钟源为 PCLK
    UFCON0   = 0x00;                      // 不使用 FIFO
    UMCON0   = 0x00;                      // 不使用流控
    UBRDIV0 = UART_BRD;                   // 波特率为 38400
}

//发送一个字符串
void putstr(unsigned char* str)
{
  while(*str!=0)
  {
     /* 等待，直到发送缓冲区中的数据已经全部发送出去 */
    while (!(UTRSTAT0 & TXD0READY));
```

```
        /* 向 UTXH0 寄存器中写入数据，UART 将自动将它发送出去 */
        UTXH0 = *str;
      str++;
    }
}
/*
 * 发送一个字符
 */
void putc(unsigned char c)
{       /* 等待，直到发送缓冲区中的数据已经全部发送出去 */
        while (!(UTRSTAT0 & TXD0READY));

        /* 向 UTXH0 寄存器中写入数据，UART 将自动将它发送出去 */
        UTXH0 = c;
}

//接收字符
unsigned char getc(void)
{       /* 等待，直到接收缓冲区中的数据 */
        while (!(UTRSTAT0 & RXD0READY));

        /* 直接读取 URXH0 寄存器，即可获得接收到的数据 */
        return URXH0;
}

//判断 1 个字符是否数字
int isDigit(unsigned char c)
{
        if (c >= '0' && c <= '9')
              return 1;
        else
              return 0;
}

//判断 1 个字符是否是英文字母
int isLetter(unsigned char c)
{
        if (c >= 'a' && c <= 'z')
              return 1;
        else if (c >= 'A' && c <= 'Z')
```

```
        return 1;
    else
        return 0;
}
```

4) 编写主函数

在主函数中，循环查询是否收到字符，若收到，将数据再通过串口输出。

【描述 3.D.2】 main.c

```
int main( )
{
    unsigned char c;

    Uart0_init( );                  // uart0 初始化

    while(1)
    {
                                    // 从串口接收数据
        c = getc( );
        if (isDigit(c) || isLetter(c))
            putc(c);                //往串口发送数据
    }
    return 0;
}
```

在 MDK 下编译、运行，在 PC 下打开串口调试终端，写入数据，在串口工具输出窗口中输出如图 3-7 所示。

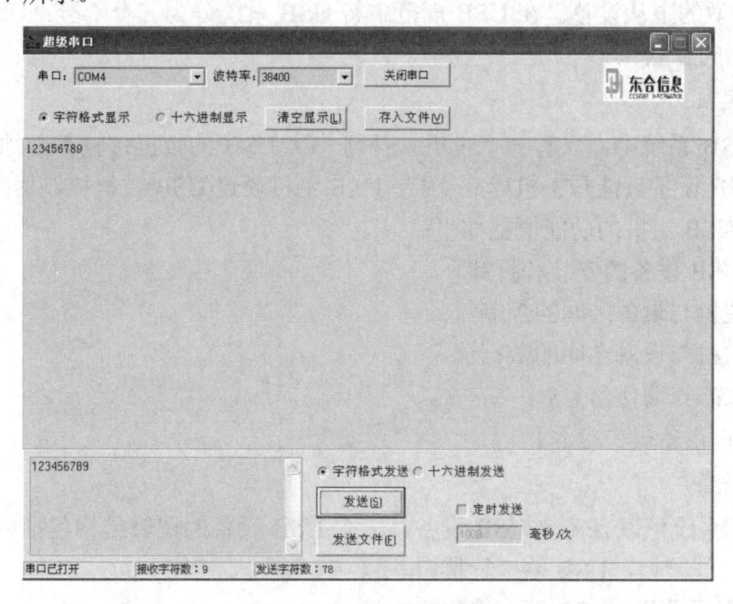

图 3-7　UART 实验现象

3.3　USB

USB(Universal Serial BUS，通用串口总线)是一个外部总线标准，用于规范主机与外部设备的连接和通信。USB 接口支持设备的即插即用和热插拔，在当今的信息时代，应用非常广泛。

USB 的使用比较方便、简单，但因 USB 的协议非常复杂，使得 USB 的开发过程也变得十分复杂。

3.3.1　概述

1. USB 协议版本

USB 协议从 1994 年发表 USB V0.7 版本以来，已经发展到 3.0 版本，现如今采用的版本多为 USB1.1 和 USB2.0 版本。

✧ USB1.1 是较为普遍的 USB 规范，高速方式的传输速率为 12 Mb/s，低速方式的传输速率为 1.5 Mb/s，用于慢速外设。

✧ USB2.0 规范由 USB1.1 规范演变而来。在全速模式下，传输速率达到 480 Mb/s；中速模式下，传输速率达到 12 Mb/s；低速模式下，传输速率达到 1.5 Mb/s。USB2.0 适用于高速和慢速外设，可以满足大多数外设的要求。

✧ USB2.0 与 USB1.1 完全兼容。

下面的内容将从 USB 的系统组成、接口、通信协议、设备等几方面对 USB 协议进行概括地阐述，若要了解具体内容，可以参考 USB 协议。

2. 系统组成

USB 是典型的主从设备。在 USB 规范中将 USB 系统分为三个部分：USB 主机、USB 设备以及 USB 的互联。

1) USB 主机

在任何 USB 系统中，只有一个主机。任何一次 USB 的数据传输都必须由主机发起和控制，所有 USB 设备只能与主机建立连接。USB 主机通过 USB 主机控制器(HC)与 USB 设备进行交互。USB 主机的功能概括如下：

✧ 检测 USB 设备的安装和拆卸。

✧ 管理主机与设备之间的控制流。

✧ 管理主机与设备之间的数据流。

✧ 收集状态与动作信息。

✧ 给 USB 设备提供电源。

2) USB 设备

一个 USB 系统可以有多个 USB 设备，一个 USB 设备的逻辑结构包括以下几个方面：

✧ USB 总线接口，USB 的串行接口。

✧ USB 逻辑设备，USB 端点的集合。

✧ USB 功能单元，通过总线进行接收数据和控制信息的 USB 设备。

在 USB 设备的逻辑组织中，包括设备、配置、接口和端点四个层次。设备通常有一个或多个配置，配置通常有一个或多个接口，接口有零个或多个端点。

✧ 设备，代表一个 USB 设备，它由一个或多个配置组成。设备通过设备描述符来说明设备的总体信息，并指明其所包含的配置的个数。一个 USB 设备只能有一个设备描述符。

✧ 配置，一个 USB 设备可以包含一个或多个配置，如 USB 设备的低功耗模式和高功耗模式可以分别对应一个配置。在使用 USB 设备前，必须为其选择一个合适的配置。配置描述符用于说明 USB 设备中各个配置的特性，如配置所包含接口的个数等。USB 设备的每一个配置都必须有一个配置描述符。

✧ 接口，一个配置可以包含一个或多个接口，如对一个光驱来说，当用于文件传输时，使用其大容量存储接口；而当用于播放 CD 时，使用其音频接口。接口是端点的集合，可以包含一个或多个设置，用户能够在 USB 处于配置状态时，改变当前接口所包含的个数和特性。接口描述符用于说明 USB 设备中各个接口的特性，如接口所属的设备类及其子类等。USB 设备的每个接口都必须有一个接口描述符。

✧ 端点，是 USB 设备中的实际物理单元，USB 的数据传输就是在主机和 USB 设备各个端点之间进行的。端点一般由 USB 接口芯片提供。USB 设备中的每一个端点都有唯一的端点号，每个端点所支持的数据传输方向一般是确定的，即输入(IN)或输出(OUT)，也有些芯片提供的端点的数据方向是可以配置的。注意，在这里，数据的传输方向是站在主机的立场上来看的。比如一个设备上的端点 1 只能发送数据，在主机看来是端点 1 向主机输入数据，即 IN 操作；当端点 2 配置为接收数据时，主机向端点 2 输出数据，即 OUT 操作。利用设备地址、端点号和传输方向就可以指定一个端点，并和它进行通信。但是，0 号端点比较特殊，它有数据输入 IN 和数据输出 OUT 两个物理单元，且只能支持控制传输。

✧ 管道，在 USB 系统结构中，可以认为数据传输是在主机软件(USB 系统软件或客户软件)和 USB 设备的各个端点之间直接进行的，它们之间的连接称为管道。管道是在 USB 设备的配置过程中建立的。管道是对主机和 USB 设备间通信流的抽象，它表示主机的数据缓冲区和 USB 设备的端点之间存在着逻辑数据传输，而实际的数据传输是由 USB 总线接口层来完成的。管道和 USB 设备中的端点一一对应。1 个 USB 设备含有多少个端点，其和主机进行通信时就可以使用多少条管道，且端点的类型决定了管道中数据的传输类型，如中断端点对应中断管道，且该管道只能进行中断传输。不论存在着多少条管道，在各个管道中进行的数据传输都是相互独立的。

✧ 描述符，USB 的描述符就好像是 USB 设备的“身份证”一样，详细地记录着外围设备相关的一切信息。它共有以下几种类型：设备描述符、配置描述符、接口描述符和端点描述符，这几个描述符是必须具有的。

USB 设备的每种描述符都有自己独立的编号，定义如下：

```
#define DEVICE_DESCRIPTOR                0x01  //设备描述符
```

```
#define CONFIGURATION_DESCRIPTOR        0x02  //配置描述符
#define STRING_DESCRIPTOR               0x03  //字符串描述符
#define INTERFACE_DESCRIPTOR            0x04  //接口描述符
#define ENDPOINT_DESCRIPTOR             0x05  //端点描述符
```

下述内容将分别详细地介绍各种描述符的内容和结构。

• 设备描述符，主要描述了设备的类型代码、协议和厂商等信息，通常用结构体来存储，设备描述符结构的定义如下。

【结构体 3-1】 struct _DEVICE_DCESCRIPTOR_STRUCT

```
//定义标准的设备描述符结构
typedef struct _DEVICE_DCESCRIPTOR_STRUCT
{
    BYTE blength;                       //设备描述符的字节数大小
    BYTE bDescriptorType;               //设备描述符的类型编号
    WORD bcdUSB;                        //USB 版本号
    BYTE bDeviceClass;                  //USB 分配的设备类代码
    BYTE bDeviceSubClass;               //USB 分配的子类代码
    BYTE bDeviceProtocol;               //USB 分配的设备协议代码
    BYTE bMaxPacketSize0;               //端点 0 的最大包的大小
    WORD idVendor;                      //厂商编号
    WORD idProduct;                     //产品编号
    WORD bcdDevice;                     //设备出厂编号
    BYTE iManufacturer;                 //设备厂商字符串的索引
    BYTE iProduct;                      //描述产品字符串的索引
    BYTE iSerialNumber;                 //描述设备序列号字符串的索引
    BYTE bNumConfigurations;            //可能的配置数量
}
```

• 配置描述符，描述了设备配置情况和接口数量等信息，配置描述符结构体的定义如下。

【结构体 3-2】 struct_CONFIGURATION_DESCRIPTOR_STRUCT

```
//定义标准的配置描述符结构
typedef struct _CONFIGURATION_DESCRIPTOR_STRUCT
{
    BYTE bLength;                       //配置描述符的字节数大小
    BYTE bDescriptorType;               //配置描述符的类型编号
    WORD wTotalLength;                  //此配置返回的所有数据大小
    BYTE bNumInterfaces;                //此配置所支持的接口数量
    BYTE bConfigurationValue;           //Set_Configuration 命令所需要的参数值
```

```
    BYTE iConfiguration;                //描述该配置的字符串的索引值
    BYTE bmAttributes;                  //供电模式的选择
    BYTE MaxPower;                      //设备从总线提取的最大电流
}
```

- 接口描述符，主要描述了接口的类型、编号和端点数量等信息，接口描述符结构体的定义如下。

【结构体 3-3】 struct _INTERFACE_DESCRIPTOR_STRUCT

```
//定义标准的接口描述符结构
typedef struct _INTERFACE_DESCRIPTOR_STRUCT
{
    BYTE bLength;                       //接口描述符的字节数大小
    BYTE bDescriptorType;               //接口描述符的类型编号
    BYTE bInterfaceNumber;              //该接口的编号
    BYTE bAlternateSetting;             //备用的接口描述符编号
    BYTE bNumEndpoints;                 //该接口使用的端点数，不包括端点 0
    BYTE bInterfaceClass;               //接口类型
    BYTE bInterfaceSubClass;            //接口子类型
    BYTE bInterfaceProtocol;            //接口遵循的协议
    BYTE iInterface;                    //描述该接口的字符串索引值
}
```

- 端点描述符主要描述了类型、属性和包长等信息，端点描述符结构体的定义如下。

【结构体 3-4】 struct _ENDPOINT_DESCRIPTOR_STRUCT

```
//定义标准的端点描述符结构
typedef struct _ENDPOINT_DESCRIPTOR_STRUCT
{
    BYTE bLegth;                        //端点描述符的字节数大小
    BYTE bDescriptorType;               //端点描述符的类型编号
    BYTE bEndpointAddress;              //端点地址及输入、输出属性
    BYTE bmAttributes;                  //端点的传输类型属性
    WORD wMaxPacketSize;                //端点收、发的最大包的大小
    BYTE bInterval;                     //主机查询端点的时间间隔
}
```

3) USB 互联

USB 互联是指 USB 设备和主机之间进行连接和通信的操作。包括以下几个方面：

✧ 总线的拓扑结构，USB 设备与主机直接的各种连接方式。

✧ 内部层次关系，根据 USB 设备功能，可被分配的系统层次。

✧ 数据流模式，USB 通信过程中的数据流动方式。

✧ USB 的调度，为多个 USB 设备的使用进行合理调度，避免资源冲突。

典型的 USB 拓扑结构如图 3-8 所示。

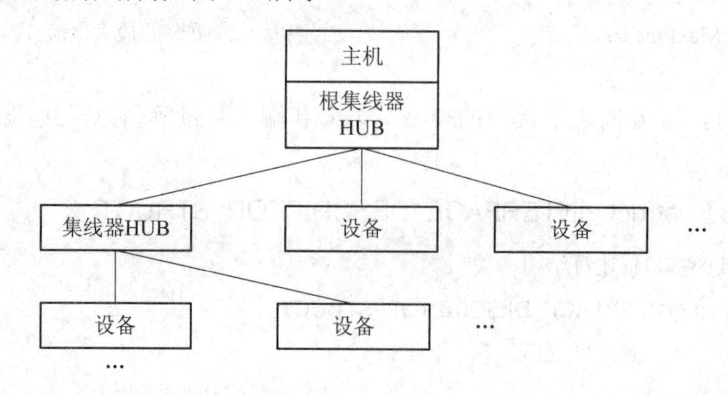

图 3-8　USB 总线拓扑结构图

3. 接口

USB 主机通过 4 个引脚与设备相连，这 4 个引脚分别为 D+，D−，Vcc，Gnd。在 USB 接口中，信号使用分别标记为 D+和 D−的双绞线传输，两条信号线各自使用半双工的差分信号并协同工作，以抵消长导线的电磁干扰。若利用电缆相连时，为了避免混淆，USB 电缆中的线都用不同的颜色标记，如表 3-13 所示。

表 3-13　USB 电缆信号与颜色

引 脚	信 号 名 称	电 缆 颜 色
1	Vcc	红
2	D−	白
3	D+	绿
4	Gnd	黑

在 USB 设备的连接中，USB 采用在 D+ 和 D− 上增加上拉电阻的办法来识别 USB 设备是低速还是全速设备，如图 3-9 所示。

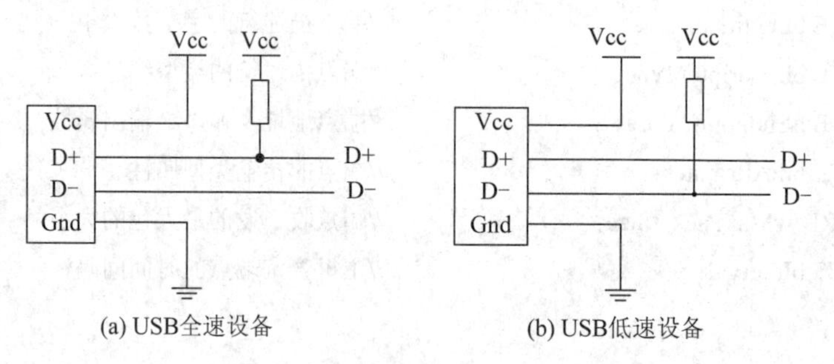

图 3-9　全速/低速 USB 设备连接图

4. 通信协议

USB 协议规定数据传输由事务组成，而事务由信息包组成，即每一个传输可以包含一笔或多笔事务，而每一笔事务可包含 1 个～3 个信息包。下面分别从信息包、信息包类型、事务、传输方式等方面描述 USB 通信协议。

1) 信息包

包(Packet)是 USB 系统中信息传输的基本单元，所有数据都是经过打包后在总线上传输的。USB 包由 5 部分组成，即同步字段(SYNC)、包标识符字段(PID)、数据字段、循环冗余校验字段(CRC)和包结尾字段(EOP)，包的基本格式如表 3-14 所示。

表 3-14　包基本格式

同步字段(SYNC)	PID 字段	数据字段	CRC 字段	包结尾字段(EOP)

具体含义如下：

✧ SYNC 字段：8 位，用于包的开始与同步，由硬件自动处理。数值固定为 00000001。

✧ PID 字段：包标识符，其中校验字段是通过对类型字段的每个位求反码产生的，PID 字段及包类型分别如表 3-15 和表 3-16 所示。

表 3-15　PID 字段

PID0	PID1	PID2	PID3	/PID0	/PID1	/PID2	/PID3

表 3-16　包类型

封包类型	PID 名称	PID 编码	意　义
令牌包	OUT	0001B	从主机到设备的数据传输
	INT	1001B	从设备到主机的数据传输
	SOF	0101B	帧的起始标记与帧码
	SETUP	1101B	从主机传送到设备，表示要进行控制传输
数据包	DATA0	0011B	偶数数据封包
	DATA1	1011B	奇数数据封包
握手包	ACK	0010B	接收器收到无错误的数据封包
	NAK	1010B	接收器无法接收数据或发射器无法送出数据
	STALL	1110B	端点产生停滞的状况
特殊包	PRE	1100B	使能下游端口的 USB 总线的数据传输切换到低速的设备

✧ 数据字段：携带主机与设备之间要传递的信息，其内容和长度根据包标识符、传输类型的不同而各不相同。在 USB 包中，数据字段可以包含设备地址、端点号、帧序列号以及数据等内容。在总线传输中，先传输低字节信息，再传输高字节信息。数据字段包括以下内容：

• 设备地址(ADDR)数据域，由 7 位组成，可用来寻址多达 127 个外围设备。

• 端点(ENDP)数据域，由 4 位组成。通过这 4 位最多可寻址出 32 个端点，指明 USB 主机究竟和设备的哪个端点进行通信。

• 帧序列号，根据 USB 设备的不同，USB 主机把总线上的实际数据传输按时间分割成帧或微帧。帧号码用于识别特定的帧或微帧，由硬件自动处理。

• 数据，实际要传输的数据，根据不同的传输类型，容量从 0 到 1023 字节。

✧ CRC 字段，根据信息包类型，CRC 数据域由不同数目的位组成。其中重要的数据信息包采用 CRC16 的数据域(16 位)，而其余的信息包则采用 CRC5 的数据域(5 位)。

✧ EOP 字段，发送方在包的结尾发出包结尾信号。USB 主机根据 EOP 判断数据包的结束。

2) 信息包类型

信息包主要有三种类型：令牌包、数据包和握手包。

✧ 令牌(token)包。

在 USB 系统中，只有主机才能发出令牌包。令牌包定义了数据传输的类型，它是事务处理的第一个阶段。令牌包中较为重要的是 SETUP、IN 和 OUT 这三个令牌包。它们用来在根集线器和设备端点之间建立数据传输。一个 IN 包用来建立一个从设备到根集线器的数据传送，一个 OUT 包用来建立从根集线器到设备的数据传输。令牌包格式如表 3-17 所示。

表 3-17 令牌包数据格式

SYNC	PID	/PID	ADDR	ENDP	CRC5
8 位	8 位		7 位	4 位	5 位

✧ 数据(data)包。

数据包含有 4 个域：SYNC、PID、DATA 与 CRC16。DATA 数据域的位值是根据 USB 设备的传输速度及传输类型而定，且须以 8 字节为基本单位。也就是，若传输的数据不足 8 字节，或传输到最后所剩余的数据也不足 8 字节，仍须传输 8 字节的数据域。格式如表 3-18 所示。

表 3-18 数据包数据格式

SYNC	PID	/PID	DATA	CRC16
8 位	8 位		0～1023 位	16 位

✧ 握手(Handshake)包。

握手信息包是最简单的信息包类型。在这个握手信息包中仅包含一个 PID 数据域，它的格式如表 3-19 所示。

表 3-19 握手包数据格式

SYNC	PID	/PID
8 位	8 位	

3) 事务处理

在 USB 上数据信息的一次接收或发送的处理过程称为事务处理(Transaction)。包括输入(IN)事务处理、输出(OUT)事务处理和设置(SETUP)事务处理。每一种事务都有令牌包、数据包和握手包三个阶段。三种事务的三个阶段实现的功能如下：

(1) IN 事务，主机从设备读取数据。

✧ 令牌包阶段，主机发送 PID 为 IN 的包给设备，通知设备往主机发送数据。

✧ 数据包阶段，设备根据三种情况做出反应。

- 正常，设备往主机发数据包，DATA0 与 DATA1 交替。
- 忙，发送 NAK 无效包，IN 事务结束。
- 出错，发送 STALL 错误包，IN 事务结束。

✧ 握手包阶段，主机正确接收到数据后向设备发送 ACK 包。

(2) OUT 事务，主机输出数据到设备。

✧ 令牌包阶段，主机发送 PID 为 OUT 的包给设备，通知设备接收数据。

✧ 数据包阶段，主机发送数据包，DATA0 与 DATA1 交替。

✧ 握手包阶段，设备根据 3 种情况做出反应。

- 正常，设备发送 ACK 包，通知主机发送新的数据。
- 忙，发送 NAK 无效包，通知主机再次发送数据。
- 出错，发送 STALL 错误包，OUT 事务结束。

(3) SETUP 事务，控制传输的设置事务。

✧ 令牌包阶段，主机发送 PID 为 SETUP 的包给设备，通知设备接收数据。

✧ 数据包阶段，主机发送数据 DATA0(标准的 USB 设备请求命令)。

✧ 握手包阶段，设备收到命令后发送 ACK 包。

4) 传输方式

传输由 IN、OUT 或 SETUP 事务构成，在 USB 的协议中，制定了 4 种传输类型：控制传输、同步传输、批量传输以及中断传输。

✧ 控制传输，是 USB 传输中最重要的传输。用于主机对设备的检测和配置，例如当 USB 设备初次安装时，主机通过控制传输来交换信息、读取设备地址和设备的描述符，使得主机识别设备，并安装相应的驱动程序。

✧ 同步传输，适用于必须以固定的速率抵达或在指定时刻抵达的情况。例如语音传输。在同步传输中，IN 和 OUT 没有返回包且数据包阶段数据为 DATA0。

✧ 批量传输，用于传输大量数据，要求传输不能出错，但对时间没有要求，适用打印机、存储设备等。

✧ 中断传输，总是用于对设备的查询，以确定是否有数据需要传输。因此中断传输的方向总是从 USB 设备到主机。

5. 枚举

主机对 USB 设备的识别过程称为 USB 枚举，因此枚举对 USB 至关重要。设备的枚举过程可以简单地概括如下：

(1) 使用预设的地址 0 取得设备描述符。

(2) 设置设备的新地址。

(3) 使用新地址取得设备描述符。

(4) 取得配置描述符。

(5) 设置配置描述符。

设备枚举使用的是控制传输。上述的五个步骤必须符合控制传输的基本架构，第一步、第三步和第四步使用的是控制读取，第二步和第五步使用的是无数据控制。

3.3.2 USB 主机控制器

S3C2440 支持 2 个端口的 USB 主机接口，具有以下特性：

✧ 兼容 OHCI1.0 和 USB1.1。

✧ 具有两路下行端口。

✧ 支持低速和全速 USB 设备。

1. HCI 主机规范

为了实现 USB 主机功能的统一，提高系统的可靠性和可移植性，芯片生产厂家在确定 USB 标准的同时，也确定了相应的主机规范 HCI(Host Control Interface，主机控制接口)，指定了主机控制器驱动器(HCD)与主机控制器(HC)之间的接口和基本操作。

目前比较广泛使用的主机规范有：

✧ EHCI(Enhanced HCI)，是 Intel 公司推出用于 USB2.0 高速主机的。

✧ UHCI(Universal HCI)，是 Intel 公司推出的，可用于全速和低速 USB 系统中，一般 PC 中采用 UHCI。

✧ OHCI(Open HCI)，是前 Compaq，Microsoft 等公司推出的可用于全速和低速 USB 系统中的主机控制规范。特点是把较多的功能定义在硬件中，软件处理相对容易，在嵌入式的 USB 主机功能中，大多数采用此规范。

2. OHCI 通信模块

在 OHCI 规范中，端点描述符(ED)和传输描述符(TD)是两个最基本的通信模块。ED 用来设置传输的各种参数，包含了一个端点的信息。ED 的典型参数包括端点地址、传输速度、最大数据包大小，还提供了 TD 链表的停靠地。TD 是依赖于 ED 的内存缓存区，用于与端点之间进行数据传输。

1) ED 结构及操作函数

ED 数据类型定义为

【结构体 3-5】 ED

```
typedef struct _ED {
    volatile unsigned int Control;
    volatile unsigned int TailP;
    volatile unsigned int HeadP;
    volatile unsigned int NextEd;
} ED, *P_ED;
```

ED 的数据结构长度为 16 字节，可以用下面的形式来声明它的变量：__align(16) ED ed。创建一个 ED 可以通过 CreateEd( )函数来实现。

【代码 3-1】 CreateEd( )

```
__inline void CreateEd(
    unsigned int EDAddr,              //ED 地址指针
    unsigned int MaxPacket,           //MPS 数据传输的最大字节大小
    unsigned int TDFormat,            //F 链接于 ED 的 TD 的形式
    unsigned int Skip,                //K 用于设置跳过当前 ED
    unsigned int Speed,               //S 速度，全速还是低速
    unsigned int Direction,           //D 数据流的传输方向
    unsigned int EndPt,               //EN USB 功能内的端点地址
    unsigned int FuncAddress,         //FA USB 的功能地址
```

```
    unsigned int TDQTailPntr，            //TailPTD 列表的尾指针
    unsigned int TDQHeadPntr，            //HeadPTD 列表的头指针
    unsigned int ToggleCarry，            //C 数据翻转进位
    unsigned int NextED)                  //NextED 下一个要处理的 ED 指针
{
    P_ED pED = (P_ED) EDAddr；
    pED->Control = (MaxPacket << 16) | (TDFormat << 15) |(Skip << 14)
                    | (Speed << 13) | Direction << 11) | (EndPt << 7) | FuncAddress；
    pED->TailP = (TDQTailPntr & 0xFFFFFFF0)；
    pED->HeadP = (TDQHeadPntr & 0xFFFFFFF0) | (ToggleCarry << 1)；
    pED->NextEd = (NextED & 0xFFFFFFF0)；
}
```

2) TD 结构及操作函数

TD 数据类型定义为：

【结构体 3-6】 TD

```
typedef struct _TD {
    volatile unsigned int Control；
    volatile unsigned int CBP；
    volatile unsigned int NextTD；
    volatile unsigned int BE；
} TD，*P_TD；
```

通用 TD 是 16 字节地址对齐形式，可以用__align(16) TD td[4]形式来声明变量。创建一个 ED 可以通过 CreateTd( )函数来实现。

【代码 3-2】 CreateTd( )

```
__inline void CreateGenTd(
    unsigned int GenTdAddr，              //TD 地址指针
    unsigned int DataToggle，             //T 数据翻转
    unsigned int DelayInterrupt，         //DI 延时中断
    unsigned int Direction，              //DP 方向，是 IN、OUT、还是 SETUP
    unsigned int BufRnding，              //R 缓存凑整
    unsigned int CurBufPtr，              //CBP 将要被传输的数据内存物理地址
    unsigned int NextTD，                 //NextTD 下一个 TD
    unsigned int BuffLen)                 //被传输的数据长度，由该变量可以得到 BE
{
    P_TD pTD = (P_TD) GenTdAddr；
    pTD->Control = (DataToggle << 24) | (DelayInterrupt << 21)
                    | (Direction << 19) | (BufRnding << 18)；
```

```
        pTD->CBP = CurBufPtr;
        pTD->NextTD = (NextTD & 0xFFFFFFF0);
        pTD->BE = (BuffLen) ? CurBufPtr + BuffLen - 1 : CurBufPtr;
    }
```

3. OHCI 寄存器组

OHCI 是基于寄存器组描述的 USB 主机控制器规范，因此 S3C2440 提供了一系列 OHCI 寄存器组来实现 HCD 与 HC 的操作，包括：

✧ 控制及状态组。
✧ 存储器指针组。
✧ 帧控制组。
✧ 逻辑根集线器组。

USB 设备相关寄存器较多，限于篇幅，不一一介绍，在开发时，可参考相关数据手册。

4. OHCI 规范中 USB 主机对 USB 设备枚举

在进行枚举之前，USB 主机一定要确认设备的存在，在确认过程中，如果在一段时间内没有检测到设备，则主机认为没有 USB 设备。

主机的枚举函数如下。

【代码 3-3】 USB_Enum( )

```
int USB_Enum( )
{
    int i;
    //判断有无 USB 设备
    for(i=0; i<100000; i++)
    {
        if (rHcRhPortStatus1 & 0x01)
        {
            rHcRhPortStatus1 = (1 << 4);                    // 端口复位
            while (rHcRhPortStatus1 & (1 << 4)) ;           // 等待复位结束
                rHcRhPortStatus1 = (1 << 1);                // 使能该端口
                break;
        }
        else if (rHcRhPortStatus2 & 0x01)
        {
            rHcRhPortStatus2 = (1 << 4);                    // 端口复位
            while (rHcRhPortStatus2 & (1 << 4))
                ;                                           // 等待复位结束
            rHcRhPortStatus2 = (1 << 1);                    // 使能该端口
            break;
        }
```

```
}

if (i>90000)
    return 0x44；

//第一步，主机得到设备描述符
CreateEd(
    (unsigned int) &ed，          // ED Address
    64，                          // Max packet
    0，                           // TD format
    0，                           // Skip
    0，                           // Speed
    0x0，                         // Direction
    0x0，                         // Endpoint
    0x0，                         // Func Address，初始为 0
    (unsigned int) &td[3]，       // TDQTailPointer
    (unsigned int) &td[0]，       // TDQHeadPointer
    0，                           // ToggleCarry
    0x0);                         // NextED

// 建立 PID
CreateGenTd(
    (unsigned int) &td[0]，       // TD Address
    2，                           // Data Toggle
    0x2，                         // DelayInterrupt
    0x0，                         // Direction
    1，                           // Buffer Rounding
    (unsigned int) pSetup1，      // Current Buffer Pointer，定义的全局变量数组
    (unsigned int) &td[1]，       // Next TD
    8);                           // Buffer Length

// 接收数据
CreateGenTd(
    (unsigned int) &td[1]，       // TD Address
    0，                           // Data Toggle
    0x2，                         // DelayInterrupt
    0x2，                         // Direction
    1，                           // Buffer Rounding
    (unsigned int) pData1，       // Current Buffer Pointer，定义的全局变量数组
```

```
        (unsigned int) &td[2],          // Next TD
        0x40);                          // Buffer Length

    // 零长度数据包
    CreateGenTd(
        (unsigned int) &td[2],              // TD Address
        3,                                  // Data Toggle
        0x2,                                // DelayInterrupt
        0x1,                                // Direction
        1,                                  // Buffer Rounding
        0x0,                                // Current Buffer Pointer
        (unsigned int) &td[3],              // Next TD
        0x0);                               // Buffer Length

    //接收状态
    CreateGenTd(
        (unsigned int) &td[3],              // TD Address
        3,                                  // Data Toggle
        0x2,                                // DelayInterrupt
        0x2,                                // Direction
        1,                                  // Buffer Rounding
        0x0,                                // Current Buffer Pointer
        (unsigned int) 0,                   // Next TD
        0x0);                               // Buffer Length

    //设置寄存器
    rHcControlHeadED = (unsigned int )& ed;
    rHcControlCurrentED = (unsigned int )& ed;

    // 控制列表处理使能，开始工作
    rHcControl = 0x90;

    //通知 HC 控制列表已填充
    rHcCommandStatus = 0x02;


    //第二步，为设备分配地址
    CreateEd(
        (unsigned int) &ed,                 // ED Address
```

```
    64,                           // Max packet
    0,                            // TD format
    0,                            // Skip
    0,                            // Speed
    0x0,                          // Direction
    0,                            // Endpoint
    0,                            // Func Address
    (unsigned int) &td[2],        // TDQTailPointer
    (unsigned int) &td[0],        // TDQHeadPointer
    0,                            // ToggleCarry
    0x0);                         // NextED

//建立 PID
CreateGenTd(
    (unsigned int) &td[0],        // TD Address
    2,                            // Data Toggle
    2,                            // DelayInterrupt
    0,                            // Direction
    1,                            // Buffer Rounding
    (unsigned int) pSetup2,       // Current Buffer Pointer，定义的全局变量数组
    (unsigned int) &td[1],        // Next TD
    8);                           // Buffer Length

//接收零长度数据包
CreateGenTd(
    (unsigned int) &td[1],        // TD Address
    0,                            // Data Toggle
    2,                            // DelayInterrupt
    2,                            // Direction
    1,                            // Buffer Rounding
    (unsigned int) 0,             // Current Buffer Pointer
    (unsigned int) &td[2],        // Next TD
    0);                           // Buffer Length

//发送状态
CreateGenTd(
    (unsigned int) &td[2],        // TD Address
    3,                            // Data Toggle
    2,                            // DelayInterrupt
```

```
    1,                              // Direction
    1,                              // Buffer Rounding
    0x0,                            // Current Buffer Pointer
    (unsigned int) 0,               // Next TD
    0x0);                           // Buffer Length

rHcControlHeadED = (unsigned int )& ed;
rHcControlCurrentED = (unsigned int )& ed;
rHcControl = 0x90;
rHcCommandStatus = 0x02;

//第三步，主机用新的地址再次获取设备描述符
CreateEd(
    (unsigned int) &ed,          // ED Address
    64,                          // Max packet
    0,                           // TD format
    0,                           // Skip
    0,                           // Speed
    0x0,                         // Direction
    0x0,                         // Endpoint
    0x2,                         // Func Address，新的地址
    (unsigned int) &td[3],       // TDQTailPointer
    (unsigned int) &td[0],       // TDQHeadPointer
    0,                           // ToggleCarry
    0x0);                        // NextED

CreateGenTd(
    (unsigned int) &td[0],       // TD Address
    2,                           // Data Toggle
    0x2,                         // DelayInterrupt
    0x0,                         // Direction
    1,                           // Buffer Rounding
    (unsigned int) pSetup3,      // Current Buffer Pointer，定义的全局变量数组
    (unsigned int) &td[1],       // Next TD
    8);                          // Buffer Length

CreateGenTd(
    (unsigned int) &td[1],       // TD Address
    0,                           // Data Toggle
```

```
        0x2,                        // DelayInterrupt
        0x2,                        // Direction
        1,                          // Buffer Rounding
        (unsigned int) pData3,      // Current Buffer Pointer，定义的全局变量数组
        (unsigned int) &td[2],      // Next TD
        0x12);                      // Buffer Length

    CreateGenTd(
        (unsigned int) &td[2],      // TD Address
        3,                          // Data Toggle
        0x2,                        // DelayInterrupt
        0x1,                        // Direction
        1,                          // Buffer Rounding
        0x0,                        // Current Buffer Pointer
        (unsigned int) &td[3],      // Next TD
        0x0);                       // Buffer Length

    CreateGenTd(
        (unsigned int) &td[3],      / TD Address
        3,                          // Data Toggle
        0x2,                        // DelayInterrupt
        0x2,                        // Direction
        1,                          // Buffer Rounding
        0x0,                        // Current Buffer Pointer
        (unsigned int) 0,           // Next TD
        0x0);                       // Buffer Length

    rHcControlHeadED = (unsigned int )& ed;
    rHcControlCurrentED = (unsigned int )& ed;
    rHcControl = 0x90;
    rHcCommandStatus = 0x02;

    //第四步，主机读取设备全部配置描述符
    CreateEd(
        (unsigned int) &ed,       // ED Address
        64,                       // Max packet
        0,                        // TD format
        0,                        // Skip
        0,                        // Speed
```

```
    0x0，                    // Direction
    0x0，                    // Endpoint
    0x2，                    // Func Address
    (unsigned int) &td[3]，  // TDQTailPointer
    (unsigned int) &td[0]，  // TDQHeadPointer
    0，                      // ToggleCarry
    0x0)；                   // NextED

CreateGenTd(
    (unsigned int) &td[0]，  // TD Address
    2，                      // Data Toggle
    0x2，                    // DelayInterrupt
    0x0，                    // Direction
    1，                      // Buffer Rounding
    (unsigned int) pSetup4，// Current Buffer Pointer，定义的全局变量数组
    (unsigned int) &td[1]，  // Next TD
    8)；                     // Buffer Length

CreateGenTd(
    (unsigned int) &td[1]，  // TD Address
    0，                      // Data Toggle
    0x2，                    // DelayInterrupt
    0x2，                    // Direction
    1，                      // Buffer Rounding
    (unsigned int) pData4，  // Current Buffer Pointer，定义的全局变量数组
    (unsigned int) &td[2]，  // Next TD
    0x40)；                  // Buffer Length

CreateGenTd(
    (unsigned int) &td[2]，  // TD Address
    3，                      // Data Toggle
    0x2，                    // DelayInterrupt
    0x1，                    // Direction
    1，                      // Buffer Rounding
    0x0，                    // Current Buffer Pointer
    (unsigned int) &td[3]，  // Next TD
    0x0)；                   // Buffer Length

CreateGenTd(
```

```
    (unsigned int) &td[3],     // TD Address
    3,                         // Data Toggle
    0x2,                       // DelayInterrupt
    0x2,                       // Direction
    1,                         // Buffer Rounding
    0x0,                       // Current Buffer Pointer
    (unsigned int) 0,          // Next TD
    0x0);                      // Buffer Length

rHcControlHeadED = (unsigned int )& ed;
rHcControlCurrentED = (unsigned int )& ed;
rHcControl = 0x90;
rHcCommandStatus = 0x02;


//第五步，主机发送 SETUP 数据包用以设置配置，允许所有端点进入工作状态。
CreateEd(
    (unsigned int) &ed,              // ED Address
    64,                              // Max packet
    0,                               // TD format
    0,                               // Skip
    0,                               // Speed
    0x0,                             // Direction
    0,                               // Endpoint
    2,                               // Func Address
    (unsigned int) &td[2],           // TDQTailPointer
    (unsigned int) &td[0],           // TDQHeadPointer
    0,                               // ToggleCarry
    0x0);                            // NextED

CreateGenTd(
    (unsigned int) &td[0],           // TD Address
    2,                               // Data Toggle
    2,                               // DelayInterrupt
    0,                               // Direction
    1,                               // Buffer Rounding
    (unsigned int) pSetup5,          // Current Buffer Pointer，定义的全局变量数组
    (unsigned int) &td[1],           // Next TD
```

```
        8);                                 // Buffer Length

    CreateGenTd(
        (unsigned int) &td[1],              // TD Address
        0,                                  // Data Toggle
        2,                                  // DelayInterrupt
        2,                                  // Direction
        1,                                  // Buffer Rounding
        (unsigned int) 0,                   // Current Buffer Pointer
        (unsigned int) &td[2],              // Next TD
        0);                                 // Buffer Length

    CreateGenTd(
        (unsigned int) &td[2],              // TD Address
        3,                                  // Data Toggle
        2,                                  // DelayInterrupt
        1,                                  // Direction
        1,                                  // Buffer Rounding
        0x0,                                // Current Buffer Pointer
        (unsigned int) 0,                   // Next TD
        0x0);                               // Buffer Length

    rHcControlHeadED = (unsigned int )& ed;
    rHcControlCurrentED = (unsigned int )& ed;
    rHcControl = 0x90;
    rHcCommandStatus = 0x02;

    return 0x88;
}
```

3.3.3 USB 设备控制器

1. USB 设备控制器特性

S3C2440 片内集成了一个 USB1.1 的设备控制器，它的主要特性如下：

✧ 支持全速(12 Mb/s)设备。
✧ 完整的 USB 收发器。
✧ 支持控制、中断和批量传输。
✧ 带有 FIFO 的 5 个端点 EP0～EP4，其中 EP0 用于设备枚举，EP1～EP4 用于数据传输。
✧ 支持 DMA 接口。

✧ 独立的最大吞吐量为128字节的发送和接收FIFO。
✧ 支持挂起和远程唤醒功能。

2. USB设备控制器寄存器

S3C2440 USB设备控制器配备了一组寄存器用来配置传输信息、传输控制以及数据信息。在使用USB设备时，只需要设置好相应的寄存器后开启通信，根据对状态数据寄存器的标志，在接收数据时读取数据寄存器，在发送数据时写入输出寄存器。

S3C2440 USB设备寄存器可分为以下几组：

(1) 电源管理寄存器，PWR_REG负责USB设备挂起等时候的电源设置。
(2) 地址寄存器，存储USB设备的地址，当主机枚举设备的时候设置。
(3) 中断控制寄存器组，用于USB设备通信时的中断控制。
(4) 编号寄存器组，用于指示具体端点的物理寄存器。
(5) FIFO寄存器组，用于设置各个端点的FIFO字节大小。
(6) DMA寄存器组，用于设置端点的DMA传输。

3.3.4 USB设备编程

USB规范定义了许多设备类型，在设计USB中，首先要确定设备属于哪种类型，然后要实现基本通信协议以及设备的类别通信协议。例如，U盘属于Mass Storage设备，在设计U盘时，除了要实现USB通信协议外，还要实现大容量存储设备类规范。

1. 完整USB设计过程

一个USB设备的完整设计过程主要包括四个部分：

(1) USB硬件接口的设计。
(2) 设备固件的编程。
(3) 主机设备驱动程序的开发。
(4) 主机应用程序的开发。

PC的USB主机开发已经很成熟了，主要的工作是过程(2)设备固件的编程。

2. USB设备编程

在嵌入式系统开发中，经常利用USB与PC之间进行通信，实现在Bootloader(引导装载程序)下完成程序下载等工作，此时PC作为USB主机，S3C2440开发板系统作为USB设备，在通信时，USB设备可以响应主机的控制与数据传输。

对USB设备的编程可以通过以下步骤实现：

(1) 端口初始化，设置I/O作为USB通信引脚。
(2) 时钟初始化，设置时钟寄存器UPLLCON，使USB时钟频率为48 MHz。
(3) USB配置寄存器，设置USB寄存器为设备状态，禁止USB挂起等情况。
(4) USB设备的枚举过程，当USB与PC连接时，会产生USB设备复位中断，将一步一步完成枚举过程。

3. USB设备编程实例

下述内容用于实现任务描述3.D.3——进行USB程序分析，了解掌握USB设备的编程过程。

USB 程序可以实现 S3C2440 作为 USB 设备与 PC 的通信，利用端点 0 完成了 USB 设备的枚举，利用端点 3 批量传输，并且开启了 DMA。USB 程序一共由 7 个子程序组成，各程序在 USB 设备使用中分工不同，具体内容如表 3-20 所示。

表 3-20 USB 设备子程序列表

程 序	功 能 描 述
profile.c	定时器操作函数定义
umon.c	USB 入口
usblib.c	USB 设备配置
usbin.c	USB 端点 1 数据处理程序
usbout.c	USB 端点 3 数据处理程序
usbsetup.c	USB 设备描述符初始化及端点 0 处理程序
usbmain.c	USB 设备主要配置及中断服务程序

1) 时钟配置与 I/O 初始化

USB 时钟设置为 48 MHz，利用 GPG9 作为 USB 数据引脚。其代码如下。

【描述 3.D.3】 时钟配置与 I/O 口初始化

```
ChangeUPllValue(0x38，2，2);          // UCLK=48MHz
rGPGUP   |= 1<<9;                     //disable pull-up
    rGPGCON &= ～(3<<18);
    rGPGDAT |= 1<<9;                  //high
    rGPGCON |= 1<<18;                 //output
```

2) USB 配置

USB 配置代码如下。

【描述 3.D.3】 UsbdMain( )

```
void UsbdMain(void)
{
    InitDescriptorTable( );
    ConfigUsbd( );
    PrepareEp1Fifo( );
}
```

此函数是 USB 的主要配置函数，主要由三个子函数构成，具体函数结构如下。

【描述 3.D.3】 InitDescriptorTable( )

```
void InitDescriptorTable(void)
{
    //Standard device descriptor
    descDev.bLength=0x12;          //EP0_DEV_DESC_SIZE=0x12 bytes
    descDev.bDescriptorType=DEVICE_TYPE;
```

```
descDev.bcdUSBL=0x10;
descDev.bcdUSBH=0x01;          //Ver 1.10
descDev.bDeviceClass=0xFF;     //0x0
descDev.bDeviceSubClass=0x0;
descDev.bDeviceProtocol=0x0;
descDev.bMaxPacketSize0=0x8;
descDev.idVendorL=0x45;
descDev.idVendorH=0x53;
descDev.idProductL=0x34;
descDev.idProductH=0x12;
descDev.bcdDeviceL=0x00;
descDev.bcdDeviceH=0x01;
descDev.iManufacturer=0x1;     //index of string descriptor
descDev.iProduct=0x2;          //index of string descriptor
descDev.iSerialNumber=0x0;
descDev.bNumConfigurations=0x1;

//Standard configuration descriptor
descConf.bLength=0x9;
descConf.bDescriptorType=CONFIGURATION_TYPE;
//<cfg desc>+<if desc>+<endp0 desc>+<endp1 desc>
descConf.wTotalLengthL=0x20;
descConf.wTotalLengthH=0;
descConf.bNumInterfaces=1;
descConf.bConfigurationValue=1;
descConf.iConfiguration=0;
//bus powered only.
descConf.bmAttributes=CONF_ATTR_DEFAULT|CONF_ATTR_SELFPOWERED;
descConf.maxPower=25; //draws 50mA current from the USB bus.

//Standard interface descriptor
descIf.bLength=0x9;
descIf.bDescriptorType=INTERFACE_TYPE;
descIf.bInterfaceNumber=0x0;
descIf.bAlternateSetting=0x0; //
descIf.bNumEndpoints=2;  //# of endpoints except EP0
descIf.bInterfaceClass=0xff; //0x0
descIf.bInterfaceSubClass=0x0;
descIf.bInterfaceProtocol=0x0;
```

```
        descIf.iInterface=0x0;

        //Standard endpoint0 descriptor
        descEndpt0.bLength=0x7;
        descEndpt0.bDescriptorType=ENDPOINT_TYPE;
        // 2400Xendpoint 1 is IN endpoint.
        descEndpt0.bEndpointAddress=1|EP_ADDR_IN;
        descEndpt0.bmAttributes=EP_ATTR_BULK;
        descEndpt0.wMaxPacketSizeL=EP1_PKT_SIZE; //64
        descEndpt0.wMaxPacketSizeH=0x0;
        descEndpt0.bInterval=0x0; //not used

        //Standard endpoint1 descriptor
        descEndpt1.bLength=0x7;
        descEndpt1.bDescriptorType=ENDPOINT_TYPE;
        // 2400X endpoint 3 is OUT endpoint.
        descEndpt1.bEndpointAddress=3|EP_ADDR_OUT;
        descEndpt1.bmAttributes=EP_ATTR_BULK;
        descEndpt1.wMaxPacketSizeL=EP3_PKT_SIZE; //64
        descEndpt1.wMaxPacketSizeH=0x0;
        descEndpt1.bInterval=0x0; //not used
    }
```

此函数主要是对 USB 描述符进行初始化，包括对设备描述符、配置描述符、接口描述符、端点描述符的初始化，在 USB 控制传输时返回给设备。

【描述 3.D.3】 ConfigUsbd( )

```
void ConfigUsbd(void)
{
    ReconfigUsbd( );
    rINTMSK &= ~(BIT_USBD); //USBD 开中断
}
```

ConfigUsbd( )函数是一个封装函数，第一次配置时调用它，并且开启中断，在重置 USB 的过程中调用的是 ReconfigUsbd( )函数。

【描述 3.D.3】 ReconfigUsbd( )

```
void ReconfigUsbd(void)
{
  // *** End point information ***
  //    EP0: control
  //    EP1: bulk in end point
```

```
//    EP2: not used
//    EP3: bulk out end point
//    EP4: not used

  rPWR_REG=PWR_REG_DEFAULT_VALUE;        //disable suspend mode

  rINDEX_REG=0;
  rMAXP_REG=FIFO_SIZE_8;                         //EP0 max packit size = 8
//EP0:clear OUT_PKT_RDY & SETUP_END
  rEP0_CSR=EP0_SERVICED_OUT_PKT_RDY|EP0_SERVICED_SETUP_END;
  rINDEX_REG=1;
  #if (EP1_PKT_SIZE==32)
       rMAXP_REG=FIFO_SIZE_32;                  //EP1:max packit size = 32
  #else
      rMAXP_REG=FIFO_SIZE_64;                   //EP1:max packit size = 64
  #endif
  rIN_CSR1_REG=EPI_FIFO_FLUSH|EPI_CDT;
  //INmode，IN_DMA_INT=masked
  rIN_CSR2_REG=EPI_MODE_IN|EPI_IN_DMA_INT_MASK|EPI_BULK;
  rOUT_CSR1_REG=EPO_CDT;
  rOUT_CSR2_REG=EPO_BULK|EPO_OUT_DMA_INT_MASK;

  rINDEX_REG=2;
  rMAXP_REG=FIFO_SIZE_64;  //EP2:max packit size = 64
  rIN_CSR1_REG=EPI_FIFO_FLUSH|EPI_CDT|EPI_BULK;
  //IN mode，IN_DMA_INT=masked
  rIN_CSR2_REG=EPI_MODE_IN|EPI_IN_DMA_INT_MASK;
  rOUT_CSR1_REG=EPO_CDT;
  rOUT_CSR2_REG=EPO_BULK|EPO_OUT_DMA_INT_MASK;

  rINDEX_REG=3;
  #if (EP3_PKT_SIZE==32)
       rMAXP_REG=FIFO_SIZE_32;               //EP3:max packit size = 32
  #else
  rMAXP_REG=FIFO_SIZE_64;                    //EP3:max packit size = 64
  #endif
  rIN_CSR1_REG=EPI_FIFO_FLUSH|EPI_CDT|EPI_BULK;

  rIN_CSR2_REG=EPI_MODE_OUT|EPI_IN_DMA_INT_MASK; //OUT mode，IN_DMA_INT
```

```
= masked
            rOUT_CSR1_REG=EPO_CDT;

           //clear OUT_PKT_RDY, data_toggle_bit.
           //The data toggle bit should be cleared when initialization.
            rOUT_CSR2_REG=EPO_BULK|EPO_OUT_DMA_INT_MASK;

            rINDEX_REG=4;
            rMAXP_REG=FIFO_SIZE_64;          //EP4:max packit size = 64
            rIN_CSR1_REG=EPI_FIFO_FLUSH|EPI_CDT|EPI_BULK;
            rIN_CSR2_REG=EPI_MODE_OUT|EPI_IN_DMA_INT_MASK; //OUT mode, IN_DMA_INT
= masked
            rOUT_CSR1_REG=EPO_CDT;

           //clear OUT_PKT_RDY, data_toggle_bit.
           //The data toggle bit should be cleared when initialization.
            rOUT_CSR2_REG=EPO_BULK|EPO_OUT_DMA_INT_MASK;

            rEP_INT_REG=EP0_INT|EP1_INT|EP2_INT|EP3_INT|EP4_INT;
            rUSB_INT_REG=RESET_INT|SUSPEND_INT|RESUME_INT; //Clear all usbd pending bits


            //EP0, 1, 3 & reset interrupt are enabled
            rEP_INT_EN_REG=EP0_INT|EP1_INT|EP3_INT;
            rUSB_INT_EN_REG=RESET_INT;
            ep0State=EP0_STATE_INIT;
        }
```

在此函数中，首先操作电源管理寄存器，关闭自动挂起功能，然后针对每个端点进行配置，主要设置端点的最大信息包的大小、端点类型、传输方向以及是否支持DMA。最主要的是对端点0与端点3的设置因其他端点没有用到，最后清除所有中断寄存器的标志。

3) USB的中断处理程序

每当端点收到数据包后，就会产生相应的中断，在中断处理程序中读取数据，并且清除中断标志。中断函数Isr_Init( )的代码如下。

【描述3.D.3】 Isr_Init( )

```
void Isr_Init(void)
{
    pISR_UNDEF=(unsigned)HaltUndef;
```

```
    pISR_SWI    =(unsigned)HaltSwi;
    pISR_PABORT=(unsigned)HaltPabort;
    pISR_DABORT=(unsigned)HaltDabort;
    rINTMOD=0x0;          // All=IRQ mode
    rINTMSK=BIT_ALLMSK;                  // All interrupt is masked.

    //pISR_URXD0=(unsigned)Uart0_RxInt;
    //rINTMSK=~(BIT_URXD0);              //enable UART0 RX Default value=0xffffffff

#if 1
    pISR_USBD =(unsigned)IsrUsbd;
    pISR_DMA2 =(unsigned)IsrDma2;
#else
    pISR_IRQ =(unsigned)IsrUsbd;
        //Why doesn't it receive the big file if use this. (???)
        //It always stops when 327680 bytes are received.
#endif
    ClearPending(BIT_DMA2);
    ClearPending(BIT_USBD);
    //rINTMSK&=~(BIT_USBD);

    //pISR_FIQ, pISR_IRQ must be initialized
}
```

此函数是中断处理函数的入口，需要两个中断服务程序 USBD 与 DMA2，USBD 用于处理 USB 事务，DMA2 用于 DMA 传输。

【描述 3.D.3】 IsrUsbd( )

```
void __irq IsrUsbd(void)
{
    U8 usbdIntpnd, epIntpnd;
    U8 saveIndexReg=rINDEX_REG;
    usbdIntpnd=rUSB_INT_REG;
    epIntpnd=rEP_INT_REG;
    //DbgPrintf( "[INT:EP_I=%x, USBI=%x]", epIntpnd, usbIntpnd );

    if(usbdIntpnd&SUSPEND_INT)
    {
            rUSB_INT_REG=SUSPEND_INT;
            DbgPrintf( "<SUS]");
    }
```

```
if(usbdIntpnd&RESUME_INT)
{
        rUSB_INT_REG=RESUME_INT;
        DbgPrintf("<RSM]");
}
if(usbdIntpnd&RESET_INT)
{
        DbgPrintf( "<RST]");

        //ResetUsbd( );
        ReconfigUsbd( );

        rUSB_INT_REG=RESET_INT;   //RESET_INT should be cleared after ResetUsbd( ).
        PrepareEp1Fifo( );
}

if(epIntpnd&EP0_INT)
{
    rEP_INT_REG=EP0_INT;
        Ep0Handler( );
}
if(epIntpnd&EP1_INT)
{
        rEP_INT_REG=EP1_INT;
        Ep1Handler( );
}

if(epIntpnd&EP2_INT)
{
        rEP_INT_REG=EP2_INT;
        DbgPrintf("<2:TBD]");    //not implemented yet
        //Ep2Handler( );
}

if(epIntpnd&EP3_INT)
{
    rEP_INT_REG=EP3_INT;
    Ep3Handler( );
}
```

```
        if(epIntpnd&EP4_INT)
        {
            rEP_INT_REG=EP4_INT;
            DbgPrintf("<4:TBD]");     //not implemented yet
                //Ep4Handler( );
        }

        ClearPending(BIT_USBD);

        rINDEX_REG=saveIndexReg;
    }
```

USB 设备控制器最主要的部分就是中断处理函数。在中断处理函数中，不同的端点因分工不同，处理程序也有所不同，端点 0 作为设备枚举时使用，端点 3 作为数据传输时使用。Ep0Handler( )函数是端点 0 的中断处理函数，说明了 USB 设备枚举过程中的控制传输。控制传输中，在 USB 设备接收到一个正确的令牌包和数据包后，EP0_OUT_PKT_READY 置位，程序读取数据并根据 SETUP 包中的类型来进行相应的处理，然后清除标志，USB 设备控制器就会自动给主机发送 ACK 包，从而结束一个事务。

【描述 3.D.3】 Ep0Handler( )

```
    void Ep0Handler(void)
    {
        ⋮
        if(ep0_csr & EP0_SETUP_END)
        {
            // Host may end GET_DESCRIPTOR operation without completing the IN data stage.
            // If host does that，SETUP_END bit will be set.
            // OUT_PKT_RDY has to be also cleared because status stage sets OUT_PKT_RDY
            //to 1.
            DbgPrintf("[SETUPEND]");
        CLR_EP0_SETUP_END( );
        if(ep0_csr & EP0_OUT_PKT_READY)
        {
            FLUSH_EP0_FIFO( );  //(???)
            //I think this isn't needed because EP0 flush is done automatically.
            CLR_EP0_OUT_PKT_RDY( );
        }

        ep0State=EP0_STATE_INIT;
        return;
        }
```

```
        if(ep0_csr & EP0_SENT_STALL)
        {
            DbgPrintf("[STALL]");
            CLR_EP0_SENT_STALL( );
            if(ep0_csr & EP0_OUT_PKT_READY)
        {
            CLR_EP0_OUT_PKT_RDY( );
        }

        ep0State=EP0_STATE_INIT;
        return;
        }
        ⋮
        }
    }
```

端点 3 用于数据传输，对于大文件，用到 DMA 传输。处理过程与端点 0 类似，中断处理函数为 Ep3Handler( )，此函数在 usbout.c 中，此处不再详细介绍。

3.4 DMA

DMA(Direct Memory Access，直接存储器存取)指在没有 CPU 参与的情况下，外设与存储器之间进行的数据传送，它是一种可以在系统内部转移数据的独特外设。在需要大量数据交换的场合，用好 DMA，可以大大提高系统的性能。本节主要讲解 S3C2440 DMA 的原理和使用，通过本节的学习，能够掌握 DMA 的传输应用。

3.4.1 概述

一个典型的 DMA 工作传送过程如下：

(1) 外设向 DMAC(DMA 控制器)发出 DMA 传送请求。

(2) DMAC 通过连接到 CPU 的 HOLD 信号向 CPU 提出 DMA 请求。

(3) CPU 在完成当前总线操作后会立即对 DMA 请求做出响应。CPU 的响应包括两个方面，一方面，CPU 将控制、数据和地址总线浮空，放弃对总线的控制权。另一方面，CPU 将有效的 HLDA 信号加到 DMAC 上，通知 DMAC，CPU 已经放弃了总线的控制权。

(4) CPU 放弃了总线控制权后，DMAC 接管系统总线的控制权，并向外设送出 DMA 的应答信号。

(5) DMAC 送出地址信号和控制信号，实现外设与内存或内存之间大量数据的快速传送。

(6) DMAC 将规定的数据字节传送完之后，通过向 CPU 发 HOLD 信号，撤消对 CPU 的 DMA 请求。CPU 收到此信号，一方面使 HLDA 无效，另一方面重新开始控制总线，实现正常的取指令、分析指令、执行指令的操作。

需要注意的是，在内存与外设之间进行 DMA 传送期间，DMAC 只是输出地址及控制信号，而数据传送是直接在内存和外设端口之间进行的，并不经过 DMAC。对于内存在不同区域之间的 DMA 传送，则应先用一个 DMA 存储器读周期将数据从内存的源区域读出，存入到 DMAC 的内部数据暂存器中，再利用一个 DMA 存储器写周期将该数据写到内存的目的区域中。

3.4.2　DMA 控制器

S3C2440 通过 DMAC 完成系统的 DMA 操作。S3C2440 有一个位于系统总线和外设总线间的 4 通道 DMA 控制器，每个通道都支持在位于系统总线和位于外设总线上的设备之间进行无限制的数据传输，可以实现内存之间的数据交换，还可以实现内存与外设、外设与外设之间的数据交换。

S3C2440 每个 DMA 通道都能处理以下四种情况：

✧ 源和目的器件都在系统总线。

✧ 源器件在系统总线，目的器件在外设总线。

✧ 源器件在外设总线，目的器件在系统总线。

✧ 源和目的器件都在外设总线。

在 DMA 传输中，主要是源和目标之间的数据传输，下面从请求源、DMA 工作状态、外部 DAM 传输协议等几个方面来讲解 S3C2440 DMA。

1. 请求源

S3C2440 DMA 可以由软件启动，也可以由 S3C2440 的各个请求源启动。

S3C2440 每个通道都有多个 DMA 请求源，通过用户软件对 DCON 寄存器的设置，可以从多个请求源中选择一个进行服务。每个通道的请求源如表 3-21 所示。

表 3-21　每个通道的请求源

DMA 通道	请求源 0	请求源 1	请求源 2	请求源 3	请求源 4	请求源 5	请求源 6
通道 0	nXDREQ0	UART0	SDI	定时器	USB 设备 EP1	I2SSDO	PCMIN
通道 1	nXDREQ1	UART1	I2SSDI	SPI0	USB 设备 EP2	PCMOUT	SDI
通道 2	I2SSDO	I2SSDI	SDI	定时器	USB 设备 EP3	PCMIN	MICIN
通道 3	UART2	SDI	SPI1	定时器	USB 设备 EP4	MICIN	PCMOUT

其中：

✧ I2SSDO、I2SSDI 为 IIS BUS 的数据输出与输入。

✧ nXDREQ0、nXDREQ1 为外部 DMA 请求。

2. 工作状态

S3C2440 的 DMA 工作过程可以分为三个状态：

(1) 等待状态，DMA 等待一个 DMA 请求。如果有请求到来，将转到准备状态。

(2) 准备状态，DMA 当前计数值(CURR_TC)装入 DCON[19:0]寄存器。

(3) 传输状态，DMA 控制器从源地址读入数据并将它写到目的地址，每传输一次，CURR_TC 计数器减 1，在不同的模式下，因数据大小和传输方式不同，传输状态也有所不同。

S3C2440 DMA 有两种服务模式，单服务模式和全服务模式，具体为：

✧ 单服务模式，一次 DMA 请求完成一项原子操作。在此模式下，DMA 的三个工作状态被顺序执行一次后停止，等待下一次 DMA 请求后重新开始另一次循环。

✧ 全服务模式，一次 DMA 请求完成一批原子操作。在此模式下，DMA 的传输状态一直执行到 CURR_TC 的值减为 0，然后回到等待状态，等待下一次 DMA 请求。

3. 参数配置

S3C2440 DMA 传输由用户软件完成。DMA 通道在使用之前，必须先配置以下参数。

✧ 源地址：DMA 通道要读的数据的首地址。

✧ 目标地址：DMA 通道从源地址读出的要写入数据的首地址。用户必须确认该目标地址可写。

✧ 源地址和目标地址增量：源地址和目标地址可以设置为增加、减少或不改变。

✧ 请求源：软件请求模式或硬件请求模式。

- 软件请求模式，由软件对寄存器置位触发一次 DMA 操作。
- 硬件请求模式，由 S3C2440 请求源的硬件触发一次 DMA 操作。

✧ 原子传输大小：可以是一个单元，也可以是突发模式，即 4 个单元传输。

✧ 原子操作数据位宽：可以是字节、半字或字。

✧ 传输总长度：即为原子传输大小 × 原子操作数据位宽 × 初始传输计数值。

✧ DMA 服务模式：有单服务模式和全服务模式两种选择。

✧ 重载：当设置为重载方式且 CURR_TC 为 0 时，源/目标的首地址以及初始传输计数器(TC)的值都被重新加载到当前源/目标寄存器的地址以及 CURR_TC 中。

✧ 传输协议模式：可以选择是请求模式还是握手模式。

3.4.3 DMA 控制器寄存器

S3C2440 DMAC 提供了一组 DMA 寄存器用于 DMA 传输参数配置。在 DMA 的编程中，一般用一个结构体来配置 DMA 的参数，结构体原型为：

【结构体 3-7】 struct tagDMA

```
typedef struct
{
    volatile U32 DISRC;         // DMA 初始源寄存器
    volatile U32 DISRCC;        //DMA 初始源控制寄存器
    volatile U32 DIDST;         //DMA 初始目的寄存器
    volatile U32 DIDSTC;        //DMA 初始目的控制寄存器
    volatile U32 DCON;          //DMA 控制寄存器
    volatile U32 DSTAT;         //DMA 状态控制寄存器
    volatile U32 DCSRC;         //当前源寄存器
    volatile U32 DCDST;         //当前目的寄存器
    volatile U32 DMASKTRIG;  //DMA 触发配置寄存器
}DMA;
```

由此可见，S3C2440 DMA 的每个通道都有 9 个寄存器用于 DMA 的参数设置及数据传输，下面依次介绍各个寄存器在 DMA 传输中的作用。

1) 初始源寄存器 DISRCn 及其控制寄存器 DISRCCn

DISRCn 寄存器存放了 DMA 的源首地址；DISRCCn 用于 DMA 源控制，包括源的位置和源地址的更新方式两种状态，二者的详细描述分别如表 3-22 和表 3-23 所示。

表 3-22　DISRCn 寄存器

DISRCn	位	描　述	初始值
S_ADDR	[30:0]	源数据的开始地址	0

表 3-23　DISRCCn 寄存器

DISRCCn	位	描　述	初始值
LOC	[1]	源是否在总线上 0：源在系统总线(AHB)上 1：源在系统总线(APB)上	0
INC	[0]	源地址是否增加选择 0：地址增加 1：地址固定	0

2) 初始目标寄存器 DIDSTn 及其控制寄存器 DIDSTCn

DIDSTn 寄存器存放了 DMA 的目标地址；DIDSTCn 用于 DMA 目标控制，包括目标的中断时间设值、目标的位置和目标地址的更新方式等状态设置，二者的详细描述分别如表 3-24 和表 3-25 所示。

表 3-24　DIDSTn 寄存器

DIDSTn	位	描　述	初始值
D_ADDR	[30:0]	目标数据的开始地址	0

表 3-25　DIDSTCn 寄存器

DIDSTCn	位	描　述	初始值
CHK_INT	[2]	自动再加载时发生中断的时间选择 0：在 TC 到达 0 时发生中断 1：在执行完自动再加载时发生中断	0
LOC	[1]	目标所在总线选择 0：目标在系统总线(AHB)上 1：目标在系统总线(APB)上	0
INC	[0]	目标地址是否增加选择 0：地址增加 1：地址固定	0

3) DMA 当前源寄存器 DCSRCn 与当前目标寄存器 DCDSTn

DCSRCn[30:0]为当前 DMA 传输的源地址，DCDSTn[30:0]为当前 DMA 传输的目标地址，二者状态均为只读。

4) 状态控制寄存器

DCONn 寄存器用于控制 DMA 数据的传输。DSTATn 为只读寄存器，存放当前传输计数值以及 DMA 状态。DMASKTRIGn 寄存器可以用来启动或终止 DMA 传输等。各个寄存器的描述分别如表 3-26、表 3-27、表 3-28 所示。

表 3-26 DCONn 寄存器

DCONn	位	描 述	初始值
DMD_HS	[31]	DMA 传输协议选择 0：查询模式 1：握手模式	0
SYNC	[30]	DREQ/DACK 的同步选择 0：同步于 PCLK 1：同步与 HCLK	0
INT	[29]	CURR_TC(终点计数)的中断使能设置 0：禁止 CURR_TC 中断 1：产生中断请求	0
TSZ	[28]	原子传输的大小选择 0：执行单数据传输 1：执行 4 数据长的突发传输	0
SERVMODE	[27]	服务模式选择 0：单服务模式 1：全服务模式	0
HWSRCSEL	[26:24]	DMA 请求源选择 通道 0： 000 = nXDREQ0 001 = UART0 010 = SDI 011 = Timer 100 = EP1 101 = I2SSDO 110 = PCMIN 通道 1： 000 = nXDREQ1 001 = UART1 010 = I2SSDO 011 = SPI 100 = EP2 101 = PCMOUT 110 = SDI 通道 2： 000 = I2SSDO 001 = I2SSDI 010 = SDI 011 = Timer 100 = EP3 101 = PCMIN 110 = MICIN 通道 3： 000 = UART2 001 = SDI 010 = SPI 011 = Timer 100 = EP4 101 = MICIN 110 = PCMOUT	000
SWHW_SEL	[23]	DMA 源软件模式或硬件模式选择 0：软件模式触发 DMA 1：由 HWSRCSEL 触发 DMA	0
RELOAD	[22]	再加载开关选项 0：计数值变为 0 时自动加载 1：计数值变为 0 时 DMA 通道关闭	0
DSZ	[21:20]	要传输的数据大小 00：字节 01：半字 10：字 11：保留	00
TC	[19:0]	传输计数值	00

表 3-27　DSTATn 寄存器

DSTATn	位	描　述	初始值
STAT	[21:20]	DMAC 状态 00：DMAC 就绪 01：DMA 正在传输	0
CURR_TC	[19:0]	DMA 当前计数值，表示还剩多少个原子需要传输，初值为 DCON[19:0]	0

表 3-28　DMASKTRIGn 寄存器

DMASKTRIGn	位	描　述	初始值
STOP	[2]	停止 DMA 运行	0
ON_OFF	[1]	DMA 通道开/关 0：关闭通道 1：打开通道	0
SW_TRIG	[0]	软件请求模式中触发 DMA 通道 1：请求 DMA 操作	0

3.4.4　DMA 编程

S3C2440 DMA 的使用主要是配置源、目标寄存器以及必要的控制寄存器。配置过程如下：

(1) 打开 DMA 时钟。

(2) 设置外设地址。

(3) 设置存储器地址。

(4) 设置存储器地址为缓存区的首地址。

(5) 设置传输数据量。

(6) 设置 DMA 的其他配置。

(7) 设置存储器和外设的数据位宽。

下述内容用于实现任务描述 3.D.4——编写配置 DMA 函数，实现源为内存、目标地址为串口。

其实现代码如下：

【描述 3.D.4】 Dma_init( )

```
void Dma_init( )
{
    // GPB9，10 作为 nXDACK0，nXDREQ0
    rGPBCON |=((1<<19)|(1<<21));
    //源地址
    rDISRC0=(U32)SendBuffer;
    //地址+1，源在 AHB 上
    rDISRCC0 |=((0<<1)|(0<<0));
    //目标地址是 UTXH0，UART 接收寄存器
```

```
    rDIDST0=(U32)UTXH0;
    //目标地址不变，APB 使能中断
    rDIDSTC0|=((0<<2)|(1<<1)|(1<<0));
    //握手模式、同步 PCLK、DMA 中断使能、单数据传输、单服务模式、UART0、不重载、字节传输
    rDCON0 |=(1<<31)|(0<<30)|(1<<29)|(0<<28)|(0<<27)|(1<<24)|(1<<23)
              |(1<<22)|(0<<20)|(12);
    //开始 DMA 传输
    rDMASKTRIG0=(0<<2)|(1<<1)|(0<<0);
}
```

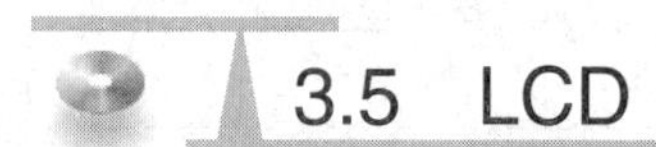

3.5 LCD

LCD(Liquid Crystal Ddisplay)，即液晶显示器，是一种采用液晶控制透光度技术来实现色彩的显示器。在嵌入式开发中，常常利用 LCD 与触摸屏的相互结合实现对主机的操作，这是目前最简单、方便的一种人机交互方式。

3.5.1 概述

1. 显示原理

LCD 的显示原理是在两片平行的的玻璃中放置液态的晶体，两片玻璃中间有许多垂直和水平的细小电线，通过通电与否来控制杆状水晶分子改变方向，将光线折射处理后产生画面。显示方式分为透射式与反射式。

✧ 透射式：屏后面有一个光源，因此在外界环境中不需要光源。

✧ 反射式：需要外界提供光源，靠反射光来工作。

2. 分类

LCD 主要分为 STN、TFT、OLED 等类型，每种类型都有不同的应用领域和优缺点，它们的详细比较如表 3-29 所示。

表 3-29 STN、TFT、OLED 比较

LCD 种类	说 明	优 点	不 足
STN	低端的 LCD 显示屏，一般最高能显示 65536 种色彩	功耗低	响应时间慢、有拖影、色泽不好、亮度不高
TFT	属于有源矩阵 LCD，每一液晶像素点都是由集成在其后的薄膜晶体管来驱动的，是目前 PC 和嵌入式设备的主流显示设备	亮度好、对比度高、层次感强、颜色鲜艳	比较耗电、成本较高
OLED	无需背光灯，采用非常薄的有机材料涂层和玻璃基板，当有电流通过时，这些有机材料就会发光，是下一代 LCD 的新兴显示设备	主动发光、响应速度快、色彩丰富、视角大、省电	目前技术应用难度大、寿命短，屏幕面积小

本书以 TFT 型 LCD 为例讲解 S3C2440 控制 LCD 的用法。

3. 技术参数

一块 LCD 可以从以下几个参数来衡量 LCD 的性能。

1) 色深

屏幕是由像素点构成的，色深指的是一个像素点可以显示多少种颜色，用 bit(位)来表示，例如 8 位、16 位、24 位和 32 位等，数值越高，色彩越多，图像越逼真。

一般用 bpp 表示一个像素点含有的颜色数目，值为 2n(n 为色深)。常见取值有 8bpp 为 $2^8 = 256$。

2) 灰度

显示器的颜色都是由红(R)、绿(G)、蓝(B)三基色组成的。每个颜色从纯色到黑色过程的变化级别称为色彩的灰度，在数字信息存储中，用二进制数字的位数来表示。例如，2 bit 为 4 级灰度，8bit 为 256 级灰度。

3) 分辨率

分辨率是指显示器所能显示的像素的多少，它决定了图像细节的精细程度。通常情况下，分辨率越高，所包含的像素越多，图像就越清晰。例如分辨率为 640 × 480，表示每条水平线上有 640 个像素点，共有 480 条线，即显示器扫描的列数为 640 列，行数为 480 行。

4) 屏幕尺寸

屏幕尺寸是指显示器屏幕对角线的长度，单位为英寸，例如 PC 的液晶显示器为 17 寸、19 寸等。

4. 系统组成

LCD 系统由两部分组成，LCD 驱动显示模块与 LCD 控制模块。

1) 驱动显示模块

一般 LCD 都自带驱动模块，对外以总线接口的形式进行连接，包括数据总线和控制信号，便于与 CPU 的连接与控制。另外还有电源接口以及显示缓存，只需要将显示的内容送到显示缓存就可以实现显示。

2) 控制模块

控制 LCD 显示方式以及显示内容的逻辑单元，根据接口与驱动模块相连。在嵌入式系统中，一般处理器会支持 LCD 控制器，直接将数据送到 LCD 驱动模块的显示缓存内。

TFT LCD 的主要接口信号如表 3-30 所示。

表 3-30　TFT LCD 主要接口信号表

信号名称	描　　述
VSYNC	垂直同步信号
HSYNC	水平同步信号
HCLK	像素时钟信号
VD[23:0]	数据信号
LEND	行结束信号
PWREN	电源开关信号

3.5.2 LCD 控制器

S3C2440 通过 LCD 控制器向 LCD 传递图像数据，并提供控制信号。S3C2440 的 LCD 控制器支持两种类型的 LCD：STN 型与 TFT 型。

1. 特性

S3C2440 LCD 控制器的特性如下：

(1) STN 型 LCD 的特性。

✧ 支持三种扫描类型：4 位双扫描、4 位单扫描和 8 位双扫描。

✧ 支持单色、4 阶灰度和 16 阶灰度。

✧ 支持多种屏幕尺寸。

(2) TFT 型 LCD 的特性。

✧ 支持 TFT 的 1bpp、2bpp、4bpp、8bpp 调色显示。

✧ 支持彩色的 16bpp、24bpp 无调色显示。

✧ 支持 24 位每像素模式下最大 16 兆色 TFT。

✧ 支持多种屏幕尺寸。

(3) 二者的共同特性。

✧ 支持专用 DMA(从系统存储器的视频缓冲器接收图像数据)。

✧ 专用中断功能，即 INT_FrSyn 和 INT_FiCnt。

✧ 使用系统存储器为显存。

✧ 可编程不同面板的时序控制。

✧ 支持大、小端字节顺序。

✧ 支持 STN 型(三星生产)和 TFT 型 2 种 LCD。

2. 组成

S3C2440 LCD 控制器组成如图 3-10 所示。

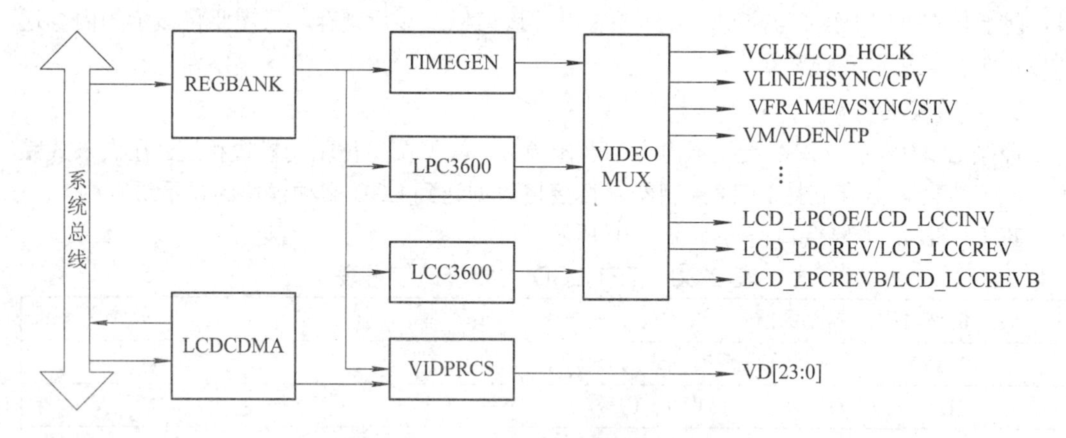

图 3-10 LCD 控制器组成图

LCD 控制器由 REGBANK、LCDCDMA、VIDPRCS、TIMEGEN 和 LPC3600(LCC3600)几部分组成。

✧ REGBANK 由 17 个可编程的寄存器组配置 LCD 控制器的 256 × 16 个调色存储器。

✧ LCDCDMA，专用 DMA，可以使数据在不需要 CPU 的情况下在 LCD 上显示。LCDCDMA 有两个 FIFO：FIFOL(12 字)和 FIFOH(16 字)。

✧ VIDPRCS 接收 LCDCDMA 的数据，将数据转换为合适的数据格式后通过数据端口 VD[23:0]传送数据到 LCD 驱动器。

✧ TIMEGEN 由可编程的逻辑组成，支持不同的 LCD 驱动器接口时序和速率的需求。TIMEGEN 块可以产生 VFRAME、VLINE、VCLK、VM 等信号。

✧ LPC3600(LCC3600)为 SEC TFT LCD 专用时序控制逻辑。

基于 LCD 控制器中 REGBANK 寄存器组不同的配置方式，TIMEGEN 将产生不同的控制信号给 LCD 驱动器，如 VSYNC、HSYNC、VCLK 等，S3C2440 LCD 控制器可以支持多种不同驱动器类型的 LCD。

3. TFT LCD 控制器

TFT LCD 控制器为 TFT 型 LCD 提供了时序信号，并提供了专用系统内存显示图像。

1) 图像显示

一幅图像被称为一帧，一帧由多行组成，一行由多个像素组成，每个像素由多个位组成。显示器显示图像时是一幅图像、一幅图像切换显示，显示一帧图像时是从上而下，从左到右的顺序显示。举例来说，可以把图像看做一个矩形，而矩形是由一行行像素点构成。这幅图像的显示过程为：

• 显示指针从左上角第一个点开始逐点显示。逐点显示时序为 VCLK，称为像素时钟信号。

• 显示指针显示到最右边时，称为显示一行，即 1 Line，行时序信号为 HSYNC。

• 显示完一行后，显示指针转换到矩形第二行的最左边开始显示，这段时间称为行切换。

• 依次类推，直至显示指针显示到达矩形的右下角，一幅图像显示完成，在时序上称为一帧，即 1 Frame。

• 显示完一帧后，切换到下一帧图像，切换时间称为帧切换。以上过程在时序上称为 VSYNC。

下一帧图像重复进行以上各步骤。

2) 时序

TFT LCD 显示的一个典型时序图如图 3-11 所示。

由图可知，TFT LCD 主要由数据信号和时序信号组成。

✧ VD[23:0]：数据信号，LCD 像素数据输出端口。

✧ 时序信号：主要需要三个时序信号，即 VCLK、HSYNC 和 VSYNC。另外还有一些辅助时序信号，如 VBPD、VFBD、VSPW、HBPD、HFPD、HSPW、VDEN、LEND。

下面分别介绍这些信号在显示中的作用。

• VCLK 是像素时钟信号，其频率值表示 1 s 内显示多少个像素。

• HSYNC 是水平同步信号，表示一行数据的开始，其频率值表示 1 s 内显示多少行。

• VSYNC 是垂直同步信号，表示一帧图像的开始，其频率值表示 1 s 内能显示多少帧图像。

• VBFD 表示一帧图像开始时，VSYNC 信号后无效的行数，称为垂直同步信号后肩。

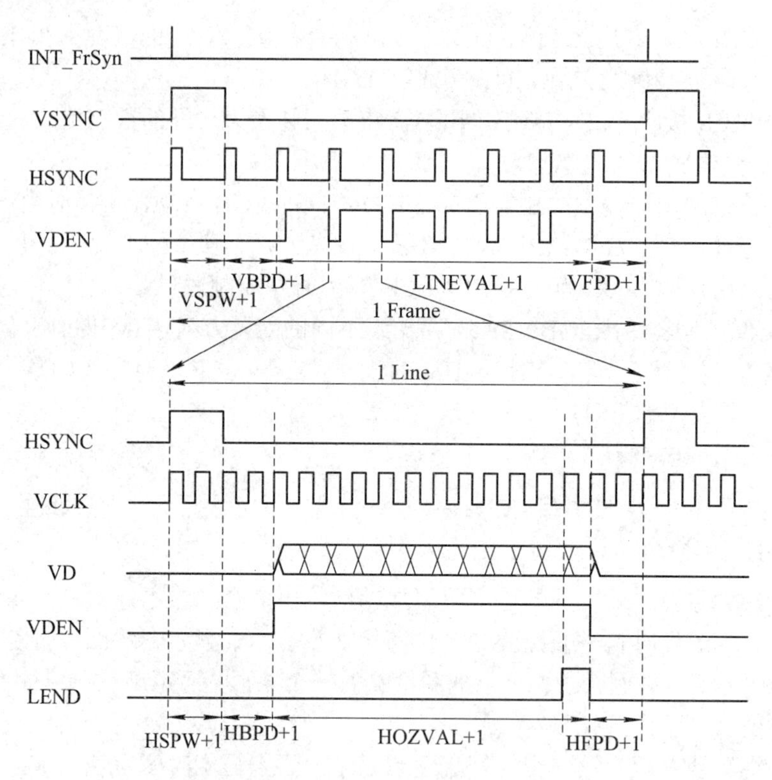

图 3-11 TFT LCD 典型时序图

- VFBD 表示一帧图像结束后，VSYNC 信号前无效的行数，称为垂直同步信号前肩。
- VSPW 表示 VSYNC 信号的宽度。
- HBPD 表示从 HSYNC 开始到第一行的有效数据的 VCLK 个数，称为水平同步信号后肩。
- HFPD 表示从一行的有效数据到下一个 HSYNC 的 VCLK 个数，称为水平同步信号前肩。
- HSPW 表示 HSYNC 信号的宽度。
- VDEN 表示 TFT 显示数据使能信号。
- LEND 表示行结束信号。

S3C2440 处理 LCD 的时钟源是 HCLK，通过寄存器 LCDCON1 中的 CLKVAL 可以改变 VCLK 的频率大小，公式为：

$$VCLK = HCLK \div [(CLKVAL + 1) \times 2]$$

例如，HCLK 的频率为 100 MHz，要想驱动像素时钟信号为 6.4 MHz 的 LCD 屏，通过公式计算得到 CLKVAL = 6.8，取整后(值为 6)放入寄存器 LCDCON1 中相应的位置即可。由于 CLKVAL 进行了取整，重新计算 VCLK，得到 VCLK = 7.1 MHz。

3) 显示缓存

显示缓存区存放要显示的内容。在编程时需要指定系统内存作为显示缓存区。在编程时，一般定义一个与屏幕尺寸大小相同的二维数组来作为显示缓存区。例如屏幕的尺寸为 320 × 240 时，可以定义该缓存区为 LCD_BUFFER[240][320]。

3.5.3 LCD 控制器寄存器

S3C2440 LCD 控制器提供了一系列特殊寄存器来对不同类型的 LCD 进行配置，对于 TFT 型 LCD，主要能用到的控制寄存器有 LCDCON1～LCDCON5 以及帧缓存地址寄存器 LCDSADDR1～LCDSADDR3。

1) LCD 控制 1 寄存器 LCDCON1

LCDCON1 主要用于选择 LCD 类型、设置像素时钟、使能 LCD 信号的输出等。LCDCON1 寄存器描述如表 3-31 所示。

表 3-31 LCDCON1 寄存器位详细设置

LCDCON1	位	描　述	初始值
LINECNT	[27:18]	提供计数器的状态，从 LINEVAN 递减计数到 0(只读)	0
CLKVAL	[17:8]	设置像素时钟 VCLK 的频率 对于 TFT LCD：VCLK = HCLK/[(CLKVAL+1) × 2]	000
MMODE	[7]	设置 VM 信号的触发频率(用于 STN LCD)	0
PNRMODE	[6:5]	LCD 选择，对于 TFT LCD 置位 11	00
BPPMODE	[4:1]	选择 bpp 模式，对于 TFT LCD 1000：1 bpp　1001：2 bpp　1010：4 bpp 1011：8 bpp　1100：16 bpp　1101：24 bpp	0000
ENVID	[0]	LCD 输出使能：0：禁止　　1：使能	0

2) LCD 控制 2 寄存器 LCDCON2

LCDCON2 用于设置垂直方向各信号的时间参数。LCDCON2 寄存器描述如表 3-32 所示。

表 3-32 LCDCON2 寄存器位详细设置

LCDCON2	位	描　述	初始值
VBPD	[31:24]	在 VSYNC 后，还要经过(VSPD+1)个 HSYNC，有效数据才出现	0
LINEVAL	[23:14]	LCD 的垂直宽度，(LINEVAL+1)行	0
VFPD	[13:6]	一帧中有效数据完结后，到下一个 VSYNC 信号有效前的无效行数目：VFPD+1	0
VSPW	[5:0]	表示 VSYNC 信号的脉冲宽度为(VSPW+1)个 HSYNC 信号周期，(VSPW+1)行的数据无效	0

3) LCD 控制 3 寄存器 LCDCON3

LCDCON3 用于设置水平方向各信号的时间参数。LCDCON3 寄存器描述如表 3-33 所示。

表 3-33 LCDCON3 寄存器位详细设置

LCDCON3	位	描　述	初始值
HBPD	[25:19]	在 HSYNC 后，还要经过(HBPD+1)个 VCLK+，有效数据才出现	0
HOZVAL	[18:8]	LCD 的水平宽度：(HOZVAL+1)列	0
HFPD	[7:0]	一行中的有效数据完成后，到下一个 HSYNC 信号有效前的无效像素个数：HFPD+1	0

4) LCD 控制 4 寄存器 LCDCON4

此寄存器用于设置 HSYNC 信号的脉冲宽度，LCDCON4 寄存器描述如表 3-34 所示。

表 3-34 LCDCON4 寄存器

LCDCON4	位	描 述	初始值
HSPW	[7:0]	设置 HSYNC 信号的脉冲宽度：HSPW+1	0

5) LCD 控制 5 寄存器 LCDCON5

LCDCON5 寄存器用于设置各个信号的极性。

6) 帧内存地址寄存器 LCDSADDR1～LCDSADDR3

S3C2440 LCD 控制器提供了三个地址寄存器来表示这块内存区的区域范围。各寄存器描述分别如表 3-35、表 3-36、表 3-37 所示。

表 3-35 LCDSADDR1 寄存器

LCDSADDR1	位	描 述	初始值
LCDBANK	[29:21]	保存帧内存起始地址 A[30:22]	0
LCDBASEU	[20:0]	帧缓冲区，用于保存视口所对应的内存起始地址 A[21:1]	0

表 3-36 LCDSADDR2 寄存器

LCDSADDR2	位	描 述	初始值
LCDBASEL	[20:0]	用于保存帧缓冲区的结束地址 A[21:1]	0

表 3-37 LCDSADDR3 寄存器

LCDSADDR3	位	描 述	初始值
OFFSIZE	[21:11]	虚拟屏偏移尺寸	0
PAGEWIDTH	[10:0]	视口的宽度	0

3.5.4 LCD 编程

实现 LCD 的显示设置步骤如下：

(1) 打开 LCD 电源。

(2) 设置时序信号。

(3) 设置 LCD 的频率(VCLK)。

(4) 设置其他相关参数。

(5) 设置显示缓冲区的地址。

(6) 确定信号极性。

下述内容用于实现任务描述 3.D.5——实现在 LCD 上显示一个矩形。实现步骤如下：

1) 编写宏定义及函数声明

【描述 3.D.5】 lcd.h

```
#define rGPCCON          (*(volatile unsigned *)0x56000020)
#define rGPCUP           (*(volatile unsigned *)0x56000028)
```

```
#define rGPDCON           (*(volatile unsigned *)0x56000030)
#define rGPDUP          (*(volatile unsigned *)0x56000038)

#define rLCDCON1        (*(volatile unsigned *)0x4d000000)
#define rLCDCON2        (*(volatile unsigned *)0x4d000004)
#define rLCDCON3        (*(volatile unsigned *)0x4d000008)
#define rLCDCON4        (*(volatile unsigned *)0x4d00000c)
#define rLCDCON5        (*(volatile unsigned *)0x4d000010)
#define rLCDSADDR1    (*(volatile unsigned *)0x4d000014)
#define rLCDSADDR2    (*(volatile unsigned *)0x4d000018)
#define rLCDSADDR3    (*(volatile unsigned *)0x4d00001c)
#define rLCDINTMSK    (*(volatile unsigned *)0x4d00005c)
#define rTPAL           (*(volatile unsigned *)0x4d000050)

#define rGPGCON       (*(volatile unsigned *)0x56000060)       //Port G control
#define rGPGDAT       (*(volatile unsigned *)0x56000064)//Port G data
#define rGPGUP         (*(volatile unsigned *)0x56000068)       //Pull-up control G

#define U32 unsigned int
#define U16 unsigned short
#define U8    unsigned char

#define HOZVAL_TFT_320240   (LCD_XSIZE_TFT_320240-1)//分辨率
#define LINEVAL_TFT_320240  (LCD_YSIZE_TFT_320240-1)
#define LCD_XSIZE_TFT_320240     (320)
#define LCD_YSIZE_TFT_320240     (240)
#define SCR_XSIZE_TFT_320240     (320)
#define SCR_YSIZE_TFT_320240     (240)
#define M5D(n) ((n) & 0x1fffff)

#define MVAL            (13)
#define MVAL_USED  (0)               //0=each frame      1=rate by MVAL
#define INVVDEN       (1)               //0=normal            1=inverted
#define BSWP            (0)               //Byte swap control
#define HWSWP         (1)               //Half word swap control
#define VBPD_320240        (3)        //垂直同步信号的后肩
#define VFPD_320240        (5)        //垂直同步信号的前肩
#define VSPW_320240        (15)       //垂直同步信号的脉宽
```

```
#define HBPD_320240       (58)        //水平同步信号的后肩
#define HFPD_320240       (15)        //水平同步信号的前肩
#define HSPW_320240       (8)         //水平同步信号的脉宽

#define CLKVAL_TFT_320240  (10)

static void Lcd_PowerEnable(int invpwren, int pwren);
void Lcd_Port_Init(void);
void Lcd_Init(void);
void Lcd_EnvidOnOff(int onoff);
void Lcd_ClearScr(U32 c);
void Pixel(U32 x, U32 y, U32 c );
void Delay(unsigned int x);

static void Glib_Line(int x1, int y1, int x2, int y2, int color);
static void Glib_FilledRectangle(int x1, int y1, int x2, int y2, int color);
static void Glib_Rectangle(int x1, int y1, int x2, int y2, int color);

volatile static unsigned short LCD_BUFFER[240][320]; //内存空间
```

2) *编写启动代码 init.s*

具体代码请参考任务描述 2.D.5 中的 init.s。

3) *编写 LCD 实现子程序 lcd.c*

子程序 lcd.c 实现 LCD 电源管理、LCD 端口初始化操作、LCD 控制器初始化以及 LCD 显示。

【描述 3.D.5】 lcd.h

```
//函数名称：Lcd_PowerEnable
//功能描述：LCD 电源管理
#includ lcd.h
static void Lcd_PowerEnable(int invpwren, int pwren)
{
    //GPG4 is setted as LCD_PWREN
    rGPGUP=rGPGUP&(~(1<<4))|(1<<4);                 // 禁止上拉电阻
    rGPGCON=rGPGCON&(~(3<<8))|(3<<8);               //GPG4 为电源控制
    //Enable LCD POWER ENABLE Function
    rLCDCON5=rLCDCON5&(~(1<<3))|(pwren<<3);         // PWREN
    rLCDCON5=rLCDCON5&(~(1<<5))|(invpwren<<5);      // INVPWREN
}
```

```
//函数名称：Lcd_Port_Init
//功能描述：LCD 端口初始化
void Lcd_Port_Init(void)
{
     rGPCUP=0x0;
     rGPCCON=0xaaaa56a9;
     rGPDUP=0x0;
     rGPDCON=0xaaaaaaaa;
}

//函数名称：Lcd_Init
//功能描述：LCD 控制器初始化
void Lcd_Init(void)
{
    rGPCUP=0xffffffff;              //上拉电阻使能禁止
    //初始化 VD[7:0]，LCDVF[2:0]，VM，VFRAME，VLINE，VCLK，LEND
     rGPCCON=0xaaaa56a9;

     rGPDUP=0xffffffff;             //上拉电阻使能禁止
     rGPDCON=0xaaaaaaaa;            //初始化 VD[15:8]

    rLCDCON1=(CLKVAL_TFT_320240<<8)|(MVAL_USED<<7)|(3<<5)|(12<<1)|0;
     // TFT LCD panel，12bpp TFT，ENVID=off
    rLCDCON2=(VBPD_320240<<24)|(LINEVAL_TFT_320240<<14)
                    |(VFPD_320240<<6)|(VSPW_320240);
    rLCDCON3=(HBPD_320240<<19)|(HOZVAL_TFT_320240<<8)|(HFPD_320240);
    rLCDCON4=(MVAL<<8)|(HSPW_320240);
    rLCDCON5=(1<<11)|(1<<9)|(1<<8)|(1<<3)|(BSWP<<1)|(HWSWP);
    //rLCDCON5=(1<<11)|(0<<9)|(0<<8)|(0<<6)|(BSWP<<1)|(HWSWP);
    //FRM5:6:5，HSYNC and VSYNC are inverted

    rLCDSADDR1=(((U32)LCD_BUFFER>>22)<<21)|M5D((U32)LCD_BUFFER>>1);
    rLCDSADDR2=M5D( ((U32)LCD_BUFFER+(SCR_XSIZE_TFT_320240
                         *LCD_YSIZE_TFT_320240*2))>>1 );
    rLCDSADDR3=(((SCR_XSIZE_TFT_320240-LCD_XSIZE_TFT_320240)/1)<<11)|
                      (LCD_XSIZE_TFT_320240/1);
    rLCDINTMSK|=(3);                // MASK LCD Sub Interrupt
     //rTCONSEL|=((1<<4)|1);        // Disable LCC3600，LPC3600
    rTPAL=0;                        // Disable Temp Palette
```

```
}

//函数名称：Lcd_EnvidOnOff
//功能描述：LCD 开关函数
void Lcd_EnvidOnOff(int onoff)
{
    if(onoff==1)
        rLCDCON1|=1;
    else
        rLCDCON1=rLCDCON1&0x3fffe;
}

//函数名称：Lcd_ClearScr
//功能描述：LCD 清屏函数
void Lcd_ClearScr(U32 c)
{
    void Pixel(U32 x，U32 y，U32 c );
    unsigned int x，y;

    for(y=0；y<SCR_YSIZE_TFT_320240；y++)
    {
        for(x=0；x<SCR_XSIZE_TFT_320240；x++)
        {
        //LCD_BUFFER[y][x]=c;
         Pixel( x，y，c );
        }
    }
}

void Pixel(U32 x，U32 y，U32 c )
{
    if ( (x < SCR_XSIZE_TFT_320240) && (y < SCR_YSIZE_TFT_320240) )
    LCD_BUFFER[y][x] = c;
}

//函数名称：Glib_Line
//功能描述：LCD 图形显示函数
static void Glib_Line(int x1，int y1，int x2，int y2，int color)
{
```

```
int dx，dy，e;
dx=x2-x1;
dy=y2-y1;

if(dx>=0)
{
    if(dy >= 0) // dy>=0
    {
        if(dx>=dy) // 1/8 octant
        {
            e=dy-dx/2;
            while(x1<=x2)
            {
                Pixel(x1，y1，color);
                if(e>0){y1+=1; e-=dx; }
                x1+=1;
                e+=dy;
            }
        }
        else       // 2/8 octant
        {
            e=dx-dy/2;
            while(y1<=y2)
            {
                Pixel(x1，y1，color);
                if(e>0){x1+=1; e-=dy; }
                y1+=1;
                e+=dx;
            }
        }
    }
    else           // dy<0
    {
        dy=-dy;    // dy=abs(dy)

        if(dx>=dy) // 8/8 octant
        {
            e=dy-dx/2;
            while(x1<=x2)
```

```
                {
                    Pixel(x1, y1, color);
                    if(e>0){y1-=1; e-=dx; }
                    x1+=1;
                    e+=dy;
                }
            }
            else        // 7/8 octant
            {
                e=dx-dy/2;
                while(y1>=y2)
                {
                    Pixel(x1, y1, color);
                    if(e>0){x1+=1; e-=dy; }
                    y1-=1;
                    e+=dx;
                }
            }
        }
    }
    else //dx<0
    {
        dx=-dx;             //dx=abs(dx)
        if(dy >= 0)         // dy>=0
        {
            if(dx>=dy)      // 4/8 octant
            {
                e=dy-dx/2;
                while(x1>=x2)
                {
                    Pixel(x1, y1, color);
                    if(e>0){y1+=1; e-=dx; }
                    x1-=1;
                    e+=dy;
                }
            }
            else        // 3/8 octant
            {
                e=dx-dy/2;
```

```
                while(y1<=y2)
                {
                    Pixel(x1，y1，color);
                    if(e>0){x1-=1；e-=dy；}
                    y1+=1；
                    e+=dx；
                }
            }
        }
        else                    // dy<0
        {
            dy=-dy;             // dy=abs(dy)

            if(dx>=dy)          // 5/8 octant
            {
                e=dy-dx/2；
                while(x1>=x2)
                {
                    Pixel(x1，y1，color);
                    if(e>0){y1-=1；e-=dx；}
                    x1-=1；
                    e+=dy；
                }
            }
            else        // 6/8 octant
            {
                e=dx-dy/2；
                while(y1>=y2)
                {
                    Pixel(x1，y1，color);
                    if(e>0){x1-=1；e-=dy；}
                    y1-=1；
                    e+=dx；
                }
            }
        }
    }
}
```

```
//函数名称：Glib_Rectangle
//功能描述：在 LCD 屏幕上画一个矩形
static void Glib_Rectangle(int x1， int y1， int x2， int y2， int color)
{
    Glib_Line(x1， y1， x2， y1， color);
    Glib_Line(x2， y1， x2， y2， color);
    Glib_Line(x1， y2， x2， y2， color);
    Glib_Line(x1， y1， x1， y2， color);
}

//函数名称：Glib_FilledRectangle
//功能描述：在 LCD 屏幕上用颜色填充一个矩形
static void Glib_FilledRectangle(int x1， int y1， int x2， int y2， int color)
{
    int i;

    for(i=y1; i<=y2; i++)
   Glib_Line(x1， i， x2， i， color);
}
```

4) 编写主函数 main.c

```
#includ lcd.h

void main(void)
{
    Lcd_Port_Init( );              //LCD 端口初始化
    Lcd_Init( );                   //LCD 控制器初始化
    Lcd_PowerEnable(0， 1);         //电源开
    Lcd_EnvidOnOff(1);             //LCD 开
    Lcd_ClearScr(0xf00f);          //LCD 清屏


    Delay(100);
    Glib_Rectangle(50， 50， 150， 150， 0x11111);          //显示矩形
    Delay(100);
    Glib_FilledRectangle(50， 50， 150， 150， 0x11111);    //显示颜色

    while(1);
}
```

程序在 MDK 下编译运行，可看到 LCD 内显示一个带颜色的矩形区。

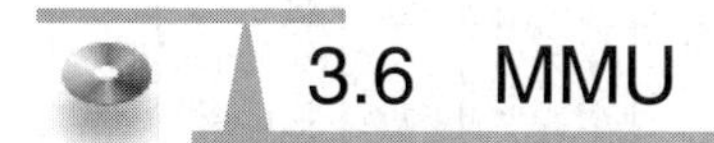

3.6　MMU

随着图像界面的兴起以及多进程的出现，程序变得越来越大，内存已不能完全容纳应用程序，无法满足系统的要求，也无法满足对存储数据的保护。MMU(Memory Management Unit)，即内存管理单元的出现，解决了庞大的应用程序在较小的内存中不能运行的矛盾，并提供了内存单元的保护机制。本节主要讲述 MMU 的工作过程，协处理器与 Cache 只做粗略介绍。

3.6.1　概述

MMU 主要有两个功能：

✧ 负责虚拟地址到物理地址的映射。

✧ 提供硬件机制的内存访问权限检查。

MMU 的功能都是由硬件完成，启动 MMU 后，系统的每一个不同的任务都可以运行在"整个地址空间"，提高了整体系统的性能。

S3C2440 MMU 有如下特性：

✧ 有 4 种映射长度，段 1 MB、大页 64 KB、小页 4 KB 和极小页 1 KB。

✧ 对每段可以设置访问权限。

✧ 指令 TLB(含 64 个条目)、数据 TLB(含 64 个条目)。

✧ 硬件访问页表(地址映射、权限检查由硬件自动完成)。

下面分别从地址分类、地址映射方式、页表描述符、地址转换过程讲解 S3C2440 的 MMU 功能的实现，并以实例说明整个转换过程。

1. 地址分类

在讲解 MMU 功能之前，应该先理解以下两个概念：

✧ 虚拟地址(VA，Vitual Address)：处理器所能寻址的最大范围。S3C2440 为 32 位处理器，所能寻址的空间为 2^{32} B = 4 GB，即 S3C2440 的虚拟地址空间为 0x00000000～0xFFFFFFFF。

✧ 物理地址(PA，Physical Address)：系统实际物理内存的大小。S3C2440 开发板采用 2 片 32 MB SDRAM 并联做为内存，则系统内存大小为 64 MB，物理地址空间为 0x00000000～0x03FFFFFF。

按空间范围大小来说，物理地址为虚拟地址的一个子集。CPU 是通过地址线来访问内存的存储单元(物理地址)的，而虚拟地址却不能通过地址线被直接访问。

如图 3-12 所示，未启用 MMU 时，CPU 内核、外设等都使用物理地址 PA。启用 MMU 后，CPU 内核发出虚拟地址 VA，经 MMU 转换为物理地址 PA 后进行读写操作，这个过程称为地址的映射。

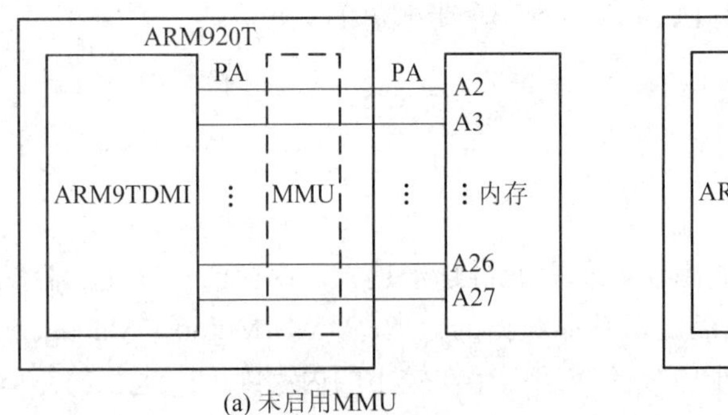

(a) 未启用MMU

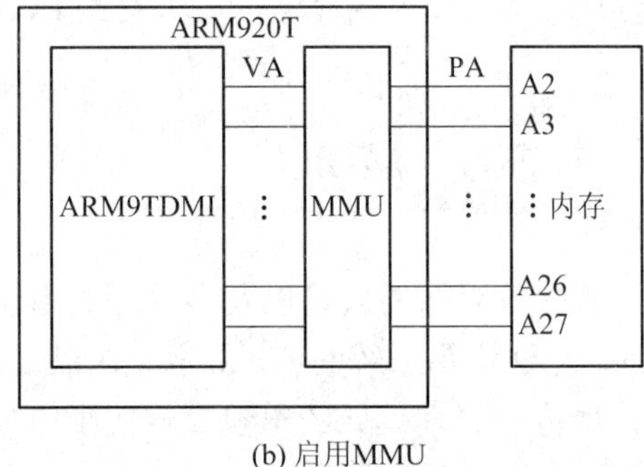

(b) 启用MMU

图 3-12　启用 MMU 示意图

2. 地址映射

将虚拟地址映射到物理地址，一般有两种方式：

✧ 利用数学公式进行地址的转换。

✧ 利用页表存储虚拟地址所对应的物理地址。

在 ARM 处理器中，一般采用页表的形式进行地址映射。页表由一个个条目组成，每个条目存储一段虚拟地址对应的物理地址及访问权限，或者下一级页表的地址。条目也称为描述符，对于 S3C2440 来说，描述符占用 4 个字节，32 位。

当利用页表来实现地址映射时，系统先以一种分页的方式将虚拟地址空间和物理地址分成若干大小相同的页(Page)和页框(Frame)，页和页框的大小必须相等；然后将虚拟地址的页映射到物理地址的页框中，映射关系和访问权限存放在页表中。例如将 64 KB 的虚拟地址空间分成了 16 个页，32 KB 的物理地址空间分成了 8 个页框，页和页框的大小都为 4 KB，并且指明了虚拟地址的哪个页映射到了物理地址的哪个页框，如图 3-13 所示。

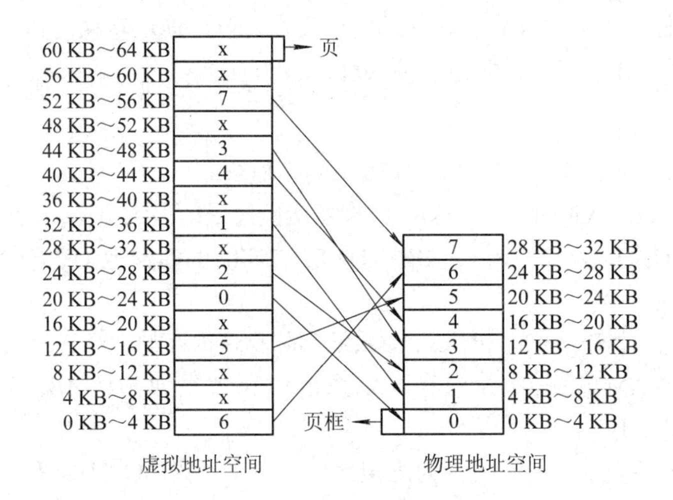

图 3-13　地址分页

S3C2440 的地址映射长度可为段和页，详细描述如下：

✧ 段：大小为 1 MB，只用到一级页表。

✧ 页：分为大页 64 KB、小页 4 KB 和极小页 1 KB，可用到两级页表。

3. 页表描述符

S3C2440 最多可以用到二级页表，下面分别介绍一级页表描述符和二级页表描述符。

1) 一级页表描述符

S3C2440 的一级页表使用 4096 个描述符来描述整个 4 GB 的虚拟空间。每个描述符对应 1 MB 的物理地址空间。每个描述符占 4 个字节，共占用 16 KB 地址空间。

若使用段方式映射时，每个描述符存储了它所对应的 1 MB 的起始地址。若使用页方式映射时，每个描述符存储了二级页表的地址。一级页表的描述符如表 3-38 所示。

表 3-38　一级页表描述符

[31:20]	[19:12]	11	10	9	[8：5]	4	3	2	[1:0]	
—									00	无效
粗页表基地址				—	Domain	1	—	—	01	粗页表
段基地址	—	AP	AP	—	Domain	1	C	B	10	段
细页表基地址		—	—	—	Domain	1	—	—	11	细页表

其中：

✧ [1:0]，最低两位说明了此次地址映射的方式，具体描述如下。

- 00：无效，即该范围的 VA 没有映射到 PA。
- 01：粗页表方式，位[31:10]为粗页表基址，位[9:0]为 0 时的二级页表的物理地址。此二级页表包含 256 个条目，每个条目表示 4 KB 的地址空间。
- 10：段方式，位[31:20]为段基址，位[19:0]为 1 段时的物理起始地址。
- 11：细页表方式，位[31:12]为粗页表基址，位[11:0]为 0 时的二级页表的物理地址。此二级页表包含 1024 个条目，每个条目表示 1 KB 的物理地址空间。

✧ Domain(4 位)和 AP(2 位)两者进行配合，对内存的访问权限进行检查。

✧ C、B 两位控制缓存。C=1 时为 write_through(WT)模式；B = 1 时为 write_back(WB)模式。C、B 的详细介绍参见本章 3.6.2 节。

2) 二级页表描述符

当使用页方式进行地址映射时，需要用到二级页表。二级页表有粗页表和细页表两种。二级页表描述符如表 3-39 所示。

表 3-39　二级页表描述符

[31:16]	[15:12]	[11:10]	[9:8]	[7:6]	[5:4]	3	2	[1:0]	
—								00	无效
大页基地址	—	AP3	AP2	AP1	AP0	C	B	01	大页
小页基地址		AP3	AP2	AP1	AP0	C	B	10	小页
极小页基地址			—	—	AP	C	B	11	极小页

其中：

✧ [1:0]，最低两位分别对应不同的物理页面。具体描述如下。

- 00：无效。
- 01：大页描述符(64 KB)，位[31:16]为大页基址，[15:0]为 0 时表示一页 64 KB 物理地址空间的起始地址。若大页描述符存放在粗页表中，则需要 16 个条目保存。若大页描述符存放在细页表中，则需要 64 个条目保存。

● 10：小页描述符(4 KB)，位[31:12]为小页基址，[11:0]为 0 时表示一页 4 KB 物理地址空间的起始地址。若小页描述符存放在粗页表中，则需要 1 个条目保存。若大页描述符存放在细页表中，则需要 4 个条目保存。

● 11：极小页描述符(1 KB)，位[31:10]为极小页基址，[9:0]为 0 时表示一页 1 KB 物理地址空间的起始地址。极小页描述符只能存放在细页表中，需要一个条目保存。

✧ 权限位，大页和小页有四组 AP 权限位，每组占两个位。可分别给大页的 16 KB(64 KB 的 1/4)和小页的 1 KB(4 KB 的 1/4)设置不同的权限。极小页有一组 AP 权限位。

✧ C、B 两位为控制缓存位。

4. 转换过程

由虚拟地址到物理地址的转换过程有以下几步：

(1) 根据一级页表地址寄存器(TTB)得到一级页表的基地址。

(2) 将虚拟地址[31:20]作为页表的索引，得到该虚拟地址的一级页表描述符。

(3) 根据后两位判断该描述符类型：

✧ 若为段描述符，将该描述符[31:20]和虚拟地址[19:0]作为偏移量组成一个 32 位的物理地址进行访问。虚拟地址[19:0]共 20 位，作为偏移量可寻址的空间为 1 MB。

✧ 若为粗页表描述符，则将该粗页表描述符[31:10]作为二级页表的基地址，并将虚拟地址[19:12]位作为索引得到在二级页表中该虚拟地址的描述符。根据描述符后两位可以判断二级页表描述符的类型：

● 若为大页描述符表，则对由该描述符[31:16]作为基地和虚拟地址[15:0]作为偏移量得到的该虚拟地址的 32 位物理地址进行访问。虚拟地址[15:0]共 16 位，作为偏移量可寻址的空间为 64 KB。

● 若为小页描述符表，则对由描述符[31:12]作为基地和虚拟地址[11:0]作为偏移量得到的该虚拟地址的 32 位物理地址进行访问。虚拟地址[11:0]共 12 位，作为偏移量可寻址的空间为 4 KB。

✧ 若为细页表描述符，将该组页表描述符[31:12]作为二级页表的基地址，并将虚拟地址[19:10]位作为索引得到在二级页表中该虚拟地址的描述符。根据描述符后两位可以判断二级页表描述符的类型：

● 若为大页描述符表，则对由该描述符[31:16]作为基地和虚拟地址[15:0]作为偏移量得到的该虚拟地址的 32 位物理地址进行访问。

● 若为小页描述符表，则对由该描述符[31:12]作为基地和虚拟地址[11:0]作为偏移量得到的该虚拟地址的 32 位物理地址进行访问。

● 若为极小页描述符表，则对由描述符[31:10]作为基地和虚拟地址[9:0]作为偏移量得到的该虚拟地址的 32 位物理地址进行访问。虚拟地址[9:0]共 10 位，作为偏移量可寻址空间为 1 KB。

5. 具体实例

本节以虚拟地址 0x00000018 和 0x30605600 为例讲解由 VA 到 PA 的转换过程，

TLB(Translation Lookaside Buffer)寄存器的值 0x33ffc000 是整个页表的基地址，如图 3-14 所示。

(1) 0x00000018 地址转换：

a. 将虚地址[31:20]位 0x0 作为索引 × 4(每个描述符占 4 个字节)，再与页表基地址相加得 0x33ffc000，即页表中第一个描述符。

b. 因为该描述符为段描述符，将其[31:20]位 0x300 左移 20 位得到的 0x30000000 作为该段物理基地址，并将虚地址[19:0]位 0x18 作为偏移地址与该段物理基地址相加得 0x30000018。该地址就为虚地址 0x18 对应的物理地址。

(2) 0x30605600 地址转换：

a. 将虚地址[31:20]位 0x306 作为索引 × 4，即为 0xc18，再与页表基地址相加得 0x33ffcc18，即页表中第 775 个描述符。

b. 因为该描述符为粗页描述符，将[31:10]位的 0xcffc0 左移 10 位得到的 0x33ff0000 作为第二级页表的基地址。再将虚拟地址[19:12]位的 0x05 作为索引 × 4 与 0x33ff0000 相加得到该虚拟地址的第二级页描述符地址 0x33ff0014。

c. 因为该描述符为第二级小页描述符，将[31:12]位的 0x30605 左移 12 位得到的 0x30605000 作为该粗页的物理基地址，并与虚地址[11:0]位的 0x600 作为偏移量相加得到的 0x30605600 作为该虚地址转换后的物理地址。

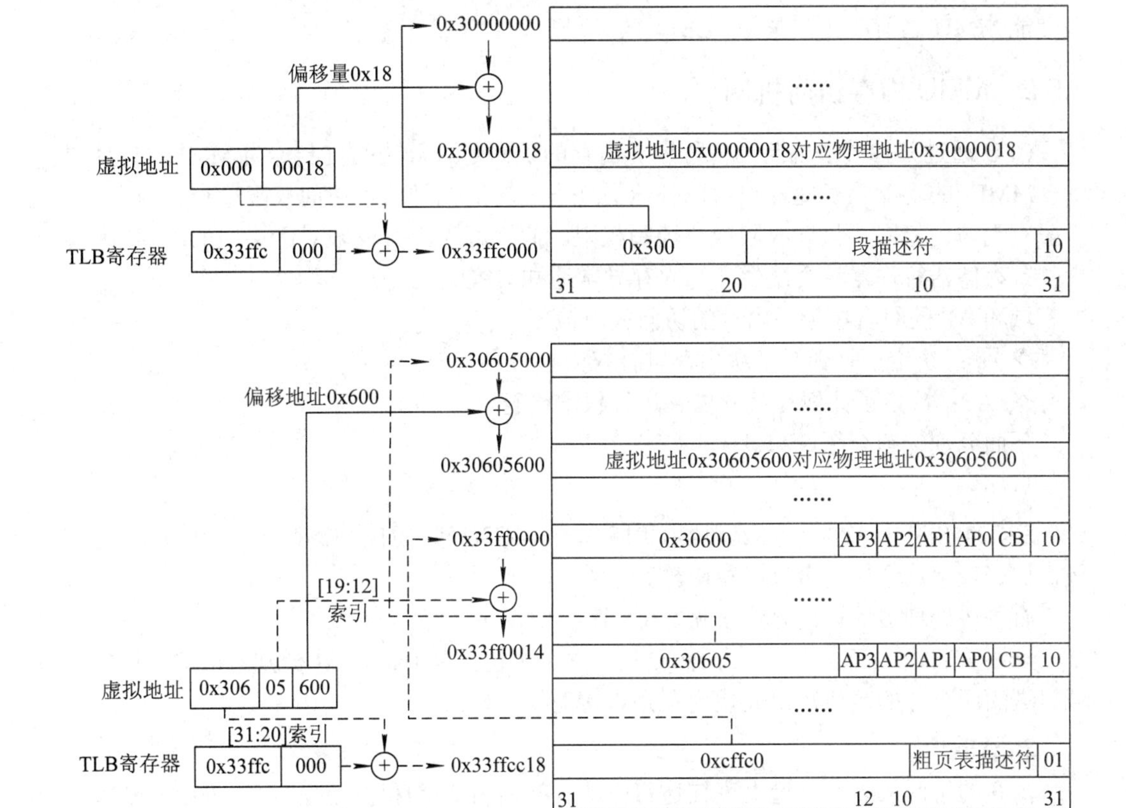

图 3-14　虚拟地址到物理地址的转换过程

6. TLB

MMU 在每一次进行虚拟地址到物理地址的转换过程中，都需要查找整个一级页表，或者二级页表，虽然过程由硬件自动进行，但是执行时间比较长，效率比较低。为了减少存储器的访问率，MMU 通过 TLB 的形式进行地址的转换。在 ARM 中，每一个内存接口都有一个 TLB。

下面从 TLB 的工作原理和 MMU 使用 TLB 的工作过程两个方面来讲解 TLB。

1) 工作原理

TLB 的工作原理是通过使用一个高速、容量较小的存储器来存储近期用到的页表条目，这样在地址转换时不用每次都到内存中进行查找，减少了内存的访问次数，可以大幅度地提高效率。

2) 工作过程

MMU 使用 TLB 进行虚拟地址到物理地址的转换过程如下：首先访问 TLB。如果 TLB 中含有这个虚拟地址的描述符，直接利用此描述符进行地址转换和权限检查；如果 TLB 中没有这个虚拟地址的描述符，则将这个描述符写入 TLB，下次便可以直接使用此描述符进行地址转换和内存检查。

使用 TLB，可以大大地提高 MMU 的性能。但是在使用过程中需要保证 TLB 中的描述符的内容应该与页表中的保持一致。在每次使能 MMU 之后，页表内容会有所改变，所以在使能 MMU 之前，应首先使 TLB 无效。

3.6.2 MMU 内存访问机制

CPU 通过某种方法判断当前程序对内存的访问是否合法的机制称为 MMU 访问机制。

MMU 的功能除了地址映射以外，另外一个功能就是内存访问权限检查。内存的访问一般有无访问权限、只读权限或可读写权限。假设程序没有权限对所访问的内存区域进行操作，存储器管理器将会发生一个内存异常通知 CPU。

域和 AP 的组合决定了内存的访问权限检查。

✧ 域：决定了是否对某块内存进行权限检查。

✧ AP：决定了如何对某块内存进行权限检查。

下面分别详细介绍域和 AP。

1) 域

S3C2440 有 16 个域，协处理器 CP15 寄存器 C3(域访问控制寄存器)的每两位对应一个域，用来表示这个域是否进行权限检查。

有关协处理器的详细介绍参见 3.6.4 节。

一级页表描述符的位[8:5]为 Domain，占 4 个位，从 0x0～0xf 分别对应 C3 中的 16 个域。域的两个位的数值决定此块内存是否接受权限检查。

2) AP

内存的访问权限是通过页表描述符中的 AP 位(占 2 位)和协处理 CP15 寄存器 C1 的 R/S 来决定的。一级页表描述符和二级页表描述符中都由 AP 位来代表此块内存的访问权限。AP 与 R 位或 S 位在 CPU 不同的工作模式下可以组合成多种访问权限，如表 3-40 所示。

表 3-40　AP 位、R 位、S 位的组合访问权限

AP	S	R	特 权 模 式	用 户 模 式
00	0	0	无访问权限	无访问权限
00	1	0	只读	无访问权限
00	0	1	只读	只读
00	1	1	保留	—
01	×	×	读/写	无访问权限
10	×	×	读/写	只读
11	×	×	读/写	读/写
××	1	1	保留	—

3.6.3　Cache

Cache 是高性能 CPU 解决总线访问速度瓶颈的方法。根据程序局部访问的原理，在主存与 CPU 之间设置一个高速且容量较小的存储器，可以把正在执行的指令附近的一部分指令和数据从主存读出并存入此存储器，以供 CPU 在一段时间内使用，因此提高了程序的运行速度。这个介于 CPU 与主存之间的存储器即为 Cache。CPU 访问 Cache 的速度是访问内存速度的数十倍，所以有效地利用 Cache 可以大大提高计算机的整体性能。

S3C2440 有 16 KB 的 DCache(数据 Cache)和 16 KB 的 ICache(指令 Cache)，这两个 Cache 是基本相同的，DCache 只是多了写缓冲器(Write Buffer)。Cache 中的存储单位是 Cache Line，S3C2440 的一个 Cache Line 是 32 字节，因此 16 KB 的 Cache 由 512 条 Cache Line 组成。

1) ICache

ICache 的使用比较简单，系统刚上电或复位时，ICache 中的内容是无效的，且若 ICache 的功能关闭，可以通过软件启动 ICache。ICache 的启动/关闭控制位为协处理器 CP15 的寄存器 1 的第 12 位。

若 ICache 关闭，CPU 的效率很低，因此在程序设计时，应尽早启动 ICache。

ICache 开启后，CPU 每次取指时，首先在 ICache 中查看是否能找到所要命令，若找到，称为 Cache 命中，直接执行此命令；若找不到，则称为 Cache 缺失，Cache 缺失后 CPU 从内存中读取指令，要么直接执行后返回，要么写进 DCache 中执行。

2) DCache

与 ICache 类似，系统刚上电或复位时，DCache 的状态也为关闭，其中内容无效。DCache 的控制位为协处理器 CP15 的寄存器 1 的第 2 位。

DCache 与 Write Buffer 的使用是在页表描述符中被定义的，所以 DCache 与 ICache 不同的是，DCache 的功能必须在开启 MMU 后才能被使用。

DCache 被关闭时，CPU 直接操作内存，DCache 与 Write Buffer 无效。

DCache 被开启后，CPU 读数据时，首先在 DCache 中查看是否能找到所要的数据，Cache 命中，则直接读取此数据；Cache 缺失，CPU 从内存读出数据并装载到 Cache 后，从 Cache 读取。CPU 写数据时，数据先写到 Cache，然后通过写穿式或写回式进行操作。

✧ 写穿式(Write Through)，CPU 写数据时，在写入 Cache 的同时，也写入内存，保证

Cache 与内存数据的同步性，缺点是占用了总线时间且写速度较慢。

✧ 写回式(Copy Back)，CPU 只将数据写入 Cache，同时在 Cache 中设立一个标志位，表明此数据的新旧信息。只有当数据再次被更改时，才将数据写入主存中，并再次接收新数据。此方式保证了 Cache 和主存中的数据不产生冲突。

与 TLB 的使用相类似，使用 Cache 时需要保证 Cache、Write Buffer 的内容和主存内容保持一致。

3.6.4 ARM 协处理器

ARM920T 处理器提供了 16 个协处理器接口，编号为 CP0～CP15，但是其中有两个集成在片内，分别为 CP14 和 CP15：

✧ CP14：用于调试控制。

✧ CP15：用于内存系统控制和测试控制。

ARM920T 的 MMU 和 Cache 的功能设置由 CP15 协处理器完成，本节对 CP14 不做讲述，只详细讲解 CP15 的寄存器组及访问用法。

1. CP15 寄存器组

协处理器 CP15 有 16 个寄存器，编号从 0 到 15，即 C0～C15，分别在系统中有不同的功能，CP15 的寄存器列表如表 3-41 所示。

表 3-41　CP15 的寄存器列表

编　号	基 本 作 用
0	访问 ID 编码寄存器与 Cache 类型寄存器
1	开启/禁止 MMU/Cache/Write 等功能
2	地址转换表基地址(TTB)
3	域访问控制位
4	保留
5	内存失效状态
6	内存失效地址
7	Cache 及 Write 控制
8	TLB 控制
9	高速缓存锁定
10	TLB 锁定
11	保留
12	保留
13	进程标识符
14	保留
15	有不同的设计方式

下面讲解常用到的寄存器，以加深对协处理器的理解。

1) CP15 的寄存器 C0

CP15 中寄存器 C0 对应两个标识符寄存器，由访问 CP15 中的寄存器指令中的<opcode_2>指定要访问哪个具体的物理寄存器，<opcode_2>与两个标识符寄存器的对应关系如表 3-42 所示。

表 3-42　CP15 的寄存器

<opcode_2>	对应寄存器
0b000	ID 编码寄存器
0b001	Cache 类型寄存器
其他	保留

S3C2440 的 C0 寄存器格式如表 3-43 所示。

表 3-43　C0 寄存器格式

位	描　述
[31:24]	ARM 生产厂商编号 0x41 = A：ARM 公司 0x44 = D：Digital Equipment 公司 0x69 = I：Intel 公司
[23:20]	产品子编号
[19:16]	ARM 体系版本号，可能取值为 0x1：ARM 体系版本 4 0x2：ARM 体系版本 4T 0x3：ARM 体系版本 5 0x4：ARM 体系版本 5T 0x6：ARM 体系版本 5TE
[15:4]	产品主编号
[3:0]	ARM 生产商定义的处理器版本号

2) CP15 的寄存器 C1

C1 为控制位寄存器，可以编程改变其值，控制系统的基本功能。常用控制位如表 3-44 所示。

表 3-44　C1 寄存器格式

标志	位	描　述	
I	[12]	0：禁止 ICache	1：使能 ICache
R	[9]	ROM 保护位	
S	[8]	系统保护位	
B	[7]	0：小端模式	1：大端模式
W	[3]	0：禁止写缓冲	1：使能写缓冲
C	[2]	0：禁止 DCache	1：使能 DCache
A	[1]	0：禁止地址对齐检查	1：使能地址对齐检查
M	[0]	0：禁止 MMU 或 PU	1：使能 MMU 或 PU

3) CP15 的寄存器 C2

C2 的[31:0]保存的是一级页表的基地址(物理地址)。

4) CP15 的寄存器 C3

S3C2440 有 16 个域，C3 定义了处理器的 16 个域的访问权限。每两个位代表一个域。C3 寄存器格式如表 3-45 所示。

表 3-45 C3 寄存器格式

位	31	29	27	25	23	21	19	17	15	13	11	9	7	5	3	1
	30	28	26	24	22	20	18	16	14	12	10	8	6	4	2	0
域	15	14	13	12	11	10	9	8	7	6	5	4	3	2	1	0
含义	00：无访问权限，任何访问都会导致域异常 01：客户模式，当使用段描述符、页描述符进行权限检查时 10：保留，相当于无访问权限 11：管理模式，不进行权限检查，允许任何访问															

5) CP15 的寄存器 C13

C13 中 PID 值为当前进程的进程标志符，值为 0～127。

2. 寄存器访问方式

CPU 对协处理器的访问可以通过专用指令进行操作，MRC(读)与 MCR(写)。

例如访问主标识符寄存器的指令格式如下。

【示例 3-6】 访问主标识符寄存器格式

mrc p15，0，r0，c0，c0，0；将 C0 的值读到 R0 中

例如访问 C13 寄存器的指令格式如下。

【示例 3-7】 访问 C13 寄存器格式

Mrc p15，0，r0，c13，c0，0；将 R0 的值写到 C0 中

3.6.5 MMU 编程

以下内容用于实现任务描述 3.D.6——禁止与启动 MMU 及 Cache。实现步骤如下：

(1) 禁止数据 Cache，将 C15 中寄存器的 C1 寄存器 C[2]清零。

(2) 禁止指令 Cache，将 C15 中寄存器的 C1 寄存器 I[12]清零。

(3) 禁止 MMU，将 C15 寄存器的 C1 寄存器的 M[0]清零。

(4) 使数据及指令 Cache 无效。

(5) 清空写缓冲区。

(6) 使 TLB 整个页表无效。

(7) 设置控制域。

(8) 设置进程 PID 号。

(9) 设置页表基地址。

(10) 计算描述符表并添加到 TLB 指定的内存单元中。

(11) 开启 MMU 功能，将 C1 寄存器的 M[0]赋值为 1。

(12) 开启指令及数据 Cache，将 C1 寄存器的 C[2]位，I[12]位赋值为 1。

其实现的代码如下。

【描述 3.D.6】 禁止与启动 MMU

```
；禁止数据 Cache
mrc p15，0，r0，c1，c0，0
bic r0，r0，#(0x1<<2)
mcr p15，0，r0，c1，c0，0

；禁止代码 Cache
mrc p15，0，r0，c1，c0，0
bic r0，r0，#(0x1<<12)
mcr p15，0，r0，c1，c0，0

；禁止 MMU
mrc p15，0，r0，c1，c0，0
bic r0，r0，#0x1
mcr p15，0，r0，c1，c0，0

；使数据及代码段 Cache 无效
mcr p15，0，r0，c7，c7，0

；清空写缓冲区
mcr p15，0，r0，c7，c10，4

；使 TLB 整个页表无效
mcr p15，0，r0，c8，c7，0

；设置控制域
mcr p15，0，r0，c3，c0，0

；设置进程 PID 号
mcr p15，0，r0，c13，c0，0

；设置页表基地址
mcr p15，0，r0，c2，c0，0
```

；计算描述符表并添加到 TLB 指定的内存单元中。由于一级页表由虚地址[31:20]进行索引，共计 4096 个，为 16 KB，又由于 SC2440 开发板为 64 MB 内存，故我们将其放在 0x33ffc000 处，即 64

MB 内存的最末端的 16 KB 内存中

```
mrc p15，0，r0，c1，c0，0
orr r0，r0，#(0x1<<1)
mcr p15，0，r0，c1，c0，0

；开启 MMU 功能，将 C1 寄存器 M[0]赋值为 1
mrc p15，0，r0，c1，c0，0
orr r0，r0，#0x1
mcr p15，0，r0，c1，c0，0

；开启代码及数据 Cache，将 C1 寄存器 C[2]位，I[12]位赋值为 1
mrc p15，0，r0，c1，c0，0
bic r0，r0，#(0x1<<12+0x1<<2)
mcr p15，0，r0，c1，c0，0
```

小 结

通过本章的学习，学生应该掌握：

◆ 嵌入式存储系统一般采取 SDRAM、NAND Flash 与 NOR Flash 三者共有的方式，Flash 做为代码及数据存储载体，启动后将代码拷贝到 SDRAM 中执行。

◆ UART 为异步串行通信，在使用时应先进行波特率、数据位、校验位以及传输方式等参数的配置。

◆ S3C2440 内部集成了 3 个独立的 UART 通道。

◆ USB 协议规定了 USB 的系统组成、接口、通信协议以及枚举等方面。现如今采用的 USB 协议版本多为 USB1.1 和 USB2.0。

◆ S3C2440 内部集成了 2 个 USB 主机接口和 1 个 USB 设备接口。

◆ DMA 是不需要 CPU 参与的一种数据传输方式。在需要大量数据交换的场合，用好 DMA 可以大大地提高系统的性能。在使用时，需要设置好相应的源寄存器和目的寄存器。

◆ S3C2440 LCD 控制器为 LCD 提供控制信号，并支持 STN、TFT 两种类型的 LCD。

◆ S3C2440 支持 MMU 功能。MMU 解决了庞大的应用程序在较小的内存中不能运行的矛盾，并提供了内存单元的保护机制。

◆ S3C2440 采用页表机制实现物理地址到虚拟地址的转换，并通过 AP 和域组合的机制进行内存访问权限检查。

习 题

1．NAND Flash 操作时以______读写，以______擦除。

2．CPU 与外设进行通信控制时一般有哪三种方式______、______、______。

3．UART 简单的三线连接方式中，三根线分别是______、______、______。
4．NAND Flash 与 NOR Flash 相比，优点是______。
　A．容量大　　B．价格低
　C．与 CPU 有接口，升级简单　　D．以上都是
5．下面______不是 USB 的特点。
　A．串行通信方式　　B．不可热插拔
　C．分 host device 和 hub　　D．通信速率比 RS-232 快
6．DMA 在响应 HOLD 请求后，执行______。
　A．转入中断服务程序　　B．进入等待周期
　C．只接收外部数据　　D．CPU 放弃总线控制权
7．简述 S3C2440 MMU 功能。
8．简述 NAND Flash 的启动过程。
9．编写程序，实现 AD 采集并实现 UART 输出。
10．编写程序，实现在虚拟地址里面执行跑马灯程序。

第4章 系统构建

本章目标

◆ 了解交叉编译环境的概念。
◆ 了解Linux内核组成。
◆ 掌握Linux内核的移植过程。
◆ 了解Busybox的使用。
◆ 掌握构建Linux根文件系统的过程。
◆ 掌握嵌入式Linux系统的启动过程。

学习导航

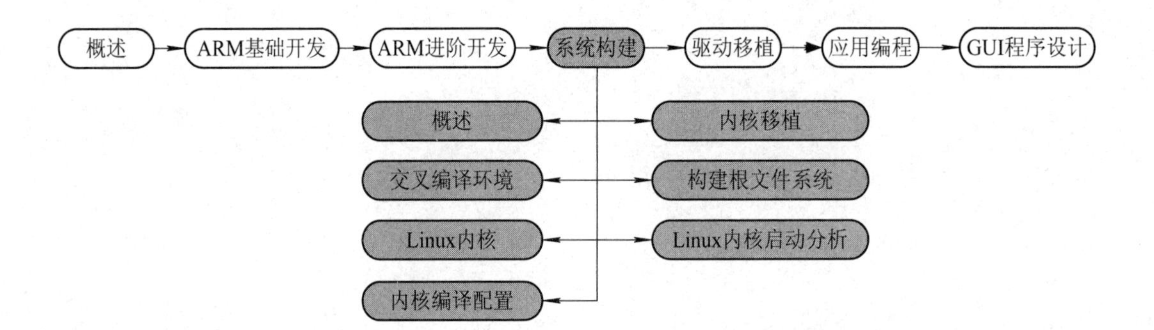

任务描述

➢【描述4.D.1】

搭建arm-linux-gcc交叉编译环境。

➢【描述4.D.2】

根据目标板硬件资源移植内核。

➢【描述4.D.3】

利用Busybox构建根文件系统。

4.1 概述

一个完整的嵌入式 Linux 系统包括四个主要的软件层：Bootloader、Linux 内核、根文件系统和应用程序。

1) Bootloader

Bootloader 是系统上电复位后执行的第一段代码，除了进行硬件资源的初始化以及建立内存空间的映射功能外，它还有一个最主要的功能就是加载 Linux 内核，即把内核从外部存储器复制到内存中并跳到内核入口处执行，从而开启了 Linux 操作系统的运行。

2) Linux 内核

一旦内核开始执行，它将通过驱动程序初始化所有硬件，初始化完成后，内核挂载某个文件系统作为根文件系统，这样便进入了嵌入式应用阶段。Linux 内核资源比较多，用户可根据所选用的处理器来进行适当的裁剪和调整，以使其适用自己的开发板系统。

3) 根文件系统

根文件系统是 Linux 系统的核心部分，做为系统文件和数据的存储区域，包含了 Linux 系统正常运行时所需要的最基本内容，例如系统使用的软件命令、库文件以及嵌入式系统基本的配置文件。用户也可根据需要进行根文件系统制作，在满足系统基本性能要求的基础上精简系统，尽可能地减少不必要的资源浪费。

4) 应用程序

此处所指的应用程序是指用户基于特定应用开发的程序，可以说是嵌入式系统开发的主要工作。前面三个软件层都是为了应用程序的成功运行所做的铺垫，应用程序所实现的功能是嵌入式 Linux 系统开发的最终目标。

本章所描述的嵌入式 Linux 系统的构建主要是对 Linux 内核和根文件系统的定制过程。在此之前首先要介绍交叉编译环境的搭建过程。

4.2 交叉编译环境

所谓交叉编译，就是指在一个平台上(如 X86 架构)生成可以在另一个平台(如 ARM 架构)上执行的代码。通常，将交叉编译环境建立在 PC 上，运行环境设定在开发板上，这种情况下 PC 被称为宿主机，开发板被称为目标机。

arm-linux-gcc 作为基于 ARM 平台的编译器，其编译出来的程序可以在 ARM 平台上直接运行。本书编译内核及文件系统所采用的交叉编译器均为 arm-linux-gcc-3.4.5，本节将以此为例，介绍交叉环境的搭建。

下述内容用于实现任务描述 4.D.1——搭建 arm-linux-gcc 交叉编译环境。具体步骤如下：

1. 解压缩 arm-linux-gcc-3.4.5.tar.gz

将 arm-linux-gcc-3.4.5.tar.gz 解压缩到“/usr/arm-linux-gcc”目录下，具体操作如图 4-1 所示。

```
dh@ubuntu: /usr/arm-linux-gcc
File Edit View Search Terminal Help
dh@ubuntu:~$ sudo mkdir /usr/arm-linux-gcc
dh@ubuntu:~$ cd /usr/arm-linux-gcc
dh@ubuntu:/usr/arm-linux-gcc$ sudo cp ~/download/arm-linux-gcc-3.4.5.tar.gz ./
dh@ubuntu:/usr/arm-linux-gcc$ sudo tar zxvf arm-linux-gcc-3.4.5.tar.gz > /dev/nu
ll
dh@ubuntu:/usr/arm-linux-gcc$ ls -l
total 43428
drwxr-xr-x 11 dh   dh       4096 2008-01-22 05:48 arm-linux-gcc-3.4.5
-rw-r--r--  1 root root 44463295 2013-10-30 08:47 arm-linux-gcc-3.4.5.tar.gz
dh@ubuntu:/usr/arm-linux-gcc$ sudo rm -rf arm-linux-gcc-3.4.5.tar.gz
dh@ubuntu:/usr/arm-linux-gcc$ sudo mv arm-linux-gcc-3.4.5/ 3.4.5
dh@ubuntu:/usr/arm-linux-gcc$ ls
3.4.5
dh@ubuntu:/usr/arm-linux-gcc$
```

图 4-1　解压缩 arm-linux-gcc-3.4.5.tar.gz

2. 将 arm-linux-gcc 加入系统命令路径

将 arm-linux-gcc 命令的存储路径追加赋值给环境变量 PATH，以便 arm-linux-gcc 能被系统所调用，具体操作如图 4-2 所示。

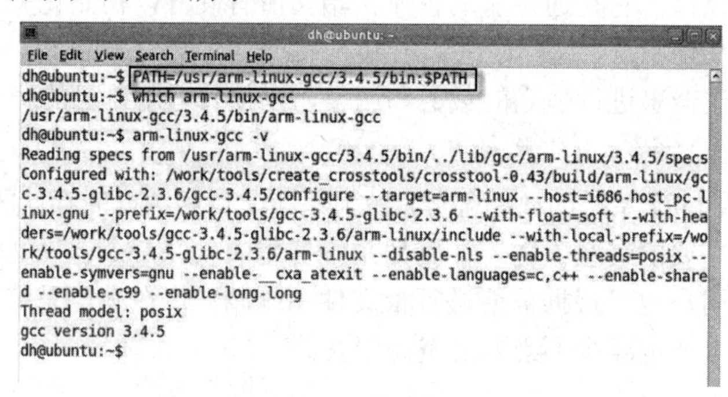

图 4-2　arm-linux-gcc 命令加入系统命令路径

3. 将 arm-linux-gcc 开机后自动加入系统命令路径

编辑“/etc/profile”文件，添加将 arm-linux-gcc 存储路径追加赋值给系统环境变量 PATH 的命令，实现开机自动加载 arm-linux-gcc 命令的要求，具体操作如图 4-3 所示。

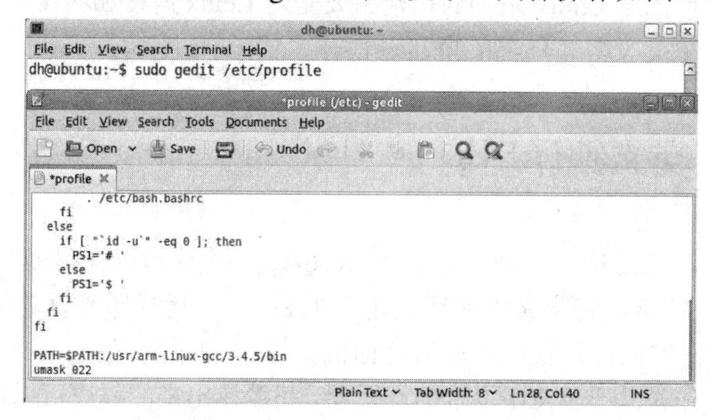

图 4-3　修改 profile 实现 arm-linux-gcc 开机自动加入系统命令路径

4.3　Linux 内核

Linux 内核在内核官方网站 www.kerenl.org 上发布。表 4-1 列出了 Linux 内核的部分重要发展事件。

表 4-1 Linux 内核的重要发展事件

内核版本	日期	说 明
0.00	1991.2.4	两个进程，分别显示 AAA 和 BBB
0.01	1991.9	第一个向外公布的 Linux 内核版本
0.02	1991.10.5	Linux 第一个稳定的工作版本
0.11	1991.12.8	基本可以正常运行的内核版本
0.12	1992.1.15	主要加入数学协处理器的软件模拟程序
0.95(0.13)	1992.3.8	开始加入虚拟文件系统思想的内核版本
2.0	1996.2.9	支持多处理器
2.2	1999.1.26	支持许多新的文件系统类型，使用全新的文件缓存机制
2.4	2001.1.4	使用一种适应性很强的资源管理系统
2.6	2003.12.7	对性能、安全性和驱动程序进行改进
2.6.30	2009.6	改善文件系统，加入完整性检验补丁、线程中断处理支持等
2.6.32	2009.12	改进 Btrfs 文件系统，加入内存控制器支持、运行时电源管理的功能
2.6.34	2010.5	支持 Flash 设备文件系统、新的 Vhost net、新的 perf 功能等
2.6.38	2011.3.15	合并自动进程分组，优化进程调度，改善 VFS 虚拟文件系统可扩展性，透明化内存 Huge Pages 使用过程，实现按需自动调用等

Linux 的版本有一定的命名规则。通常来说，Linux 内核版本由下列形式组成：VERSION.PATCHLEVEL.SUBLEVEL.EXTRAVERSION。其中：

✧ VERSION 为主版本号，有结构性变化时才会更改。

✧ PATCHLEVEL 为此版本号，有新增功能时会改变，偶数为稳定版，奇数为测试版。

✧ SUBLEVEL 为版本修订号，表示对此版本的修订次数或补丁包数。

✧ EXTRAVERSION 为扩展版本号，此版本修订最新稳定版本出现的问题。

本书中所采用的内核版本为 linux-2.6.22，版本号可以从内核源码根目录下的 Makefile 文件看到，如图 4-4 所示。

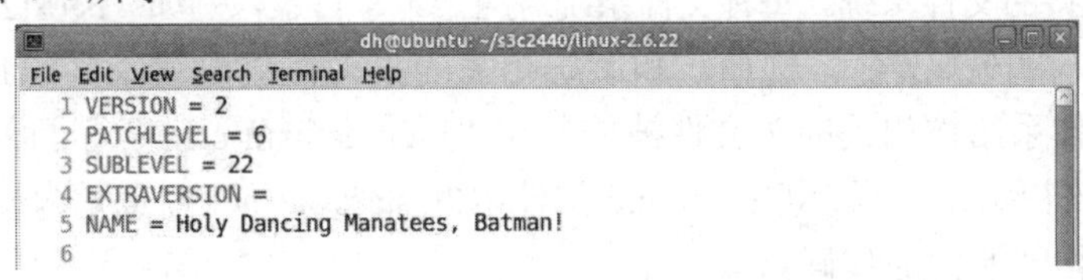

图 4-4 Makefile 文件中的 Linux 版本说明

4.3.1 Linux 内核特点

Linux 系统作为在嵌入式开发领域首选的操作系统，有着以下非常显著的特点：

✧ 可移植性。这是 Linux 系统最重要的特点，Linux 用户可以根据系统开发的需求定制自己的 Linux 内核，使操作系统小而精练。

✧ 支持多种体系结构。Linux 内核支持的硬件平台非常广泛，大多数体系结构的处理器均可在 Linux 系统上运行，例如 32 位处理器体系结构或 64 位处理器体系结构，处理器带 MMU 或不带 MMU。

✧ 开源性。Linux 内核全部源码遵守 GPL 协议，所有源码均可在官方网站上免费获取，因此节省了开发成本，提高了开发效率。

4.3.2 内核结构

在 Linux-2.6.22 目录下，可以看到 Linux 内核源码的组成，如图 4-5 所示。Linux 内核源码文件数目达到 2 万多个，但是都有条理地位于各目录中，这些目录组织结构非常严谨，并且每个目录都有不同的作用。

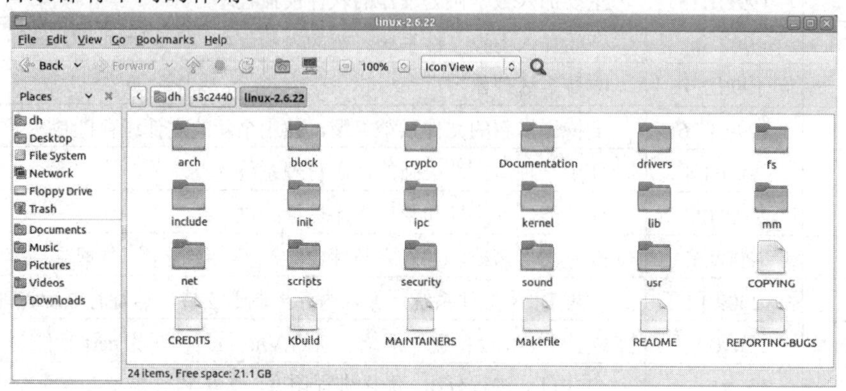

图 4-5 Linux 内核源码结构图

各目录所存放文件的内容如下：

✧ arch：包含和硬件体系结构相关的代码，每个架构的 CPU 在 arch 目录下都有一个相应的子目录，例如“arch/arm/”、“arch/i386/”等。

✧ block：块设备通用函数。

✧ crypto：常用加密和散列算法，还有一些压缩和 CRC 校验算法。

✧ Documentation：关于内核各部分的通用解释和注释。

✧ drivers：设备驱动程序，每个不同的驱动都占用一个子目录，例如“drivers/block”为块设备驱动程序，“drivers/char”为字符设备驱动程序。

✧ fs：所支持的文件系统。每种文件系统对应一个子目录，例如“fs/ext2”、“fs/jffs2”等。

✧ include：内核头文件。例如，和系统相关的头文件被放置在“include/linux”子目录下，和 ARM 体系结构相关的头文件被放置在“include/asm-arm/”子目录下。

✧ init：内核初始化代码，其中 main.c 文件中的 start_kernel 函数是内核引导后运行的。

✧ ipc：进程间通信的代码。

✧ kernel：内核的最核心部分代码，包括进程管理、进程调度、中断处理器等。和处理器平台相关的一部分代码放在“arch/*/kernel”目录下。

✧ lib：内核用到的库函数代码。和处理器相关的库函数代码位于“arch/*/lib”下。

✧ mm：内存管理代码。和处理器平台相关的内存管理代码放在“arch/*/mm”目录下。

✧ net：网络相关代码，实现了各种常见的网络协议。

✧ scripts：用于配置、编译内核的脚本文件。

✧ security：与安全、密钥相关的代码。

✧ sound：常用音频设备的驱动程序。

✧ usr：用户代码，用来制作initrd的镜像，作为内核启动后挂接的第一个文件系统。

除了各个源码子目录以外，内核根目录下还包含了配置编译文件和内核说明文档。其中：

✧ Makefile、Konfig：配置、编译内核所必须用到的文件。

✧ README：对内核目录的一些说明和配置编译内核的简单介绍。

✧ COPYING：GPL版权说明。

✧ CREDITS：对Linux做出很大贡献的开发者信息。

✧ MAINTARINERS：此版本内核维护人员列表。

✧ REPORTING-BUGS：此版本内核有关BUG的内容。

另外在内核的每个子目录下，都有一个Makefile和readme文件，要想对内核源码有更好的了解，应仔细阅读这两个文件。

4.4 内核编译配置

Linux内核中各目录下的文件均为源程序，若想移植到嵌入式系统的开发板中，必须经过配置、编译链接的过程形成可执行的Linux内核二进制文件。编译内核之前，用户需要对内核完成必要的配置。

Linux内核源码提供了一套内核配置系统，能够将内核支持的多种体系结构以及各种各样的驱动程序等源码形成内核配置菜单选项。内核配置系统由以下三部分组成：

✧ 配置工具：包括配置命令以及用户“配置界面”。

✧ Makefile：分布在内核源码中，定义了Linux的编译规则。

✧ 配置文件Kconfig：存在于内核的各级目录中，用户选择的一些“配置选项”最终在这些文件中形成。

4.4.1 配置工具

不同的内核配置方式，需要不同的配置工具来完成，scripts目录下提供了各种内核配置工具。下面详细介绍几种配置工具的使用方法。

✧ make config：字符界面配置方式。这种配置方式会依次遍历内核所有的配置项，要求用户逐个回答内核中上千个配置选项提示。该工具会耗费用户太多的时间，一般不建议使用。

✧ make menuconfig：基于光标菜单配置方式，在配置选项时，只需要移动光标进行选项的选择即可，使用比较简单。本书基于此种方式进行内核配置。

✧ make xconfig：基于QT图形界面方式。当用户使用这个工具对Linux内核进行配置时，界面下方会出现与这个配置项相关的帮助信息和简单描述。

4.4.2 内核Makefile

Linux内核是根据其根目录下Makefile进行编译的，“Documentation/kbuild/Makefile.txt”文件详细描述了内核Makefile的作用及用法。

1. 概述

Linux 内核源码中含有多个 Makefile，分布在内核的各级目录中。Linux 内核中的

Makefile 以及相关的文件组成如下：

✧ 顶层 Makefile，是整个内核配置、编译的总体控制文件。通过读取配置文件.config，递归编译内核代码树的相关目录。

✧ 处理器相关 Makefile，位于 arch/$(ARCH)目录下，为顶层 Makefile 提供与具体硬件体系结构相关的信息。例如在本书中$(ARCH)=ARM。

✧ 其他 Makefile，主要为整个 Makefile 体系提供各自模块的目标文件定义，上层 Makefile 根据它所定义的目标来完成各自模块的编译。

✧ 公共编译规则文件，由 Makefile.build、Makefile.clean、Makefile.lib 等文件组成，位于 scripts 目录中，定义了编译所需要的规则和定义。

✧ 内核配置文件.config，通过调用 make menuconfig 等命令，用户可以选择需要的配置来生成相应的目标文件。

2. 顶层 Makefile

Linux 内核的配置编译是由顶层目录的 Makefile 整体管理的。

1) 指定体系结构与编译器

Makefile 文件通过 ARCH 变量和 CROSS_COMPILE 变量指定体系结构和编译器，相关代码如下。

【代码 4-1】 Makefile

```
//指定体系结构与交叉编译器
ARCH          ?=
CROSS_COMPILE     ?=

# Architecture as present in compile.h
UTS_MACHINE := $(ARCH)
//默认配置文件.config
KCONFIG_CONFIG   ?= .config
```

本书所用体系结构为 arm，交叉编译器为 arm-linux-，因此可做如下修改。

【示例 4-1】 指定体系结构与编译器

```
ARCH          ?= arm
CROSS_COMPILE     ?= arm-linux-
```

2) 决定内核根目录下将被编译进内核的子目录

除了由 ARCH 指定与体系结构相关的子目录外，顶层 Makefile 还指定通用目录列表。根据配置文件，这些目录中的相关文件将被编译进内核。通用目录列表包括：head-y、init-y、drivers-y、net-y、libs-y 和 core-y，相关代码如下。

【代码 4-2】 Makefile

```
init-y        := init/
drivers-y     := drivers/ sound/
net-y         := net/
libs-y        := lib/
```

```
core-y          := usr/
:
vmlinux-init := $(head-y) $(init-y)
vmlinux-main := $(core-y) $(libs-y) $(drivers-y) $(net-y)
vmlinux-all    := $(vmlinux-init) $(vmlinux-main)
vmlinux-lds    := arch/$(ARCH)/kernel/vmlinux.lds
export KBUILD_VMLINUX_OBJS := $(vmlinux-all)
```

4.4.3 配置文件 Kconfig

Kconfig 用来配置内核，也就是用来生成各种配置界面的源文件。配置内核的主 Kconfig 文件为“arch/$(ARCH)/Kconfig”文件。内核的配置工具先读取主 Kconfig 文件来生成主配置界面，此为所有配置文件的总入口，然后主 Kconfig 文件调用其他目录中的 Kconfig 文件，依次递归生成各个配置界面供用户配置内核，最后生成配置文件“.config”。

1. 关键字

Kconfig 配置文件描述了菜单选项，每行都以一个关键字开头。Kconfig 中使用的关键字以及关键字的用法如表 4-2 所示。

表 4-2 Kconfig 菜单关键字

关键字	语 法	关 键 字 说 明
config	"config" <symbol> <config options>	生成名为 symbol 的配置选项，并可以设置选项属性
menuconfig	"menuconfig" <symbol> <config options>	类似于 config 选项，但它说明所有的自选项作为独立的选项列表显示
choice	"choice" <choice options> <choice block> "endchoice"	定义了一个选项组，并可以配置选项属性，每个选项只能是 bool 或 tristate 类型
comment	"comment" <prompt> <comment options>	定义了一个注释，显示在配置菜单上，也可以回显到输出文件中，唯一可能的选项为依赖关系
menu	"menu" <prompt> <menu options> <menu block> "endmenu"	定义了一个菜单选项，有两种组织方式：一为显式的声明；二是通过依赖关系确定菜单的结构
if	"if" <expr> <if block> "endif"	定义了 if 结构，依赖关系<expr>被加到所有在"if…endif"中的菜单选项中
source	"source" <prompt>	读取指定的配置文件，并生成菜单项

2. config

config 是 Kconfig 文件中最基本的要素，用来生成配置菜单选项或者进行多项选择等。config 也可以用于生成一个变量，这个变量以及变量值会被写入配置文件“.config”中，作为用户配置内核时的选项选择。config 语法为：

"config" <symbol>

<config options>

其中：

✧ symbol 为一个新的菜单项。

✧ option 为新菜单的属性和选项，由变量类型、依赖关系、默认值以及帮助等组成。

● 变量类型。config 选项有 5 种变量类型，即 bool 类型、tristate 类型、string 字符串、hex 十六进制、integer 整型。其中 tristate 类型和 string 类型为基本类型。bool 取值只有两种，即 y 和 n。tristate 变量有三种形式，即 y、n 和 m。tristate 取值为 y 时，对应的文件被编进内核；取值为 m 时，对应的文件被编成模块；取值为 n 时，对应的文件没有被使用。

● 依赖关系，用 depends on 表示，每个选项都有其自己的依赖关系。这些依赖关系决定了选项是否是可见的，只有父选项可见时，子选项才可见。

● 默认值由关键字 default 指定，若用户没有对配置选项进行更改，则执行默认操作。

● 帮助，用关键字 help 或者---help---表示。当遇到一行的缩进比第一行的缩进距离小时，表示帮助信息结束。

一个典型的 config 示例如图 4-6 所示，用于配置 CONFIG_JFFS2_FS_ POSIX_ACL 选项。源码位于“fs/Kconfig”。

```
1269 config JFFS2_FS_POSIX_ACL
1270     bool "JFFS2 POSIX Access Control Lists"
1271     depends on JFFS2_FS_XATTR
1272     default y
1273     select FS_POSIX_ACL
1274     help
1275       Posix Access Control Lists (ACLs) support permissions for users and
1276       groups beyond the owner/group/world scheme.
1277
1278       To learn more about Access Control Lists, visit the Posix ACLs for
1279       Linux website <http://acl.bestbits.at/>.
1280
1281       If you don't know what Access Control Lists are, say N
```

图 4-6　config 示例

此段代码包含了一个配置菜单选项所有的元素，说明如下：

(1) 代码 1269 行 config 为关键字，表示一个配置选项开始，选项名称为 CONFIG_JFFS2_FS_POSIX_ACL。

(2) 代码 1270 行说明配置选项类型为“bool”类型。“JFFS2 POSIX Access Control Lists”字符串为提示信息，在配置界面中可通过光标选中。

(3) 代码 1271 行为依赖关系，表明只有 JFFS2_FS_XATTR 选项被选中时，此选项才会在界面出现。

(4) 代码 1272 行表示此选项默认为“y”。

(5) 代码 1274～1280 行为帮助信息，当遇到一行的缩进比第一行的缩进距离小时，表示帮助信息结束。

4.4.4　配置选项

在命令行下执行 make menuconfig 后，将出现内核配置主界面，如图 4-7 所示。配置主界面为树状菜单形式组织，主菜单下面有若干子菜单，子菜单下面又有若干配置选项，每个子菜单或配置选项根据它们是否存在依赖关系而决定其是否显示在配置界面上。

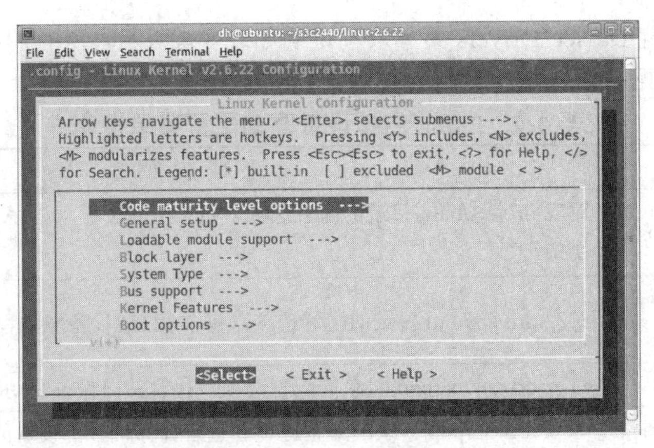

图 4-7　菜单形式的内核配置主界面

1. 配置使用方法

配置界面上方为此形式的内核配置方法，使用方法如下：

✧ 按【上/下】键高亮选中配置选项，按回车键进入。进入配置选项也可以通过使用热键选择，在配置选项的名称中有一个高亮字母，直接在配置界面输入此字母即可。

✧ 按【左/右】键选择<Exit>按钮，再按回车键退出配置界面，或者按【Esc】键退出。

✧ 按【Tab】键可以在<Select>、<Exit>和<Help>按钮中循环选中。

✧ 要修改配置选项，先高亮选中该选项，按【Y】键将选项编译进内核，对应显示为“*”；按【M】键将选项编译为模块，对应显示为“M”；按【N】键将不使用此选项，对应显示为“ ”。也可以用【空格】键循环选择。

2. 配置选项说明

本节以主菜单选项与子菜单 Device Drivers 选项为例进行说明。Linux 内核配置主菜单的选项说明如表 4-3 所示。

表 4-3　Linux 内核配置主菜单选项说明

配置选项	选 项 说 明
Code maturity level options	代码成熟度选项，显示尚在开发中或尚未完成的代码与驱动
General setup	常规设置
Loadable module support	可加载模块支持
Block layer	块设备层
Processor type and features	中央处理器(CPU)类型及特性
Power management options	电源管理选项
Bus options	总线选项
Executable file formats	可执行文件格式
Networking	网络
File systems	文件系统
Device Drivers	设备驱动程序
Instrumentation Support	对系统的活动进行分析，供内核开发者使用
Kernel hacking	菜单包含各种内核调试的选项
Security options	菜单包含与安全性有关的选项
Cryptographic options	菜单包含加密算法
Library routines	菜单包含几种压缩和校验库函数

Linux 内核配置 Device Drivers 菜单选项说明如表 4-4 所示，所有的硬件驱动程序都能在本菜单目录中被配置进内核。

表 4-4　Linux 内核设备驱动配置菜单说明

配置选项	选 项 说 明
Generic Driver Options	对应 drivers/base 目录的配置选项，包含 Linux 驱动程序基本和通用的一些配置选项
Memory Technology Devices(MTD)	对应 drivers/mtd 目录的配置选项，包含 MTD 设备驱动程序的配置选项
Parallel port support	对应 drivers/parport 目录的配置选项，包含并口设备驱动程序
Plug and Play support	对应 drivers/pnp 目录的配置选项，包含计算机外围设备的热插拔功能
Block devices	对应 drivers/block 目录的配置选项，包含软件、RAMDISK 等驱动程序
ATA/ATAPI/MFM/RLL support	对应 drivers/ide 目录的配置选项，包含各类 ATA/ATAPI 接口设备驱动
SCSI device support	对应 drivers/scsi 目录的配置选项，包含各类 SCSI 接口的设备驱动
Network device support	对应 drivers/net 目录的配置选项，包含各类网络设备驱动程序
Input device support	对应 drivers/input 目录的配置选项，包含 USB 键盘、鼠标等输入设备通用接口驱动
Character devices	对应 drivers/char 目录的配置选项，包含各种字符设备驱动程序。这个目录下的驱动程序很多。串口的配置选项也是从这个子菜单调用的，但是串口驱动所在的目录是 drivers/serial
I^2C support	菜单对应 drivers/i^2c 目录的配置选项，包含 I^2C 总线的驱动
Multimedia devices	对应 drivers/media 目录的配置选项，包含视频/音频接收和摄像头的驱动程序
Graphics support	对应 drivers/video 目录的配置选项，包含 Framebuffer 驱动程序
Sound	对应 sound 目录的配置选项，包含各种音频处理芯片 OSS 和 ALSA 驱动程序
USB support	菜单对应 drivers/usb 目录的配置选项，包含 USB Host 和 Device 的驱动程序
MMC/SD Card support	对应 drivers/mmc 目录的配置选项，包含 MMC/SD 卡的驱动程序

Linux 内核中的配置选项众多，因篇幅有限，本节中只列出了内核主配置菜单与设备驱动程序配置菜单，若想对内核配置选项有更多的了解，可以参考网上的相关资料。

4.5　内核移植

所谓内核移植就是将内核从一个硬件平台转移到另外一个硬件平台上运行。一般是从一个与开发板相匹配的 Linux 内核开始，进行适当的裁剪或增加。

在嵌入式 Linux 系统开发中，在用户的硬件系统中，CPU 和其运行的硬件平台都是根据项目的特定需求来进行开发的，例如本书中所用的 CPU 为 ARM9 系列 S3C2440，开发板为根据项目需求而进行设计的。

有关 arm 体系结构的目标板硬件平台的数据结构定义在“include/asm-arm/mach/arch.h”

文件中，代码如下所示。

【代码 4-3】 arch.h

```
/*
 *  linux/include/asm-arm/mach/arch.h
 *

#ifndef __ASSEMBLY__

struct tag;
struct meminfo;
struct sys_timer;

struct machine_desc {
    /*
     * Note! The first four elements are used
     * by assembler code in head-armv.S
     */
    unsigned int        nr;             /* architecture number    */
    unsigned int        phys_io;        /* start of physical io   */
    unsigned int        io_pg_offst;    /* byte offset for io *page tabe entry    */

    const char      *name;              /* architecture name      */
    unsigned long       boot_params;    /* tagged list            */

    unsigned int        video_start;    /* start of video RAM     */
    unsigned int        video_end;      /* end of video RAM       */

    unsigned int        reserve_lp0 :1; /* never has lp0      */
    unsigned int        reserve_lp1 :1; /* never has lp1      */
    unsigned int        reserve_lp2 :1; /* never has lp2      */
    unsigned int        soft_reboot :1; /* soft reboot        */
    void            (*fixup)(struct machine_desc *,
                        struct tag *, char **,
                        struct meminfo *);
    void            (*map_io)(void);    /* IO mapping function    */
    void            (*init_irq)(void);
    struct sys_timer        *timer;     /* system tick timer */
    void            (*init_machine)(void);
```

```
};

/*
 * Set of macros to define architecture features.  This is built into
 * a table by the linker.
 */
#define MACHINE_START(_type, _name)                    \
static const struct machine_desc __mach_desc_##_type   \
 __used                                   \
 __attribute__((__section__(".arch.info.init"))) = {    \
    .nr          = MACH_TYPE_##_type,            \
    .name            = _name,

#define MACHINE_END                    \
};

#endif;
```

其中，结构体 machine_desc 描述了目标板的硬件平台，包括系统平台号(nr)、I/O 起始物理地址(phys_io)、系统平台名称(*name)、启动参数(boot_params)以及初始化函数指针等变量。

有关 smdk2440 参考板的定义在“arch/arm/mach-s3c2440/mach-smdk2440.c”中，代码如下所示。

【代码 4-4】 mach-smdk2440.c

```
MACHINE_START(S3C2440, "SMDK2440")
    /* Maintainer: Ben Dooks <ben@fluff.org> */
    .phys_io  = S3C2410_PA_UART,
    .io_pg_offst    = (((u32)S3C24XX_VA_UART) >> 18) & 0xfffc,
    .boot_params  = S3C2410_SDRAM_PA + 0x100,

    .init_irq   = s3c24xx_init_irq,
    .map_io         = smdk2440_map_io,
    .init_machine  = smdk2440_machine_init,
    .timer          = &s3c24xx_timer,
MACHINE_END
```

结合 arch.h 可知，smdk2440 目标板的系统平台号为 S3C2440，系统平台名称为 SMDK2440。

4.5.1 移植示例

下述内容用于实现任务描述 4.D.2——根据目标板硬件资源移植内核。其实现步骤如下：

1. 选取参考板

本书所用 Linux 内核为 Linux-2.6.22，开发板 CPU 是基于 ARM9 系列的 S3C2440。Linux-2.6.22 内核已经对 S3C2410 有多种硬件平台基本的支持，如 SMDK2410、SMDK2440 等。S3C2440 与 S3C2410 差别不大，本书选取 SMDK2440 为内核移植的参考平台。

2. 选择交叉编译器

为了确保编译后的内核能在开发板上运行，应在内核顶层 Makefile 里指定处理器体系结构 arm 与交叉编译器 arm-linux-。

【描述 4.D.2】 指定交叉编译

```
ARCH   ?= arm
CROSS_COMPILE ?= arm-linux-
```

3. 加载配置文件

使用处理器 S3C2410 的配置文件对内核进行配置，配置文件在“arch/arm/configs”目录下。步骤如下：

(1) 进入内核源码目录，在终端下执行命令“make s3c2410_defconfig”，在内核根目录下生成“.config”配置文件。

(2) 执行“make menuconfig”命令，启动配置界面，可以对内核配置选项进行选择配置，配置完成后，保存配置，退出内核配置界面，这样所有针对开发板所选择的配置选项都保存到“.config”文件中了。

【描述 4.D.2】 加载配置文件

```
$ make s3c2410_defconfig
$ make menuconfig
```

4. 修改内核代码

因为 linux-2.6.22 内核所支持的 smdk2440 并不能完全匹配本书所用的开发板，因此还需要对内核源码进行更改。一般来说，在移植 linux-2.6.22 内核时，只需要做三方面的修改。

1) 内核平台的时钟频率

内核支持的 smdk2440 开发板所采用的晶振为 16.9344 MHz，而本书所用开发板的晶振为 12 MHz，如果两者时钟不匹配，会造成在启动内核时出现乱码。修改内核源码“arch/arm/mach-s3c2440/mach-smdk2440.c”中的第 163 行，将 16934400 改为 12000000 即可。

【描述 4.D.2】 修改时钟

```
static void __init smdk2440_map_io(void)
{
    s3c24xx_init_io(smdk2440_iodesc, ARRAY_SIZE(smdk2440_iodesc));
    s3c24xx_init_clocks(12000000);
    s3c24xx_init_uarts(smdk2440_uartcfgs, ARRAY_SIZE(smdk2440_uartcfgs));
}
```

2) 内核 MTD 分区

内核中支持开发板的 NAND Flash 分区必须同 Bootloader 中相同，否则 Bootloader 将不能正常启动内核或内核不能正常挂载根文件系统。在本书中 Bootloader 将 256 M 的 NAND Flash 分为 3 个区，即 Boot 区为 2 MB，Kernel 区为 2 MB，剩余区域为文件系统存储区。修改内核源码“/arch/arm/plat-s3c24xx/common-smdk.c”中的 NAND Flash 分区方法与 Bootloader 的相同。

【描述 4.D.2】 修改 MTD 分区

```
static struct mtd_partition smdk_default_nand_part[] = {
    [0] = {
        .name       = "Boot",
        .size       = 0x00100000,
        .offset     = 0,
    },
    [1] = {
        .name       = "Kernel",
        .size       = 0x00300000,
        .offset     = 0x00500000,
    },
    [3] = {
        .name       = "fs_yaffs",
        .size       = 0x0c300000,
        .offset     = 0x00800000,

    }
};
```

3) 修改内核支持 yaffs2 文件系统

yaffs 文件系统是专门针对 NAND Flash 而开发的一种嵌入式文件系统格式，支持多种操作系统，如 Linux、Windows CE 等。yaffs 文件也有两种类型，yaffs 和 yaffs2，区别如下：

✧ yaffs：针对小页 NAND Flash，页大小为 512 B。yaffs 也称为 yaffs1。

✧ yaffs2：针对大页 NAND Flash，页大小为 2 KB。yaffs2 向前兼容 yaff。

本书中开发板所用的 NAND Flash 为 256 MB，页大小为 2 KB，所以文件系统需要制作为 yafffs2 格式。Linux-2.6.22 内核中不支持 yaffs2 文件系统，现在需要在内核源码中增加对 yaffs2 文件系统的支持。可以使用 patch-ker.sh 给内核打补丁，假设“dh/work/tools/development/”为 yaffs2 源码目录，命令如下所示。

【描述 4.D.2】 patch-ker.sh 命令

```
$ cd work/tools/Development/yaffs2
$ ./patch-ker.sh c /work/linux-2.6.22
```

执行完此命令后，内核配置选项发生改变，需要重新对内核进行配置，增加 yaffs2 的选项。

4) 修改其他设备驱动程序

经过以上步骤配置的内核，已经可以满足系统的基本需求，可以正常地启动内核并挂载文件系统，但是要使开发板上的 USB、网卡、SD 卡、声卡等设备正常工作，还需要相关驱动程序的移植。有关设备驱动程序的移植将在第 5 章详细讲解。

5. 编译内核

使用命令 make zImage 可以生成 zImage 格式的内核映像文件。

【描述 4.D.2】 make zImage 命令

```
$  make zImage
```

执行完编译命令后，将在“/arch/arm/boot”目录下生成 zImage 映像文件。

此时，内核的移植工作已经完成，利用 Bootloader 将 zImage 文件烧写到 NAND Flash 的“Kernel”分区中后，启动内核，如图 4-8 所示。

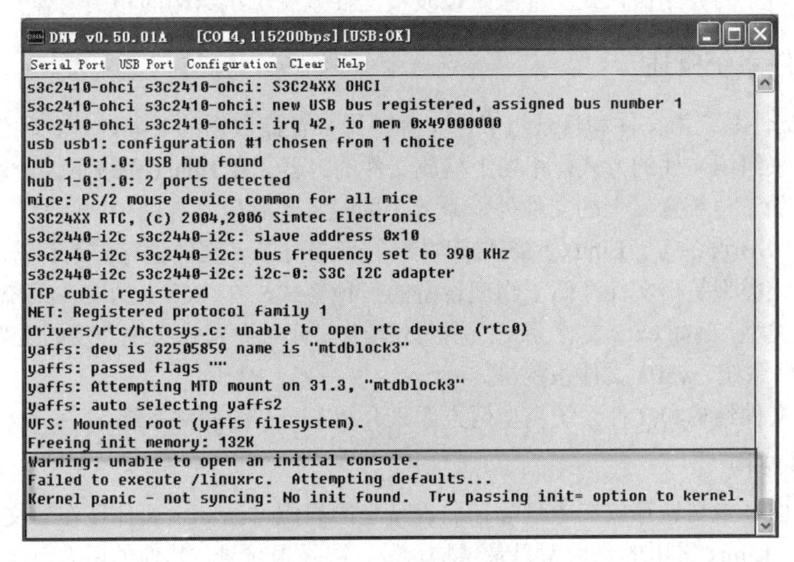

图 4-8　内核启动画面

从图中可以看见内核已经正常启动了。但是提示的“unable to open rtc device(不能打开初始化的控制台)”说明内核没有进入 init 进程，这是因为内核在启动后并没有正常地挂载根文件系统的缘故。在本章 4.6 节将详细讲解根文件系统的构建以及启动过程。

4.5.2 内核映像

Linux 内核源码经过编译后，除了生成 zImage 的映像格式外，还支持生成多种格式的镜像，支持不同的引导程序和存储介质，包括 vmlinux、Image、zImage、bzImage、uImage、xipImage 等。

(1) vmlinux，是可引导的、可压缩的内核镜像(vm 代表 Virtual Memory)。它是由用户对内核源码编译得到，是最原始、未压缩的内核文件。

(2) Image，是经过 objcopy 处理的只包含二进制数据且没有经过压缩的代码。

(3) zImage，是 ARM linux 常用的一种压缩镜像文件，它是由 vmlinux 加上解压代码经 gzip 压缩而成的，这种格式的 Linux 镜像文件多存放在 NAND Flash 上。

(4) bzImage，bz 表示 big zImage，其格式与 zImage 类似，但采用了不同的压缩算法，bzImage 的压缩率更高。

(5) uImage，是 uboot 专用的镜像文件，它在 zImage 之前加上了一个长度为 0x40 的头信息(tag)，在头信息内说明了该镜像文件的类型、加载位置、生成时间、大小等信息。

(6) xipImage，这种格式的 Linux 镜像文件多存放在 NOR Flash 上，且运行时不需要拷贝到内存 SDRAM 中，可以直接在 NOR Flash 中运行。

4.6 构建根文件系统

内核进行初始化后，要挂接根文件系统、启动 init 进程，进而执行文件系统中的应用程序。本节将主要介绍嵌入式文件系统以及根文件系统组织结构的相关内容。

4.6.1 文件系统概述

Linux 文件系统由文件和目录组成，文件是用来存储数据的对象，是各种信息的集合。而目录是用来组织文件的方式，相当于盛放文件的容器。在 Linux 系统下，一切皆为文件，也就是说，除了传统意义上的文件外，系统中的设备也是以文件的形式进行访问的，例如串口设备、USB 设备等。Linux 系统采用目录的形式对诸多文件进行归纳和管理。

文件系统类型是指文件存储于物理设备的一种格式，在 PC 上的文件系统类型一般称为通用文件类型，例如 ext2 文件系统；另外还有专门针对嵌入式系统开发的文件系统类型，例如 jffs 文件系统、yaffs 文件系统等。

本节从文件结构和文件系统类型两方面来介绍 Linux 的文件系统。

1. 文件结构

文件结构是指文件存放在磁盘等存储设备上的组织方法，主要体现在对文件和目录的组织形式上。Linux 采用的是树型目录结构，最上层是根目录，其他的所有目录都是从根目录出发而生成的。微软的 DOS 和 Windows 也都采用树型结构，但是和 Linux 的树型结构有很大的区别，区别如下：

✧ 在 DOS 或 Windows 操作系统下，每个磁盘分区对应一个树型目录，且关系是并列的。例如，c:\，d:\，每个分区都是一个独立的目录结构，且为并列关系。

✧ 在 Linux 操作系统下，整个文件系统是一个树型目录结构，且是唯一一个，无论划分为几个分区，也都是挂接在目录树的某个子目录下的。

Linux 的目录被称为挂节点(mount point)，系统通过挂节点来访问此目录上的文件。例如，只要 Linux 根文件系统被挂接在根目录“/”上，就可以访问根目录下的各个子目录及文件。

Linux 系统遵循 FHS(Filessystem Hierarchy Standard，文件系统科学分类标准)来进行系统管理。FHS 定义了两级目录的名称和位置的标准，分别是：

✧ 第一级目录是关于根目录下的主要目录，根据名称就可以知道目录中的文件内容，例如：

- /bin、/sbin、/usr 目录下为用户可执行命令。
- /etc 目录下存放各种全局配置文件。
- /dev 目录下存放设备文件。
- /lib 目录下是库文件。

✧ 第二级目录是关于/usr 和/var 的深层目录的定义。

FHS 使 Linux 文件系统目录标准化，且每个目录都有特定的功能。

2. 文件系统类型

文件系统类型是指文件存储于物理设备的一种格式，也是操作系统用于区别存储设备上文件的方法。存储设备的硬件特性决定了文件系统类型的特点。例如，PC 上的存储设备、磁盘与光盘、嵌入式系统中的 NOR Flash 与 NAND Flash，分别对应不同的文件系统类型。

Linux 操作系统的一大特征就是能够支持多种类型的文件系统，例如 ext3、swap、vfat、NFS 文件系统等。但这几种文件类型为 Linux 通用文件类型，是针对 PC 上磁盘等存储设备的文件组织形式体现。嵌入式系统与通用 PC 不同，一般没有硬盘、光盘这类的存储设备，而是使用诸如 RAM(如 SDRAM)、ROM(如 NAND Flash 与 NOR Flash)等专为嵌入式系统设计的存储芯片。

下面介绍几种在嵌入式 Linux 系统中常用的文件系统类型。

1) Ramdisk

Ramdisk 是基于 RAM 的一种文件系统类型，它将一部分固定大小的内存当作分区来使用。它并非是一个实际的文件系统，而是一种将实际的文件系统装入内存的机制，并且可以作为根文件系统。将一些经常被访问而又不会更改的文件(如只读的根文件系统)通过 Ramdisk 放在内存中，可以明显地提高系统的性能。

2) Ramfs/tmpfs

Ramfs/tmpfs 也是基于 RAM 的一种文件系统类型，工作于虚拟文件系统(VFS)层，不能格式化，可以创建多个，在创建时可以指定其最大能使用的内存大小。它把所有的文件都放在 RAM 中，所以读/写操作发生在 RAM 中，这样既避免了对 Flash 存储器的读写损耗，也提高了数据读写速度。

3) Cramfs(Compressed ROM File System)

Cramfs 是一种基于 MTD 驱动程序的只读压缩文件系统。该文件系统以压缩方式存储，在运行时解压缩，由于 Cramfs 是采用分页压缩的方式存放档案的，故在读取档案时，只针对目前实际读取的部分分配内存，对尚没有读取的部分不分配内存空间。Cramfs 映像通常是放在 Flash 中，但是也能放在别的文件系统里。

4) jffs2(Journalling Flash File System v2，日志闪存文件系统版本 2)

jffs2 是基于 NOR Flash 的一种文件系统类型，主要用于 NOR 型闪存，基于 MTD 驱动层。其特点是可读写的、支持数据压缩的、基于哈希表的日志型文件系统，并提供了崩溃/掉电安全保护，提供“写平衡”支持等。缺点主要是当文件系统已满或接近满时，因为垃圾收集的关系而使 jffs2 的运行速度大大放慢。

5) yaffs/yaffs2(Yet Another Flash File System)

yaffs/yaffs2 是专为 NAND Flash 而设计的一种日志型文件系统。其特点为读取速度快，挂载时间短、内存占用小、支持多种平台等。yaffs/yaffs2 自带 NAND Flash 的驱动，并且为嵌入式系统提供了直接访问文件系统的 API，用户可以直接对文件系统进行操作。

4.6.2 根文件系统

根文件系统是内核启动时所挂接的第一个文件系统，其中包括了支持 Linux 系统正常运行的基本内容以及提供给用户使用的基础架构和应用软件，例如基本命令、基本配置文件、依赖的库文件等。

一个典型的 Linux 根文件系统目录结构如图 4-9 所示。

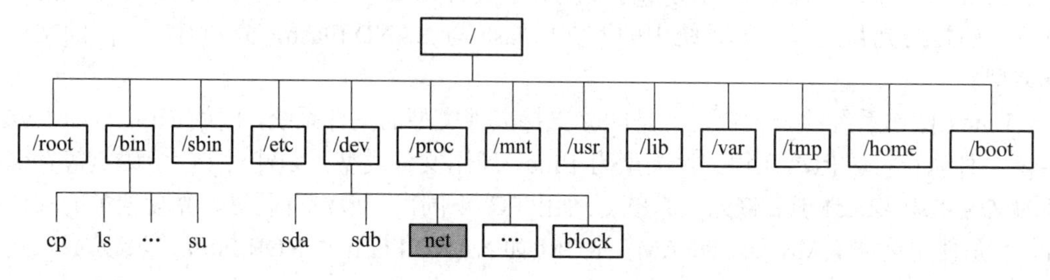

图 4-9 根文件系统目录结构图

从图中可以看出，Linux 跟文件系统的所有文件都被组织在一个树型目录结构之中，树的顶层是根目录，根目录中包含多个子目录，子目录中包含着文件或者其他目录。各个子目录或者文件的名称都具有独特的含义，解释了其中的内容及功能。表 4-5 说明 Linux 文件系统中各子目录中的文件或目录的功能。

表 4-5 Linux 文件系统目录功能

<table>
<tr><th>目录</th><th colspan="2">说 明</th></tr>
<tr><td>/</td><td colspan="2">根目录</td></tr>
<tr><td>/bin</td><td colspan="2">该目录下存放的是系统所需要的最基础的命令，也就是普通用户都可以使用的命令，例如 ls、cp、su 等命令。这个目录中的文件都是可执行的，功能和/usr/bin 类似</td></tr>
<tr><td>/boot</td><td colspan="2">存放 Linux 的内核及引导系统程序所需要的文件，如内核镜像文件、系统引导管理器 bootstrap loader 使用的文件 LILO 和 GRUB</td></tr>
<tr><td rowspan="7">/dev</td><td colspan="2">在目录存放的是设备文件，用于访问系统资源或设备，如软盘、硬盘、系统内存等</td></tr>
<tr><td>/dev/console</td><td>系统控制台，也就是直接和系统连接的监视器</td></tr>
<tr><td>/dev/hd</td><td>在 Linux 系统中，对于 IDE 接口的整块硬盘表示为/dev/hd[a～z]，对于硬盘的不同分区，表示方法为/dev/hd[a～z]n，其中 n 表示的是该硬盘的不同分区情况。例如/dev/hda 指的是第一个硬盘，hda1 则是指/dev/hda 的第一个分区</td></tr>
<tr><td>dev/fd</td><td>软驱设备文件</td></tr>
<tr><td>dev/sd</td><td>SCSI 接口磁盘驱动器</td></tr>
<tr><td>dev/tty</td><td>设备虚拟控制台。如/dev/tty1 指的是系统的第一个虚拟控制台，/dev/tty2 则是系统的第二个虚拟控制台</td></tr>
<tr><td>dev/ttyS*</td><td>串口设备文件。dev/ttyS0 是串口 1，dev/ttyS1 是串口 2</td></tr>
</table>

续表

目录	说明	
/etc	该目录下存放的是系统配置文件，例如用户账号及密码配置文件、网络配置文件等	
	/etc/rc或/etc/rc.d	启动或改变运行级别时运行的脚本或脚本的目录。大多数的 Linux 发行版本中，启动脚本位于/etc/rc.d/init.d 中，系统最先运行的服务是那些放在/etc/rc.d 目录下的文件，而运行级别在文件/etc/inittab 里指定，这些会在后面的内容中详细讲到
	/etc/passwd	存放用户的基本信息的口令文件
	etc/fstab	指定启动时需要自动安装的文件系统列表
	etc/inittab	init 的配置文件，后面的内容会详细讲到
/home	用户工作目录和个人配置文件，如个人环境变量等，所有的账号分配在一个工作目录中	
/lib	库文件存放目录，bin 和 sbin 需要的库文件	
/mnt	系统提供这个目录是让用户临时挂载其他的文件系统	
/proc	虚拟的目录，是系统内存的映射。可直接访问这个目录来获取系统信息	
/usr	用户的应用程序和文件基本都存放在这个目录中。Linux 内核的源码就放在“/usr/src/linux”中	
/tmp	公用的临时文件存放目录	
/root	用户主目录，root 目录中的内容包括引导系统的必备文件、文件系统的挂装信息、设备特殊文件以及系统修复工具和备份工具等。由于是系统管理员的主目录，普通用户没有访问权限	
/sbin	与 bin 目录类似，存放系统编译后的可执行文件、命令，如常用到的 fsck、lsusb 等指令，通常只有 root 用户才有运行的权限	
/var	该目录中包含经常变化的文件，例如打印机、邮件、新闻等的脱机目录、日志文件以及临时文件等	

4.6.3 Busybox

Linux 内核启动后首先要挂接根文件系统，嵌入式 Linux 系统也是同样的启动过程，但是，由于 Linux 根文件系统中包含很多内容，单就一个子目录/bin 下的基本命令而言，就有几兆字节的大小，可想而知，通过开发板上仅有的存储空间来存放几十兆字节的根文件系统，显然是不现实的。因此，在嵌入式开发过程中，应当在满足系统基本性能要求的前提下适当地精简系统的应用程序，去除冗余，而不致于浪费开发板有限的存储资源。

1. Busybox 概述

Busybox 是一个用来定制根文件系统的工具，可以起到精简文件系统的作用。用户可以根据需求对根文件系统进行配置、编译和安装，最终形成的最基本的根文件系统仅有几兆字节的大小。

Busybox 工程于 1996 年发起，到目前为止已是一个很成功的开源软件。Busybox 集成了一百多个最常用的 Linux 命令(如 init、ls、cp、rm 等)和工具软件，具有了 shell 的功能，甚至还集成了一个 http 服务器和一个 telnet 服务器，并且支持 glibc 和 uClibc，用户可以非常方便地在 Busybox 中定制所需要的应用程序。使用 Busybox 可以有效地减小 bin 程序的容量，动态链接的 Busybox 工具一般在几百千字节左右，这使得 Busybox 在嵌入式开发过程中具有不言而喻的优势。

Busybox 安装完成后，在安装目录中就已经形成了一个根文件系统模型，然后在/dev 目录下创建必要的设备节点，在/etc 目录下创建基本的配置文件，在/lib 目录下添加必要的库文件，这样就完成了一个最小根文件系统的制作。本书以 Busybox-1.7.0 为例讲解 Busybox 在构建嵌入式 Linux 根文件系统中的应用。从官方网站 www.busybox.net/downloads 可以下载 busybox-1.7.0.tar.bz2，解压后得到 busybox-1.7.0 源码。

2. Busybox 的安装

假设 Busybox 源码目录为“/work/tools/busybox-1.7.0”，可以按照以下步骤进行安装。

1) 指定交叉编译器

修改根目录下的 Makefile，将 CPU 体系结构指定为 arm，编译器为交叉编译器 arm-linux-。

【示例 4-2】 Busybox 指定交叉编译

```
175   ARCH          ?= arm
176   CROSS_COMPILE    ?= arm-linux-
```

2) 配置

在 Busybox 源码目录下，运行“make menuconfig”命令，进入 Busybox 配置界面，如图 4-10 所示。

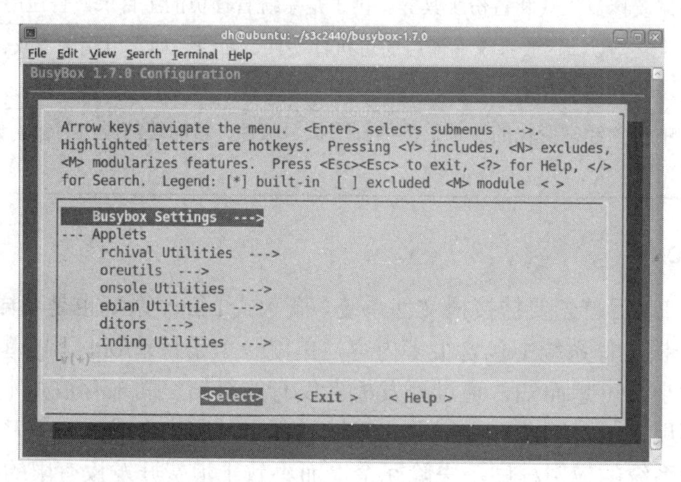

图 4-10 Busybox 配置界面

【示例 4-3】 Busybox 配置

```
$ cd work/tools/busybox-1.7.0/
$ make menuconfig
```

Busybox 将所有配置选项主要分为两大部分：

✧ Busybox setting：编译和安装Busybox的一些选项，包括一些通用设置、编译调试选项、安装路径以及Busybox的性能微调选项。

✧ Applets：应用命令集。Busybox将支持的几百个命令分类存放，需要时只需在各个大类下选择想要的命令即可。

用户可以根据需求进行工具配置，配置选项的具体说明如表4-6所示。

表 4-6 Busybox 配置选项说明

配 置 选 项	选 项 说 明
Busybox setting	Busybox 的设置选项
Archival Utilities	各种压缩、解压缩工具
Coreutils	核心命令
Console Utilities	与控制台相关的命令
Debian Utilities	Debian 命令
Editors	编辑命令，例如 vi
Finding Utilities	查找命令
Init Utilities	Init 程序的配置选项
Login/password management Utilities	登录账号管理
Linux Ext2 FS Progs	有关 ext2 文件系统的工具
Linux Module Utilities	加载/卸载模块的命令
Miscellaneous Utilities	其他不容易进行分类的命令
Networking Utilities	与网络相关的命令，例如 telnetd、ping、tftp 等
Process Utilities	与进程相关的命令，例如 ps、kell 等
Shells	多种 shell 选择，默认为 ash
System logging Utilities	系统日志相关命令
Runit Utilities	即刻运行命令
Ipsvd Utilities	IP 服务进程选项

一般情况下，配置 Busybox 时直接使用默认配置即可，配置完成后将配置存入“.config”文件。

如有特殊需要，可进行配置选项更改。下面以配置 Busybox setting 选项为例进行说明，其界面如图 4-11 所示。

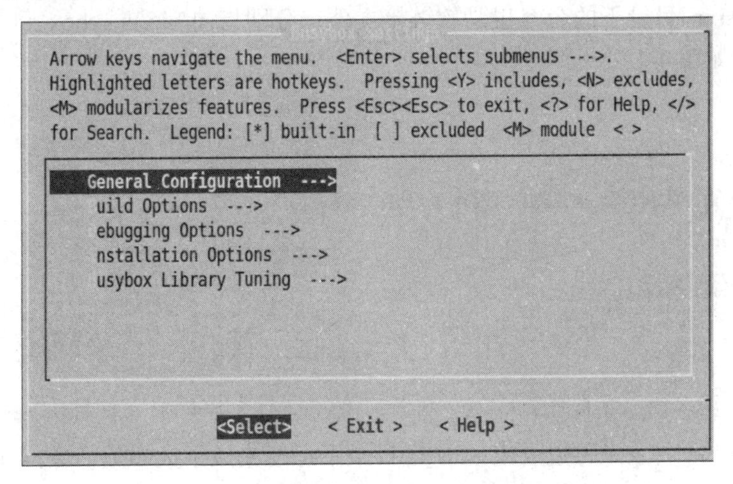
Arrow keys navigate the menu. <Enter> selects submenus --->.
Highlighted letters are hotkeys. Pressing <Y> includes, <N> excludes,
<M> modularizes features. Press <Esc><Esc> to exit, <?> for Help, </>
for Search. Legend: [*] built-in [ ] excluded <M> module < >
General Configuration --->
uild Options --->
ebugging Options --->
nstallation Options --->
usybox Library Tuning --->
<Select>
< Exit >
< Help >

图 4-11 Busybox setting 配置选项

各个配置选项说明如表 4-7 所示。

表 4-7　busybox setting 配置选项说明

配 置 选 项	选 项 说 明
General configuration	Busybox 通用设置
Build options	编译选项 [ ]build busybox as a static binary(no shared libs) 静态编译 Busybox，一般不使用此选项，因为在编译时总是出现问题 [*]build with shared libbusybox 动态编译 Busybox，使用此方式编译后，在/lib 目录下放置 glibc 文件
Debugging options	调试选项
Installation options	安装路径，如果不设置此选项的话，可以在安装时指定安装路径，否则 Busybox 将默认安装到原系统的/usr 目录下，覆盖掉系统原有的命令
Busybox library tuning	Busybox 性能微调选项，例如选中 Tab completion 将实现 Tab 键补全功能

3) 编译

运行 Busybox 命令进行 make 的编译过程。

【示例 4-4】 Busybox 编译

```
$ make
```

4) 安装

执行安装命令“make CONFIG_PREFIX=../dh_fs/ install”来安装 Busybox。“../dh_fs/ install”为安装路径。

【示例 4-5】 Busybox 安装

```
$ make CONFIG_PREFIX=../dh_fs/ install
```

安装完成后，将在 work/dh_fs/下生成/bin、/sbin、/usr 目录和 linuxrc 软链接文件。Linuxrc 指向/bin 目录下的 Busybox。dh_fs 目录如图 4-12 所示。

在/bin、/sbin 目录下的命令也是软链接文件，分别指向/bin/busybox 可执行文件。/bin 目录下的命令如图 4-13 所示。

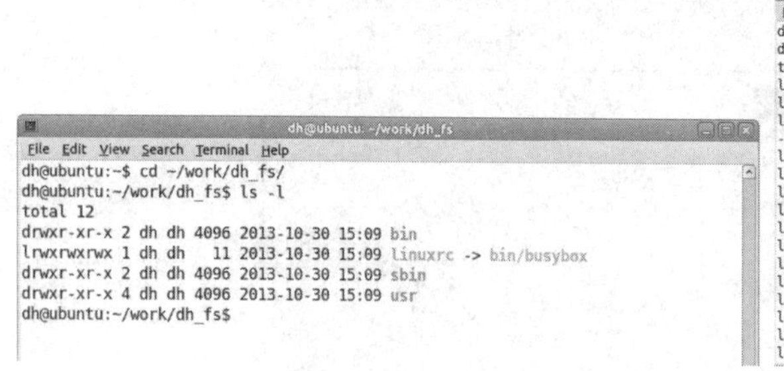

图 4-12　dh_fs 目录

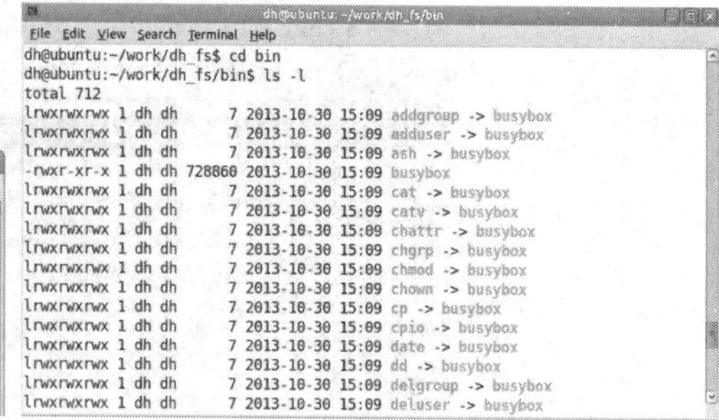

图 4-13　/bin 目录下的命令

从/bin 和/sbin 目录中可以看出，dh_fs 目录下已经集成了大多数命令，可以满足系统的需求。从 dh_fs 的属性可以看出，dh_fs 目前大小还不到 800 KB。

5) 构建/lib 目录

系统的运行仅仅有命令是不够的，必须有库的支持才行。那么应用程序 Busybox 要依赖哪些库才能正常的运行呢？找出这些库并把这些库文件拷贝到 work/dh_fs/lib 即可。

Busybox 是经过交叉编译的，因此它所依赖的库文件应该位于交叉编译生成的 glibc 库中。构建根文件系统的/lib 目录有两种方法：一是将库文件全部拷贝到/lib 中；二是利用 ldd.host 命令查找 Busybox 的依赖库，并拷贝到/lib 中。

4.6.4 构建根文件系统

构建 Linux 根文件系统就是创建系统能够正常运行所需的各种目录及文件，并能够被内核正确地挂接，本节将利用 Busybox 构建根文件系统。

下述内容用于实现任务描述 4.D.3——利用 Busybox 构建根文件系统。其实现步骤如下。

(1) 编译安装 Busybox，生成/bin、/sbin、/usr/bin、/usr/sbin 目录。

(2) 构建/lib 目录。

有关 Busybox 的编译安装以及添加/lib 目录的内容已在 4.6.4 节详细讲解过，根据步骤生成 dh_fs 目录，目录下包含 vmlinux 文件和 4 个子目录/bin、/sbin、/usr、/lib。

(3) 构建/etc 目录。

/etc 目录存放的是系统程序的主配置文件，需要配置哪些文件取决于需要运行哪些系统程序。即使最小的系统也一定会运行 1 号用户进程 init，因此需要编写 init 的主配置文件 inittab。Busybox 的 inittab 文件的语法、语义与传统的 inittab 有所不同。

inittab 文件中每个条目用来定义一个需要 init 启动的子进程，并确定它的启动方式，格式为<id>:<runlevel>:<action>:<process>。例如，ttySAC0::askfirst:-/bin/sh，其中：

✧ <id>表示子进程要使用的控制台，若省略则使用与 init 进程一样的控制台。

✧ <runlevel>表示运行级别，对于 Busybox init 程序，这个字段没有意义。

✧ <action>表示 init 进程如何控制这个子进程，有以下几个方式：

- sysinit：在系统启动后最先执行，只执行一次，init 进程等待它结束后才继续执行其他动作。
- wait：系统执行完 sysinit 条目后执行，只执行一次，init 进程等待它结束后才继续执行其他动作。
- once：系统执行完 wait 条目后执行，只执行一次，init 进程不等待它结束。
- respawn：启动完 once 进程后，init 进程监测发现子进程退出时，重新启动它。
- askfirst：启动完 respawn 进程后，与 respawn 类似，不过 init 进程先输出“Please press Enter to activate this console”，等用户输入回车后才启动子进程。
- shutdown：当系统关机时执行。
- restart：Busybox 中配置了 CONFIG_FEATURE_USE_INITAB，并且 init 进程接收到 SIGUP 信号时执行，先重新读取、解析/etc/inittab 文件，再执行 restart 程序。
- ctrlaltdel：按下 Ctrl + Alt + Del 键时执行，不过在串口控制台中无法输入它。

✧ <process>表示进程对应的二进制文件。如果前面有“–”号，表示该程序是“可以与用户进行交互的”。

编写最简单的“/etc/inittab”文件，内容如下。

【描述 4.D.3】 inittab 文件

```
::sysinit:/etc/init.d/rcS
::askfirst:-/bin/sh
::ctrlaltdel:/sbin/reboot
::shutdown:/bin/umount -a –r
```

制作最简单的脚本程序文件“/etc/init.d/rcS”，内容如下。

【描述 4.D.3】 rcS 脚本文件

```
#!/bin/sh
ifconfig eth0 192.168.2.17
```

修改 shell 脚本文件“/etc/init.d/rcS”的权限，使其可被执行，内容如下。

【描述 4.D.3】 修改 rcS 权限

```
$ chmod a+x /etc/init.d/rcS
```

(4) 构建/dev 目录。

在 PC 中，/dev 目录下的设备文件多达几百个，而在嵌入式开发中，可根据开发需求进行所需设备文件的手工创建。创建/dev 目录有两种方法：

✧ 使用用 mknod 命令创建设备文件。

✧ 使用 mdev 应用程序创建设备文件。

下面分别介绍使用 mknod 命令和使用 mdev 应用程序创建/dev 目录的方式。

① 使用 mknod 命令创建设备文件。

从系统的启动过程来看，首先需要创建的设备文件包括 console、null、ttySAC*和 mtdbloke*，内容如下。

【描述 4.D.3】 mknod 创建设备文件

```
$ mkdir -p /work/dh_fs/dev
$ cd work/dh_fs/dev/
$ sudo mknod console c 5 1          //字符设备，主设备号为 5，此设备号为 1
$ sudo mknod null c 1 3             //字符设备，主设备号为 1，此设备号为 3
$ sudo mknod ttySAC0 c 201 64       //字符设备，主设备号为 204，此设备号为 64
$ sudo mknod mtdblock0 b 31 0       //块设备，主设备号为 31，此设备号为 0
$ sudo mknod mtdblock1 b 31 1       //块设备，主设备号为 31，此设备号为 1
$ sudo mknod mtdblock2 b 31 2       //块设备，主设备号为 31，此设备号为 2
```

② 使用 mdev 创建设备文件。

mdev 是通过读取内核信息来创建设备文件的。具体过程为：操作系统启动的时候将识别到的所有设备的信息自动导出到“/sys”目录中，mdev 根据“/sys”中的设备信息，自动在“/dev”目录下创建所有正确的设备文件。

修改/etc/init.d/rcS，内容如下。

【描述 4.D.3】 mdev 命令

```
#!/bin/sh
ifconfig eth0 192.168.2.17 //设置开发板 IP 地址
```

mount -t proc none /proc

mount -t sysfs none /sys //mdev 通过 sysfs 文件系统获取设备信息

echo /sbin/mdev > /proc/sys/kernel/hotplug //设置内核，当有设备拔插时调用 mdev 程序

mdev –s //在/dev 目录下生成内核支持的所有设备的节点

因为 mdev 是通过 init 进程来进行启动的，在使用 mdev 命令之前，init 进程需要用到设备文件/dev/console 和/dev/null，所以应先用 mknod 命令建立这两个设备文件。

【描述 4.D.3】 创建设备文件

```
$ mkdir -p /work/dh_fs/dev
$ cd work/dh_fs/dev/
$ sudo mknod console c 5 1
$ sudo mknod null c 1 3
```

(5) 创建其他空目录。

其他目录可以是空目录，例如 proc、mnt、tmp、sys、root 等，可以用以下方式创建。

【描述 4.D.3】 建立空目录

```
$ cd work/dh_fs/
$ mkdir proc mnt tmp sys root
```

此时，dh_fs 已经是一个目录和文件基本完整的根文件系统。开发板可以将其作为 NFS 根文件系统直接启动，也可以将其制作成 yaffs2 映像文件烧写到开发板中。

(6) 制作根文件系统的 yaffs2 映像文件。

根文件系统已经制作完毕，但是根文件系统制作的最终目的是要烧写到开发板的 NAND Flash 中去，由以上章节可知，yaffs2 类型的文件为专门支持大页面 NAND Flash 的映像文件类型，本书所提供的开发套件中的 mkyaffs2image 工具可完成这一制作过程。

【描述 4.D.3】 mkyaffs2image 命令

```
$ ./mkyaffs2image dh_fs dh_fs.yaffs2
```

执行完成后，可在/work 目录中生成 dh_fs.yaffs2 文件，接下来就是利用 Bootloader 将根文件系统烧写到 NAND Flash 中的“fs_yaffs”分区中，烧写完毕后，启动 Linux，可以看到如图 4-14 所示的画面。

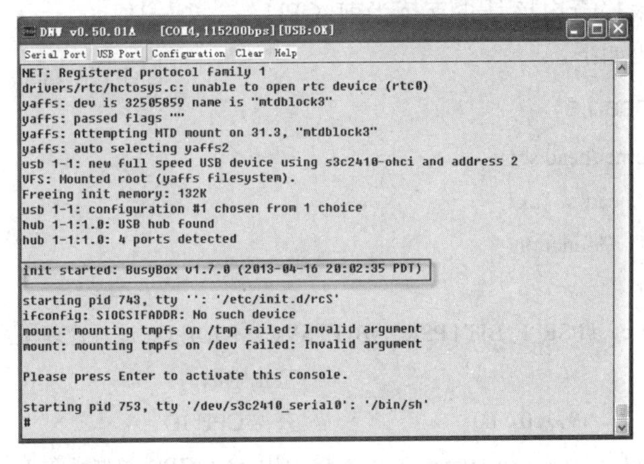

图 4-14　根文件系统启动画面

从图中可以看出，内核自检完成后，启动 init 进程，init 进程根据“/etc/inittab”文件来创建其他子进程，并执行脚本文件“/etc/init.d/rcS”，最后启动 shell。

4.7 Linux 内核启动分析

zImage 映像文件由两部分组成：

✧ 初始化以及解压缩文件 head.o，其源文件在“arch/arm/boot/compressed/”下。

✧ 内核压缩文件 piggy.o。

可见，zImage 映像的入口代码是 head.o，执行初始化代码后解压内核 piggy.o。解压缩完成后，进入内核真正的启动过程。

1. 内核启动流程

Linux 内核启动流程如图 4-15 所示。

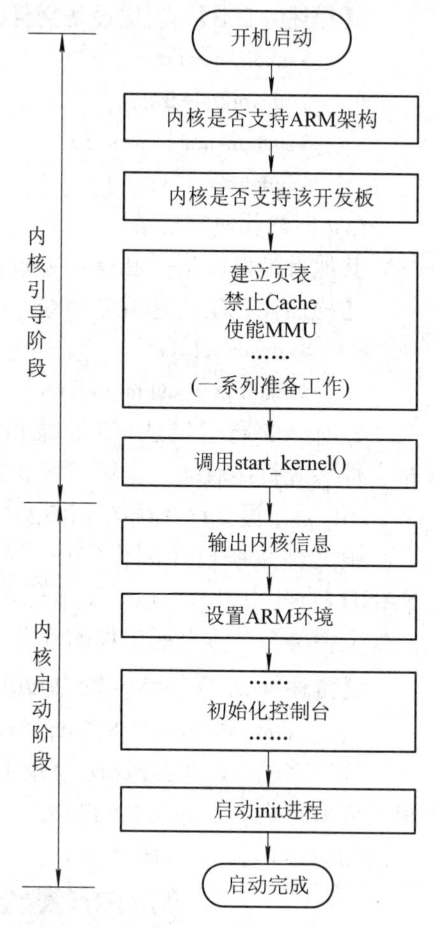

图 4-15 Linux 内核启动流程图

Linux 内核启动包含两个阶段：

(1) 内核引导阶段。此阶段通常由汇编语言完成，需要检查此内核是否支持体系架构，是否支持当前开发板，经过一系列的检查后，准备好内核工作环境，调用 start_kernel( )进入内核启动阶段。

(2) 内核启动阶段。此阶段使用 C 语言完成，需要完成内核初始化的所有工作，并调用 rest_init 创建系统 1 号进程，即 init 进程，完成 Linux 系统启动。

2. 内核自引导程序

Linux 内核的入口是“arch/arm/kernel/ head.s”，head.s 完成内核引导阶段的功能。首先进入管理模式，禁止所有中断，检查内核是否支持当前 CPU 和当前开发板。代码如下。

【代码 4-5】 head.s

```
/*arch/arm/kernel/head.s*/
.section ".text.head", "ax"
    .type stext, %function
ENTRY(stext)
    msr  cpsr_c, #PSR_F_BIT | PSR_I_BIT | SVC_MODE @ 进入管理模式
                                                   @ 禁止中断
    mrc  p15, 0, r9, c0, c0                        @ 获得 CPU ID
    bl   __lookup_processor_type                   @ 调用检查 CPU 类型函数
```

```
    movs    r10, r5                     @ 返回值为r5
    beq  __error_p                      @ 若r5为0，则出错
    bl   __lookup_machine_type          @ 若支持此CPU，则调用检查开发板函数
    movs    r8, r5                      @ 返回值为r5
    beq  __error_a                      @ 若不支持，则出错
    bl   __create_page_tables           @ 若支持此开发板，则创建页表

    ⋮
    .type   secondary_startup, #function
ENTRY(secondary_startup)

    msr cpsr_c, #PSR_F_BIT | PSR_I_BIT | SVC_MODE
    mrc p15, 0, r9, c0, c0                  @ 获得处理器类型
    bl   __lookup_processor_type
    movs    r10, r5                         @ 检查匹配
    moveq   r0, #'p'
    beq  __error

    adr  r4, __secondary_data
    ldmia   r4, {r5, r7, r13}               @ address to jump to after
    sub  r4, r4, r5                         @ mmu has been enabled
    ldr  r4, [r7, r4]                       @ get secondary_data.pgdir
    adr  lr, __enable_mmu                   @ return address
    add  pc, r10, #PROCINFO_INITFUNC        @ initialise processor
                                            @ (return control reg)

ENTRY(__secondary_switched)
    ldr  sp, [r7, #4]                       @ get secondary_data.stack
    mov fp, #0
    b    secondary_start_kernel             @ 跳到内核启动
```

其中：__lookup_processor_type为检查CPU类型的函数，在“arch/arm/kernel/head_common.s”中。函数入口为r9(CPU ID)，在函数中将检查ID号是否在内核支持的CPU类型中。若支持，则返回值r5为当前CPU结构地址；若不支持，返回值r5=0。

__lookup_machine_type为检查当前开发板的函数。同理，若内核支持此开发板，则返回此开发板结构地址；若不支持，返回值r5 = 0。

若所有检查都通过，则通过调用__create_page_tables为创建一级页表建立虚拟地址到物理地址的映射。经过一系列的初始化过程，打开MMU，跳转到start_kernel( )函数。

3. Linux 系统初始化

start_kernel( )函数是 Linux 内核通用的初始化函数，位于“/init/main.c”中。代码如下。

【代码 4-6】 start_kernel( )

```
/* init/main.c */
asmlinkage void __init start_kernel(void)
{
    char * command_line；//命令行参数
    extern struct kernel_param __start___param[]，__stop___param[];

    smp_setup_processor_id( );

    /*
     * Need to run as early as possible，to initialize the
     * lockdep hash:
     */
    unwind_init( );
    lockdep_init( );

    local_irq_disable( );
    early_boot_irqs_off( );
    early_init_irq_lock_class( );

/*
 * Interrupts are still disabled. Do necessary setups，then
 * enable them
 */
    lock_kernel( );
    tick_init( );
    boot_cpu_init( );
    page_address_init( );
    printk(KERN_NOTICE);
    printk(linux_banner);
    setup_arch(&command_line);
    setup_command_line(command_line);
    unwind_setup( );
    setup_per_cpu_areas( );
    smp_prepare_boot_cpu( );     /* arch-specific boot-cpu hooks */
```

```
/*
 * Set up the scheduler prior starting any interrupts (such as the
 * timer interrupt). Full topology setup happens at smp_init( )
 * time - but meanwhile we still have a functioning scheduler.
 */
sched_init( );                        //初始化 CPU 可运行队列
/*
 * Disable preemption - early bootup scheduling is extremely
 * fragile until we cpu_idle( ) for the first time.
 */
preempt_disable( );                   //禁止抢占
build_all_zonelists( );               //建立页区链表
page_alloc_init( );
printk(KERN_NOTICE "Kernel command line: %s\n", boot_command_line);
parse_early_param( );                 //命令参数处理
parse_args("Booting kernel", static_command_line, __start___param,
        __stop___param - __start___param,
        &unknown_bootoption);
if (!irqs_disabled( )) {
    printk(KERN_WARNING "start_kernel( ): bug: interrupts were "
            "enabled *very* early, fixing it\n");
    local_irq_disable( );
}
sort_main_extable( );
trap_init( );                    //异常初始化
rcu_init( );                     //CPU 数据结构初始化
init_IRQ( );                     //中断初始化
pidhash_init( );                 //pid 哈希表初始化
init_timers( );                  //时间向量初始化
hrtimers_init( );
softirq_init( );                 //软中断初始化
timekeeping_init( );
time_init( );
profile_init( );                 //系统相关初始化
if (!irqs_disabled( ))
    printk("start_kernel( ): bug: interrupts were enabled early\n");
early_boot_irqs_on( );
local_irq_enable( );             //IRQ 中断使能
```

```
/*
 * HACK ALERT! This is early. We're enabling the console before
 * we've done PCI setups etc， and console_init( ) must be aware of
 * this. But we do want output early， in case something goes wrong.
 */
console_init( );                //控制台初始化
if (panic_later)
      panic(panic_later， panic_param);

lockdep_info( );

/*
 * Need to run this when irqs are enabled， because it wants
 * to self-test [hard/soft]-irqs on/off lock inversion bugs
 * too:
 */
locking_selftest( );

#ifdef CONFIG_BLK_DEV_INITRD
    if (initrd_start && !initrd_below_start_ok &&
            initrd_start < min_low_pfn << PAGE_SHIFT) {
        printk(KERN_CRIT "initrd overwritten (0x%08lx < 0x%08lx) - "
            "disabling it.\n"， initrd_start， min_low_pfn << PAGE_SHIFT);
        initrd_start = 0;
    }
#endif
    vfs_caches_init_early( );
    cpuset_init_early( );
    mem_init( );                    //内存初始化
    kmem_cache_init( );             //Cache 初始化
    setup_per_cpu_pageset( );
    numa_policy_init( );
    if (late_time_init)
        late_time_init( );
    calibrate_delay( );
    pidmap_init( );
    pgtable_cache_init( );
    prio_tree_init( );
    anon_vma_init( );
```

```
#ifdef CONFIG_X86
    if (efi_enabled)
        efi_enter_virtual_mode( );
#endif
    fork_init(num_physpages);                //进程初始化
    proc_caches_init( );
    buffer_init( );                          //缓存区初始化
    unnamed_dev_init( );                     //设备初始化
    key_init( );
    security_init( );
    vfs_caches_init(num_physpages);
    radix_tree_init( );
    signals_init( );
    /* rootfs populating might need page-writeback */
    page_writeback_init( );
#ifdef CONFIG_PROC_FS
    proc_root_init( );
#endif
    cpuset_init( );
    taskstats_init_early( );
    delayacct_init( );

    check_bugs( );                           //验证内存一致性

    acpi_early_init( );  /* before LAPIC and SMP init */

    /* Do the rest non-__init'ed, we're now alive */
    rest_init( ); //创建 1 号进程
}
```

start_kernel( )函数负责初始化内核各子系统，最后调用 rest_init( )，启动 init 的内核线程，继续初始化。rest_init( ) 位于“/init/main.c”中。代码如下。

【代码 4-7】 rest_init( )

```
static void noinline __init_refok rest_init(void)
    __releases(kernel_lock)
{
    int pid;

    kernel_thread(kernel_init, NULL, CLONE_FS | CLONE_SIGHAND);    //创建线程
```

```
    numa_default_policy( );
    pid = kernel_thread(kthreadd, NULL, CLONE_FS | CLONE_FILES);
    kthreadd_task = find_task_by_pid(pid);
    unlock_kernel( );

    /*
     * The boot idle thread must execute schedule( )
     * at least one to get things moving:
     */
    preempt_enable_no_resched( );
    schedule( );                //进入 IDLE 之前，查看有没有其他进程
    preempt_disable( );

    /* Call into cpu_idle with preempt disabled */
    cpu_idle( );          //CPU 空闲
}
```

4. 启动用户 init 进程

在 init 内核线程中，将执行 init( )_post 函数，负责完成挂接根文件系统、初始化设备驱动和启动用户空间的 init 进程工作。init_post( )函数位于“/init/main.c”中。代码如下。

【代码 4-8】 init_post( )

```
static int noinline init_post(void)
{
    free_initmem( );              //空间释放
    unlock_kernel( );
    mark_rodata_ro( );
    system_state = SYSTEM_RUNNING;
    numa_default_policy( );

    if (sys_open((const char __user *) "/dev/console", O_RDWR, 0) < 0)
        printk(KERN_WARNING "Warning: unable to open an initial console.\n");

    (void) sys_dup(0);
    (void) sys_dup(0);

    if (ramdisk_execute_command) {
        run_init_process(ramdisk_execute_command);
        printk(KERN_WARNING "Failed to execute %s\n",
                ramdisk_execute_command);
```

```
    }

    /*
     * We try each of these until one succeeds.
     *
     * The Bourne shell can be used instead of init if we are
     * trying to recover a really broken machine.
     */
    if (execute_command) {
        run_init_process(execute_command);
        printk(KERN_WARNING "Failed to execute %s.  Attempting "
                    "defaults...\n", execute_command);
    }
    run_init_process("/sbin/init");
    run_init_process("/etc/init");
    run_init_process("/bin/init");
    run_init_process("/bin/sh");

    panic("No init found.  Try passing init= option to kernel."); //打印出错信息
}
```

内核挂接和文件系统成功建立以后，将通过 run_init_process()函数执行应用程序。如果命令行参数 execute_command 存在，则执行 execute_command；如果该参数不存在，则顺序执行/sbin/init、/etc/init、/bin/init、/bin/sh，直到执行成功为止。至此，内核成功启动。

小 结

通过本章的学习，学生应该掌握：

◆ 交叉编译就是在一个平台上生成可以在另一个平台上执行的代码。

◆ Linux 内核呈树型目录结构，包括/arch、/block、/drivers、/fs、/include、/init、/include、/kernel、/lib、/fs 等，每个目录都有不同的作用。

◆ Linux 内核移植应该根据 CPU 体系结构以及开发板的特点进行相应裁剪。

◆ 嵌入式 Linux 系统文件主要包括 Bootloader、Linux 内核、根文件系统和应用程序。

◆ Busybox 是一个用来定制根文件系统的工具，可以起到精简文件系统的作用。用户可以根据需求进行配置、编译和安装。

◆ 根文件系统是内核启动时所挂接的第一个文件系统，其中包括了支持 Linux 系统正常运行的基本内容以及提供给用户使用的基础架构和应用软件，例如基本命令、基本配置文件、依赖的库文件等。

◆ 构建根文件系统的过程就是构建根文件系统中各个目录以及基本配置文件的过程。

习 题

1．嵌入式 Linux 系统一般由哪几部分组成______。

A．BootLoader　　B．Linux 内核

C．根文件系统　　D．应用程序

2．关于 Linux 内核结构，以下说法正确的有______。

A．arch 目录主要存放一些和硬件体系结构相关的代码文件

B．drivers 目录主要存放设备驱动程序

C．fs 目录主要存放与文件系统相关的代码文件，默认包含 yaffs2 文件系统

D．kernel 目录存放内核的最核心部分代码，包括进程管理、进程调度等

3．非图形用户界面环境下，可以启动内核配置的命令是______。

A．make　　B．make config

C．make menuconfig　　D．make xconfig

4．Busybox 编译安装完成后，自动生成的目录有______。

A．/bin　　B．/lib

C．/sbin　　D．/usr

5．简述文件系统构建过程。

6．简述 Linux 内核启动过程。

第5章 驱动移植

本章目标

- ◆ 了解 Linux 系统设备的分类。
- ◆ 了解字符设备的特点。
- ◆ 了解字符设备相关数据结构和函数。
- ◆ 了解块设备的特点。
- ◆ 了解网络设备的特点。
- ◆ 了解字符设备相关数据结构和函数。
- ◆ 掌握设备驱动程序的开发移植过程。

学习导航

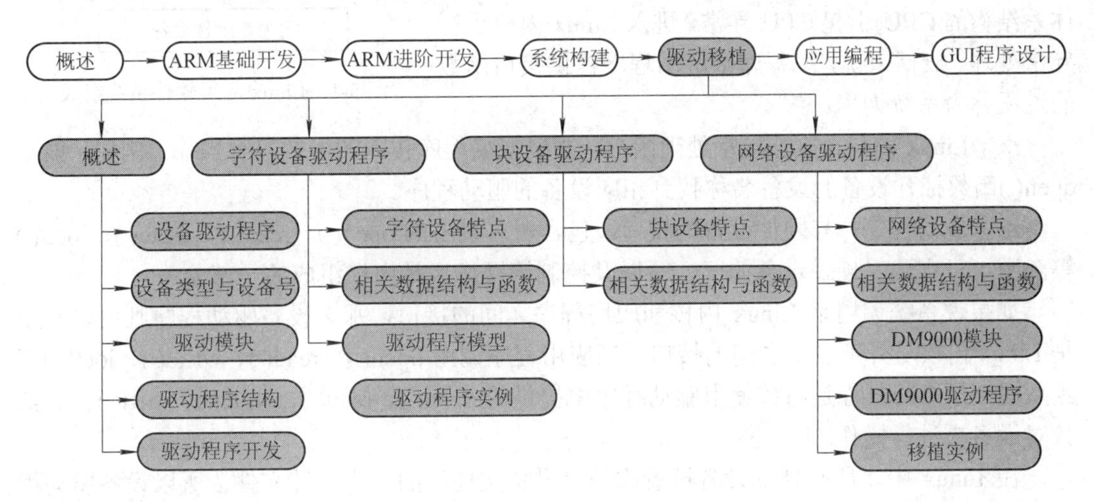

任务描述

➢【描述 5.D.1】

LED 驱动程序的移植

➢【描述 5.D.2】

网卡 DM9000 驱动程序分析

5.1 概述

Linux 操作系统通过驱动程序来操作各种硬件设备，Linux2.6 版本的内核源码中，85%以上的代码为驱动程序的代码。Linux2.6 内核支持大多数设备的驱动，但是由于嵌入式 Linux 系统开发的可定制性，开发板的一些硬件资源并不一定与内核驱动完全一致，这就要求开发者应当掌握设备驱动程序的开发移植，使内核完全支持并驱动设备的正常运行。本节将从设备驱动程序的框架组成以及内核对设备的访问技术等方面来讲解设备驱动程序的开发以及移植过程。

5.1.1 设备驱动程序

一个完整的 Linux 应用软件系统包括四部分，如图 5-1 所示。

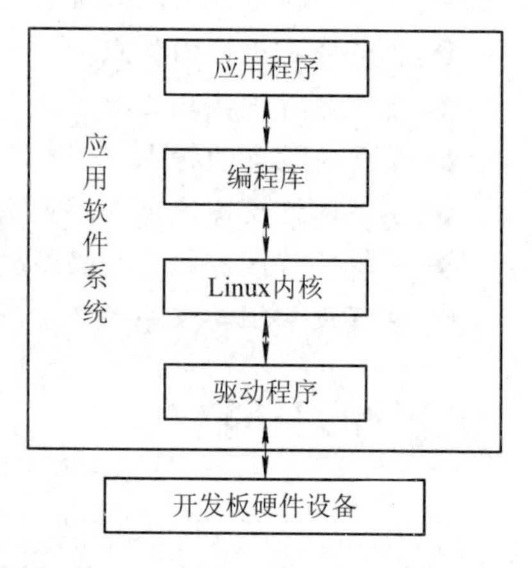

图 5-1 Linux 应用软件系统组成

其中各部分所执行的功能如下。

✧ 应用程序：执行用户操作设备的指令，如 open( )、read( )、write( )、ioctl( )等，其中 open( )函数具有打开设备的功能。

✧ 编程库：提供给应用程序 open( )、read( )、write( )、ioctl( )等接口函数，并执行指令 SWI(对于 ARM 体系结构的 CPU)引起 CPU 异常，进入 Linux 内核进行异常处理。概括来说，编程库给应用程序提供接口函数的过程称为系统调用。

✧ Linux 内核：执行异常处理函数，并根据编程库传入的参数进行操作，例如，根据 open( )函数打开设备的设备名称找到相应设备的驱动程序。

✧ 驱动程序：与硬件设备的接口，包含所有设备的 open( )、read( )、write( )、ioctl( )等函数，可实现对硬件设备的读、写以及控制等操作，是内核组成的一部分。

如果说系统调用是 Linux 内核和应用程序之间的接口，那么设备驱动程序则可以看成是 Linux 内核与外部设备之间的接口。当应用程序调用 open( )、read( )、write( )、ioctl( )等函数时，最终的过程是内核使用驱动程序中提供的 open( )、read( )、write( )、ioctl( )相关函数对设备来进行操作。

在 Linux 中，所有外部设备被看成是“设备文件”的一类特殊文件，所以设备驱动程序的存在，使得应用程序可以像操作普通文件一样来操作外部设备。

5.1.2 设备类型与设备号

内核通过设备类型和设备号来识别设备，并调用设备的驱动程序。设备是一类文件，通常在/dev 目录下有一个对应的节点(即设备文件名)。例如“/dev/ttySAC0”就是串口 0 所对应的节点(或设备文件名)。

1. 设备类型

Linux 将所有外部设备分为三类：字符设备、块设备和网络设备，各含义分别如下。

✧ 字符设备，标号为“c”，是指以字节为单位读写的设备。例如控制开发板的按键或 LED(通过操作 I/O 数据寄存器实现灯的亮灭)等，在与串口设备通信时也是按字节发送或接收的。

✧ 块设备，标号为“b”，是指以块为单位随机读写的设备，在读写过程中，常利用一块系统内存作为缓冲区，例如 NAND Flash 读写是以页的方式进行的，每页大小有 512 B 或 2 KB。

✧ 网络设备，指通过网络能够与其他主机进行数据通信的设备(如网卡)。该类设备同时具备字符设备和块设备的特点，可以进行“块”传输(例如数据报、数据帧等)，但是“块”的大小却不固定，大到成百上千个字节，小到几个字节。

每种设备都由各自的驱动程序来实现对设备的访问，在字符设备和块设备的驱动程序中用 open( )、read( )、write( )等函数实现设备基本的读写操作。因网络设备的特殊性，Linux 内核提供了一套与数据包传输相关的函数专门用于操作网络设备。

2. 设备号

设备号是一个数字，是设备的标志，分为主设备号和次设备号，其中：

✧ 主设备号：表明了设备的类型，与一个确定的驱动程序对应，即所有主设备号相同的设备拥有同一个驱动程序。

✧ 次设备号：通常是用于标明设备不同的属性，例如不同的使用方法、不同的位置、不同的操作等，它标志着某个具体的物理设备。

一般来说，在设备文件属性里高字节为主设备号，低字节为次设备号。

3. 创建设备文件

设备文件可以通过 mknod 命令来创建，创建时需要指定主设备号和次设备号。

例如，建立一个主设备号为 6，次设备号为 0 的字符设备文件/dev/lp0。

【示例 5-1】 mknod 创建设备文件

```
$ mknod /dev/lp0 c 6 0
```

此示例将建立设备文件/dev/lp0，类型 c 为字符设备，主设备号为 6，次设备号为 0。

当应用程序对某个设备文件进行系统调用时，Linux 内核会根据该设备文件的设备类型和主设备号调用相应的驱动程序，由驱动程序判断该设备的次设备号，最终完成对相应硬件的操作。

5.1.3 驱动模块

在 Linux 内核中，所有驱动程序都是以源码的形式存在，当使用到某种设备时，此设备的驱动程序在编译后被链接到内核的适当位置。

1. 编译方式

Linux 下的设备驱动程序可以按照两种方式进行编译，分别是：

✧ 静态编译进内核，随内核启动而加载。此种方式不但增加了内核的大小，还需要改动内核源码，而且一旦编译进内核，将不能被卸载。

✧ 编译成可以被动加载或卸载的模块。此方式可以在内核配置时进行选择，不会增加内核的大小。

一般情况下，Linux 最基础的驱动，如 CPU、PCI 总线、TCP/IP 协议等驱动程序直接编译进内核文件中，而类似声卡或网卡的驱动程序则是通过编译成模块进行加载。在内核配置时，若某个选项被配置成[m]，那么它将被编译为一个模块。在 Linux2.6 内核中，驱动程序编译后的扩展名为.ko。

2. 模块加载和卸载

一般情况下，应用程序可以直接调用用户态的函数库，如 glibc，但模块不同，它调用的 Linux 内核提供的命令或函数也不同。在使用模块时，相关的内核命令为 insmod( )、rmmod( )和 lsmod( )。

1) 模块加载命令 insmod( )

用户可以使用 insmod( )命令将模块载入内核，从而使模块成为内核的一个组成部分。当执行 insmod( )命令时，系统调用由宏 module_init( )指定的模块初始化函数，该函数将进行模块的初始化操作，完成驱动程序在内核中的注册。

2) 模块卸载命令 rmmod( )

用户不需要该模块时，可以使用 rmmod( )命令进行卸载。当系统执行 rmmod( )命令时，调用由 module_exit( )指定的模块注销函数，由该函数完成设备的卸载。

3) 模块查看命令 lsmod( )

任何时候用户都可以使用命令 lsmod( )来查看目前已经加载的模块以及正在使用该模块的用户数。

一个简单的模块源码如下所示。

【示例 5-2】 module_init( )、module_exit( )

```
//必需的头文件
#include <linux/module.h>
#include <linux/init.h>

static int __init mode_entry_func (void)
{
    ;
}
static void __exit mode_exit_func (void)
{
    ;
}
module_init(mode_entry_func);        //指定模块入口函数
module_exit(mode_exit_func);         //指定模块出口函数
```

5.1.4 驱动程序结构

使用一个新设备时，应有以下四个步骤：加载设备、初始化设备、操作设备、卸载设备。根据以上步骤，Linux的设备驱动程序大致可以分为如下几个部分：

1) 驱动程序的注册与注销

向系统增加一个驱动程序意味着要赋予它一个主设备号，这一般是在驱动程序的初始化工作中完成的，例如注册字符设备和块设备可分别调用 register_chrdev( )或者register_blkdev( )来完成。而在关闭字符设备或块设备时，则需要通过调用 unregister_chrdev( )或 unregister_blkdev( )从内核中注销设备，同时释放占用的主设备号。

2) 设备的操作

在设备完成注册和加载后，用户的应用程序就可以对设备进行一定的操作，如 open( )、read( )、write( )等，驱动程序的最终目的就是为了实现这些操作。字符设备的读写操作相对比较简单，直接使用函数 read( )和 write( )等就可以，但如果是块设备和网络设备的话，操作会比较复杂。

3) 设备的查询和中断

设备的系统服务有两种方式：查询和中断。对于不支持中断的硬件设备，读写时需要查询设备状态，以便决定是否继续进行数据传输。如果设备支持中断，则可以按中断方式进行操作。

5.1.5 驱动程序开发

综上所述，一个新设备的驱动程序开发流程如下：

(1) 了解设备的硬件特性。

(2) 在内核中查找相近的驱动程序作为驱动模型。

(3) 设计驱动程序的初始化注册、设备文件操作和设备注销等函数。

(4) 编写以上驱动程序函数。

(5) 测试驱动程序。

Linux 2.6 内核中已经支持了绝大多数硬件设备的驱动程序，基本上不用从零开始编写驱动程序，只需在相似的设备驱动程序源码中进行必要的更改即可，因此，多数情况下是移植驱动程序。下面内容将分别讲述字符设备、块设备、网络设备驱动程序的移植过程。

5.2 字符设备驱动程序

本节讲解字符设备的特点以及驱动程序的开发移植过程。

5.2.1 字符设备特点

字符设备在进行访问操作时是以字节的方式进行，一般不经过系统缓存。字符设备是最基本、最常用的设备，操作方式可以使用与普通文件相同的操作命令来进行操作，例如open( )、read( )、write( )等。

字符设备驱动模块的使用过程如图 5-2 所示。

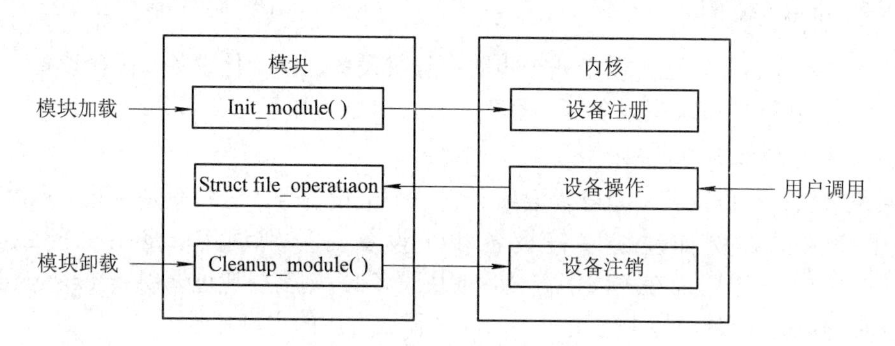

图 5-2　字符设备驱动模块的使用过程

5.2.2　相关数据结构与函数

1. 设备号申请与注销

设备号是设备的标志，表示设备的类型，是应用程序操作设备时内核调用设备驱动程序之间的纽带，因此在创建设备前，应先获得设备的编号。系统有两种分配设备编号的方式，静态分配和动态分配。

1) 静态分配

静态分配适用于已知设备主设备号的情况下，向系统申请分配一系列次设备号。字符设备利用 register_chrdev_region( )函数来实现设备号的申请。函数原型如下。

【代码 5-1】 register_chrdev_region( )

```
int register_chrdev_region(dev_t first，unsigned int count，char *name);
```

其中各参数的含义如下：

✧ first：要分配的设备号的初始值。

✧ count：要分配的设备号数目。

✧ name：要申请设备号的设备名称。

返回值为 0 表示申请成功；为 1 表示出错。

2) 动态分配

动态分配适用于设备号未知的情况下，动态地向系统申请一个主设备号，并申请一系列次设备号。字符设备利用 alloc_chrdev_region( )函数来实现设备号的申请。函数原型如下。

【代码 5-2】 alloc_chrdev_region( )

```
int alloc_chrdev_region(dev_t *dev，unsigned int firstminor unsigned int
                                        count，char *name);
```

其中与静态分配不同的是参数 firstminor，其值通常为 0，表示不知道主设备号。函数调用成功后，分配的设备号保存在 dev 中。

3) 释放设备号

在设备被卸载后，设备号也应随即被注销，字符设备利用 unregister_chrdev_region( )函数来实现无论是动态还是静态申请设备号的注销。函数原型如下。

【代码 5-3】 unregister_chrdev_region( )

```
void unregister_chrdev_region(dev_t first, unsigned int count)
```

2. cdev

在 Linux 2.6 内核中，使用 cdev 结构体描述一个字符设备，在驱动程序中必须将分配到的设备号以及设备接口 file_operations 赋值给 cdev 结构体。cdev 结构体的定义在/include/linux/cdev.h 文件中。

【结构体 5-1】 cdev

```
struct cdev{
    struct kobject kobj;
    struct module *ower;
    struct file_operations *ops;
    struct list_head_list;
    dev_t dev;
    unsigned int count;
}
```

其中，cdev 结构体的各个成员的含义如表 5-1 所示。

表 5-1 cdev 结构体成员

结构体成员	含 义
kobj	内核的 kobject 对象，用于 cdev 数据结构的一般管理
ower	指向驱动程序模块的指针，一般初始化为 THIS_MODULES
ops	字符设备文件操作指针，其中包含了设备各个接口函数
List_head_list	与设备文件对应的索引节点链表头，用于收集相同字符设备驱动程序所对应的字符设备的索引节点
dev	32 位设备号，其中高 12 位为主设备号，低 20 位为次设备号
count	设备号范围大小

如果已知设备号，那么设备的主设备号、次设备号可以通过宏定义 MAJOR 和 MINOR 获得。如果已知主设备号、次设备号，设备号可以通过宏 MKDEV 生成，宏定义在/include/linux/kdev_t.h 中。

【代码 5-4】 宏 MAJOR、MINOR、MKDEV

```
#define MINORBITS   20
#define MINORMASK ((1U << MINORBITS) - 1)

//主设备号
#define MAJOR(dev)   ((unsigned int) ((dev) >> MINORBITS))
//次设备号
#define MINOR(dev)   ((unsigned int) ((dev) & MINORMASK))
```

```
//利用主设备号和次设备号合成 dev_t
#define MKDEV(ma，mi)  (((ma) << MINORBITS) | (mi))
MKDEV(major，minor)。
```

3. cdev 相关函数

内核定义了一组函数用于 cdev 结构体的初始化、申请内存等操作，各函数源码如下。

【代码 5-5】 cdev.h

```
void cden_init(struct cdev *，struct file_operation *);
struct cdev *cdev_alloc(void);
void cdev_put(struct cdev *p);
int cdev_add(struct cdev *，dev_t.unsigned);
void cdev_del(struct cdev *);
```

其中各函数的作用如下：

✧ cden_init( )函数用于初始化 cdev 的成员，并建立 cdev 和 file_operation 之间的连接。

✧ cdev_alloc( )函数用于动态申请一个 cdev 内存。

✧ cdev_put.( )函数用于减少模块的引用计数，释放结构体空间。

✧ cdev_add( )函数用于向内核添加一个字符设备 cdev。

✧ cdev_del( )函数用于从内核中删除一个字符设备 cdev。

由以上函数的名称与含义可以看出，这几个函数已经概括了字符设备的注册和注销的过程，可以概括为分配 cdev，初始化 cdev，添加 cdev，注销 cdev。下面分别介绍各个阶段所用到的函数。cdev 结构体操作函数源码位于/fs/char_dev.c 目录中。

1) 分配 cdev

在使用设备之前，应该先为设备分配一定的内存空间，通过 cdev_alloc( )函数可以实现这一过程，函数原型如下。

【代码 5-6】 cdev_alloc( )

```
//功能：分配一个 cdev 结构体
//返回值：分配空间并返回 cdev 结构体
struct cdev *cdev_alloc(void)
{
    struct cdev *p = kzalloc(sizeof(struct cdev)，GFP_KERNEL);
    if (p) {
        p->kobj.ktype = &ktype_cdev_dynamic;
        INIT_LIST_HEAD(&p->list);
        kobject_init(&p->kobj);
    }
    return p;
}
```

从函数的返回值可以看出，此函数的作用是分配并返回一个 cdev 结构。调用 kzalloc( )函数，申请大小为 sizeof(struct cdev)的空间，并初始化为 0。

2) 初始化 cdev

cdev 的内存空间分配好后，接下来的工作是对 cdev 初始化，由 cdev_init( )函数实现。该函数的源码如下。

【代码 5-7】 cdev_init( )

```
//功能：初始化 cdev 结构体
void cdev_init(struct cdev *cdev, const struct file_operations *fops)
{
    memset(cdev, 0, sizeof *cdev);
    INIT_LIST_HEAD(&cdev->list);
    cdev->kobj.ktype = &ktype_cdev_default;
    kobject_init(&cdev->kobj);
    cdev->ops = fops;
}
```

此函数的入口参数是 cdev 与 fops，作用是将 cdev 初始化为 0 后，将 file_operations 指针 fops 赋值给 cdev->ops，建立起 cdev 与 file_operations 之间的链接。

3) 添加 cdev

设备初始化后，应当把设备添加到系统中去，这项工作是由 cdev_add( )函数实现的。函数源码如下。

【代码 5-8】 cdev_add( )

```
//功能：将 cdev 添加到系统中
int cdev_add(struct cdev *p, dev_t dev, unsigned count)
{
    p->dev = dev;
    p->count = count;
    return kobj_map(cdev_map, dev, count, NULL, exact_match, exact_lock, p);
}
```

此函数的入口参数为 cdev 结构体指针 p、dev 与 count，实现了向系统添加一个设备号为 dev 的字符设备 cdev，在使用此函数之前，系统已经分配好设备号 dev 并确定了设备范围 count。一旦添加设备成功，就完成了字符设备的注册工作，file_operations 结构体内的各种操作设备函数就能被内核所调用。

4) 注销 cdev

设备卸载时，要做的工作是将设备进行注销，并释放 cdev 所占用的内存，cdev_del( ) 函数实现了这一操作。该函数的源码如下。

【代码 5-9】 cdev_del( )

```
//功能：注销 cdev
void cdev_del(struct cdev *p)
{
```

```
        cdev_unmap(p->dev, p->count);
        kobject_put(&p->kobj);
    }
```

cdev_del( )的作用与 cdev_add( )完全相反，用于从系统删除一个字符设备。

4. file_operations

Linux 系统内部，设备的读取操作是通过一组固定的入口点来进行的。字符设备操作的入口点集中在一个 file_operations 的结构体中。file_operations 结构体中定义了常用字符设备操作函数，例如 open( )、read( )、write( )等。用户可以通过内核来调用这些接口函数，从而控制设备。

在驱动程序的编写中，最重要的工作就是 file_operations 结构体中各个操作函数的编写。file_operations 结构体在 Linux 内核/include/linux/fs.h 文件中定义，其定义如下。

【结构体 5-2】 file_operations

```
struct file_operations {
    struct module *owner;
    loff_t (*llseek) (struct file *, loff_t, int);
    ssize_t (*read) (struct file *, char __user *, size_t, loff_t *);
    ssize_t (*write) (struct file *, const char __user *, size_t, loff_t *);
    ssize_t (*aio_read) (struct kiocb *, const struct iovec *, unsigned long, loff_t);
    ssize_t (*aio_write) (struct kiocb *, const struct iovec *, unsigned long, loff_t);
    int (*readdir) (struct file *, void *, filldir_t);
    unsigned int (*poll) (struct file *, struct poll_table_struct *);
    int (*ioctl) (struct inode *, struct file *, unsigned int, unsigned long);
    long (*unlocked_ioctl) (struct file *, unsigned int, unsigned long);
    long (*compat_ioctl) (struct file *, unsigned int, unsigned long);
    int (*mmap) (struct file *, struct vm_area_struct *);
    int (*open) (struct inode *, struct file *);
    int (*flush) (struct file *, fl_owner_t id);
    int (*release) (struct inode *, struct file *);
    int (*fsync) (struct file *, struct dentry *, int datasync);
    int (*aio_fsync) (struct kiocb *, int datasync);
    int (*fasync) (int, struct file *, int);
    int (*lock) (struct file *, int, struct file_lock *);
    ssize_t (*sendfile) (struct file *, loff_t *, size_t, read_actor_t, void *);
    ssize_t (*sendpage) (struct file *, struct page *, int, size_t, loff_t *, int);
    unsigned long (*get_unmapped_area)(struct file *, unsigned long, unsigned
                                    long, unsigned long, unsigned long);
    int (*check_flags)(int);
    int (*dir_notify)(struct file *filp, unsigned long arg);
```

```
    int (*flock) (struct file *, int, struct file_lock *);
    ssize_t (*splice_write)(struct pipe_inode_info *, struct file *, loff_t *, size_t, unsigned int);
    ssize_t (*splice_read)(struct file *, loff_t *, struct pipe_inode_info *, size_t, unsigned int);
};
```

其中常用到的操作函数如下：

✧ lseek( )，移动文件指针的位置，用于可以随机存取的设备。

✧ read( )，进行读操作，参数 buf 为存放读取结果的缓存区，count 为所要读取的数据长度。返回值为负值表示读取操作发生错误，否则返回实际读取的字节数。

✧ write( )，进行写操作，与 read( )类似。

✧ readdir( )，取得下一个目录入口点，只有与文件系统相关的设备驱动程序才使用。

✧ selec( )，进行选择操作，如果驱动程序没有提供 select( )入口，select( )操作将会认为设备已经准备好进行任何的 I/O 操作。

✧ ioctl( )，进行读、写以外的其他操作，参数 cmd 为自定义的命令。

✧ mmap( )，用于把设备的内容映射到地址空间，一般只有块设备驱动程序使用。

✧ open( )，打开设备文件，等待文件操作。返回 0 表示打开成功，返回负数表示失败。如果驱动程序没有提供 open( )入口，则只要/dev/driver 文件存在就认为打开成功。

✧ release( )，即 close( )操作，相对于 open( )操作。

当应用程序对设备文件进行诸如 open( )、close( )、read( )、write( )等操作时，Linux 内核将通过 file_operations 结构体访问驱动程序提供的相对应的函数。例如，当应用程序对设备文件执行读操作时，内核将调用 file_operations 结构体中的 read( )函数。

5.2.3 驱动程序模型

驱动程序的编写或移植可以按照以下程序模型进行。

1) 定义 cdev 与 file_operations

定义 cdev 与 file_operations 的源码如下。

【示例 5-3】 dh_cdev

```
struct cdev *dh_cdev;
```

【示例 5-4】 dh_fops

```
struct file_operation    dh_fops =
{
    .owner = THIS_MODULE,
    .read = dh_read,
    .write = dh_write,
    .ioctl = dh_ioctl,
      ⋮
};
```

2) 设备注册函数

设备注册函数的源码如下。

【示例 5-5】 xxx_init( )

```
/设备驱动模块加载函数
static int __init   dh_init(void)
{
  ...
  //初始化 cdev
  cdev_init(&dh_dev.cdev， &dh_fops);
  dh_dev.cdev.owner =THIS_MODULES;
  //获取字符设备号
  if (dh_major)
  {   //静态分配设备号
      register_chrdev_region(dh_dev_no，1，DEV_NAME);
  }
  Else
  {
      //动态分配设备号
      alloc_chrdev_region(&dh_dev_no，0，1，DEV_NAME);
  }

  //添加设备
  ret=cdev_add(&dh_dev.cdev，dh_dev_no，1);
  ⋮
}
```

3) 设备注销函数

设备注销函数的源码如下。

【示例 5-6】 xxx_exit( )

```
//设备驱动模块卸载函数
static void __exit   dh_exit(void)
{
    //释放占用的设备号
  unregister_chrdev_region(dh_dev_no，1);
  //注销设备
  cedv_del(&dh_dev.cdev);
  ⋮
}
```

5.2.4 驱动程序实例

下述内容用于实现任务描述 5.D.1——LED 驱动程序的移植，其实现步骤如下。

1. 了解设备硬件特性

由 2.4 节内容可知，GPB5、GPB6、GPB8、GPB10 分别接到 LED0～LED3 上，LED 共阳，PB 口输出低电平时点亮 LED。GPBCON 为配置寄存器，GPBDAT 为数据寄存器，当 GPBCON 对应位配置为 01b 时，I/O 口为输出；当 GPBDAT 对应位为 0 时，LED 点亮。

在 Linux 内核中，通用 I/O 口的功能设置函数为 s3c2410_gpio_cfgpin( )，I/O 口输出函数为 s3c2410_gpio_setpin( )。例如可以调用“s3c2410_gpio_cfgpin(S3C2410_GPB5、S3C2410_GPB5_OUTP)”将 GPB5 设置为输出。

通用 I/O 的功能定义位于内核/include/asm/arch-s3c2410/regs_gpio 目录中。

2. 驱动程序编写

建立驱动程序源文件，名为 leds.c。从定义设备相关结构体、设备注册与注销、设备操作方面进行驱动程序的编写。

1) 定义设备相关结构体

将 LED 设备命名为 leds。初始化 LED 设备接口 file_operations，在结构体中只定义了两个操作函数 open( )和 ioctl( )，用于初始化 PB 口和控制 LED 的点亮和熄灭。成员 owner 设置为宏 THIS_MOKULE。其源码如下。

【描述 5.D.1】 leds.c

```
#define DEVICE_NAME        "leds"        //设备名称

struct cdev *leds_cdev;                  //LED 字符设备

static struct file_operations leds_fops = {
    .owner  =   THIS_MODULE,
    .open   =   leds_open,
    .ioctl  =   leds_ioctl,
};
```

2) 设备注册与注销

在执行 insmod 命令时，调用由 module_init( )指定的 leds_init( )函数来进行设备的注册。在执行 rmmod 命令时，调用由 module_exit( )指定的 leds_exit( )函数来进行设备的注销，释放掉 leds_cdev 占用的内存。其源码如下。

【描述 5.D.1】 leds.c

```
module_init(leds_init);         //指定驱动程序的初始化函数 leds_init
module_exit(leds_exit);         //指定驱动程序的卸载函数 leds_exit
```

leds_init( )函数应完成以下三个部分的工作：

✧ 利用 alloc_chrdev_region( )动态申请设备号(第二个参数为 0)，申请设备号为 dev_no。
✧ 利用 cdev_init( )实现设备 leds_cdev 的初始化并与操作结构体 leds_fops 连接。
✧ 添加设备，利用 cdev_init( )将设备添加到系统中。

leds_init( )函数源码如下。

【描述 5.D.1】 leds.c

```
static int __init leds_init(void)
{
    int ret;
    //动态申请设备号
    alloc_chrdev_region(&dev_no，0，1，DEVICE_NAME);
    //通过宏获取主设备号、次设备号
    major = MAJOR(dev_no);
    minor = MINOR(dev_no);
    dev_no = MKDEV(major，minor);

    //初始化 leds_cdev，与 leds_fops 连接
    cdev_init(&leds_cdev，&leds_fops);

    //添加设备
    ret = cdev_add(&leds_cdev，dev_no，1);
    if (ret)
    {
        printk(DEVICE_NAME " add error\n");
        return ret;
    }

    printk(DEVICE_NAME " add success\n");
    return 0;
}
```

leds_exit( )函数应完成设备移除以及注销设备号的工作，其源码如下。

【描述 5.D.1】 leds.c

```
static void __exit leds_exit(void)
{
    //从系统中移除设备
    cdev_del(dev_no，DEVICE_NAME);
    //注销设备号
    unregister_chrdev_region(dev_no，1);
}
```

3) 编写操作函数

在 leds_fops 中，定义了两个操作 open( )与 ioctl( )，分别对应 leds_open( )与 leds_ioctl( )函数。

leds_open( )函数进行的是 I/O 初始化，设置为输出，其源码如下。

【描述 5.D.1】 leds.c

```
static int leds_open(struct inode *inode, struct file *file)
{
  // 设置 GPIO 引脚的功能：本驱动中 LED 所涉及的 GPIO 引脚设为输出功能
   s3c2410_gpio_cfgpin(S3C2410_GPB5, S3C2410_GPB5_OUTP);
   s3c2410_gpio_cfgpin(S3C2410_GPB6, S3C2410_GPB6_OUTP);
   s3c2410_gpio_cfgpin(S3C2410_GPB8, S3C2410_GPB8_OUTP);
   s3c2410_gpio_cfgpin(S3C2410_GPB10, S3C2410_GPB10_OUTP);

  return 0;
}
```

leds_ioctl( )函数为 LED 控制函数，根据命令参数 cmd 进行相应操作。当 cmd 为 IOCTL_LED_ON 时，所有 LED 点亮；当 cmd 为 IOCTL_LED_OFF 时，所有 LED 熄灭。由 S3C2410_gpio_setpin( )函数设置对应的 I/O 为 0 或 1。函数源码如下。

【描述 5.D.1】 leds.c

```
static int leds_ioctl(
     struct inode *inode,
     struct file *file,
     unsigned int cmd)
{

switch(cmd) {

     case IOCTL_LED_ON:
          // 设置指定引脚的输出电平为 0
          s3c2410_gpio_setpin(S3C2410_GPB5, 0);
                    s3c2410_gpio_setpin(S3C2410_GPB6, 0);
                    s3c2410_gpio_setpin(S3C2410_GPB8, 0);
                    s3c2410_gpio_setpin(S3C2410_GPB10, 0);

          return 0;

     case IOCTL_LED_OFF:
          // 设置指定引脚的输出电平为 1
                    s3c2410_gpio_setpin(S3C2410_GPB5, 1);
                    s3c2410_gpio_setpin(S3C2410_GPB6, 1);
                    s3c2410_gpio_setpin(S3C2410_GPB8, 1);
                    s3c2410_gpio_setpin(S3C2410_GPB10, 1);
```

```
            return 0;

        default:
                return -EINVAL;
        }
    }
```

4) 驱动程序相关信息

驱动程序一般还包括驱动程序的作者、描述信息、遵循的协议。其宏定义如下。

【描述 5.D.1】 leds.c

```
MODULE_AUTHOR("dh");                              // 驱动程序的作者
MODULE_DESCRIPTION("S3C2440 LED Driver");         // 一些描述信息
MODULE_LICENSE("GPL");                            // 遵循的协议
```

3. 编译驱动程序

将 leds.c 编译成模块的步骤如下：

(1) 将 leds.c 放至内核/drivers/char 目录中。

(2) 在/drivers/char/Makefile 中添加语句，将 leds.o 以模块的形式编译进内核，其源码如下。

【描述 5.D.1】 添加模块

```
Obj – m    += leds.o
```

(3) 在内核根目录下对命令 make modules 进行编译，其源码如下。

【描述 5.D.1】 编译模块

```
make modules
```

编译完成后，在/drivers/char 目录下生成 LED 设备的驱动程序 leds.ko。

4. 测试驱动程序

对新建源文件 led_test.c 进行驱动程序测试。测试程序包括两部分：打开设备和操作设备。命令参数通过 main(int argc，char **argv)中的 argv 参数指定。其源码如下。

【描述 5.D.1】 led_test.c

```
#include <stdio.h>
#include <stdlib.h>
#include <unistd.h>
#include <sys/ioctl.h>

#define IOCTL_LED_ON      0
#define IOCTL_LED_OFF     1

//测试程序入口参数说明
void usage(char *exename)
```

```
{
    printf("Usage:\n");
    printf("    %s <on/off>\n", exename);
}

int main(int argc, char **argv)
{

    int fd = -1;

    if (argc != 2)
        goto err;

    //打开 leds 设备
    fd = open("/dev/leds", 0);
    if (fd < 0) {
        printf("Can't open /dev/leds\n");
        return -1;
    }
    //操作设备，判断命令参数是 on 还是 off
if (!strcmp(argv[1], "on"))
{
        //点亮 LED
        ioctl(fd, IOCTL_LED_ON);
}
else if (!strcmp(argv[1], "off"))
{
        //熄灭 LED
        ioctl(fd, IOCTL_LED_OFF);
    }
else
{
        goto err;
    }

    close(fd);
    return 0;

err:
```

```
        if (fd > 0)
            close(fd);
        usage(argv[0]);
        return -1;
    }
```

测试驱动模块步骤如下：

(1) 将 led_test.c 交叉编译成可执行文件 led_test。

(2) 将可执行文件 led_test 放入本书第 4 章所构建的根文件系统 dh_fs/usr/bin 目录中。

(3) 利用 mkyaffs2image 工具将文件系统 dh_fs 制作为 dh_fs.yaffs2，烧写至开发板 flash 分区 yaffs 中。

(4) 重启开发板，进入 Linux 系统，执行如下命令。

【描述 5.D.1】 测试驱动模块命令

```
//加载 leds 驱动模块，加载成功后，DNW 显示“leds add success”
# insmod leds.ko
//查看 leds 主设备号
# cat proc/devices
//创建设备文件节点
# mknod /dev/leds c 252 0
//点亮 LED
# led_test on
//熄灭 LED
# led_test off
```

观察现象，可看到 LED 根据命令点亮或熄灭。

5.3 块设备驱动程序

块设备驱动是系统驱动中的一个重要部分，如硬盘、光驱、NAND Flash 等块设备。块设备驱动程序的编写过程与字符设备驱动的编写有很大的区别。本节内容讲述的是块设备驱动的特点与块设备驱动程序的编写过程。

5.3.1 块设备特点

系统中能够随机访问固定大小数据片的设备称为块设备，这些数据片称为块。与字符设备相比，块设备的主要特征在于：

✧ 块：在 Linux 内核中，定义块设备的大小为 512 B。

✧ 随机访问：块设备支持数据的随机访问。

✧ 系统分配缓存区：在使用块设备时，系统会分配一块内存缓存区，专门用来块设备的读写操作。

块设备驱动程序流程如图 5-3 所示。

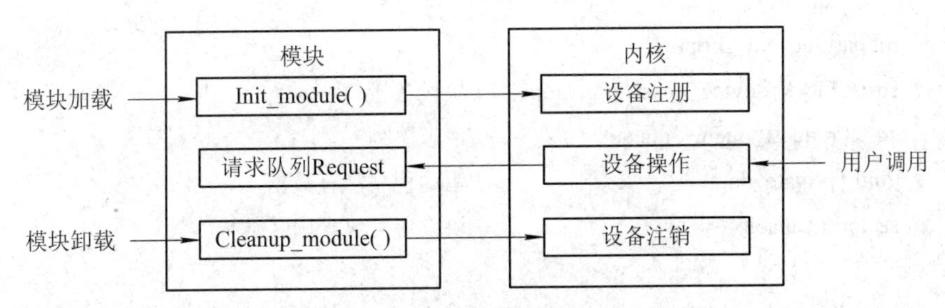

图 5-3 块设备驱动程序流程

块设备驱动程序与字符设备驱动程序的使用一样，都需要注册、注销操作，但因为块设备访问的随机性，因此存在多个应用程序同时访问设备的情况，针对这种情况，在块设备驱动程序中多了一个请求队列(request)来进行访问请求排序，以保证系统的最佳性能。

5.3.2 相关的数据结构和函数

Linux 内核中定义了一套与块设备相关的数据结构和操作函数，称为通用块层，它处理系统中相关块设备的请求。由于块设备的驱动程序很复杂，本节只简单地介绍有关数据结构和操作函数，更深层次的内容不再涉及，若需了解，请参阅其他书籍。

1. 块设备的注册与注销

块设备的注册函数为 register_blkdev( )，函数原型如下：

【代码 5-10】 register_blkdev( )

```
int register_blkdev(unsigned int major，const char *name);
```

其中各参数的含义如下：

- ✧ major：块设备的主设备号，若该值等于 0，则系统动态分配并返回主设备号。
- ✧ name：设备名，在/proc/devices 中显示。若出错，则函数返回负值。

与其对应的块设备的注销函数为 unregister_blkdev( )，函数原型如下。

【代码 5-11】 unregister_blkdev( )

```
int unregister_blkdev(unsigned int major，const char *name);
```

2. gendisk

gendisk 是 general disk(通用磁盘)的简称。与字符设备的 cdev 结构同样，Linux 内核使用 gendisk 结构体来描述一个独立的块设备，其中包含了块设备的主、次设备号等物理信息以及块设备操作函数接口。gendisk 在内核目录文件/include/linux/genhd.h 中定义，详细描述如下。

【结构体 5-3】 gendisk

```
struct gendisk {
    int major;                          //主设备号
    int first_minor;                    //第一个次设备号
    int minors;                         //次设备号个数

    char disk_name[32];                 //驱动
    struct hd_struct **part;            //设备分区表
```

```
        int part_uevent_suppress;                  //
        struct block_device_operations *fops;      //块设备接口
        struct request_queue *queue;               //请求队列
        void *private_data;                        //驱动程序私有数据
        sector_t capacity;                         //块设备可包含扇区数

            //其他成员省略
            :
    };
```

其中，gendisk 结构体常用到的各个成员含义如表 5-2 所示。

表 5-2 gendisk 结构体成员

结构体成员	含 义
major	主设备号
first_minor	第一个次设备号
minors	次设备号个数，表示块设备的分区个数，此值为 1 说明此块不可被分区
disk_name	设备名称
hd_struct	设备分区表
bloke_device_operations	块设备操作函数接口
request_queue	管理设备的请求队列
*private_data	指向驱动程序私有数据
sector_t capacity	块设备可包含的扇区数

结构体中除了主设备号、次设备号外，还定义了次设备号个数，次设备号个数描述了设备的分区个数，一个驱动模块必须且最少使用一个次设备号，若次设备号个数为 1，说明此块不能被分区。request_queue 结构体用来实现块设备真正的数据读写。

3. gendisk 的相关函数

在/drivers/block/genhd.c 中定义了一系列与 gendisk 结构体相关的函数，这些函数用于块设备的注册与注销，定义函数如下。

【代码 5-12】 genhd.c

```
struct gendisk *alloc_disk(int minors)
extern void add_disk(struct gendisk *disk);
extern void del_gendisk(struct gendisk *gp);
```

其中各函数的作用如下：

✧ alloc_disk ( )函数用于动态申请一个 gendisk 内存。

✧ add_disk ( )函数用于向内核添加一个块设备 gendisk。

✧ del_gendisk ( )函数用于从内核中删除一个块设备 gendisk。

4. block_device_operations

同字符设备的 file_operations 结构体一样，块设备操作函数集合在 block_device_

operations 结构体中，该结构体在/include/linux/fs.h 文件中定义。其定义如下。

【结构体 5-4】 block_device_operations

```
struct block_device_operations {
    int (*open) (struct inode *， struct file *);
    int (*release) (struct inode *， struct file *);
    int (*ioctl) (struct inode *， struct file *， unsigned， unsigned long);
    long (*unlocked_ioctl) (struct file *， unsigned， unsigned long);
    long (*compat_ioctl) (struct file *， unsigned， unsigned long);
    int (*direct_access) (struct block_device *， sector_t， unsigned long *);
    int (*media_changed) (struct gendisk *);
    int (*revalidate_disk) (struct gendisk *);
    int (*getgeo)(struct block_device *， struct hd_geometry *);
    struct module *owner;
};
```

结构体中同样集合了 open( )、relsease( )、ioctl( )等操作函数，但没有 read( )、write( )函数，这是因为块设备的读写操作是通过请求队列request来实现的。同字符设备一样，owner应当被初始化为“THIS_MODULE”。

5. request_queue

系统将块设备访问需求 request 保存在请求队列中，并通过 request_queue 结构体传递给块设备驱动程序。该队列由 request_queue 结构体来表示，包含一个双向请求队列以及相关控制信息，该结构体在/include/linux/blkdev.h 中定义。

request_queue 结构体中成员很多，本书不再一一列举。request_queue 与每个访问请求 request 以及访问块设备 page 的关系如图 5-4 所示。

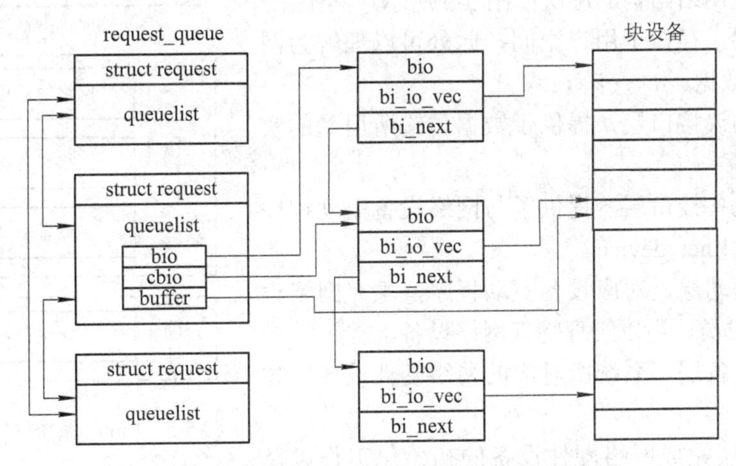

图 5-4 request_queue 与块设备 page 关系

由上图可以看出，request_queue 是请求队列，通过它可以找到 request，并将所有 request 连成一体，request 中包含 bio 结构(描述了要访问块设备的物理信息)，通过 bio 结构体可以找到块设备中对应的 page 并访问。

6. request_queue 相关函数

request 队列的相关函数是块设备驱动程序里面最重要的函数，其主要函数列举如下。

【代码 5-13】 request 相关函数

```
//分配请求队列
request_queue_t *blk_alloc_queue(int gfp_mask);
//分配并初始化请求队列
request_queue_t *blk_init_queue(request_fn_proc *rfn, spinlock_t *lock);
//从队列中获取一个请求
struct request *blk_get_request(request_queue_t *q, int rw, int gfp_mask);
```

这几个函数完成以下功能：分配一个请求队列内存空间；申请并初始化一个请求队列；从队列中获取一个请求进行处理。

块设备驱动程序的实现就是在本节的数据结构和处理函数的基础上进行完善的。

5.4 网络设备驱动程序

现如今，网络设备已经是计算机体系中除了串口、USB 接口以外必不可少的一部分。在嵌入式系统开发中也是同样如此，用户的许多操作都离不开网络设备的支持，例如 Linux 系统中 NFS 文件系统就是基于网络的文件系统，没有网络设备的支持，将会使开发过程变得复杂。本节内容讲解网络设备驱动程序的开发过程。

5.4.1 网络设备特点

1. 网络结构

Linux 系统网络结构的层次如图 5-5 所示。其中：

✧ 应用层，存在于用户空间，此处可以理解为网络中要传输的数据。

✧ 网络协议接口层，提供了数据传输所用到的实际协议。

✧ 网络设备接口层，提供了与网络设备驱动程序之间通信的接口 net_device。

✧ 设备驱动层，对应设备驱动程序，填充网络设备 net_device 成员，用以管理物理网络设备。

✧ 网络设备层，系统所对应的网络硬件设备，如 DM9000。

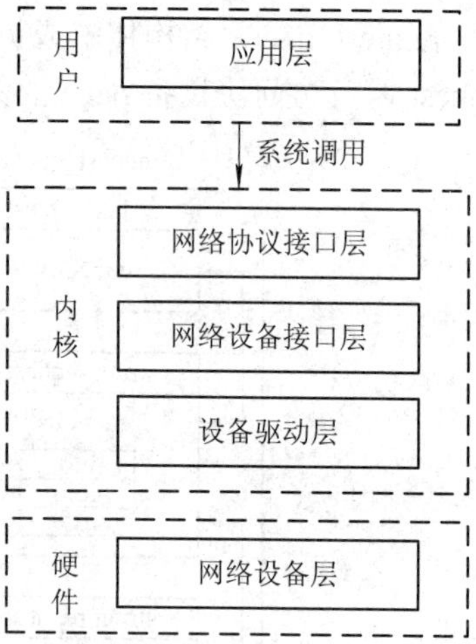

用户 应用层
系统调用
内核 网络协议接口层 网络设备接口层 设备驱动层
硬件 网络设备层

图 5-5 Linux 系统网络结构的层次

设备驱动层完成网络硬件设备的初始化工作以及网络设备的打开、数据的传输工作，是对本节所讲的驱动程序功能的实现。

2. 网络设备

网络设备区分于字符设备和块设备，但同时又具有字符设备和块设备的特点。Linux

系统单独把网络设备作为一种设备类型，在内核中提供了多种类型的接口来对网络设备进行访问，并采取了数据包(sk_buff 结构体)的形式进行数据传输。

1) 接口

为了屏蔽网络环境中物理网络设备的多样性，Linux 系统提供的网络接口的特点及作用如下：

✧ 每种类型的网络接口都有一个对应的名字，例如 ethn 表示以太网接口，trn 表示令牌环接口。

✧ 所有对网络硬件的访问都是通过对应类型的接口进行的。

✧ 接口通过对上层协议提供一致化的操作来处理数据的发送和接收。

✧ 每个网络接口都有一个 device 结构体与之对应，称为 net_device，相当于字符设备的 file_operations 以及块设备的 gendisk。

2) 与其他设备的区别

网络设备与字符设备和块设备的不同之处在于：

✧ 网络设备通过网络接口访问网络设备，例如在数据包发送和接收时，直接通过接口访问，不需要进行文件的操作。而字符设备和块设备的访问则需要通过对操作系统下对应的/dev 文件进行。

✧ 网络接口在系统初始化时实时生成，对于核心支持、但不存在的物理网络设备，将不存在相应的 net_device 结构。而对于字符设备和块设备，即使该物理设备不存在，在/dev 下也必定有相应的文件产生。

3. 网络设备功能的实现

与字符设备和块设备相同，网络设备的使用同样也需要进行初始化、注册注销、操作等过程。

1) 网络设备的初始化

网络设备初始化的主要工作是检测设备的存在，填充设备的 net_device 结构以及在系统中注册登记。网络设备的初始化可以通过以下两种方式进行。

✧ 系统初始化模式，步骤如下：

● 系统启动时，内核对所支持的所有网络设备进行检测与初始化，并保存到网络接口链表 dev_base 中，链表中的每一个单元表示一个存在的物理设备 net_device。

● 系统启动后，依次对 dev_base 链表中的设备调用设备本身的初始化函数进行初始化。若初始化成功，则设备存在；若失败，将设备从 dev_base 链表中去掉。

✧ 模块初始化模式，利用 insmod 加载模块，调用宏 moudule_init( )指定的初始化函数。

2) 网络设备的打开和关闭

网络设备的打开和关闭与其他类型设备的操作不同，其步骤为，在终端下执行 ifconfig 命令，调用设备打开函数 dev_open( )，调用 dev_close( )函数，关闭设备，释放掉网络设备接口所用的内存空间。

3) 数据发送和接收

由于网络分层的存在，在数据传输中，每层的协议在发送数据包时都要在原始数据中加协议头和协议尾，在收到数据包时则要将本层的协议头和协议尾从数据包中去掉。这使得在不同层协议间传输时，每层都需要知道协议头和协议尾在数据包的具体位置。Linux系统提供了一种叫做 sk_buff 的数据结构来支持不同协议层及网络设备驱动程序之间的数据传送。sk_buff 包括指针和长度域段，允许每个协议层通过标准的函数操作传送数据包。这样在每个层中可从 sk_buff 中提取数据包中的原始数据。

Linux 系统使用硬件中断请求机制处理网络设备的数据接收。在网络设备初始化或打开时，驱动程序会向系统登记中断号以及相应的中断服务子程序。当网络设备接收到新数据时，将发送一个硬件中断请求，系统就会调用相应的中断服务程序来处理数据的接收过程。基于中断的设备驱动程序若没有向系统登记中断号以及中断服务子程序，那么设备将不能正常运行。

5.4.2 相关数据结构和函数

本节内容讲述网络设备驱动程序中相关的数据结构及操作函数。

1. net_device

Linux 内核使用 net_device 结构来描述一个具体的网络设备，net_device 位于网络设备接口层，描述了网络设备的属性及接口操作。驱动程序需要分配并初始化这个结构体，然后使用注册函数 register_netdev( )来注册。结构体定义在/include/linux/netdevice.h 中，定义如下。

【结构体 5-5】 net_device

```
struct net_device
{

    char name[IFNAMSIZ];                  //网络设备名称
    struct hlist_node     name_hlist;     //网络设备名称列表

    //网络设备硬件信息
    unsigned long         mem_end;        //网络设备映射内存区
    unsigned long         mem_start;
    unsigned long         base_addr;      //网络设备 I/O 地址
    unsigned int          irq;            //网络设备中断号
    unsigned char         dma;            //网络设备 DMA 通道

    ⋮                                     //省略
}
```

net_device 结构体成员很多，本书未一一列出，具体可参考系统内核源码中的定义。结构体各个成员可归纳为四大类：

✧ 网络设备相关信息。

✧ 网络设备状态信息。

✧ 网络设备的操作函数。

✧ 数据包的发送和接收信息。

各成员含义如下：

1) 网络设备相关信息

网络设备的相关信息有以下几个：

✧ 设备名 name，例如 eth0。

```
char            name[IFNAMSIZ];
```

✧ 硬件信息，包括：

- 网络设备内存映射时在主机中的内存区域。

```
unsigned long           mem_end;        /* shared mem end  */
unsigned long           mem_start;      /* shared mem start */
```

- 网络设备 I/O 基地址与中断号。

```
unsigned long   base_addr;              /* device I/O address     */
unsigned int    irq;                    /* device IRQ number      */
```

- 在多端口设备中指定使用哪个端口。

```
unsigned char           if_port;        /* Selectable AUI，TP，…*/
```

- DMA 通道 dma。

```
unsigned char           dma;            /* DMA channel      */
```

✧ 标识符，标识网络设备的唯一索引号。

```
int             ifindex;
```

✧ 网络设备相关链表。

```
struct list_head    dev_list;                   //网络设备链表
```

✧ 网络层协议的特定数据。

```
void                *atalk_ptr;                 /* AppleTalk link    */
void                *ip_ptr;                    /* IPv4 specific data */
void                *dn_ptr;                    /* DECnet specific data */
void                *ip6_ptr;                   /* IPv6 specific data */
void                *ec_ptr;                    /* Econet specific data     */
void                *ax25_ptr;                  /* AX.25 specific data */
struct wireless_dev    *ieee80211_ptr;          /* IEEE 802.11 specific data */
```

✧ 设备硬件功能特性。

```
    unsigned long          features;
#define NETIF_F_SG                  1           /* Scatter/gather IO. */
#define NETIF_F_IP_CSUM             2           /* Can checksum only TCP/UDP over IPv4. */
#define NETIF_F_NO_CSUM             4           /* Does not require checksum. F.e. loopack.
⋮
```

2) 网络设备状态信息

网络设备的状态信息有以下几个：

✧ 网络设备物理上的工作状态 state。

✧ 网络设备通信模式或状态 flags gflags priv_flags。

3) 网络设备的操作函数

网络设备的操作函数有以下几个：

```
/* Pointers to interface service routines. */
int            (*open)(struct net_device *dev);
int            (*stop)(struct net_device *dev);
⋮
```

4) 数据包的发送和接收信息

数据包的发送和接收信息包括：

✧ 接收队列信息。

✧ 发送队列信息。

2. net_device 相关函数

net_device 相关基本操作函数原型如下。

【代码 5-14】 net_device 相关函数

```
int    (*init) (struct device *dev);    /* Called only once. */
int    (*open) (struct device *dev);
int    (*stop) (struct device *dev);
int    (*hard_start_xmit) (struct sk_buff *skb,    struct device *dev);
```

其中各函数的含义如下：

(1) *init( )。

*init( )为初始化函数的指针，仅被调用一次。初始化函数的功能包括以下内容：

✧ 检测设备是否存在。

✧ 检测设备的 I/O 端口和中断号。

✧ 填充 net_device 结构大部分域段。

✧ 分配所需要的 net_device 内存空间。

初始化成功后，该设备的 net_device 将连接到内核支持的网络设备 dev_base 链表上。

(2) *open( )。

*open( )打开网络接口。每当接口被 ifconfig 激活时，网络接口都要被打开。open 操作做以下工作：登记一些需要的系统资源，如 IRQ、DMA、I/O 端口等；打开硬件设备。

(3) *stop( )。

停止网络接口。操作内容与 open 相反。

(4) * hard_start_xmit ( )。

硬件开始传输数据。这个操作对应缓存区中一个 sk_buff 数据包的传输。

3. sk_buff

Linux 系统使用统一的缓存区结构 sk_buff 来进行网络中各层次之间的数据传递，sk_buff 位于网络协议接口层，被组织成双向链表的形式，作用如下：

✧ 发送数据包时，发送的数据先存入 sk_buff 中，再传递给下层，并添加相应的协议头后交给网络设备发送。

✧ 接收数据包时，先将数据保存到 sk_buff 中，再传递给上层，上层除去协议头后交给用户。

sk_buff 在/include/linux/sk.buff.h 中定义，定义如下。

【结构体 5-6】 sk_buff

```
struct sk_buff {

    struct sk_buff      *next;
    struct sk_buff      *prev;

    struct sock         *sk;
    ktime_t             tstamp;
    struct net_device   *dev;
    int             iif;

    struct  dst_entry   *dst;
    struct      sec_path *sp;

    char            cb[48];
    unsigned int        len,
                data_len,
                mac_len;
    ⋮
    sk_buff_data_t      transport_header;
    sk_buff_data_t      network_header;
    sk_buff_data_t      mac_header;

    sk_buff_data_t      tail;
    sk_buff_data_t      end;
    unsigned char       *head,
                *data;
    unsigned int        truesize;
    atomic_t        users;
};
```

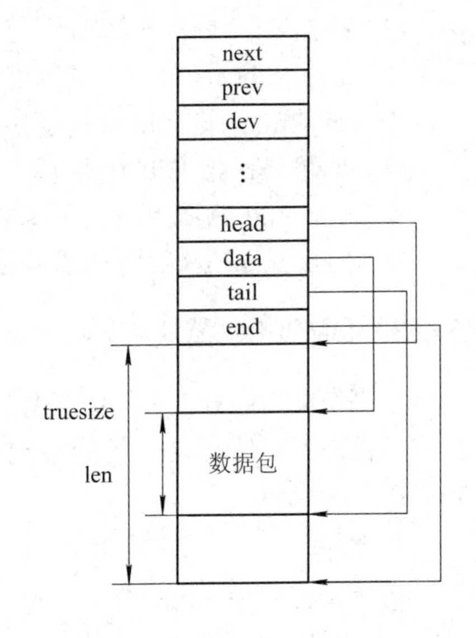

图 5-6　sk_buff 结构

在每个 sk_buff 中都有一块数据区，并有四个数据指针指向相应的位置，如图 5-6 所示。

sk_buff 的四个数据指针分别是：

✧ head：指向被分配的内存空间的首地址。

✧ data：指向当前数据包的首地址。

✧ tail：指向当前数据包的末地址。

✧ end：指向被分配的内存空间的末地址。

其中：

✧ len = skb->tail – skb->data：表示当前数据包的大小。

✧ truesize = skb->end – skb->head：表示分配内存空间大小。

内存空间的大小在内存空间分配后就固定不变了，数据包的大小可以根据协议的不同而变化。

4. sk_buff 相关函数

系统对 sk_buff 的操作主要有分配、释放、变更等，这些操作通过相关的函数实现，这些函数在内核目录/net/core/skbuff.c 中，函数原型如下。

【代码 5-15】 sk_buff 相关函数

```
struct sk_buff *alloc_skb(unsigned int len，gfp_t priority)；
struct sk_buff *dev_alloc_skb(unsigned int len)；
void kfree_skb(struct sk_buff *skb)；
void dev_kfree_skb(struct sk_buff *skb)；
dev_kfree_skb_irq( )；
unsigned char *skb_put(struct sk_buff *skb，unsigned int len)；
unsigned char *skb_push(struct sk_buff *skb，unsigned int len)；
```

在各个环节中所用到的函数如下。

(1) 分配一个 sk_buff 缓存区。

alloc_skb( )函数分配一个缓存区并将 skb->data 和 skb->tail 初始化为 skb->head。

(2) 释放一个 sk_buff 缓存区。

✧ kfree_skb( )函数供内核调用。

✧ dev_kfree_skb( )函数供设备驱动程序使用。

(3) 变更一个 sk_buff 缓存区。

✧ *skb_put( )函数用于 skb->tail 后移 len 字节。

✧ *skb_push( )函数用于 skb->data 前移 len 字节。

5.4.3 DM9000 模块

本书所配用的开发板网络设备选取 DM9000 作为网络控制芯片，DM9000 是一款高度集成、低成本、低功耗的高速网络控制器，含有通用 CPU 接口，10 MB/100 MB 物理层和 16 KB 的 SRAM。

1. 特点

概括来说，DM9000 有以下特点：

✧ 支持通用处理器接口类型，以字节/字/双字的 I/O 指令访问 DM9000 内部数据。

✧ 集成的 10 MB/100 MB 收发器。

✧ 支持 MII/RMII 接口。
✧ 支持半双工背压流量控制模式。
✧ 支持远端唤醒和连接状态变化。
✧ 集成 16 KB 的 SDRAM。
✧ 支持从 EEPROM 中自动获取芯片信息。
✧ 4 个 GPIO 管脚。
✧ 可以使用 EEPROM 来配置。
✧ 低功耗模式。
✧ I/O 管脚 3.3 V 和 5 V 兼容。
✧ 100_pin CMOS 工艺 LQFP 封装型式。

2. 连接方式

DM9000 与 S3C2440 的连接如图 5-7 所示。

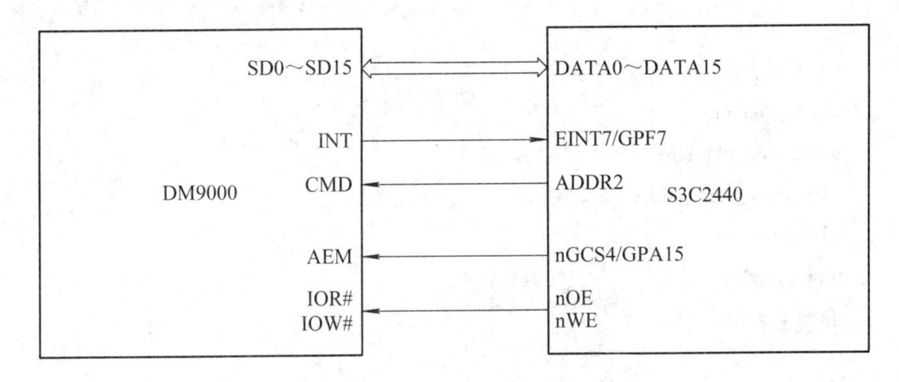

图 5-7　DM9000 与 S3C2440 连接图

由图中可知：

✧ DM9000 片选信号连接到 nGCS4 引脚上，即地址映射到 S3C2440 的 BANK4 上，所以 DM9000 的基地址为 0x20000000。

✧ 数据总线为 DATA0～DATA15，宽度为 16 位。

✧ CMD 用来设置命令类型，与 ADDR2 相连。当 CMD 为低电平时，数据总线传送地址信号；当 CMD 为高电平时，数据总线传送数据信号。

✧ DM9000 的中断引脚为 EINT7。

5.4.4　DM9000 驱动程序

一个最简单的网络设备驱动程序，至少应该具有以下内容：

(1) 网络设备初始化函数。

(2) 网络设备的打开和关闭操作函数。

(3) 网络设备的数据传输函数。

(4) 网络设备的中断服务程序。

Linux2.6 内核使用平台设备机制进行设备驱动程序管理。在此机制中，平台设备用 platform_device 表示，平台设备驱动用 platform_driver 表示。Linxu2.6 内核支持 DM9000

平台设备，DM9000 的驱动程序位于内核/driver/net 目录下，源文件名为 dm9000.c。本节将对 dm9000.c 源文件进行分析以了解网络设备驱动程序的组成以及实现过程。

下述内容用于实现任务描述 5.D.2——网卡 DM9000 驱动程序分析。其实现步骤如下。

1. 定义硬件信息

dm9000.c 定义了 board_info 结构体描述设备的硬件信息，包括地址、数据的内存映射、中断号等，该结构体定义如下。

【描述 5.D.2】 dm9000.c

```
typedef struct board_info {

    void __iomem *io_addr;        //寄存器映射
    void __iomem *io_data;        //数据映射
    u16 irq;                      //中断号

    //数据信息
    u16 tx_pkt_cnt;
    u16 queue_pkt_len;
    u16 queue_start_addr;
    u16 dbug_cnt;
    u8 io_mode;                   //数据位宽
    u8 phy_addr;

    //设置 I/O 模式
    void (*inblk)(void __iomem *port, void *data, int length);
    void (*outblk)(void __iomem *port, void *data, int length);
    void (*dumpblk)(void __iomem *port, int length);

    //设备资源
    struct resource *addr_res;    /* resources found */
    struct resource *data_res;
    struct resource *addr_req;    /* resources requested */
    struct resource *data_req;
    struct resource *irq_res;

    //其他信息
    struct timer_list timer;
    struct net_device_stats stats;
    unsigned char srom[128];
    spinlock_t lock;
```

```
    struct mii_if_info mii;
    u32 msg_enable;
} board_info_t;
```

在设备初始化中，需要填充此结构体信息。

2. 初始化函数

DM9000驱动程序中，由module_init( )指定的初始化函数为dm9000_init( )。

【描述5.D.2】 dm9000.c

```
module_init(dm9000_init);
module_exit(dm9000_cleanup);
```

dm9000_init( )函数分两部分完成了平台设备的初始化工作：

(1) 设备平台注册platform_driver_register( )。

(2) 设备注册dm9000_probe( )。

dm9000_init( )函数源码如下。

【描述5.D.2】 dm9000.c

```
static int __init dm9000_init(void)
{
    printk(KERN_INFO "%s Ethernet Driver\n", CARDNAME);
    //platform 设备类型驱动注册
    return platform_driver_register(&dm9000_driver);
}
```

其中，platform_driver_register()函数为内核模块注册函数，调用成功后，返回一个平台设备驱动结构platform_drive。该函数进行设备平台与驱动程序的匹配，匹配成功后将驱动添加到系统中，并调用dm9000_probe( )函数进行DM9000网络设备的初始化。

dm9000平台设备驱动结构体定义如下。

【描述5.D.2】 dm9000.c

```
static struct platform_driver dm9000_driver = {
    .driver     = {
        .name       = "dm9000",             //DM9000 驱动名称
        .owner      = THIS_MODULE,
    },
    .probe      = dm9000_probe,             //网络设备枚举与初始化
    .remove     = dm9000_drv_remove,        //注销网络设备
    .suspend = dm9000_drv_suspend,          //挂起网络设备
    .resume     = dm9000_drv_resume,        //恢复网络设备
};
```

结构体中定义dm9000_driver名字为“dm9000”，并指定了dm9000的操作函数dm9000_probe、dm9000_drv_remove、dm9000_drv_suspend及dm9000_drv_resume。

dm9000_probe( )函数部分源码如下。

【描述 5.D.2】 dm9000.c

```
static int dm9000_probe(struct platform_device *pdev)
{
    //系统设备信息
    struct dm9000_plat_data *pdata = pdev->dev.platform_data;
    //dm9000 网络设备硬件信息
    struct board_info *db;   /* Point a board information structure */
    //网络设备结构体
    struct net_device *ndev;

    //分配生成 net_device 结构体，alloc_etherdev 是针对以太网的操作函数
    ndev = alloc_etherdev(sizeof (struct board_info));
    if (!ndev) {
        printk("%s: could not allocate device.\n", CARDNAME);
        return -ENOMEM;
    }

    //建立 net_device 到 device 的连接
    SET_MODULE_OWNER(ndev);
    SET_NETDEV_DEV(ndev, &pdev->dev);
    ⋮
    //获取网卡私有数据结构的地址，并初始化
    db = (struct board_info *) ndev->priv;
    memset(db, 0, sizeof (*db));
        ⋮
        //获取设备平台资源、地址空间、数据空间、中断号
        db->addr_res = platform_get_resource(pdev, IORESOURCE_MEM, 0);
        db->data_res = platform_get_resource(pdev, IORESOURCE_MEM, 1);
        db->irq_res   = platform_get_resource(pdev, IORESOURCE_IRQ, 0);
        ⋮
        //初始化 net_device 中的成员、网卡接口的 IO 基地址、网卡中断号
        ndev->base_addr = (unsigned long)db->io_addr;
        ndev->irq = db->irq_res->start;

        //检测是否与系统中的定义相同
        if (pdata->flags & DM9000_PLATF_8BITONLY)
```

```
        dm9000_set_io(db, 1);

    if (pdata->flags & DM9000_PLATF_16BITONLY)
        dm9000_set_io(db, 2);

    if (pdata->flags & DM9000_PLATF_32BITONLY)
        dm9000_set_io(db, 4);

    /* check to see if there are any IO routine over-rides */

    if (pdata->inblk != NULL)
        db->inblk = pdata->inblk;

    if (pdata->outblk != NULL)
        db->outblk = pdata->outblk;

    if (pdata->dumpblk != NULL)
        db->dumpblk = pdata->dumpblk;
    ⋮
  //初始化驱动功能函数
  ether_setup(ndev);

  ndev->open             = &dm9000_open;
  ndev->hard_start_xmit       = &dm9000_start_xmit;
  ndev->tx_timeout           = &dm9000_timeout;
  ndev->watchdog_timeo = msecs_to_jiffies(watchdog);
  ndev->stop             = &dm9000_stop;
  ndev->get_stats            = &dm9000_get_stats;
  ndev->set_multicast_list = &dm9000_hash_table;
#ifdef CONFIG_NET_POLL_CONTROLLER
  ndev->poll_controller     = &dm9000_poll_controller;
#endif
    ⋮
  //注册网卡 net_device 结构体
  platform_set_drvdata(pdev, ndev);
  ret = register_netdev(ndev);

  //若分配错误，释放设备平台与 net_device 结构
  dm9000_release_board(pdev, db);
```

```
        free_netdev(ndev);

        return ret;
    }
```

从函数流程来看，在 dm9000_probe( )函数中完成了如下工作：

(1) 定义局部变量，例如 dm9000 平台、dm9000 硬件信息、dm9000 设备。

(2) 分配生成 dm9000 网络设备结构。

(3) 获取设备平台资源信息，例如 dm9000 的 I/O 基地址、中断号等。

(4) 申请内存，获取中断号。

(5) 设备复位，并读取设备信息。

(6) 初始化 dm9000 设备成员。

(7) 检测设备是否与平台信息相匹配。

(8) 定义设备操作函数。

(9) 使用 register_netdev( )设备注册。

dm9000_drv_remove( )为设备注销函数，可以取消地址映射、释放网络设备内存。函数的源码如下。

【描述 5.D.2】 dm9000.c

```
static int dm9000_drv_remove(struct platform_device *pdev)
{
    struct net_device *ndev = platform_get_drvdata(pdev);

    //网络平台设备注销
    platform_set_drvdata(pdev, NULL);
    //网络设备注销
    unregister_netdev(ndev);
    //取消地址映射、释放网络设备内存
    dm9000_release_board(pdev, (board_info_t *) ndev->priv);
    free_netdev(ndev);              /* free device structure */

    PRINTK1("clean_module( ) exit\n");

    return 0;
}
```

dm9000_drv_suspend( )及 dm9000_drv_resume( )分别为网络设备的注销、挂起与恢复函数，本书不再详细分析。

3. 设备的打开与关闭

在终端执行 ifconfig 命令时，系统自动调用 dm9000_open( )函数，用以打开网络设备。

函数的源码如下。

【描述 5.D.2】 dm9000.c

```
dm9000_open(struct net_device *dev)
{
    //获取设备私有数据，返回 board_info_t 地址
board_info_t *db = (board_info_t *) dev->priv;

    PRINTK2("entering dm9000_open\n");
    //注册 dm9000 中断
    if (request_irq(dev->irq, &dm9000_interrupt, IRQF_SHARED, dev->name, dev))
        return -EAGAIN;

    //复位并初始化 dm9000 设备
    dm9000_reset(db);
    dm9000_init_dm9000(dev);

    /* Init driver variable */
    db->dbug_cnt = 0;

    //dm9000 时间处理
    init_timer(&db->timer);
    db->timer.expires   = DM9000_TIMER_WUT;
    db->timer.data      = (unsigned long) dev;
    db->timer.function = &dm9000_timer;
    add_timer(&db->timer);

    //检测接口状态，启动发送队列
    mii_check_media(&db->mii, netif_msg_link(db), 1);
    netif_start_queue(dev);

    return 0;
}
```

驱动程序中的 dm9000_open( )函数用于打开设备，获取设备的基础信息，并完成设备中断注册、设备的硬件初始化以及启动发送队列等工作。

反之，DM9000 设备的关闭函数为 dm9000_stop( )。与 open 函数相对应，该函数完成了关闭发送队列，释放中断，并调用 dm9000_shutdown( )函数进行相关寄存器的配置，关闭设备电源等工作。该函数的源码如下。

【描述 5.D.2】 dm9000.c

```
dm9000_shutdown(struct net_device *dev)
{
    board_info_t *db = (board_info_t *) dev->priv;

    //复位设备
    dm9000_phy_write(dev, 0, MII_BMCR, BMCR_RESET);
    //关掉电源
    iow(db, DM9000_GPR, 0x01);
    //关闭所有中断
    iow(db, DM9000_IMR, IMR_PAR);
    //不再接收数据
    iow(db, DM9000_RCR, 0x00);
}
```

4. 设备数据的发送与接收

在 DM9000 模块的 SRAM 中，分配有两个缓存区，分别是：

✧ 发送缓存区(0x0000～0x0bff)。

✧ 接收缓存区(0x0c00～0x3fff)。

发送/接收数据包时，网络设备的驱动程序将从传递过来的 sk_buff 结构中获取有效的数据放入发送/接收缓存区中，并配置好设备的相关寄存器，驱动设备将数据发出或者接收。

1) *数据发送函数*

在 dm9000.c 中，数据发送函数为 dm9000_start_xmit( )，该函数首先将从上层协议传递过来的 sk_buff 参数中获得数据包的有效数据和长度，并将有效数据放入临时缓存区中，然后设置硬件寄存器，驱动网络设备进行硬件发送。

该函数的部分源码如下。

【描述 5.D.2】 dm9000.c

```
static int
dm9000_start_xmit(struct sk_buff *skb, struct net_device *dev)
{
    board_info_t *db = (board_info_t *) dev->priv;
    //关中断
    iow(db, DM9000_IMR, IMR_PAR);

    //将数据送至 DM9000 发送缓存区
    writeb(DM9000_MWCMD, db->io_addr);
```

```
    (db->outblk)(db->io_data, skb->data, skb->len);
    db->stats.tx_bytes += skb->len;

    /* TX control: First packet immediately send, second packet queue */
    if (db->tx_pkt_cnt == 0) {

        /* First Packet */
        db->tx_pkt_cnt++;

        //设置发送数据长度 TXPLL、TXPLH 寄存器
        iow(db, DM9000_TXPLL, skb->len & 0xff);
        iow(db, DM9000_TXPLH, (skb->len >> 8) & 0xff);

        //设置寄存器发送控制器，启动发送数据
        iow(db, DM9000_TCR, TCR_TXREQ);    /* Cleared after TX complete */

        dev->trans_start = jiffies;    /* save the time stamp */

    } else {
        /第二个数据包
        db->tx_pkt_cnt++;
        db->queue_pkt_len = skb->len;
    }

    //释放 sk_buff 缓存区
    dev_kfree_skb(skb);

    //重启发送队列
    if (db->tx_pkt_cnt == 1)
        netif_wake_queue(dev);

    //中断使能
    iow(db, DM9000_IMR, IMR_PAR | IMR_PTM | IMR_PRM);

    return 0;
}
```

发送数据时并不一定能成功，系统将调用 dm9000_timeout( )函数，当传输数据超时时，意味着发送失败或设备进入未知状态，超时函数会重启设备发送队列。此处的 dm9000_timeout( )函数不再另行分析。

2) 数据接收函数

dm9000_rx( )函数完成更深入的数据包接收工作，例如获取数据包长度，给 sk_buff 和数据段分配缓存区，读取从硬件接收的数据并放入缓存区中，解析上层协议类型，将数据包交给上层。

数据接收函数为 dm9000_rx( )，其源码如下。

【描述 5.D.2】 dm9000.c

```
dm9000_rx(struct net_device *dev)
{
    //获得网卡私有数据首地址
    board_info_t *db = (board_info_t *) dev->priv;
    struct dm9000_rxhdr rxhdr;
    struct sk_buff *skb;
    u8 rxbyte, *rdptr;
    bool GoodPacket;
    int RxLen;

    /* Check packet ready or not */
    do {
        //欲读取命令
        ior(db, DM9000_MRCMDX);

        /* Get most updated data */
        rxbyte = readb(db->io_data);

        //0、1 为正确，2 表示接收出错
        if (rxbyte > DM9000_PKT_RDY) {
            printk("status check failed: %d\n", rxbyte);
            //关闭设备，并停止中断请求
            iow(db, DM9000_RCR, 0x00);
            iow(db, DM9000_ISR, IMR_PAR);
            return;
        }

        //没准备好，直接返回
        if (rxbyte != DM9000_PKT_RDY)
            return;
```

```
//准备好，取得数据包状态和长度
GoodPacket = true;
writeb(DM9000_MRCMD, db->io_addr);

//读取数据，从 RX_SRAM 中读取到 rxhdr 中
(db->inblk)(db->io_data, &rxhdr, sizeof(rxhdr));

RxLen = rxhdr.RxLen;

//检查包的完整性
if (RxLen < 0x40) {
    GoodPacket = false;
    PRINTK1("Bad Packet received (runt)\n");
}

if (RxLen > DM9000_PKT_MAX) {
    PRINTK1("RST: RX Len:%x\n", RxLen);
}

if (rxhdr.RxStatus & 0xbf00) {
    GoodPacket = false;
    if (rxhdr.RxStatus & 0x100) {
        PRINTK1("fifo error\n");
        db->stats.rx_fifo_errors++;
    }
    if (rxhdr.RxStatus & 0x200) {
        PRINTK1("crc error\n");
        db->stats.rx_crc_errors++;
    }
    if (rxhdr.RxStatus & 0x8000) {
        PRINTK1("length error\n");
        db->stats.rx_length_errors++;
    }
}

//从 DM9000 获取数据
if (GoodPacket
    && ((skb = dev_alloc_skb(RxLen + 4)) != NULL)) {
    skb_reserve(skb, 2);
```

```
            rdptr = (u8 *) skb_put(skb，RxLen - 4)；

            //从 RX_SRAM 读取数据到 DM9000 中
            (db->inblk)(db->io_data，rdptr，RxLen)；
            db->stats.rx_bytes += RxLen；

            //获取上层协议类型
            skb->protocol = eth_type_trans(skb，dev)；
            //把数据包交给上层
            netif_rx(skb)；
            db->stats.rx_packets++；

        } else {
            /* need to dump the packet's data */

            (db->dumpblk)(db->io_data，RxLen)；
        }
    } while (rxbyte == DM9000_PKT_RDY)；
}
```

5. 中断服务函数

DM9000 的驱动程序采用了中断的方式进行数据传输，有两种情况可触发中断：

✧ DM9000 接收到数据包。

✧ DM9000 发送完一个数据包。

1) 接收中断

在中断服务函数中，首先判断中断的类型，如果为接收中断，则读取接收到的数据，并给 sk_buff 分配数据结构和数据缓存区，将接收到的数据复制到缓存区中，然后将 sk_buff 传递给上层协议。

中断服务函数的源码如下。

【描述 5.D.2】 dm9000.c

```
static irqreturn_t dm9000_interrupt(int irq，void *dev_id)
{
    struct net_device *dev = dev_id；
    board_info_t *db；
    int int_status；
    u8 reg_save；

    PRINTK3("entering %s\n"，__FUNCTION__)；
```

```
    if (!dev) {
        PRINTK1("dm9000_interrupt( ) without DEVICE arg\n");
        return IRQ_HANDLED;
    }

    //中断发生
    db = (board_info_t *) dev->priv;
    spin_lock(&db->lock);

    //保存现场
    reg_save = readb(db->io_addr);

    //关中断
    iow(db, DM9000_IMR, IMR_PAR);

    //获取工作状态
    int_status = ior(db, DM9000_ISR);
    iow(db, DM9000_ISR, int_status);

    //接收到数据包
    if (int_status & ISR_PRS)
        dm9000_rx(dev);

    //发送完数据包
    if (int_status & ISR_PTS)
        dm9000_tx_done(dev, db);

    //开中断
    iow(db, DM9000_IMR, IMR_PAR | IMR_PTM | IMR_PRM);
    //恢复现场
    writeb(reg_save, db->io_addr);

    spin_unlock(&db->lock);

    return IRQ_HANDLED;
}
```

2) 发送中断

当一个数据包发送完成后会产生一个中断，进入发送中断处理函数，函数源码如下。

【描述 5.D.2】 dm9000.c

```
dm9000_tx_done(struct net_device *dev, board_info_t * db)
{
    int tx_status = ior(db, DM9000_NSR);        /* Got TX status */

    if (tx_status & (NSR_TX2END | NSR_TX1END)) {
        //检测一个数据包是否发送完毕，待发送数据包-1，已发送数据包+1
        db->tx_pkt_cnt--;
        db->stats.tx_packets++;

        //如果还有数据包，则继续发送
        if (db->tx_pkt_cnt > 0) {
            iow(db, DM9000_TXPLL, db->queue_pkt_len & 0xff);
            iow(db, DM9000_TXPLH, (db->queue_pkt_len >> 8) & 0xff);
            iow(db, DM9000_TCR, TCR_TXREQ);
            dev->trans_start = jiffies;
        }
        //启动发送队列
        netif_wake_queue(dev);
    }
}
```

5.4.5 移植实例

Linux 内核虽然支持 DM9000 平台设备，但并不适用于所有的开发板，因此，在应用之前，应先进行设备驱动程序的移植。

移植过程可遵循以下几个步骤：

(1) 将设备添加到 S3C2440 平台设备列表中。

(2) 对 S3C2440 与 DM9000 设备的接口初始化。

(3) 编译驱动程序并放入内核。

(4) 测试驱动程序。

DM9000 网络设备驱动程序的移植过程可参考实践 5 的描述。

小 结

通过本章的学习，学生应该掌握：

◆ Linux 系统中设备分为字符设备、块设备和网络设备。

◆ 字符设备在进行访问操作时是以字节的方式进行的，一般不经过系统缓存区。

◆ 块设备在进行访问操作时是以块为单位随机进行数据访问的，并且系统会为块设备分配一块内存缓存区。在 Linux 内核中，块设备块大小为 512 B。

◆ Linux 系统单独把网络设备作为一种设备类型，在内核中提供了多种类型的接口来实现对网络设备的访问，并采取了数据包(sk_buff 结构体)的形式进行数据传输。

◆ 设备驱动程序由设备注册与注销、设备操作以及相应的中断处理函数组成。

习　题

1．Linux 系统将设备分为_____、_____、_____。

2．Linux 驱动程序可以通过_____、_____编译。

3．Linux 系统将设备分类管理，下列设备中_______属于字符设备，_______属于块设备(多选)。

A．键盘　　B．硬盘　　C．闪存设备　　D．网卡

E．NAND Flash

4．Linux 系统中，内核以______区分设备。

A．设备节点名　　B．设备节点号　　C．设备名称　　D．设备号

5．Linux 系统设备节点可以创建在______下。

A．/dev 目录　　B．根目录　　C．/tmp 目录　　D．/usr 目录

6．Linux 驱动程序运行在______中。

A．内核空间　　B．用户空间　　C．内核空间和用户空间

7．简述设备驱动程序与普通应用程序的异同点。

8．简述字符设备、块设备和网络设备的区别。

9．简述设备驱动程序的组成及实现过程。

第6章 应用编程

本章目标

◆ 了解应用程序与内核的调用关系。
◆ 掌握文件 I/O 的常用函数的使用。
◆ 掌握进程的创建及管理。
◆ 了解多进程间的通信方式。
◆ 掌握管道、信号、信号量、共享内存的应用。
◆ 掌握线程的创建及多线程的管理。
◆ 了解 UDP TCP/IP 协议。
◆ 掌握 socket 套接字的使用。

学习导航

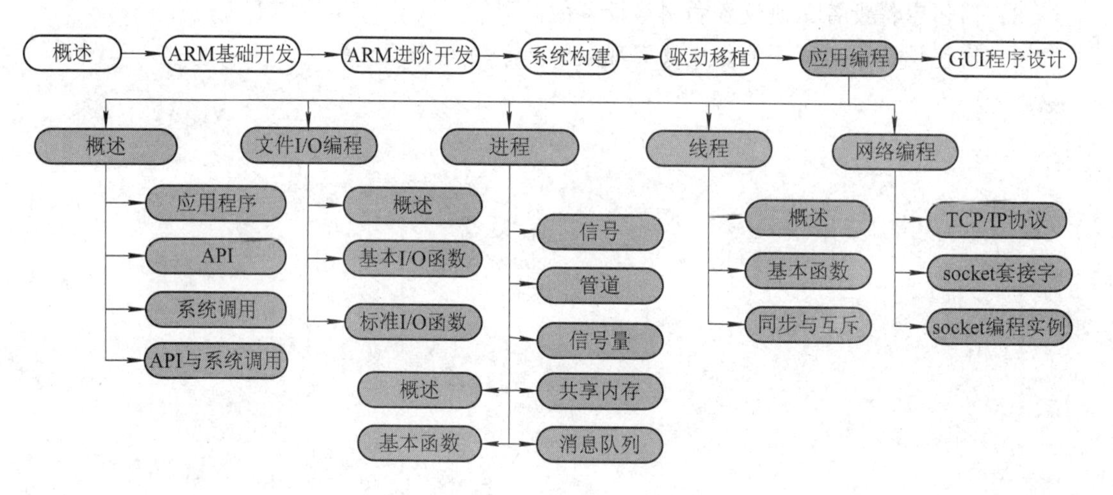

任务描述

➢【描述 6.D.1】

编写程序，实现将源文件的最后 10 KB 写入目标文件中。

➤【描述 6.D.2】

创建子进程，观察父进程和子进程的运行现象。

➤【描述 6.D.3】

自定义信号处理函数。

➤【描述 6.D.4】

利用管道实现从一个终端读取另一个终端的输入信号并显示的功能。

➤【描述 6.D.5】

使用信号量来实现两个进程之间的执行顺序。

➤【描述 6.D.6】

利用共享内存实现文件的打开和读写操作。

➤【描述 6.D.7】

利用消息队列实现两个进程的通信。

➤【描述 6.D.8】

互斥锁和信号量在多线程中的使用。

➤【描述 6.D.9】

实现典型的服务器/客户机程序。

6.1 概述

应用程序是系统开发的最终目标，用以实现用户的功能需求。本章内容讲述了嵌入式 Linux 系统下应用程序的开发。

6.1.1 应用程序

为了保护内核不被破坏，Linux 将整个地址空间分为用户空间和内核空间，用户空间和内核空间在逻辑上相互隔离，应用程序只能在用户空间操作用户数据、调用用户空间函数，不允许访问内核数据，也无法使用内核函数。

Linux 通过 API 和系统调用使应用程序获得内核的服务。它们的关系如图 6-1 所示。

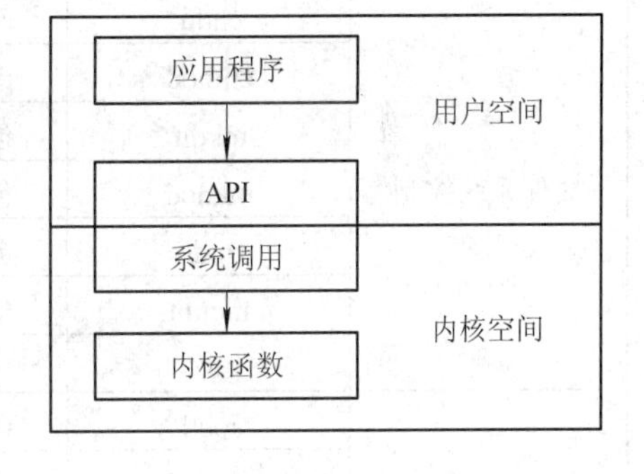

图 6-1 应用程序访问内核空间

从图中可以看出：

✧ 用户程序通过 API 来实现系统调用。

✧ 系统调用在内核中通过内核函数来实现。

6.1.2 API

API(Application Programming interface，应用程序编程接口)是应用程序在用户空间直接使用的函数接口，是对系统调用的直接应用。它由预定义的函数组成，也称为 API 函数，如 glibc 中的大量函数。每个 API 会对应一定的功能，例如常用的 read( )、write( )函数等。

6.1.3 系统调用

系统调用是由操纵系统内核提供的、为了和用户空间上运行的程序进行交互的一组接口，通过该接口，应用程序可以访问硬件设备和其他操作系统资源。

1. 实现

在每种平台上，都有特定的指令可以使进程的执行从用户态转到内核态，这种指令称为操作系统陷入指令。Linux 系统是通过软中断来实现陷入的，即 Linux 系统下的系统调用是一个中断处理函数的特例。在 ARM 体系结构下，陷入指令为 SWI，执行 SWI 中断处理。

进程执行陷入指令后，便可以使程序运行空间从用户空间进入内核空间，处理完毕后再返回用户空间。

2. 分类

Linux2.6 内核中的系统调用达到 280 多个，继承了 UNIX 系统调用中最基本和最有用的部分。系统调用表定义在内核 arch/arm/kernel/syscall_table.h 中。部分常见的系统调用如表 6-1 所示。

表 6-1 系统调用列表

分 类		系 统 调 用
进程控制	fork	创建一个新进程
	exit	中止进程
	_exit	立即中止当前进程
	getpid	获取进程标识号
	getppid	获取父进程标识号
	…	……
进程间通信	ipc	进程间通信总控制调用
文件系统控制	chdir	改变当前工作目录
	chmod	改变文件方式
	mkdir	创建目录
	mknod	创建索引节点
	rmdir	删除目录
	mount	安装文件系统
	…	……
系统控制	ioctl	I/O 总控制函数
	_sysctl	读/写系统参数
	sysfs	取核心支持的文件系统类型
	sysinfo	取得系统信息
	stime	设置系统日期和时间
	time	取得系统时间
	…	……

续表

分类		系统调用
存储管理	mmap	映射虚拟内存页
	brk	改变数据段空间的分配
	…	……
网络管理	getdomainname	取域名
	setdomainname	设置域名
	gethostid	获取主机标识号
	sethostid	设置主机标识号
	gethostname	获取本主机名称
	sethostname	设置主机名称
socket 控制	socketcall	socket 系统调用
	socket	建立 socket
	bind	绑定 socket 到端口
	connect	连接远程主机
	accept	响应 socket 连接请求
	send	通过 socket 发送信息
	…	……
用户管理	getuid	获取用户标识号
	setuid	设置用户标志号
	getgid	获取组标识号
	…	……

3. 标识

系统调用利用函数名和调用号来进行标识。

✧ 函数名，系统调用处理函数约定为 sys_系统调用名称。例如 fork( )的处理函数名是 sys_fork( )。

✧ 调用号，是系统调用的标识号，定义在内核 arch/arm/include/unistd.h 中。

【示例 6-1】 系统调用号定义

```
//宏定义：系统调用函数名、系统调用号
#define __NR_restart_syscall      (__NR_SYSCALL_BASE+  0)
#define __NR_exit                 (__NR_SYSCALL_BASE+  1)
#define __NR_fork                 (__NR_SYSCALL_BASE+  2)
#define __NR_read                 (__NR_SYSCALL_BASE+  3)
#define __NR_write                (__NR_SYSCALL_BASE+  4)
#define __NR_open                 (__NR_SYSCALL_BASE+  5)
#define __NR_close                (__NR_SYSCALL_BASE+  6)
```

6.1.4 API 与系统调用

API 与系统调用的关系有以下几种：

✧ 一个 API 对应一个系统调用。
✧ 一个 API 对应多个系统调用。
✧ API 不需要系统调用。
✧ 几个 API 对应一个系统调用。

API 应用及系统调用的过程示例源码如下。

【示例 6-2】 API 与系统调用

```
#include <unistd.h>
#include <stdio.h>
int main( )
{
    fork( );
    exit(0);
}
```

上述源码中用到了两个 API 函数 fork( )和 exit( )，而且这两个函数都是 glibc 库中的函数，在跟踪函数执行过程中，glibc 对函数的实现是在代码里利用软中断的方式陷入到内核中并系统调用内核中的函数实现功能的。

基于此例，API 与系统调用的过程总结如下：

(1) 执行用户程序，如 fork( )函数。
(2) 根据 glibc 函数库中的函数实现，取得系统调用号并产生软中断。
(3) 进入内核空间，进行中断处理，根据系统调用表调用内核函数。
(4) 执行内核函数。
(5) 返回用户空间。

6.2 文件 I/O 编程

“一切皆文件”形象地说明了文件系统在 Linux 系统中的重要性，并且在 Linux 的系统调用分类中，有专门针对文件系统操作的系统调用类型，本节所讲述的内容就是文件系统的系统调用过程。

6.2.1 概述

文件是一个抽象的概念，可以独立地存放与操作。Linux 系统对所有的目录与设备的操作都等同于文件操作。下面从文件的分类、文件描述符以及文件的操作函数这几个方面来对文件进行说明。

1. 分类

Linux 的文件分为四种：

✧ 普通文件，用“-”表示。
✧ 目录文件，用“d”表示。
✧ 链接文件，用“l”表示。

✧ 设备文件，用“b”或者“c”分别表示块设备文件和字符设备文件。

2. 文件描述符

Linux的所有文件操作都使用文件描述符(file descriptor，简称fd)来进行。文件描述符是一个非负整数，且是一个索引值，指向内核中每一个进程打开文件的记录表。文件描述符的使用过程如下：

(1) 打开或创建新文件时，内核向进程返回一个文件描述符fd。

(2) 读写文件时，把文件描述符fd作为参数传递给相应函数。

Linux默认的文件描述符有1024个，可以使用ulimit命令查看，结果为1024。

【示例6-3】 ulimit

```
$ ulimit –n
```

该示例的显示结果如图6-2所示。

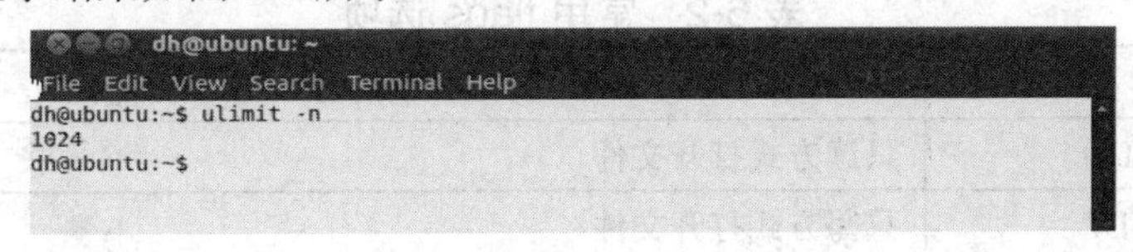

图6-2 ulimit 命令

标号为0、1、2的文件描述符分别对应标准输入(stdin)、标准输出(stdout)和标准出错处理(stderr)三个文件。每当打开一个新进程时，首先都会打开这三个文件，默认情况下，stdin连接到键盘，stdout和stderr连接到屏幕(终端)。

3. 操作函数

glibc中提供了各种应用层次下使用的文件输入/输出(I/O)函数，这些函数分为两类：

✧ 基本I/O函数，基于文件描述符的操作函数，不使用缓存区，常用的函数有open( )、close( )、read( )、write( )等。

✧ 标准I/O函数，基于文件流的操作函数，使用缓存区，常用的函数有fopen( )、fclose( )、fread( )、fwrite( )等。

下面分别讲述两类I/O函数的使用方法。

6.2.2 基本I/O函数

基本I/O函数的主要特点有：

✧ 不带缓存区。

✧ 通过文件描述符对文件进行读写操作。

基于这两个特点，用户可以使用基本I/O函数直接操作硬件设备，为开发硬件设备驱动提供了便利。例如，串口设备的操作都可以用基本I/O函数来实现。

1. 基本操作

文件的基本操作函数有open( )、close( )、read( )、write( )、lseek( )，下面分别来介绍。

1) open( )

open( )函数用于打开或创建文件，并可指定文件属性及用户权限等参数。该函数原型以及编程调用时要包含的头文件如下。

【代码 6-1】 open( )

```
#include <sys/types.h>            //声明类型 pid_t
#include <sys/stat.h>             //声明函数中使用的 flag 常量
#include <fcntl.h>                //声明 ssize_t 类型

int open(const char *pathname，int flags，mode_t mode);
```

其中，各参数含义如下：

✧ *pathname，被打开或创建的文件名，也可以为路径名。

✧ flags，文件打开的方式，如只读、只写等，常用方式选项如表 6-2 所示。flags 中各方式参数可通过“|”进行组合，但是前三项参数(O_RDONLY、O_WRONLY、O_RDWR)只能三选一，不能组合。

表 6-2 常用 flags 选项

名 称	描 述
O_RDONLY	只读方式打开文件
O_WRONLY	只写方式打开文件
O_RDWR	读写方式打开文件
O_CREAT	若文件不存在，创建新文件
O_EXCL	若使用 O_CREAT 时文件存在，则返回错误信息
O_NOCITY	若文件为终端，则此终端不会成为调用 open( )函数的进程终端
O_TRUNC	若文件存在，则删除文件中原有数据，并设置文件大小为 0
O_APPEND	以添加方式打开文件，文件指针指向文件末尾

✧ mode，创建新文件的操作权限。当 flags 选项为 O_CREAT 时有效，定义了文件所有者/文件所属组/其他用户的读、写、执行的权限，如表 6-3 所示。

表 6-3 mode 选项

操作者	权 限		
	标识	八进制	描 述
文件所有者	S_IRWXU	00700	允许读、写和执行文件
	S_IRUSR	00400	允许读文件
	S_IWUSR	00200	允许写文件
	S_IXUSR	00100	允许执行文件
文件所属组	S_IRWXG	00070	允许读、写和执行文件
	S_IRGRP	00040	允许读文件
	S_IWGRP	00020	允许写文件
	S_IXGRP	00010	允许执行文件
其他用户	S_IRWXO	00007	允许读、写和执行文件
	S_IROTH	00004	允许读文件
	S_IWOTH	00002	允许写文件
	S_IXOTH	00001	允许执行文件

open( )函数若设置成功，则返回文件描述符；若设置失败，则返回 –1，同时设置错误变量。使用 man 命令查看帮助，例如使用 man 命令查看 open( )帮助信息。

【示例 6-4】 man

```
$ man open
```

终端显示帮助信息如图 6-3 所示。

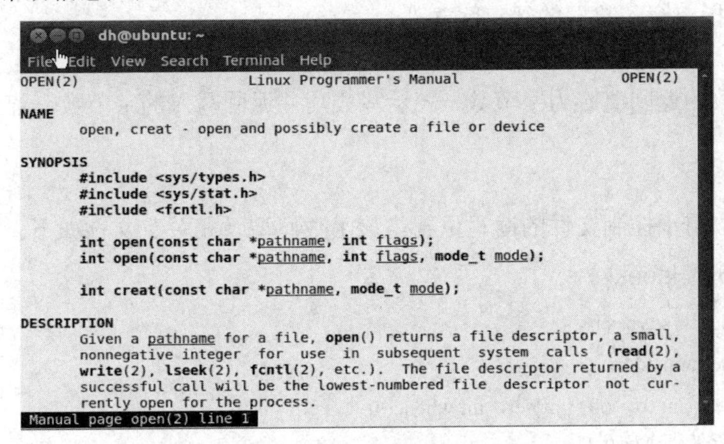

图 6-3　使用 man 命令查看 open( )函数帮助信息

2) close( )

close( )函数用于关闭打开的文件。当进程终止时，所有被打开的文件都由内核自动关闭。该函数原型及相关头文件如下。

【代码 6-2】 close( )

```
#include <unistd.h>
int close(int fd);
```

其中参数 fd 表示要关闭文件的文件描述符。函数若返回 0，表示成功；若返回–1，表示失败，并设置出错信息。

3) read( )

read( )函数用于从指定的文件描述符中读出数据。该函数原型及相关头文件如下。

【代码 6-3】 read( )

```
#include <unistd.h>
ssize_t read(int fd，void *buf，size_t count);
```

其中各参数的含义如下：

✧ fd，文件描述符。

✧ *buf，指定要读出数据的缓存区。

✧ count，指定读出的字节数。

read( )函数的返回值若为字节数，表示读成功并返回读到的字节数；若为 0，表示已到达文件尾；若为 –1，表示读出错。

4) write( )

write( )函数用于向打开的文件描述符中写入数据。该函数原型及相关头文件如下。

【代码 6-4】 write( )

```
#include <unistd.h>
ssize_t write(int fd，const void *buf，size_t count);
```

其中各参数的含义如下：

✧ fd，文件描述符。

✧ *buf，指定写入数据的缓存区文件。

✧ count，指定写入的字节数。

write( )函数的返回值若为字节数，表示写成功并返回写入的字节数；若为 -1，表示读出错。

5) lseek( )

lseek( )函数用于控制文件的读写位置。该函数原型及相关头文件如下。

【代码 6-5】 lseek( )

```
#include <sys/types.h>
#include <unistd.h>
off_t lseek(int fd，off_t offset，int whence);
```

其中各参数的含义如下：

✧ fd，文件描述符。

✧ offset，偏移量，每一次读写需要移动的距离，单位为字节。

✧ whence，当前位置的基点。常用以下几个值：

- SEEK_SET，当前位置为文件开头。
- SEEK_CUR，当前位置为文件指针的位置。
- SEEK_END，当前位置为文件的结尾。

lseek( )函数的返回值若为字节数，表示文件的当前位移字节数；若为-1，表示出错。

以下代码用于实现任务描述 6.D.1——编写程序，实现将源文件的最后 10 KB 写到目标文件中。

【描述 6.D.1】 copy_file.c

```
#include <unistd.h>
#include <sys/types.h>
#include <sys/stat.h>
#include <fcntl.h>
#include <stdlib.h>
#include <stdio.h>
#define BUFFER_SIZE 1024 /* 每次读写缓存大小，影响运行效率*/
#define SRC_FILE_NAME "src_dh" /* 源文件名 */
#define DEST_FILE_NAME "dest_dh" /* 目标文件名 */
#define OFFSET 10240 /* 复制的数据大小 */

int main( )
```

```
{   int src_file, dest_file;
    unsigned char buff[BUFFER_SIZE];
    int real_read_len;

    /* 以只读方式打开源文件 */
    src_file = open(SRC_FILE_NAME, O_RDONLY);

    /* 以只写方式打开目标文件，若此文件不存在，则创建该文件，访问权限值为 644 */
    dest_file = open(DEST_FILE_NAME, O_WRONLY|O_CREAT, S_IRUSR
                     |S_IWUSR|S_IRGRP|S_IROTH);

    if (src_file < 0 || dest_file < 0)
    {       printf("Open file error\n");
        exit(1);
    }

    /* 将源文件的读写指针移到最后 10KB 的起始位置*/
    lseek(src_file, -OFFSET, SEEK_END);

    /* 读取源文件的最后 10KB 数据并写到目标文件中，每次读写 1KB */
    while ((real_read_len = read(src_file, buff, sizeof(buff))) > 0)
    {
        write(dest_file, buff, real_read_len);
    }

    close(dest_file);
    close(src_file);
    return 0;
}
```

程序编译运行后，当前目录多了文件 dest_dh，大小为 10 KB，如图 6-4 所示。

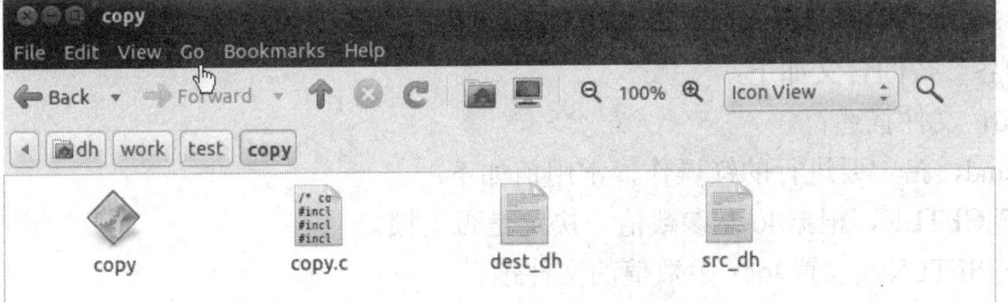

图 6-4 copy.c 执行结果

2. 文件锁

在多任务操作系统环境中，如果一个用户对其他用户正在读取的文件进行写操作时，会导致读取文件的用户读到的是被破坏的文件。Linux 采取文件锁技术解决了共享资源产生竞争的状态。

1) 文件锁分类

文件锁分为两种：

✧ 建议性锁(advisory lock)，又称协同锁，要求对每个上锁文件都要检查是否有锁存在，并且尊重已有的锁。内核提供加锁和判断文件是否加锁的方法。因此，建议性锁不能阻止用户对文件的操作，只能依赖用户自觉的检测并约束自己的行为。

✧ 强制性锁(mandatory lock)，是内核强制采用的文件锁。当一个文件被上强制性锁时，内核将阻止其他用户对该文件进行读写操作。

另外，还有针对文件某一记录而上的锁，称为记录锁。记录锁也分为两种：

✧ 读取锁(共享锁)，多个用户在同一时刻可以对同一文件加读取锁。

✧ 写入锁(排斥锁)，某一时刻的某一部分文件只能由一个用户建立写入锁。

也就是说，对同一个文件来说，在某一个时刻可以拥有多个读者，但在某一时刻只能有一个写者。

2) 文件锁函数

Linux 常使用的文件锁函数有：

✧ flock( )，在 Linux 2.6 中，此函数只能实现对整个文件上锁，不能实现记录锁。

✧ fcntl( )，是一款非常强大的文件锁函数，不但能实现建议性锁，而且能实现强制性锁，还能对文件某一记录上锁。

下面介绍 fcntl( )函数的用法。

3) fcntl( )函数

fcntl( ) 函数原型及相关头文件如下。

【代码 6-6】 fcntl( )

```
#include <unistd.h>
#include <fcntl.h>
int fcntl(int fd，int cmd，... /* arg */ );
```

fcntl( )函数实现的功能很多，不仅可以管理文件锁，还可以改变已打开文件的性质等。本节只介绍有关文件锁的内容，所以此处函数原型引申为：

```
int fcntl(int fd，int cmd，struct flock *lock);
```

其中各参数的含义如下：

✧ fd，文件描述符。

✧ cmd，指定要进行的锁操作，常用值如下：

- F_GETLK，根据 lock 参数值，决定是否上锁。
- F_SETLK，设置 lock 参数值的文件锁。
- F_SETLKW，是 F_SETLK 的阻塞状态，W 表示 wait。

✧ *lock，为 flock 结构体，设置记录锁的具体状态。

fcntl( )函数的返回值若为0，表示成功；若为 -1，表示出错。

使用 fcntl( )函数对文件上锁时，首先应判断文件是否已经上锁，即判断 flock 结构体描述的锁操作。flock 结构体定义如下。

【结构体 6-1】 flock

```
struct flock {
        ⋮
        short l_type;       /* Type of lock: F_RDLCK，F_WRLCK，F_UNLCK */
        short l_whence;     /* How to interpret l_start:
                               SEEK_SET，SEEK_CUR，SEEK_END */
        off_t l_start;      /* Starting offset for lock */
        off_t l_len;        /* Number of bytes to lock */
        pid_t l_pid;        /* PID of process blocking our lock
                               (F_GETLK only) */
        ⋮
};
```

其中，flock 结构体各成员变量描述如表 6-4 所示。

表 6-4 flock 结构体成员

成员		描述
l_type	F_RDLCK	读取锁
	F_WRLCK	写入锁
	F_UNLCK	解锁
l_start	—	相对偏移量
l_whence	SEEK_SET	当前位置为文件开头
	SEEK_CUR	当前位置为文件指针位置
	SEEK_END	当前位置为文件结尾
l_len	—	加锁区域的长度

整个文件上锁，可以设置 l_start 为 0、l_whence 为 SEEK_SET、l_len 为 0。

4) fcntl( )函数实例

在使用 fcntl( )函数给文件上锁时，应先判断文件是否可以上锁，示例中展示了分别调用 fcntl( )函数实现判断上锁条件及给“hello”整个文件上锁的方法。

【示例 6-5】 lock_set.c

```
/* lock_set.c */
int lock_set(int fd，int type)
{
    //给整个文件上锁
    struct flock old_lock，lock;
    lock.l_whence = SEEK_SET;
```

```
lock.l_start = 0;
lock.l_len = 0;
lock.l_type = type;
lock.l_pid = -1;

/* 判断文件是否可以上锁 */
fcntl(fd, F_GETLK, &lock);
if (lock.l_type != F_UNLCK)
{
    /* 判断文件不能上锁的原因 */
    if (lock.l_type == F_RDLCK) /* 该文件已有读取锁 */
    {
        printf("Read lock already set by %d\n", lock.l_pid);
    }
    else if (lock.l_type == F_WRLCK) /* 该文件已有写入锁 */
    {
        printf("Write lock already set by %d\n", lock.l_pid);
    }
}

/* l_type 可能已被 F_GETLK 修改过 */
lock.l_type = type;

/* 根据不同的 type 值进行阻塞式上锁或解锁 */
if ((fcntl(fd, F_SETLKW, &lock)) < 0)
{
    printf("Lock failed:type = %d\n", lock.l_type);
    return 1;
}
switch(lock.l_type)
{
    case F_RDLCK:
    {
        printf("Read lock set by %d\n", getpid( ));
    }
    break;

    case F_WRLCK:
    {
```

```
            printf("Write lock set by %d\n", getpid( ));
        }
        break;

        case F_UNLCK:
        {
            printf("Release lock by %d\n", getpid( ));
            return 1;
        }
        break;

        default:
        break;

    }/* endof switch */
    return 0;
}
```

在 lock_set.c 子函数中，主要做了两部分工作：

(1) 第一次调用 fcntl( )函数，函数中的参数 cmd 取值 F_GETLK，判断 flock 结构状态是否可以上锁，若可以上锁，则 l_type 被设置为 F_UNLCK；若不可上锁，则判断并输出不可以上锁的原因。

(2) 第二次调用 fcntl( )函数，函数中的参数 cmd 取值 F_SETLK，根据 type 类型进行上锁或解锁。

3. 多路复用

Linux 系统实现 I/O 多路复用有多种方式，通常主要使用以下两种方式：

✧ 使用进程或线程来实现。

✧ 通过系统调用 select( )/poll( )函数来实现。

二者相比，利用 select( )/poll( )函数来实现多路复用的效率更高，实现更容易，在底层使用的资源也更少。

1) select( )

select( )函数用于测试在文件描述符集合中，是否有一个文件描述符已处于可读或可写的状态。例如，在大家所熟知的 MCU 的仿真器程序中，可以调用 select( )处理读取键盘或者串行口等的输入或输出。另外，在网络服务器程序中也采用调用 select( )的方式处理多个客户机的连接请求。

select( ) 函数原型及相关头文件如下。

【代码 6-7】 select( )

```
#include <sys/select.h>
#include <sys/time.h>
```

```
#include <sys/types.h>
#include <unistd.h>

int select(int nfds，fd_set *readfds，fd_set *writefds, fd_set *exceptfds, struct timeval *timeout);
```

其中各参数的含义如下：

✧ nfds：需要监视的文件描述符的最大值。

✧ readfds：需要监视的读文件描述符集合。

✧ writefds：需要监视的写文件描述符集合。

✧ exceptfds：需要监视的异常处理文件描述符集合。

✧ timeout：select 的超时时间，可精确到微秒。其三种取值可使 select 处于三种状态：

- NULL：永远等待，直到捕捉到信号或文件描述符已经准备好为止。
- 大于 0 的值：若等待了 timeout 值的时间后没有等到任何信号或文件描述符，则返回。
- 0：从不等待，测试所有的描述符并立即返回。

select( )函数的返回值若大于 0：表示调用成功，返回准备好的文件描述数目；若为 0：表示调用超时；若为 –1：表示调用出错。

从函数的定义可以看出，select( )函数主要是对 fd_set 数据结构进行操作。fd_set 是打开的文件描述符的集合，这些集合可以由一组宏定义来控制。宏定义如下。

【代码 6-8】 fd_set 宏操作

```
//将一个文件描述符从文件描述符集中删除
void FD_CLR(int fd，fd_set *set);
//判断一个文件描述符是否是文件描述符集中的一员
int    FD_ISSET(int fd，fd_set *set);
//将一个文件描述符加入文件描述符集中
void FD_SET(int fd，fd_set *set);
//清除一个文件描述符集
void FD_ZERO(fd_set *set);
```

一般使用 select( )函数的步骤如下：

(1) 使用前，首先使用 FD_ZERO( )和 FD_SET( )来初始化文件描述符集。

(2) 使用中，使用 FD_ISSET( )来测试描述符集。

(3) 使用后，使用 FD_CLR( )来清除描述符集。

2) poll( )

poll( )函数与 select( )函数功能相同，但是使用方法不同，poll( )函数原型及相关头文件如下。

【代码 6-9】 poll( )

```
#include <poll.h>

int poll(struct pollfd *fds，nfds_t nfds，int timeout);
```

其中各参数的含义如下：

✧ fds：指针类型，指向pollfd结构体数组，每一个pollfd结构表示一个文件描述符。

✧ nds：监听的文件描述符数目。

✧ timeout：指定等待时间。它有两种取值：

- 大于0的值：若等待了timeout值的时间没有等到任何信号或文件描述符，则返回。
- 0：无限等待。

poll( )函数的返回值若大于0，表示调用成功，返回pollfd结构的个数；若为0，表示调用超时；若为 –1，表示调用出错。

poll( )函数所操作的pollfd结构体定义如下。

【结构体6-2】 pollfd

```
struct pollfd
{
    int fd;           /* 需要监听的文件描述符 */
    short events;     /* 需要监听的事件 */
    short revents;    /* 已发生的事件 */
}
```

其中，pollfd结构体的各个成员的含义如表6-5所示。

表6-5 pollfd结构体成员

结构体成员	含义	
fd	文件描述符	
events	需要监听的事件	
	POLLIN	文件中有数据可读
	POLLPRI	文件中有紧急数据可读
	POLLOUT	可以向文件写入数据
	POLLERR	文件中出现错误，只限于输出
	POLLHUP	与文件的连接被断开了，只限于输出
	POLLNVAL	文件描述符是不合法的
revents	已发生的事件	

例如，要监视一个文件是否可读或可写，可设置events为POLLIN|POLLOUT。

6.2.3 标准I/O函数

标准I/O函数的主要特点有：

✧ 带缓存区。

✧ 基于文件流对文件进行读写操作。

标准I/O函数与基本I/O函数相比，在对文件进行读写操作时，增加了缓存区的利用，减少了系统调用的次数，提高了程序的效率。

1. 基本操作

同基本I/O函数一样，标准I/O函数的基本操作函数有fopen()、fclose( )、fread( )和fwrite( )。标准I/O函数定义在<stdio.h>中。

1) fopen( )

文件流的打开函数有三个标准函数：fopen( )、fdopen( )、freopen( )。该函数原型及相关头文件如下。

【代码 6-10】 fopen( )

```
#include <stdio.h>
FILE *fopen(const char *path，const char *mode);
FILE *fdopen(int fd，const char *mode);
FILE *freopen(const char *path，const char *mode，FILE *stream);
```

三个函数的参数和功能如表 6-6 所示。

表 6-6 标准打开函数

名 称	参 数	描 述	返 回
fopen( )	path、mode	指定打开文件的路径和模式	返回指向对应的 I/O 流的 FILE 指针
fdopen( )	fd、mode	指定打开的文件描述符和模式	
freopen( )	path、mode、stream	除指定打开的文件和模式外，还可以打开指定的 I/O 流	

文件打开成功后，对文件的读写都是通过 FILE 指针来进行的。其中，函数中的 mode 参数可以定义打开文件的访问权限，表 6-7 描述了 mode 的不同取值，后面加 b 字符的取值表示打开的文件为二进制文件，而不是纯文本文件。

表 6-7 打开函数 mode 取值

mode 值	描 述
r 或 rb	打开只读文件，该文件必须存在
r+或 r+b	打开可读写的文件，该文件必须存在
w 或 wb	打开只写文件，若文件存在，则文件长度清除为 0，即会擦写文件以前的内容；若文件不存在，则建立该文件
w+ 或 w+b	打开可读写文件，若文件存在，则文件长度清除为 0，即会擦写文件以前的内容；若文件不存在，则建立该文件
a 或 ab	以附加的方式打开只写文件。若文件不存在，则会建立该文件；如果文件存在，写入的数据会被加到文件尾，即文件原先的内容会被保留
a+ 或 a+b	以附加方式打开可读写的文件。若文件不存在，则会建立该文件；如果文件存在，写入的数据会被加到文件尾，即文件原先的内容会被保留

2) fclose( )

文件流的关闭函数为 fclose( )，该函数将缓存区的数据全部写入到文件中，并释放系统所提供的文件资源。该函数原型及相关头文件如下。

【代码 6-11】 fclose( )

```
#include <stdio.h>
int fclose(FILE *fp);
```

文件关闭若成功，函数返回 0；若失败，函数返回 EOF。

3) fread( )

fread( )函数实现了对已打开文件流的读操作。该函数原型及相关头文件如下。

【代码 6-12】 fread( )

```
#include <stdio.h>
size_t fread(void *ptr, size_t size, size_t nmemb, FILE *stream);
```

其中各参数的含义如下。

✧ ptr：存放读入记录的缓存区。

✧ size：读取的记录大小。

✧ nmemb：读取的记录数。

✧ stream：要读取的文件流。

fread( )函数的返回值若为实际要读取到的 nmemb，则表示成功；若为 EOF，则表示失败。

4) fwrite( )

fwite( )函数实现了对已打开的文件流的写入操作。该函数原型及相关头文件如下。

【代码 6-13】 fwrite( )

```
#include <stdio.h>
size_t fwrite(const void *ptr, size_t size, size_t nmemb, FILE *stream);
```

其中各参数的含义如下：

✧ ptr：存放写入记录的缓存区。

✧ size：写入的记录大小。

✧ nmemb：写入的记录数。

✧ stream：要写入的文件流。

fwrite( )函数的返回值若为实际要写入的 nmemb，则表示成功；若为 EOF，则表示失败。

标准 I/O 函数与基本 I/O 函数的使用方法基本相同，可以用标准 I/O 函数代替任务描述 6.D.1 中的函数，结果相同。

【代码 6-14】 标准 I/O 函数使用

```
src_file = fopen(SRC_FILE_NAME, "r");
dest_file = fopen(DEST_FILE_NAME, "w");
fseek(src_file, -OFFSET, SEEK_END);
fread(buff, 1, sizeof(buff), src_file))
fwrite(buff, 1, real_read_len, dest_file);
fclose(dest_file);
fclose(src_file);
```

2. 输入/输出

根据文件中的字符数目，可将文件的输入/输出分为三种方式：

✧ 字符输入/输出，每次仅输入/输出一个字符。

✧ 行输入/输出，每次输入/输出一行字符。

✧ 格式化输入/输出，按照函数的具体格式进行输入/输出。

输入/输出用到的标准操作函数的定义在标准库<stdio.h>头文件中。

1) 字符输入/输出

字符输入/输出的操作函数如表 6-8 所示。

表 6-8 字符输入/输出函数

函 数 原 型	描 述
int getc(FILE *stream)；	从文件流中读入一个字符
int fgetc(FILE *stream)；	从文件流中读入一个字符
int getchar(void)；	从标准输入(如键盘)读入一个字符
int putc(int c，FILE *stream)；	将一个字符写到文件流
int fputc(int c，FILE *stream)；	将一个字符写到文件流
int putchar(void)；	将一个字符输出到标准输出(如屏幕)

这几个函数的功能基本相同，是以字符形式进行操作的。

2) 行输入/输出

行输入/输出的操作函数如表 6-9 所示。

表 6-9 行输入/输出函数

函 数 原 型	描 述
char *gets(char *s)；	从标准输入(如键盘)读入字符串，直到换行或文件尾
char *fgets(char *s，int size，FILE *stream)；	从文件流读入字符串，直到换行或文件尾
int puts(const char *s)；	将字符串输出到标准输出(如屏幕)
int fputs(const char *s，FILE *stream)；	将字符串写到文件流

3) 格式化输入/输出

格式化输入/输出的操作函数如表 6-10 所示。

表 6-10 格式化输入/输出函数

函 数 原 型	描 述
int printf(const char *format，...)；	针对标准流的格式化输出
int fprintf(FILE *stream，const char *format，...)；	针对文件流的格式化输出
int sprintf(char *str，const char *format，...)；	针对字符流的格式化输出
int scanf(const char *format，...)；	针对标准流的格式化输入
int fscanf(FILE *stream，const char *format，...)；	针对文件流的格式化输入
int sscanf(const char *str，const char *format，...)；	针对字符流的格式化输入

格式化输入/输出函数比较常用，本书不再进行详细的描述了。

3. 其他操作

glibc 标准库里还提供了针对文件流的其他操作函数，例如 fseek( )、setbuf( )等。在具体实际应用中可以使用 man 命令查询相关函数的详细用法。

6.3 进程

文件是 Linux 中最常见、最基础的操作对象，而进程则是系统资源的单位，本节主要讲解有关进程的应用开发。

6.3.1 概述

进程是 20 世纪 60 年代初首先由麻省理工学院的 MULTICS 系统和 IBM 公司的 CTSS/360 系统引入的，到目前已经有 40 多年的发展历史。进程是现代操作系统中最基本也是最重要的概念，它清晰地刻画了系统内部程序的运行动态，有效地管理和调度了操作系统内程序的运行。

1. 进程定义

进程可以从狭义和广义两个方面来定义：从狭义方面来说，进程就是一段程序的执行过程；从广义方面来说，进程是一个具有一定独立功能的程序关于某个数据集合的一次运行活动，是操作系统动态执行的基本单元。

概括来讲，进程作为系统内的活动实体，是操作系统进行调度和资源分配的基本单位。进程的启动与程序的执行密切相关，但与程序有着本质的区别，区别如下：

✧ 程序是静态概念，本身作为一种软件资源而长期保存。

✧ 进程是程序的执行过程，它是动态概念，有一定的生命期，是动态地产生和消亡的。

✧ 程序和进程无一一对应关系，体现在两个方面，一个程序可以由多个进程共用；一个进程在活动中可能顺序地执行若干个程序。

例如：系统里不管有多少个进程在运行 printf( )函数，在内存里却只有一份函数源码。

每个进程都是由父进程启动的，而这个新启动的进程则称为子进程。由 Linux 系统的启动过程可知，在内核自检结束后，将启动第 1 号进程 init，该进程将进行系统的初始化工作，并管理其他进程。也就是说，init 进程是系统中的祖先进程，其他进程要么是由 init 进程启动的，要么是由 init 进程启动的进程启动的。

2. 进程号 PID

PID(Process Idenity Number，进程号)是一个进程的唯一标识，父进程号为 PPID(Parent PID)。PID 和 PPID 都是非零正整数(1～32 768)。init 进程的 PID 为 1。

当一个进程被启动时，它会被分配一个未使用的编号作为 PID。当进程终止后，PID 号可被再次使用。当前进程及其父进程的进程号分别利用系统的调用函数 getpid( )与 getppid( )获得。

3. 进程结构

Linux 系统是一个多进程的系统，各个进程并行运行、互不干扰。也就是说，每一个进程都运行在独立的虚拟地址空间内。

Linux 中的进程包含三个段，分别为数据段、代码段和堆栈段。

✧ 数据段：存放的是全局变量、常数以及动态数据分配的数据空间，根据存放的数据不同，数据段又分成以下几种：

- 普通数据段：包括可读可写/只读数据段，存放静态初始化的全局变量或常量。
- BSS 数据段：存放未初始化的全局变量。
- 堆：存放动态分配的数据。

✧ 代码段：存放的是程序的代码。

✧ 堆栈段：存放的是子程序的返回地址、子程序的参数以及程序的局部变量等。

4. 进程运行状态

进程执行时的间断性，决定了进程具有以下三种运行状态：就绪态、运行态和阻塞态。三种状态可以相互转换，如图 6-5 所示。

其中：

✧ 就绪态(Ready)：进程已具备执行的一切条件，等待系统分配 CPU 进行处理。

✧ 运行态(Running)：进程正在运行，占用 CPU。若没有其他进程可执行时，系统通常会自动执行空闲进程。

✧ 阻塞态(Blocked)：进程在等待满足条件的事件发生，若条件不能满足，进程无法继续执行。

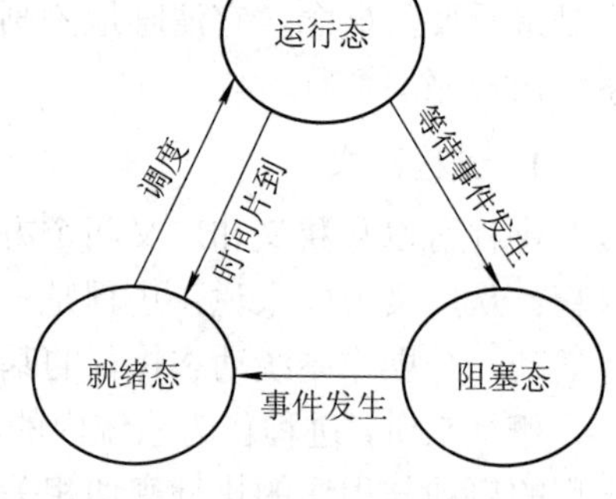

图 6-5 进程运行状态

5. 进程数据结构

进程是通过进程控制块来进行描述的，包含了进程的描述信息、控制信息以及资源信息。进程控制块的数据结构是 struct task_struct，定义在 include/linux/sched.h 中。

task_struct 结构体非常庞大，本书不再详细介绍，只将结构体成员分类归纳，以使读者了解进程控制块的内容，增进对进程的理解。task_struct 结构从逻辑上可分为：

✧ 进程运行状态。

✧ 进程调度信息。

✧ 进程标识符。

✧ 处理器相关信息。

✧ 进程间的链接。

✧ 时间和定时器。

✧ 文件系统信息。

✧ 虚拟内存信息。

✧ 信号处理信息。

Linux 将所有 task_struct 结构的指针都存储在 task 数组中，数组的大小为系统所能容纳的进程数目。系统通过 task 数组管理系统中所有的进程。

6. 进程管理

Linux 下的进程管理包括启动进程和调度进程。

1) 启动进程

有两种方式可以启动进程：

✧ 手工启动。手工启动又分两种方式：

- 前台启动：直接在终端中输入程序名(外部命令名)的启动方式，例如，vim。
- 后台启动：输入程序名时加“&”的启动方式，例如，vim&。

✧ 调度启动。指定系统在特定时间运行程序，例如，at 命令在指定时刻执行相关进程、cron 命令可以自动周期性地执行相关进程。

2) 调度进程

调度进程是通过进程管理工具实现的，常用的有以下几个工具命令：

✧ ps：查询列举进程。

✧ pgrep：按名字查询进程。

✧ pstree：显示进程树。

✧ kill：杀死进程。

例如，在终端中运行 ps aux 命令。选项组合 aux 表示按用户名和启动顺序来显示所有的进程。

【示例 6-6】 ps 命令

```
$ ps aux
```

执行结果如图 6-6 所示。

```
dh@ubuntu: ~
文件(F) 编辑(E) 查看(V) 搜索(S) 终端(T) 帮助(H)
dh@ubuntu:~$ ps aux
USER       PID %CPU %MEM    VSZ   RSS TTY      STAT START   TIME COMMAND
root         1  0.0  0.1   3052  1880 ?        Ss   09:54   0:01 /sbin/init
root         2  0.0  0.0      0     0 ?        S    09:54   0:00 [kthreadd]
root         3  0.0  0.0      0     0 ?        S    09:54   0:00 [ksoftirqd/0]
root         6  0.0  0.0      0     0 ?        S    09:54   0:00 [migration/0]
root         7  0.0  0.0      0     0 ?        S<   09:54   0:00 [cpuset]
root         8  0.0  0.0      0     0 ?        S<   09:54   0:00 [khelper]
root         9  0.0  0.0      0     0 ?        S<   09:54   0:00 [netns]
root        10  0.0  0.0      0     0 ?        S    09:54   0:00 [sync_supers]
root        11  0.0  0.0      0     0 ?        S    09:54   0:00 [bdi-default]
root        12  0.0  0.0      0     0 ?        S<   09:54   0:00 [kintegrityd]
root        13  0.0  0.0      0     0 ?        S<   09:54   0:00 [kblockd]
root        14  0.0  0.0      0     0 ?        S<   09:54   0:00 [kacpid]
root        15  0.0  0.0      0     0 ?        S<   09:54   0:00 [kacpi_notify]
root        16  0.0  0.0      0     0 ?        S<   09:54   0:00 [kacpi_hotplug]
root        17  0.0  0.0      0     0 ?        S<   09:54   0:00 [ata_sff]
root        18  0.0  0.0      0     0 ?        S    09:54   0:00 [khubd]
root        19  0.0  0.0      0     0 ?        S<   09:54   0:00 [md]
root        22  0.0  0.0      0     0 ?        S    09:54   0:00 [khungtaskd]
root        23  0.0  0.0      0     0 ?        S    09:54   0:00 [kswapd0]
root        24  0.0  0.0      0     0 ?        SN   09:54   0:00 [ksmd]
```

图 6-6　ps 命令执行结果

从图中可以看出，系统启动的 1 号进程为 init 进程，进程的详细信息包括启动进程的用户(USER)、进程号(PID)、占用内存(%CPU)、启动时间(TIME)等。

6.3.2　基本函数

一个进程的生命周期有三个阶段，分别为：

✧ 创建进程，通过 fork( )函数实现。

✧ 进程相关操作(例如：查找或读写文件)，通过 exec( )函数族操作。

✧ 终止进程，通过 exit( )或_exit( )函数实现。

下面分别描述各个阶段的实现函数的用法。

1. fork( )函数

fork( )函数是 Linux 创建新进程的唯一方法，用于从已存在的父进程中创建一个子进程，且子进程为父进程的复制品，但子进程有自己的进程号和数据段等。该函数原型及相关头文件如下。

【代码 6-15】 fork( )

```
#include <unistd.h>
pid_t fork(void);
```

其中函数的返回值为 pid_t 类型，有两种情况，分别为：

✧ 创建成功，则有两个返回值，为 0，表示此进程为子进程；为子进程的 PID，表示此进程为父进程。

✧ 创建失败，则返回值为 –1。

fork( )函数的执行过程如图 6-7 所示。

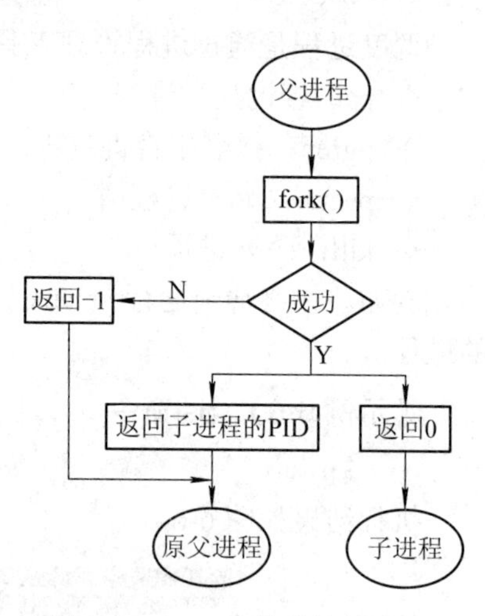

图 6-7 fork( )函数的执行过程

fork( )函数与其他函数的不同之处就是执行成功后会有两个返回值。在父进程执行此函数时，父进程会复制出一个子进程，而且父、子进程的源码从 fork( )函数的返回开始分别在两个地址空间中同时运行。父进程中的返回值是子进程的进程号，子进程中返回 0。因此，在程序中可以通过返回值来判定该进程是父进程还是子进程。

下面的源码用于实现任务描述 6.D.2——创建子进程，观察父进程和子进程的运行现象。

【描述 6.D.2】 fork.c

```
#include <sys/types.h>
#include <unistd.h>
#include <stdio.h>
#include <stdlib.h>
int main(void)
{
    pid_t result;
    /*调用 fork( )函数*/
    result = fork( );
    /*通过 result 的值来判断 fork( )函数的返回情况，首先进行出错处理*/
    if(result == -1)
        {
            printf("Fork error\n");
        }
    else if (result == 0) /*返回值为 0 代表子进程*/
        {
            printf("The returned value is %d\n
            In child process!!\nMy PID is %d\n", result, getpid( ));
        }
```

```
        else /*返回值大于 0 代表父进程*/
        {
            printf("The returned value is %d\n
            In father process!!\nMy PID is %d\n", result, getpid( ));
        }
        return result;
    }
```

程序编译后，运行结果如图 6-8 所示。

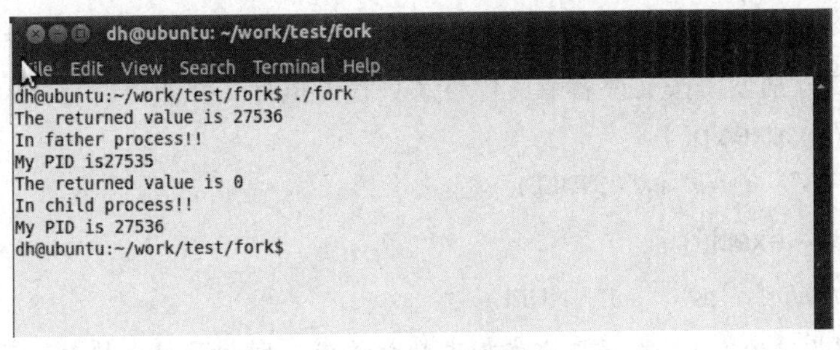

图 6-8　fork.c 运行结果

⚠ **注意**：fork( )函数使用一次就创建一个进程。若把 fork( )函数放在了 if else 判断语句中则要小心，不能多次使用 fork( )函数。

2. exec( )函数族

exec( )函数族提供了在进程中启动一个程序执行的方法。它可以根据指定的文件名或目录名找到可执行文件，并用它来取代原调用进程的数据段、代码段和堆栈段，在执行完之后，原调用进程的内容除了进程号外，其他全部被新的进程替换了。另外，这里的可执行文件既可以是二进制文件，也可以是 Linux 下任何可执行的脚本文件。

exec( )函数族由 6 个以 exec 开头的函数组成，函数原型及相关头文件如下。

【代码 6-16】　exec 函数族

```
#include <unistd.h>
extern char **environ;
int execl(const char *path, const char *arg, ...);
int execlp(const char *file, const char *arg, ...);
int execle(const char *path, const char *arg, ..., char * const envp[]);
int execv(const char *path, char *const argv[]);
int execve(const char *path, char *const argv[], char * const envp[]);
int execvp(const char *file, char *const argv[]);
```

这 6 个函数的不同之处表现在 3 个方面，分别是：

✧ 按查找文件的方式分，有两种：

- 按完整的文件目录路径查找，传入参数为 *path，如 execl( )、execle( )、execv( )、execve( )。
- 按文件名查找，传入参数为 *file，如 execlp( )、execvp( )。

✧ 按参数传递的方式分，包括两种：

- 列举方式，即函数名中有“l”(list)，参数为 *arg，如 execl( )、execle( )、execlp( )。
- 结构指针数组方式，即函数名中有“v”(vertor)，参数为 argv[ ]，如 execv( )、execve( )、execvp( )。

此处所说的参数实际上是用户使用可执行文件时所需的全部命令选项字符串，必须用 NULL 字符表示结束。

✧ 按环境变量分，exec 函数族可以默认系统的环境变量 PATH，也可以传入指定的环境变量。以“e”结尾的 exec 函数可以在参数 envp[ ]中指定当前进程所用的环境变量，例如 execle( )和 execve( )。

例如，在子进程中调用 exec( )函数族实现“ps aux”命令，可以利用 execlp( )函数或 execl( )函数实现，只要分别使用按文件名或文件目录查找可执行文件即可。

【示例 6-7】 execlp( )

```
execlp("ps", "ps", "aux", NULL)
```

【示例 6-8】 execl( )

```
execl("/bin/ps", "ps", "auf", NULL)
```

⚠ **注意：** 在使用 exec( )函数族时，要加上判断语句，因为函数在执行过程中若找不到文件或没有文件执行权限，执行将会失败。以下代码简要地描述了函数族的使用。

【示例 6-9】 execlp.c

```
#include <unistd.h>
#include <stdio.h>
#include <stdlib.h>
int main( )
{
    //创建子进程，在子进程中调用 execlp( )函数
    if (fork( ) == 0)
    {
        //调用 execlp( )函数，这里相当于调用了"ps aux"命令
        if ((execlp("ps", "ps", "aux", NULL)) < 0)
        {
            printf("Execlp error\n");
        }
    }
}
```

上述代码首先使用 fork( )函数创建子进程，然后在子进程里调用 execlp( )函数。执行 execlp( )函数时，系统在默认的环境变量 PATH 下寻找文件名为 ps、aux 的可执行文件，并执行此文件。

运行交叉编译后的可执行程序，结果同图 6-6 所示。也就是 execlp( )函数相当于实现了在 shell 终端下运行 ps auf 命令。

3. _exit( )与 exit( )

_exit( )函数与 exit( )函数都是用来终止进程的，最终都是进行了 exit 系统调用，但是两

个函数的执行过程有所不同，如图 6-9 所示。

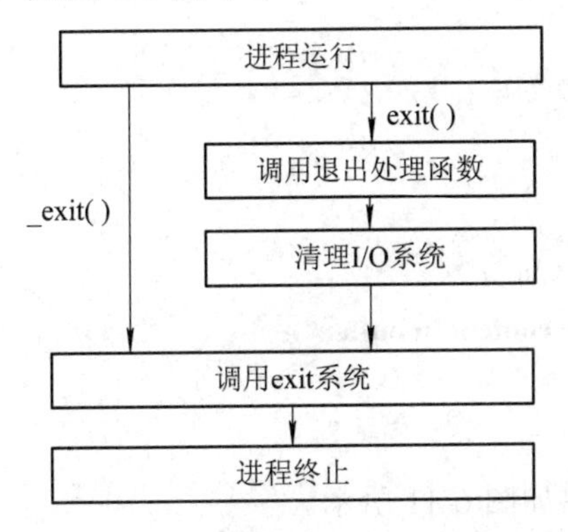

图 6-9 _exit( )函数与 exit( )函数

从图中可以看出：

✧ _exit( )函数直接使进程停止，并清除内存空间。

exit( )函数在进程终止之前，先检查文件的打开情况，并对文件缓存区的文件进行处理，然后终止进程。

两个函数的原型及相关头文件如下。

【代码 6-17】 _exit( )与 exit( )

```
#include <unistd.h>
void _exit(int status);

#include <stdlib.h>
void exit(int status);
```

其中参数 status 一般为 0，表示正常结束，例如 exit(0)。

从以下示例中可以看出两个函数不同的应用过程。

【示例 6-10】 exit.c

```
#include <stdio.h>
#include <stdlib.h>
int main( )
{
    printf("Using exit...\n");
    printf("This is the content in buffer");
    exit(0);
}
```

程序编译后运行，结果如图 6-10 所示。

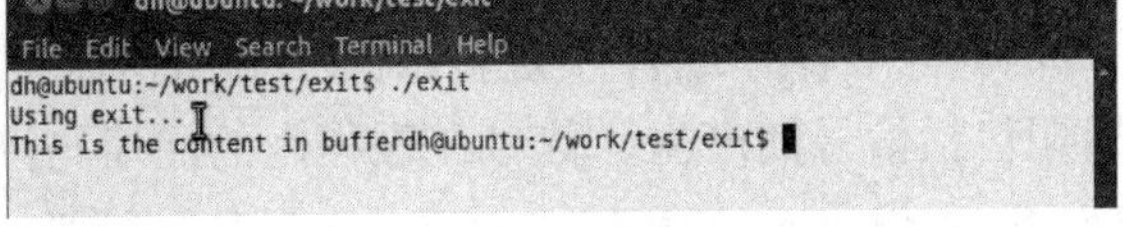

```
dh@ubuntu: ~/work/test/exit
File Edit View Search Terminal Help
dh@ubuntu:~/work/test/exit$ ./exit
Using exit...
This is the content in bufferdh@ubuntu:~/work/test/exit$
```

图 6-10 exit( )函数执行结果

【示例 6-11】 _exit.c

```
#include <stdio.h>
#include <unistd.h>
int main( )
{
    printf("Using _exit...\n");
    printf("This is the content in buffer");
    _exit(0);
}
```

程序编译后运行，结果如图 6-11 所示。

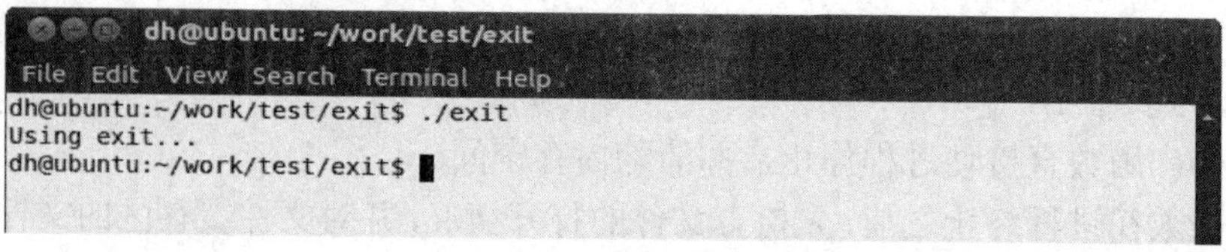

```
dh@ubuntu: ~/work/test/exit
File  Edit  View  Search  Terminal  Help
dh@ubuntu:~/work/test/exit$ ./exit
Using exit...
dh@ubuntu:~/work/test/exit$
```

图 6-11 _exit( )函数执行结果

从运行结果来看，前者执行 exit( )函数时，缓存区内的数据全部输出；后者执行_exit( )函数时，缓存区内的数据没有输出，直接终止了进程。

6.3.3 信号

Linux 系统是多任务系统，每个任务可能由一个进程完成，也可能由若干个进程完成。由于每个进程工作在独立的工作区间，不同的进程不能访问到对方的内存空间，因而进程间需要通过某种方式进行通信。

Linux 系统常用的进程间的通信方式有信号、管道、信号量、共享内存和消息队列等几种机制。本节内容针对信号进行描述。

1. 信号特点

信号(SIGNAL)是 Linux 系统响应某些条件而产生的一个事件，是古老的进程间的通信方法。信号的特点如下：

- ✧ 是一种软件中断机制。
- ✧ 传递用户进程与内核进程的交互信息。
- ✧ 异步通信模式。
- ✧ 每个信号都有一个名字，且名称以 SIG 开头。

2. 信号产生

当引发信号的事件发生时，为进程产生了一个信号，有两种引发信号的事件：

- ✧ 硬件产生事件，例如按下键盘或其他硬件发生故障。
- ✧ 软件产生事件，例如除 0 操作或执行 kill( )函数、raise( )函数等。

一个完整的信号周期包括信号的产生、信号在进程内的注册与注销以及信号处理函数的执行这三个阶段。

3. 信号处理

进程收到信号时，有三种处理方式：

✧ 捕捉信号，当信号发生时，进程可执行相应的自定义处理函数。

✧ 忽略信号，对该信号不做任何处理，但 SIGKILL 与 SIGSTOP 信号除外。

✧ 执行默认操作，Linux 系统对每种信号都规定了默认操作。

4. 信号列表

信号的定义在内核目录 include/signal.h 中。其中，Linux 系统支持的常用信号列表如表6-11 所示。

表6-11 信 号 列 表

信号	说 明	信号	说 明
SIGHUP	系统挂断	SIGKILL	停止进程
SIGINT	终端中断	SIGALRM	超时警告
SIGQUIT	终端退出	SIGSTOP	停止执行
SIGILL	非法指令	SIGPIPE	向无读进程的管道写数据
SIGFPE	浮点运算	SIGCHLD	子进程已经停止或退出
SIGTSTP	终端挂起	SIGABORT	进程异常终止

5. 信号操作函数

信号的操作函数包括信号发送函数与信号处理函数，其中发送函数主要有 kill( )、raise( )、alarm( )、pause( )，处理函数主要有 signal( )。下面分别描述各个函数的用法。

1) kill( )函数

kill( )函数用于向自身或其他进程发送信号，与 shell 中的 kill 命令作用相同。该函数原型及相关头文件如下。

【代码 6-18】 kill( )

```
#include <sys/types.h>
#include <signal.h>
int kill(pid_t pid，int sig);
```

其中各个参数的含义分别为：

✧ pid，进程号。其设定值如下：

- 正整数：要发送信号的进程号。
- 0：信号被发送到与当前进程同一进程组的所有进程。
- –1：信号发给所有进程表中的进程。
- <–1：信号发给进程组号为 –pid 的每个进程。

✧ sig：要发送的信号。

kill( )函数执行成功后返回 0，失败则返回 –1。函数执行失败的最常见的原因有发送进程权限不够、信号名称不对或目标进程不存在。

如下代码向当前进程发送 SIGALRM 信号。

【示例 6-12】 发送 SIGALRM 信号

```
kill(getppid( )，SIGALRM);
```

2) raise( )函数

raise( )函数用于进程向自身发送信号。该函数原型及相关头文件如下。

【代码 6-19】 raise( )

```
#include <signal.h>
int raise(int sig);
```

其中参数 sig 为要发送的信号。

3) alarm( )函数

alarm( )函数也称为闹钟函数，是专门为信号 SIGALARM 而设置的。在指定的时间后，该函数向进程本身发送 SIGALARM 信号。该函数原型及相关头文件如下。

【代码 6-20】 alarm( )

```
#include <unistd.h>
unsigned int alarm(unsigned int seconds);
```

函数中的定时单位为 second(秒)。例如 5 秒后发送 SIGALARM 信号为 alarm(5)。

需要注意的是，一个进程中只能有一个 alarm( )函数，调用 alarm( )函数之后，任何的 alarm( )函数将无效。

4) pause( )函数

pause( )函数用于将调用进程挂起直至捕捉到信号为止，通常用于判断信号是否到达。该函数原型及相关头文件如下。

【代码 6-21】 pause( )

```
#include <unistd.h>
int pause(void);
```

alarm( )函数与 pause( )函数可以组合实现 sleep( )函数功能，示例源码如下。

【示例 6-13】 sleep.c

```
#include <unistd.h>
#include <stdio.h>
#include <stdlib.h>
int main( )
{   //调用 alarm 定时器函数
    int ret = alarm(5);
    pause( );
    printf("I have been waken up.\n"，ret);
}
```

上述代码中先调用 alarm(5)，再将进程挂起，等待 5 秒后 SIGALARM 信号到来时为止。

5) signal( )函数

进行信号处理时，signal( )函数指出要处理的信号和函数的信息。该函数原型及相关头文件如下。

【代码 6-22】 signal( )

```
#include <signal.h>
typedef void (*sighandler_t)(int);
sighandler_t signal(int signum, sighandler_t handler);
```

其中传入参数的含义如下：

✧ signum：信号代码。

✧ handler：信号处理信息，分为三种情况。

- SIG_IGN：忽略该信号。
- SIG_DFL：以默认方式处理该信号。
- 自定义信号处理函数指针，返回类型为 void。

返回值：若成功，返回以前的信号处理配置或者处理函数；若失败，返回 -1。

在实际编程中，signal( )函数并不被推荐使用，但在一些老程序中会有应用。为了兼容，本书只对此函数做了简单介绍。

6) sigaction( )函数

Linux 系统支持一个更健壮、更新的信号处理函数 sigaction( )。顾名思义，此函数的作用是定义在接收到信号后应该采取的处理方式。函数原型及相关头文件如下。

【代码 6-23】 sigaction( )

```
#include <signal.h>


int sigaction(int signum, const struct sigaction *act, struct sigaction *oldact);
```

其中传入参数的含义如下：

✧ signum：信号代码。

✧ act：信号处理信息，指向 sigaction 结构的指针。

✧ oldact：原来相应信号的处理，也是指向 sigaction 结构的指针。

返回值：若成功，返回 0；若失败，返回-1。

sigaction( )函数用到的信号处理结构为 sigaction 结构，定义如下。

【结构体 6-3】 sigaction

```
struct sigaction
{
    void        (*sa_handler)(int);
    sigset_t     sa_mask;
    int          sa_flags;
    ⋮
};
```

其中，结构体的关键成员的含义如表 6-12 所示。

表 6-12 sigaction 结构体成员

结构体成员	含 义	
sa_handler	指定信号处理函数的指针，可以为 SIG_DFL、SIG_IGN 或自定义处理函数	
sa_mask	信号集，在调用处理函数之前，该信号集将被加到进程的信号屏蔽字中	
sa_flags	改变信号的标志位	
	SA_NODEFER	捕获到信号时不将它加入信号屏蔽字中
	SA_NOCLDSTOP	子进程停止时不产生 SIGCHLD 信号
	SA_RESTART	重启可中断的函数而不提示错误
	SA_RESETHAND	自定义信号处理只执行一次，在执行完毕后恢复信号的默认处理

由 sigaction( )函数设置的信号处理函数在默认情况下是不被重置的，如果希望信号被重置，可将 sa_flags 设置为 SA_RESETHAND。

以下内容用于实现任务描述 6.D.3——自定义信号处理函数。

【描述 6.D.3】 signal.c

```
/* signal.c */
#include <signal.h>
#include <stdio.h>
#include <stdlib.h>
/*自定义信号处理函数*/
void my_func(int sign_no)
{
    if (sign_no == SIGINT)
    {
        printf("I have get SIGINT\n");
    }
    else if (sign_no == SIGQUIT)
    {
        printf("I have get SIGQUIT\n");
    }
}
int main( )
{
    struct sigaction action;
    printf("Waiting for signal SIGINT or SIGQUIT...\n");

    /* sigaction 结构初始化 */
    action.sa_handler = my_func;
```

```
    sigemptyset(&action.sa_mask);
    action.sa_flags = 0;

    /* 发出相应的信号，并跳转到信号处理函数处 */
    sigaction(SIGINT, &action, 0);
    sigaction(SIGQUIT, &action, 0);
    pause( );
    exit(0);
}
```

程序运行结果如图 6-12 所示。

```
dh@ubuntu: ~/work/test/signal
File  Edit  View  Search  Terminal  Help
dh@ubuntu:~/work/test/signal$ ./signal
Waiting for signal SIGINT or SIGQUIT...
^CI have get SIGINT
dh@ubuntu:~/work/test/signal$
```

图 6-12　sigaction( )函数执行过程

7) 信号集函数组

信号集是描述信号的集合。在头文件 signal.h 中定义了一组用来处理信号集的函数，其函数原型及相关头文件如下。

【代码 6-24】 信号集函数

```
#include <signal.h>

int sigemptyset(sigset_t *set);
int sigfillset(sigset_t *set);
int sigaddset(sigset_t *set, int signum);
int sigdelset(sigset_t *set, int signum);
int sigismember(sigset_t *set, int signum);
```

其中，参数 set 为需要设置的信号集，参数 signum 为指定的信号代码。信号集函数的功能分别如下所示：

✧ sigemptyset( )：将 set 信号集初始化为空。

✧ sigfillset( )：将系统所持的所有信号包含进 set 信号集。

✧ sigaddset( )：将 signum 信号加入 set 信号集。

✧ sigdelset( )：从 set 信号集删除 signum 信号。

✧ sigismember( )：判断 signum 信号是否在 set 信号集中。

函数在调用成功时返回 0，失败时返回 –1。

8) 信号阻塞相关函数

Linux 中的每个进程都有一个屏蔽字，用来描述哪些信号是将被阻塞的信号，这些信号形成一个信号集。该信号集中的所有信号在送到进程后将被阻塞。因此，信号集的信号并不是可以处理的信号，只有当信号处于非阻塞状态时才会起作用。与信号阻塞相关的函数有 sigprocmask( )、sigpending( )和 sigsuspend( )，其函数原型及相关头文件如下。

【代码 6-25】 信号阻塞函数

```
#include <signal.h>

int sigprocmask(int how，const sigset_t *set，sigset_t *oldset);
int sigpending(sigset_t *set);
int sigsuspend(const sigset_t *mask);
```

这几个函数的作用分别如下：

✧ sigprocmask( )：将 set 信号集加入进程的屏蔽字中。

✧ sigpending( )：获得当前已被送到进程但被屏蔽的信号。

✧ sigsuspend( )：将进程的屏蔽字替换为信号集，并暂停进程执行，直到收到信号为止。

6. 信号处理流程

信号的处理流程一般遵循如下步骤：

(1) 调用信号集函数组进行信号集的初始化等。

(2) 调用 sigprocmask( )函数设置信号屏蔽集合。

(3) 定义信号处理函数，如 signal( )、sigaction( )等。

(4) 调用 sigpending( )函数测试信号。

6.3.4 管道

shell 命令在使用时，执行的过程就是把一个进程的输出直接传递给另一个进程的输入，例如 cmd1|cmd2：

```
$ cmd1 | cmd2
```

shell 处理过程如下：

(1) cmd1 的标准输入来自于终端键盘。

(2) cmd1 的标准输出传递给 cmd2，作为 cmd2 的标准输入。

(3) cmd2 的标准输出传递到终端屏幕上。

也就是说，shell 所做的工作实际上是对标准输入流和输出流进行了重新连接，使数据流从键盘通过命令最终输出到屏幕上。

从中可以看出，shell 命令的连接是按照管道字符来完成的。本节内容将详细描述管道的概念以及管道的使用方式。

1. 管道的概述

管道也是 Linux 古老的进程间的通信方式之一。这里所说的管道主要指无名管道(pipe)，它具有如下特点：

✧ 它只能用于具有亲缘关系的进程(父子进程或者兄弟进程)之间的通信。

✧ 它是一个半双工的通信模式，数据只能向一个方向流动，具有固定的读端和写端。

✧ 管道也可以看成是一种特殊的文件，对于它的读写也可以使用普通的 read( )和

write( )等函数。但是它不是普通的文件，并不属于其他任何文件系统，并且只存在于内核的内存空间中。一个单进程管道如图 6-13 所示。

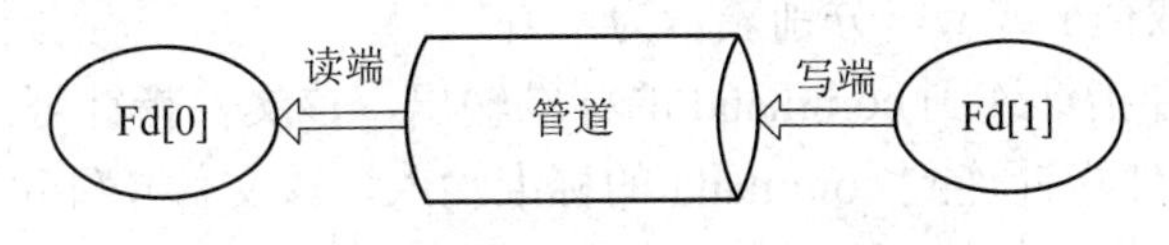

图 6-13　单进程管道

2. 创建与关闭管道

创建管道由 pipe( )函数完成，函数原型及相关头文件如下。

【代码 6-26】 pipe( )

```
#include <unistd.h>

int pipe(int pipefd[2]);
```

如果函数调用成功，进程将打开两个文件描述符 pipefds[0]和 pipefds[1]，其中 pipefds[0]固定用于读管道，而 pipefd[1]固定用于写管道，这样就构成了一个半双工的通道。

管道是基于文件描述符的通信方式，所以一般的 I/O 函数都可以用于管道，如 read( )、write( )等。在关闭管道时，使用 close( )函数关掉管道的两个文件描述符即可。

由于 pipe( )函数创建的管道处于一个进程中，这对于进程间的通信来说毫无意义，实际的做法是：先创建管道，再创建子进程，这样子进程继承了父进程的管道。父、子进程间的管道关系如图 6-14 所示。

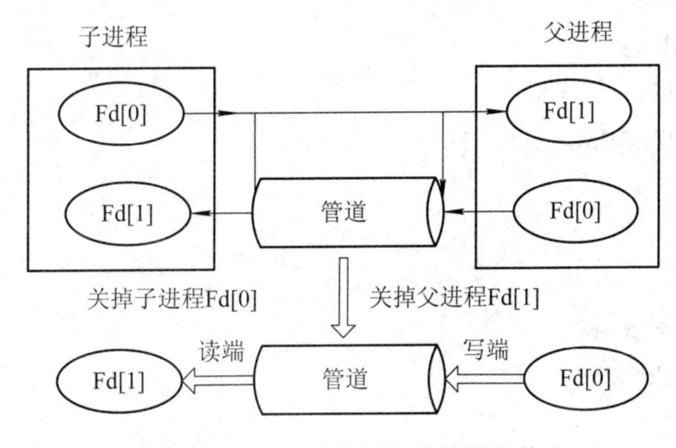

图 6-14　父、子进程间的管道通信

3. 管道标准函数

标准库函数提供了两个函数 popen( )和 pclose( )用于管道的操作，这两个函数的原型及相关头文件如下。

【代码 6-27】 popen( )与 pclose( )

```
#include <stdio.h>

FILE *popen(const char *command，const char *type);
int pclose(FILE *stream);
```

其中popen( )函数的参数的含义为：

✧ command：popen( )函数要执行的命令，指向一个以NULL结尾的字符串。

✧ type有两个取值r或w，分别表示为

- r：返回的文件指针连到command的标准输出，该文件指针可读。
- w：返回的文件指针连到command的标准输入，该文件指针可写。

若调用成功，返回文件流指针；若调用失败，返回 –1。

与之相对应的pclose( )函数的参数则为popen( )调用返回的FILE类型的指针。

调用popen( )函数，将完成如下一系列的工作：

(1) 创建一个管道。

(2) 创建一个子进程。

(3) 在父进程中关闭不需要的文件描述符。

(4) 执行一个shell以运行命令。

(5) 执行函数中所指定的命令，然后等待命令终止。

由此可见，popen( )函数将pipe( )函数所创建的管道用来实现不同进程间通信过程的合并，简化了代码的编写，提高了系统效率。

4. 管道实例

下述代码使用popen( )函数来执行“ps -ef”命令。

【示例6-14】 pipe.c

```
#include <stdio.h>
#include <unistd.h>
#include <stdlib.h>
#include <fcntl.h>
#define BUFSIZE 1024
int main( )
{
    FILE *fp;
    char *cmd = "ps -ef";
    char buf[BUFSIZE];

    /*调用popen( )函数执行相应的命令*/
    if ((fp = popen(cmd, "r")) == NULL)
    {
        printf("Popen error\n");
        exit(1);
    }
    while ((fgets(buf, BUFSIZE, fp)) != NULL)
    {
        printf("%s", buf);
```

```
    }
    //关管道
    pclose(fp);
    exit(0);
}
```

5. FIFO

无名管道只能用于具有亲缘关系的进程之间，它其实限制了管道的使用。而有名管道FIFO(First In First Out，先进先出)的提出，则突破了这个限制，实现了互不相关的进程之间的通信。

FIFO是一种特殊类型的文件，它与无名管道的区别在于：FIFO有一个路径名与之相关联，以FIFO的形式存在于文件系统中。在建立FIFO后，两个进程可以把它当作普通文件一样来进行操作，例如read( )、write( )等。但值得注意的是，FIFO严格遵循先进先出的原则，对管道及FIFO的读总是在开始处进行，写则总是把数据添加到末尾，所以不能使用lseek( )函数。

1) 创建FIFO

创建FIFO可以使用两种方式：

✧ 在命令行上创建，使用mkfifo命令。

✧ 在程序中创建，调用mkfifo( )函数。

例如，利用命令行在work目录下创建有名管道my_fifo。

【示例6-15】 mkfifo

```
$ cd work
$ mkfifo my_fifo
```

2) mkfifo( )函数

mkfifo( )函数原型及相关头文件如下。

【代码6-28】 mkfifo( )

```
#include <sys/types.h>
#include <sys/state.h>


int mkfifo(const char *filename，mode_t mode)
```

其中传入参数的含义如下：

✧ filename：要创建的管道名称。

✧ mode：管道的操作模式，与open( )函数的mode参数相同，分别有如下模式

- O_RDONLY：读管道。
- O_WRONLY：写管道。
- O_RDWR：读写管道。
- O_NONBLOCK：非堵塞。
- O_CREAT：若管道文件不存在，则创建新文件。

- O_EXCL：若使用 O_CREAT 时管道文件存在，则返回错误信息。

若函数调用成功，则返回 0；若调用失败，则返回 -1。

例如，用写管道方式创建关键管道 my_fifo。

【示例 6-16】 mkfifo( )

```
mkfifo(my_fifo，O_WRONLY)
```

3) FIFO 使用实例

下述代码用于实现任务描述 6.D.4——利用管道实现从一个终端读取另个一终端的输入信号，并显示。

【描述 6.D.4】 fifo_write.c

```
#include <sys/types.h>
#include <sys/stat.h>
#include <errno.h>
#include <fcntl.h>
#include <stdio.h>
#include <stdlib.h>
#include <limits.h>
#define MYFIFO "/tmp/myfifo" /*  有名管道文件名*/
#define MAX_BUFFER_SIZE PIPE_BUF /*定义在于 limits.h 中*/
int main(int argc，char * argv[]) /*参数为即将写入的字符串*/
{

    int fd;
    char buff[MAX_BUFFER_SIZE];
    int nwrite;

    if(argc <= 1)
    {
        printf("Usage: ./fifo_write string\n");
        exit(1);
    }

    sscanf(argv[1]，"%s"，buff);

    /*  以只写阻塞方式打开 FIFO 管道  */
    fd = open(MYFIFO，O_WRONLY);
    if (fd == -1)
    {
        printf("Open fifo file error\n");
```

```
        exit(1);
    }
    /*向管道中写入字符串*/
    if ((nwrite = write(fd, buff, MAX_BUFFER_SIZE)) > 0)
    {
        printf("Write '%s' to FIFO\n", buff);
    }

    close(fd);
    exit(0);
}
```

【描述 6.D.4】 fifo_read.c

```
/*fifo_read.c*/
(头文件和宏定义同 fifo_write.c)
int main( )
{
    char buff[MAX_BUFFER_SIZE];
    int fd;
    int nread;

    /* 判断有名管道是否已存在，若尚未创建，则以相应的权限创建*/
    if (access(MYFIFO, F_OK) == -1)
    {
        if ((mkfifo(MYFIFO, 0666) < 0) && (errno != EEXIST))
        {
            printf("Cannot create fifo file\n");
            exit(1);
        }
    }

    /* 以只读阻塞方式打开有名管道 */
    fd = open(MYFIFO, O_RDONLY);
    if (fd == -1)
    {
        printf("Open fifo file error\n");
        exit(1);
    }
    while (1)
    {
```

```
            memset(buff，0，sizeof(buff));
            if ((nread = read(fd，buff，MAX_BUFFER_SIZE)) > 0)
            {
                printf("Read '%s' from FIFO\n"，buff);
            }
        }

        close(fd);
        exit(0);
    }
```

程序编译完成后，打开两个终端，一个终端运行 fifo_read 读管道文件，另一个终端运行 fifo_write 写管道文件，运行结果分别如图 6-15、图 6-16 所示。读管道终端实时显示写管道终端写入的字符。

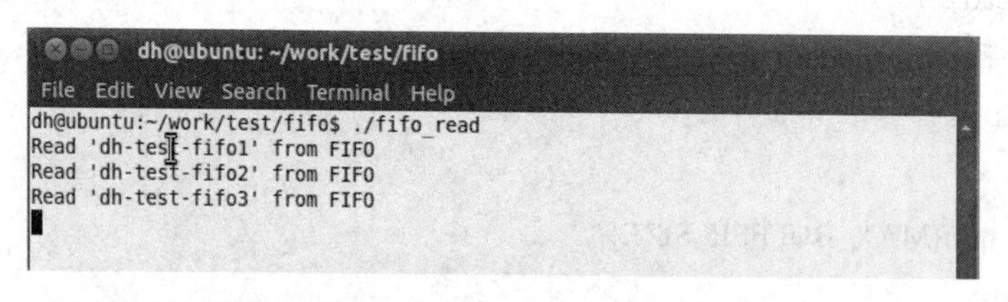

图 6-15　fifo_read 读管道

```
dh@ubuntu: ~/work/test/fifo
File Edit View Search Terminal Help
dh@ubuntu:~/work/test/fifo$ ./fifo_write dh-test-fifo1
Write 'dh-test-fifo1' to FIFO
dh@ubuntu:~/work/test/fifo$ ./fifo_write dh-test-fifo2
Write 'dh-test-fifo2' to FIFO
dh@ubuntu:~/work/test/fifo$ ./fifo_write dh-test-fifo3
Write 'dh-test-fifo3' to FIFO
dh@ubuntu:~/work/test/fifo$
```

图 6-16　fifo_write 写管道

6.3.5　信号量

信号量提供了进程/线程间的共享资源访问控制机制。它相当于共享资源的标志，进程/线程通过信号量的值来判断是否对共享资源具有访问权限，有效地解决了进程间的同步和互斥关系。

Linux 中有两种信号量机制：

✧ System V 信号量：常用于进程的同步，相关系统调用该函数以“sem”开头。

✧ POSIX 信号量：常用于线程的同步，相关系统调用该函数以“sem_”开头。

本节只介绍 System V 信号量的用法，POSIX 信号量的使用将在 6.4 节中进行描述。

1. PV 操作

信号量是一个特殊的正整数变量，进程对它的访问只能通过两种原子操作(PV 操作)进行。假设信号量变量为 sv，则 PV 操作定义如下：

✧ P 操作：若 sv > 0，则 sv – 1；若 sv = 0，则挂起该进程的执行。

✧ V 操作：若有其他进程因等待 sv 而被挂起，就让它恢复运行；若没有进程因等待 sv 而被挂起，则 sv + 1。

2. 二进制信号量

二进制信号量只能取值为 0 或 1，是最简单的信号量，也是信号量中最常见的一种形式。本书内容只介绍二进制信号量的用法。

3. 系统调用

信号量的使用一般分为创建或获得信号量、初始化信号量、信号量 PV 操作等几个步骤，相关系统调用及使用信号量的方法如下：

1) *创建或获得信号量 semget( )函数*

semget( )函数原型及相关头文件如下。

【代码 6-29】 semget( )

```
#include <sys/types.h>
#include <sys/ipc.h>
#include <sys/sem.h>

int semget(key_t key，int nsems，int semflg);
```

其中参数的含义如下：

✧ key：信号量键值，多个进程可以通过它访问同一个信号量，通常为 IPC_PRIVATE 创建当前进程的私有信号量。

✧ nsems：需要创建的信号量数目，通常为 1。

✧ semflg：信号量的操作权限。

函数若调用成功，则返回信号量标识符；若调用失败，则返回–1。

2) *初始化信号量 semctl( )函数*

semctl( )函数原型及相关头文件如下。

【代码 6-30】 semctl( )

```
#include <sys/types.h>
#include <sys/ipc.h>
#include <sys/sem.h>

int semctl(int semid，int semnum，int cmd，...);
```

其中参数的含义如下：

✧ semid：信号量 ID。

✧ semnum：信号量编号，通常为 0。

✧ cmd：命令参数，取值如下：

• IPC_STAT：获得该信号量(或者信号量集合)的 semid_ds 结构，并存放在由第 4 个参数 arg 的 buf 指向的 semid_ds 结构中。semid_ds 用于在系统中描述信号量的数据结构。

• IPC_SETVAL：将信号量值设置为 arg 的 val 值。

- IPC_GETVAL：返回信号量的当前值。
- IPC_RMID：从系统中删除信号量(或者信号量集)。

函数若调用成功，则根据 cmd 返回不同的值；若调用失败，则返回 −1。

3) 信号量 PV 操作 semop( )函数

semop( )函数原型及相关头文件如下。

【代码 6-31】 semop( )

```
#include <sys/types.h>
#include <sys/ipc.h>
#include <sys/sem.h>

int semop(int semid，struct sembuf *sops，unsigned nsops)；
```

其中参数的含义如下：

✧ sops：信号量操作数组。

✧ nsops：sops 的个数。

函数若调用成功，则返回信号量标识符；若调用失败，则返回 −1。

4. 应用实例

下述代码用于实现任务描述 6.D.5——使用信号量来实现两个进程之间的执行顺序。

【描述 6.D.5】 sem_com.h

```
#ifndef __SEM_COM_H__
#define __SEM_COM_H__
#include <sys/types.h>
#include <sys/ipc.h>
#include <sys/sem.h>
union semun {
    int val;
};
extern int init_sem(int sem_id，int init_value)；
extern int sem_p(int sem_id)；
extern int sem_v(int sem_id)；
extern int del_sem(int sem_id)；

#endif
```

【描述 6.D.5】 sem_com.c

```
#include "sem_com.h"

/* 信号量初始化(赋值)函数*/
int init_sem(int sem_id，int init_value)
```

```
{
    union semun sem_union;
    sem_union.val = init_value; /* init_value 为初始值 */

    if (semctl(sem_id, 0, SETVAL, sem_union) == -1)
    {
        perror("Initialize semaphore");
        return -1;
    }
    return 0;
    }

/* 从系统中删除信号量的函数 */
int del_sem(int sem_id)
{
    union semun sem_union;
    if (semctl(sem_id, 0, IPC_RMID, sem_union) == -1)
    {
        perror("Delete semaphore");
        return -1;
    }
}

/* P 操作函数 */
int sem_p(int sem_id)
{
    struct sembuf sem_b;
    sem_b.sem_num = 0;              /* 单个信号量的编号应该为 0 */
    sem_b.sem_op = -1;              /* 表示 P 操作 */
    sem_b.sem_flg = SEM_UNDO;       /* 系统自动释放将会在系统中残留的信号量*/

    if (semop(sem_id, &sem_b, 1) == -1)
    {
        perror("P operation");
        return -1;
    }
    return 0;
}
```

```
/* V 操作函数*/
int sem_v(int sem_id)
{
    struct sembuf sem_b;
    sem_b.sem_num = 0;                /* 单个信号量的编号应该为 0 */
    sem_b.sem_op = 1;                 /* 表示 V 操作 */
    sem_b.sem_flg = SEM_UNDO;         /* 系统自动释放将会在系统中残留的信号量*/

    if (semop(sem_id, &sem_b, 1) == -1)
    {
        perror("V operation");
        return -1;
    }
    return 0;
}
```

【描述 6.D.5】 sem_fork.c

```
#include <sys/types.h>
#include <unistd.h>
#include <stdio.h>
#include <stdlib.h>
#include <sys/types.h>
#include <sys/ipc.h>
#include <sys/shm.h>
#define DELAY_TIME 3
int main(void)
{
    pid_t result;
    int sem_id;
    sem_id = semget(ftok(".", 'a'), 1, 0666|IPC_CREAT); /* 创建一个信号量
    */
    init_sem(sem_id, 0);
    /*调用 fork( )函数*/
    result = fork( );
    if(result == -1)
    {
        perror("Fork\n");
    }
    else if (result == 0) /*返回值为 0, 代表子进程*/
```

```
    {
        printf("Child process will wait for some seconds...\n");
        sleep(DELAY_TIME);
        printf("The returned value is %d in the child process(PID =%d)\n", result,
                getpid( ));
        sem_v(sem_id);
    }
    else /*返回值大于 0，代表父进程*/
    {
        sem_p(sem_id);
        printf("The returned value is %d in the father process(PID =%d)\n",
                  result, getpid( ));
        sem_v(sem_id);
        del_sem(sem_id);
    }
    exit(0);
}
```

将程序编译后，可见父、子进程在有序地运行，结果如图 6-17 所示。

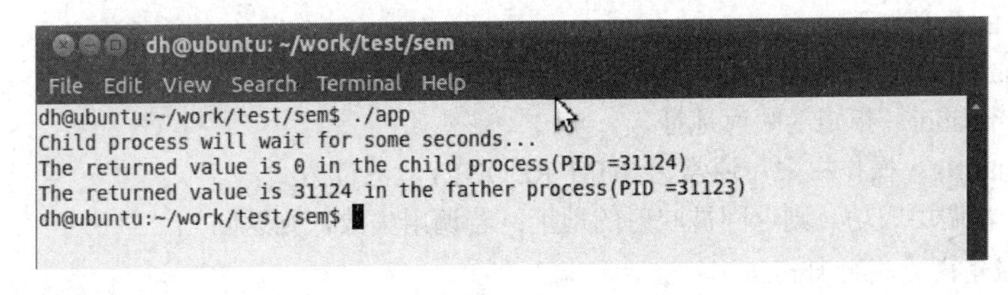

图 6-17　信号量应用实例运行结果

6.3.6　共享内存

共享内存是最高效的进程间的通信。它允许两个不相关的进程访问同一个逻辑内存，为多个进程之间共享和传递数据提供了一种有效的方式。

为了方便多个进程交换信息，内核专门开辟了一块内存区域，称为共享内存，这块内存区可以由需要访问的进程将其映射到自己的私有空间地址。因此，进程不需要将内存数据进行复制就可直接进行读写，提高了处理效率。

每个内存区域都有一个标识符 shmid，进程通过这个标识符访问内存区域。

1. 系统调用

共享内存的实现步骤为：创建共享内存、映射共享内存、控制共享内存和撤销内存映射。相关系统调用及使用方法如下：

1) 创建共享内存 shmget( )函数

shmget( )函数用于获取或新建一个共享内存。shmget( )函数原型及相关头文件如下。

【代码 6-32】 shmget( )

```
#include <sys/ipc.h>
#include <sys/shm.h>

int shmget(key_t key，size_t size，int shmflg);
```

其中参数的含义如下：

✧ key：共享内存键值，通常为 IPC_PRIVATE。

✧ size：指定共享内存大小。

✧ shmfg：共享内存的操作权限，如只读、只写等。

函数若调用成功，则返回共享内存段标识符；若调用失败，则返回-1。

2) 映射共享内存 shmat( )函数

创建共享内存成功后，进程调用 shmat( )函数将共享内存映射到自己的地址空间内。shmat( )函数原型及相关头文件如下。

【代码 6-33】 shmat( )

```
#include <sys/types.h>
#include <sys/shm.h>

void *shmat(int shmid，const void *shmaddr，int shmflg);
```

其中参数的含义如下：

✧ shmid：共享内存 ID。

✧ shmaddr：指定的映射地址。

✧ shmflg：操作权限，通常为 SHM_RDONLY，只读方式。

函数若调用成功，则返回被映射的地址；若调用失败，则返回-1。

3) 撤销内存映射 shmdt( )

shmdt( )函数用于将共享内存从当前进程中分离。shmdt( )函数原型及相关头文件如下。

【代码 6-34】 shmdt( )

```
#include <sys/types.h>
#include <sys/shm.h>

int shmdt(const void *shmaddr);
```

函数若调用成功，则返回 0，并且将消息的一个副本放到消息队列中；若调用失败，则返回 -1。

⚠ 注意：调用此函数并未将共享内存删除，只是解除了当前进程与共享内存的映射关系。

2. 应用实例

下述代码用于实现 6.D.6——利用共享内存实现文件的打开和读写操作。

【描述 6.D.6】 shmem.c

```
#include <sys/types.h>
#include <sys/ipc.h>
```

```
#include <sys/shm.h>
#include <stdio.h>
#include <stdlib.h>
#include <string.h>
#define BUFFER_SIZE 2048
int main( )
{
    pid_t pid;
    int shmid;
    char *shm_addr;
    char flag[] = "WROTE";
    char *buff;

    /* 创建共享内存 */
    if ((shmid = shmget(IPC_PRIVATE, BUFFER_SIZE, 0666)) < 0)
    {
        perror("shmget");
        exit(1);
    }
    else
    {
        printf("Create shared-memory: %d\n", shmid);
    }

    /* 显示共享内存情况 */
    system("ipcs -m");

    pid = fork( );
    if (pid == -1)
    {
        perror("fork");
        exit(1);
    }
    else if (pid == 0) /* 子进程处理 */
    {
        /*映射共享内存*/
        if ((shm_addr = shmat(shmid, 0, 0)) == (void*)-1)
        {
            perror("Child: shmat");
```

```
        exit(1);
    }
    else
    {
        printf("Child: Attach shared-memory: %p\n", shm_addr);
    }
    system("ipcs -m");

    /* 通过检查在共享内存的头部是否有标志字符串"WROTE"来确认父进程已经向共享
       内存写入有效数据 */
    while (strncmp(shm_addr, flag, strlen(flag)))
    {
        printf("Child: Wait for enable data...\n");
        sleep(5);
    }

    /* 获取共享内存的有效数据并显示 */
    strcpy(buff, shm_addr + strlen(flag));
    printf("Child: Shared-memory :%s\n", buff);

    /* 解除共享内存映射 */
    if ((shmdt(shm_addr)) < 0)
    {
        perror("shmdt");
        exit(1);
    }
    else
    {
        printf("Child: Deattach shared-memory\n");
    }
    system("ipcs -m");

    /* 删除共享内存 */
    if (shmctl(shmid, IPC_RMID, NULL) == -1)
    {
        perror("Child: shmctl(IPC_RMID)\n");
        exit(1);
    }
    else
    {
```

```
            printf("Delete shared-memory\n");
        }
        system("ipcs -m");
    }
    else /* 父进程处理 */
    {
        /*映射共享内存*/
        if ((shm_addr = shmat(shmid, 0, 0)) == (void*)-1)
        {
            perror("Parent: shmat");
            exit(1);
        }
        else
        {
            printf("Parent: Attach shared-memory: %p\n", shm_addr);
        }
        sleep(1);
        printf("\nInput some string:\n");
        fgets(buff, BUFFER_SIZE, stdin);
        strncpy(shm_addr + strlen(flag), buff, strlen(buff));
        strncpy(shm_addr, flag, strlen(flag));

        /* 解除共享内存映射 */
        if ((shmdt(shm_addr)) < 0)
        {
            perror("Parent: shmdt");
            exit(1);
        }
        else
        {
            printf("Parent: Deattach shared-memory\n");
        }
        system("ipcs -m");
        waitpid(pid, NULL, 0);
        printf("Finished\n");
    }
    exit(0);
}
```

程序编译后的运行结果如图 6-18 所示。

```
dh@ubuntu: ~/work/test/shm
File Edit View Search Terminal Help
dh@ubuntu:~/work/test/shm$ clear

dh@ubuntu:~/work/test/shm$ ./shm
Create shared-memory: 2752529

------ Shared Memory Segments --------
key        shmid      owner      perms      bytes      nattch     status
0x00000000 65536      dh         600        393216     2          dest
0x00000000 98305      dh         600        393216     2          dest
0x00000000 131074     dh         600        393216     2          dest
0x00000000 163843     dh         600        393216     2          dest
0x00000000 196612     dh         600        393216     2          dest
0x00000000 229381     dh         600        393216     2          dest
0x00000000 262150     dh         600        393216     2          dest
0x00000000 294919     dh         600        393216     2          dest
0x00000000 327688     dh         600        393216     2          dest
0x00000000 360457     dh         600        393216     2          dest
0x00000000 393226     dh         600        393216     2          dest
0x00000000 425995     dh         600        393216     2          dest
0x00000000 2490380    dh         600        393216     2          dest
0x00000000 2523149    dh         600        393216     2          dest
0x00000000 2621454    dh         600        393216     2          dest
0x00000000 2654223    dh         600        393216     2          dest
0x00000000 2719760    dh         666        2048       0
0x00000000 2752529    dh         666        2048       0

Parent: Attach shared-memory: 0xb77fd000
Child: Attach shared-memory: 0xb77fd000
```

图 6-18　共享内存实例运行结果

6.3.7　消息队列

消息队列，顾名思义就是数据队列，其标识符为队列 ID。可以通过命令 ipcs -q 查看当前系统的消息队列。

【示例 6-17】 ipcs

```
$ ipcs -q
```

消息队列提供了两个不相关进程间简单而有效的通信方法，与 FIFO 类似；不同之处在于消息队列是独立于发送和接收进程而存在的。

1. 系统调用

消息队列的实现包括创建或打开消息队列、添加消息、读取消息和控制消息队列 4 个步骤，相关的系统调用分别如下所述。

1) 创建或打开消息队列 msgget( )

msgget( )函数用于创建或打开一个消息对列，该函数原型及相关头文件如下。

【代码 6-35】 msgget( )

```
#include <sys/types.h>
#include <sys/ipc.h>
#include <sys/msg.h>


int msgget(key_t key，int msgflg);
```

其中，参数的含义如下：

✧ key：队列 ID，通常取 IPC_PRIVATE，意味着创建当前进程私有的消息队列。

✧ msgflg：权限标识位，例如 IPC_CREAT(创建)。

函数若调用成功，则返回消息队列 ID；若调用失败，则返回 –1。

例如，创建一个新消息队列。

【示例 6-18】 msgget( )

```
msgget(IPC_PRIVATE);
```

2) 添加消息 msgsnd( )

msgsnd( )函数用于把消息添加到消息队列中，该函数原型及相关头文件如下。

【代码 6-36】 msgsnd( )

```
#include <sys/types.h>
#include <sys/ipc.h>
#include <sys/msg.h>

int msgsnd(int msqid, const void *msgp, size_t msgsz, int msgflg);
```

其中参数的含义如下。

✧ msqid：消息队列 ID。
✧ msgp：指向要添加消息结构的指针。
✧ msgsz：消息正文的字节数，必须小于系统规定的上限。
✧ msgflg：函数控制信息，取值如下：

● IPC_NOWAIT：表明若消息队列满而导致消息无法立即发送，函数将立刻返回。
● 0：函数阻塞直到发送成功为止。

函数若调用成功，则返回 0，并且消息的一个副本将被放到消息队列中；若调用失败，则返回 −1。

通常来说，msgp 指针指向消息的数据结构，其定义如下：

【结构体 6-4】 msgbuf

```
struct msgbuf
{
    long mtype;
    char mtex[1];
}
```

其中，消息结构中必须包括 mtype 指定的消息类型和 mtex[ ]中的消息正文。

3) 读取消息 msgrcv( )

msgrcv( )函数用于从一个消息队列中获取消息，并将消息存储到用户定义的缓存区内。该函数原型及相关头文件如下：

【代码 6-37】 msgrcv( )

```
#include <sys/types.h>
#include <sys/ipc.h>
#include <sys/msg.h>

ssize_t msgrcv(int msqid, void *msgp, size_t msgsz, long msgtyp, int msgflg);
```

其中，函数中除了参数 msqtyp 与 msgflg 以外，其他参数与 msgsnd( )函数中的定义相同，说明如下：

✧ msgtyp：实现了简单形式的接收优先级。其取值情况如下：

- 0：接收消息队列中第一个消息。
- 大于 0：接收消息队列中第一个类型为 msgtyp 的消息。
- 小于 0：将获取第一个类型等于或小于 msgtyp 的绝对值的消息。

✧ msgflg：控制信息。其取值如下：

- MSG_NOERROR：若返回的消息大小比 msgsz 大，则消息就会截止到 msgsz 字节，且不通知消息发送进程。
- IPC_NOWAIT：若消息队列中没有相应类型的消息可以获取，函数立刻返回。
- 0：函数阻塞直到有接收消息为止。

函数若调用成功，则返回从消息队列中接收的字节数，并将消息内容复制到 msgp 指向的缓存区内；若调用失败，则返回 –1。

4) 控制消息 msgctl( )

msgctl( )函数可以对指定的消息队列进行各种操作，例如获取消息队列信息、设置消息队列属性等。该函数原型及相关头文件如下。

【代码 6-38】 msgctl( )

```
#include <sys/types.h>
#include <sys/ipc.h>
#include <sys/msg.h>


int msgctl(int msqid，int cmd，struct msqid_ds *buf);
```

其中参数的含义如下：

✧ msqid：指定消息队列 ID。

✧ cmd：命令参数。其取值及含义分别为：

- IPC_STAT：获取消息队列信息，并存储在参数 buf 指向的 msqid_ds 结构内。
- IPC_SET：设置消息队列的属性，存储在 buf 指向的 msqid_ds 结构内。
- IPC_RMID：从系统内核中删除消息队列。

✧ buf：指向 msqid_ds 结构并存储命令信息等。

函数若调用成功，则返回 0；若调用失败，则返回 –1。

2. 应用实例

该实例分为两个部分，即接收者和发送者。接收者获取一个由发送者创建的消息队列，然后采用查询方式从队列中读取数据。

下述代码用于实现任务描述 6.D.7——利用消息队列实现两个进程的通信。

【描述 6.D.7】 msgsend_fork.c

```
#include <sys/types.h>
#include <sys/ipc.h>
#include <sys/msg.h>
```

```
#include <stdio.h>
#include <stdlib.h>
#include <unistd.h>
#include <string.h>
#define BUFFER_SIZE 512

struct message
{
    long msg_type;
    char msg_text[BUFFER_SIZE];
};

int main( )
{
    int qid;
    key_t key;
    struct message msg;

    /*根据不同的路径和关键字产生标准的key*/
    if ((key = ftok(".", 'a')) == -1)
    {
        perror("ftok");
        exit(1);
    }

    /*创建消息队列*/
    if ((qid = msgget(key, IPC_CREAT|0666)) == -1)
    {
        perror("msgget");
        exit(1);
    }

    printf("Open queue %d\n", qid);

    while(1)
    {
        printf("Enter some message to the queue:");
        if ((fgets(msg.msg_text, BUFFER_SIZE, stdin)) == NULL)
        {
```

```
            puts("no message");
            exit(1);
        }
        msg.msg_type = getpid( );

        /*添加消息到消息队列中*/
        if ((msgsnd(qid, &msg, strlen(msg.msg_text), 0)) < 0)
        {
            perror("message posted");
            exit(1);
        }

        if (strncmp(msg.msg_text, "quit", 4) == 0)
        {
            break;
        }
    }
    exit(0);
}
```

【描述 6.D.7】 msgrev_fork.c

```
#include <sys/types.h>
#include <sys/ipc.h>
#include <sys/msg.h>
#include <stdio.h>
#include <stdlib.h>
#include <unistd.h>
#include <string.h>
#define BUFFER_SIZE 512

struct message
{
    long msg_type;
    char msg_text[BUFFER_SIZE];
};

int main( )
{
    int qid;
    key_t key;
```

```
    struct message msg;

    /*根据不同的路径和关键字产生标准的key*/
    if ((key = ftok(".", 'a')) == -1)
    {
        perror("ftok");
        exit(1);
    }

    /*创建消息队列*/
    if ((qid = msgget(key, IPC_CREAT|0666)) == -1)
    {
        perror("msgget");
        exit(1);
    }

    printf("Open queue %d\n", qid);

    do
    {
        /*读取消息队列*/
        memset(msg.msg_text, 0, BUFFER_SIZE);
        if (msgrcv(qid, (void*)&msg, BUFFER_SIZE, 0, 0) < 0)
        {
            perror("msgrcv");
            exit(1);
        }
        printf("The message from process %d : %s", msg.msg_type, msg.msg_text);
    } while(strncmp(msg.msg_text, "quit", 4));

    /*从系统内核中移走消息队列 */
    if ((msgctl(qid, IPC_RMID, NULL)) < 0)
    {
        perror("msgctl");
        exit(1);
    }

    exit(0);
}
```

程序运行结果分别如图 6-19 和图 6-20 所示。

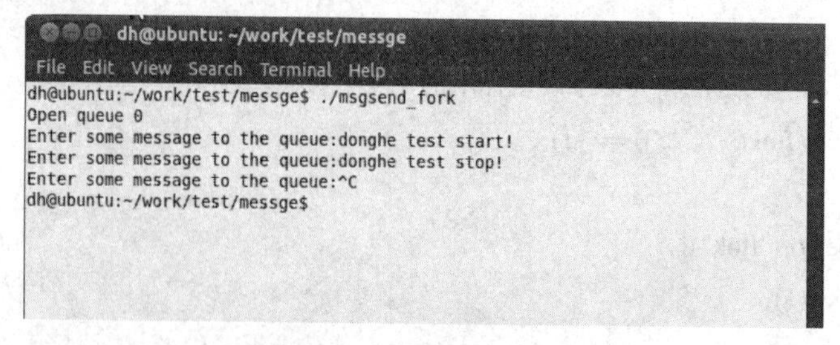

图 6-19 消息队列发送

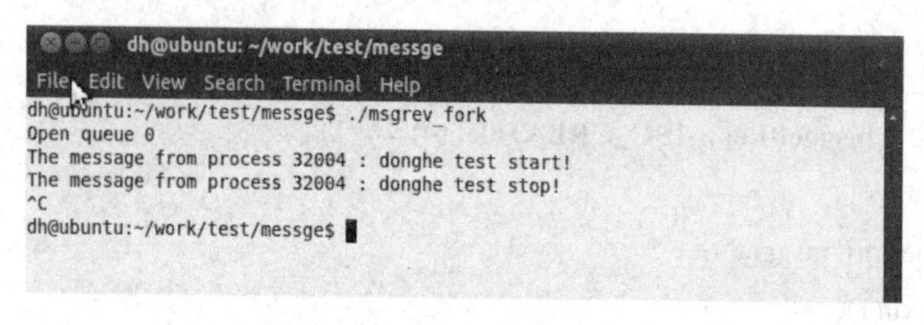

图 6-20 消息队列接收

6.4 线程

进程切换时需要比较复杂的上下文切换。为了减少处理器的空转时间，支持多处理器以及减少上下文切换开销，系统中出现了另外一种概念——线程。利用线程可以有效地解决以上问题。

6.4.1 概述

本节从线程定义、线程分类以及线程标识等方面来了解线程的有关概念。

1. 线程定义

线程是在共享内存空间中并发执行的多道执行路径，也称为轻量级进程。如果说进程是系统资源管理的最小单位，那线程则是程序执行的最小单位。线程与进程的关系如图 6-21 所示。

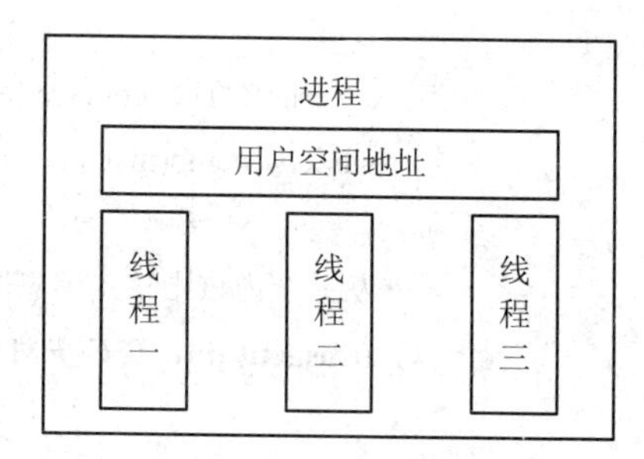

图 6-21 线程与进程的关系

从图中可以看出，一个进程内的所有线程都有自己的空间地址，但是共享在此进程的空间地址内，线程可以对此进程的内存空间与资源进行访问。由于线程共享进程资源的特性，使得任何线程对系统资源的操作都会给进程和其他线程带来影响，因此多线程中的同步是线程处理中比较重要的问题。

2. 线程分类

线程按照其调度者可分为用户级线程和内核级线程两种。

(1) 用户级线程。用户级线程主要解决的是上下文切换的问题，其调度算法和调度过程全部由用户决定，在运行时不需要特定的内核支持。操作系统提供了一个用户空间的线程库，该库包含了线程的创建、调度和撤销等功能函数，用户可以直接使用这些函数来完成对线程的操作。

(2) 内核级线程。内核级线程由内核调度机制实现。

现在大多数操作系统都采用用户级线程和内核级线程并存的方法。用户级线程可与内核级线程实现“一对一”，“一对多”的对应关系。

3. 线程 ID

就像每个进程有一个 ID 一样，每个线程也都有一个线程 ID，但线程 ID 只在它所属的进程内有效。线程 ID 通过数据类型 pthread_t 来表示，pthread_t 在“nptl/pthreadtypes.h”中定义。

线程获取自身线程 ID 的函数及相关头文件如下。

【代码 6-39】 pthread_self( )

```
#include <pthread.h>
pthread_t pthread_self(void)
```

函数的返回值即为此线程的 ID 号。

6.4.2 基本函数

线程有一套完整的函数库调用，其中绝大多数函数以“pthread_”开头，例如线程的创建函数 pthread_creat( )、终止函数 pthread_exit( )等，所有函数包含头文件“phtread.h”，并在编译程序时需要用选项-lpthread 链接线程库。例如：

【示例 6-19】 线程编译

```
$ gcc –o example example.c –lpthread
```

下面从线程的创建、终止以及属性三个方面来介绍线程操作函数的用法。

1. 创建线程

线程的创建函数为 pthread_creat( )，函数原型及相关头文件如下。

【代码 6-40】 pthread_create( )

```
#include <pthread.h>
int pthread_create(pthread_t *restrict tidp，const pthread_attr_t *restrict attr，
                                    void *(*start_rtn)(void)，void *restrict arg);
```

其中传入参数：

✧ tidp：创建线程 ID。

✧ attr：线程属性设置，详细设置将在本章内容小节中描述，此处默认为“NULL”。

✧ start_rtn：线程函数起始地址。

✧ arg：传递给 start_rtn 的参数。

线程创建成功后返回 0，失败后返回错误标识。

新创建线程将从 start_rtn 函数的地址开始运行，如果传递的参数只有一个，可以直接通过 arg 传入；如果参数多于一个，就需要把这些参数放到一个结构体中，然后将结构体

的地址作为 arg 参数传入。

2. 终止线程

终止线程的方式有三种：

✧ 线程从启动例程返回。当例程创建线程成功后，执行相关线程函数，该函数运行完后线程自动退出。

✧ 线程可以被同一进程的其他线程取消，可以用 pthread_cancel( )函数实现。

✧ 线程调用 pthread_exit( )，这是线程的主动行为。

使用线程函数时，不能随意通过 exit( )函数终止，因为 exit( )函数的作用是使进程终止，往往 1 个进程包含多个线程，如果使用 exit( )函数，该进程的所有线程都将被终止。在实际应用中，通常使用 pthread_exit( )进行线程的自我终止。

由于多个线程共享数据段，在线程退出后，其占用的资源并不会随线程的终止而得到释放，Linux 系统采用 pthread_jion( )函数将当前的线程挂起，等待线程结束，类似于 wait 系统的调用。这样终止函数返回后，线程的资源将被收回并再次被利用。

下面分别介绍这三个函数的用法。

1) pthread_exit( )函数

pthread_exit 函数原型如下。

【代码 6-41】 pthread_exit( )

```
#include <pthread.h>
void pthread_exit( void *retval )
```

其中参数 retval 是调用者线程的返回值，可由其他函数和 pthread_join( )来检测获取。

2) pthread_join( )函数

pthread_join 函数原型如下。

【代码 6-42】 pthread_join( )

```
#include <pthread.h>
int pthread_join( pthread_t *th，void **thread_return )
```

其中参数的含义如下：

✧ th 为等待线程的 ID。

✧ thread_return 用来存储被等待线程的返回值。

3) pthread_cancel( )函数

线程可以通过 pthread_cancel( )取消其他线程，被终止的线程可以自己选择忽略取消或控制取消，该函数原型如下。

【代码 6-43】 pthread_cancel( )

```
#include <pthread.h>
int pthread_cancel(pthread_t tid);
```

其中参数 tid 为要终止线程的 ID。

为了更好地说明线程操作函数的使用，以下示例中创建了三个线程，且都调用同一个函数。

【示例6-20】 thread.c

```
/* thread.c */
#include <stdio.h>
#include <stdlib.h>
#include <pthread.h>
#define THREAD_NUMBER 3 /*线程数*/
#define REPEAT_NUMBER 5 /*每个线程中的小任务数*/
#define DELAY_TIME_LEVELS 10.0 /*小任务之间的最大时间间隔*/

void *thrd_func(void *arg)
{
    /* 线程函数例程 */
    int thrd_num = (int)arg;
    int delay_time = 0;
    int count = 0;
    printf("Thread %d is starting\n", thrd_num);

    for (count = 0; count < REPEAT_NUMBER; count++)
    {
        delay_time = (int)(rand( ) * DELAY_TIME_LEVELS/(RAND_MAX)) + 1;
        sleep(delay_time);
        printf("\tThread %d: job %d delay = %d\n", thrd_num, count, delay_time);
    }
    printf("Thread %d finished\n", thrd_num);
    pthread_exit(NULL);
}
int main(void)
{
    pthread_t thread[THREAD_NUMBER];
    int no = 0, res;
    void * thrd_ret;
    srand(time(NULL));
    for (no = 0; no < THREAD_NUMBER; no++)
    {
        /* 创建多线程 */
        res = pthread_create(&thread[no], NULL, thrd_func, (void*)no);
        if (res != 0)
        {
            printf("Create thread %d failed\n", no);
```

```
                exit(res);
            }
        }
        printf("Create treads success\n Waiting for threads to finish...\n");
        for (no = 0; no < THREAD_NUMBER; no++)
        {
            /* 等待线程结束 */
            res = pthread_join(thread[no], &thrd_ret);
            if (!res)
            {
                printf("Thread %d joined\n", no);
            }
            else
            {
                printf("Thread %d join failed\n", no);
            }
        }
        return 0;
    }
```

使用 gcc 编译程序(如下所示)后，运行的结果如图 6-22 所示。

```
$ gcc –o thread thread.c –lpthread
```

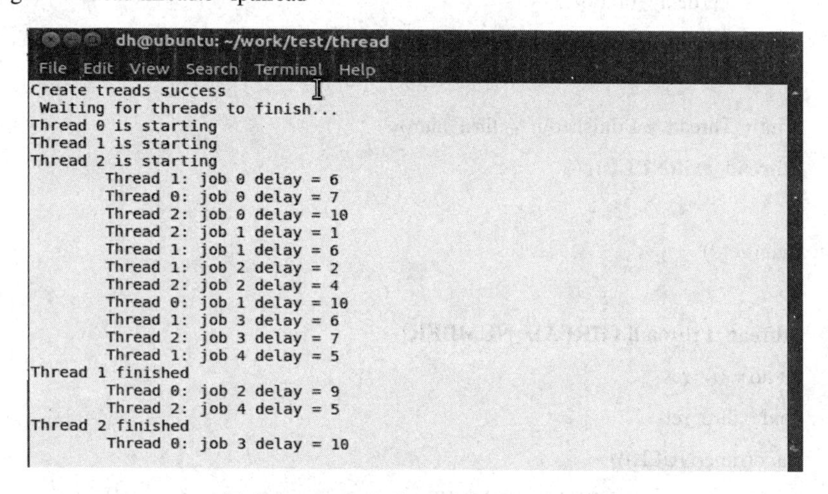

图 6-22 thread.c 创建线程的运行结果

3. 线程属性

线程创建函数 pthread_creat( )的第二个参数 addr 表示线程的属性。线程的属性包括绑定属性、分离属性、堆栈地址、堆栈大小和优先级。在实际的线程使用中，一般使用线程的默认值即可，若需要修改线程属性，可以使用线程属性修改函数。表 6-13 中列出了线程的默认属性。

表 6-13 线程默认属性

属性	默认值	说明
Detachstate	PTHREAD_CREATE_JOINABLE	线程退出后，线程及其退出代码将暂时保留
Scope	PTHREAD_SCOPE_PROCESS	线程是非绑定的
Stackaddr	NULL	线程的堆栈由系统分配
Stacksize	1MB	—
Priority	从父线程继承的优先级	—
Schedpolicy	SCHED_OTHER	线程根据优先级调度，线程运行直至遇到更高优先级线程抢占资源

本节内容只对线程的绑定属性和分离属性的基本概念进行描述，其他属性为常规属性，此处不再描述。

1) 绑定(Scope)属性

绑定属性是Linux中采取的“一对一”机制，指一个用户线程固定对应一个内核线程。与之相对的非绑定属性是指用户线程与内核线程的关系不是固定的，而是由系统来控制分配的。

2) 分离(Detachstate)属性

分离属性是指一个线程以何种方式终止自己。

✧ 在非分离情况下，当一个线程结束时，它所占用的系统资源并没有被释放，也就是说线程没有真正地终止。只有当pthread_join( )函数返回时，创建的线程才能释放占用的系统资源。

✧ 在分离属性情况下，一个线程结束时立即释放它所占用的系统资源。需要注意的是，如果设置一个线程为分离属性，而这个线程运行得又非常快，那么它很可能在pthread_create( )函数返回之前就终止了，它终止以后就可能将线程号和系统资源移交给其他的线程使用，这时调用pthread_create( )的线程就得到了错误的线程号。

3) 属性修改

线程的属性通过pthread_attr_t结构来描述，属性修改函数通过修改pthread_attr_t结构来进行线程属性修改，设置过程按以下步骤进行。

(1) 调用pthread_attr_init( )函数进行属性初始化。

pthread_attr_init( )函数原型及相关头文件如下。

【代码 6-44】 pthread_attr_init( )

```
#include <pthread.h>
int pthread_attr_init(pthread_attr_t *attr)
```

此函数进行的是pthread_attr_t类型结构attr的初始化，即系统支持线程属性的默认值。

(2) 调用相应属性设置函数进行属性设置。

部分属性设置函数原型及相关头文件如下。

【代码 6-45】 属性设置函数

```
#include <pthread.h>
int pthread_attr_getscope(pthread_attr_t *attr, int *scope);
```

```
int pthread_attr_setscope(pthread_attr_t *attr，int scope)；

int pthread_attr_getdetachstate(setscope(pthread_attr_t *attr，int detachstate)；
int pthread_attr_setdetachstate(setscope(pthread_attr_t *attr，int detachstate)；

int pthread_attr_getschdparm(pthread_attr_t *attr，struct sched_param *param)；
int pthread_attr_setschedparam(pthread_attr_t *attr，struct sched_param *param)；
```

修改线程属性所用的函数都是成对出现的，先用以“get”为前缀的函数来获取某属性的当前值，然后用以“set”为后缀的函数来设置该属性的值。

线程属性设置完成后，就可以调用 pthread_creat( )函数创建线程了。

(3) 调用 pthread_attr_destroy( )函数进行属性结构资源清理和回收。该函数原型及相关头文件如下。

【代码 6-46】 pthread_attr_destroy( )

```
#include <pthread.h>
int pthread_attr_destroy(pthread_attr_t *attr)
```

此函数用于释放属性结构体的内存空间，同时使用无效的值初始化该属性对象。

6.4.3 同步与互斥

由于线程共享进程的资源和地址空间，因此在对这些资源进行操作时，必须考虑线程间资源访问的同步与互斥问题。这里主要介绍 POSIX 中两种线程的同步机制，即互斥锁和信号量。这两个同步机制可以互相通过调用对方来实现，但互斥锁更适合用于同时可用的资源是唯一的情况；信号量更适合用于同时可用的资源为多个的情况。

1. 信号量

Linux 实现了 POSIXS 的无名信号量，主要用于线程间的互斥与同步。这组信号量函数以“sem_”开头，函数原型及相关头文件如下。

【代码 6-47】 信号量函数

```
#include <semaphore.h>
int sem_init(sem_t *sem，int pshared，unsigned int value)；
int sem_wait(sem_t *sem)；
int sem_post(sem_t *sem)；
int sem_getvalue(sem_t *sem，int sval)；
int sem_destroy(sem_t *sem)；
```

其中：

✧ sem_init( )用于创建一个信号量，并初始化它的值。

✧ sem_wait( )相当于 P 操作，在信号量大于零时将信号量的值减 1，信号量小于 0 时阻塞进程。

✧ sem_post( )相当于 V 操作，它将信号量的值加 1 同时发出信号来唤醒等待的进程。

✧ sem_getvalue( )用于得到信号量的值。

✧ sem_destory( ) 用于删除信号量。

2. 互斥锁

互斥锁(Mulex)通过简单的加锁方法来控制共享资源的存取，一般用于解决线程间资源访问的唯一性问题。

互斥锁只有两种状态：上锁和解锁。在同一时刻只能有一个线程掌握某个互斥锁，拥有上锁状态的线程能够对共享资源进行操作。若有其他线程希望对一个已经被上锁的互斥锁上锁，则该线程就会挂起，直到上锁的线程释放掉为止。也就是说，互斥锁保证每个线程对共享资源按顺序进行原子操作。

互斥锁机制所涉及的函数原型及相关头文件如下。

【代码 6-48】 互斥锁函数

```
#include <pthread.h>
int pthread_mutex_init(pthread_mutex_t *mutex，const pthread_mutexattr_t *mutexattr);
int pthread_mutex_lock(pthread_mutex_t *mutex，);
int pthread_mutex_trylock(pthread_mutex_t *mutex，);
int pthread_mutex_unlock(pthread_mutex_t *mutex，);
int pthread_mutex_destroy(pthread_mutex_t *mutex，);
```

其中：

✧ pthread_mutex_init( )用于互斥锁初始化。

✧ pthread_mutex_lock( )用于互斥锁上锁。

✧ pthread_mutex_trylock( )用于对互斥锁判断上锁。

✧ pthread_mutex_unlock( )用于互斥锁解锁。

✧ pthread_mutex_destroy( )用于消除互斥锁。

3. 应用实例

本章 6.4.2 节示例中创建的三个线程执行的顺序是无序的，可以通过信号量和互斥锁实现线程的有序执行。

以下源码用于实现任务描述 6.D.8——互斥锁和信号量在多线程中的使用。

【描述 6.D.8】 thread_sem.c

```
#include <stdio.h>
#include <stdlib.h>
#include <pthread.h>
#include <semaphore.h>
#define THREAD_NUMBER 3              /* 线程数 */
#define REPEAT_NUMBER 3              /* 每个线程中的小任务数 */
#define DELAY_TIME_LEVELS 10.0       /*小任务之间的最大时间间隔*/
sem_t sem[THREAD_NUMBER];

void *thrd_func(void *arg)
{
    int thrd_num = (int)arg;
```

```
    int delay_time = 0;
    int count = 0;

    /* 进行 P 操作 */
    sem_wait(&sem[thrd_num]);
    printf("Thread %d is starting\n", thrd_num);
    for (count = 0; count < REPEAT_NUMBER; count++)
    {
        delay_time = (int)(rand( ) * DELAY_TIME_LEVELS/(RAND_MAX)) + 1;
        sleep(delay_time);
        printf("\tThread %d: job %d delay = %d\n",
        thrd_num, count, delay_time);
    }
    printf("Thread %d finished\n", thrd_num);
    pthread_exit(NULL);
}
int main(void)
{
    pthread_t thread[THREAD_NUMBER];
    int no = 0, res;
    void * thrd_ret;
    srand(time(NULL));
    for (no = 0; no < THREAD_NUMBER; no++)
    {
        sem_init(&sem[no], 0, 0);
        res = pthread_create(&thread[no], NULL, thrd_func, (void*)no);
        if (res != 0)
        {
            printf("Create thread %d failed\n", no);
            exit(res);
        }
    }
    printf("Create treads success\n Waiting for threads to finish...\n");

    /* 对最后创建的线程的信号量进行 V 操作 */
    sem_post(&sem[THREAD_NUMBER - 1]);
    for (no = THREAD_NUMBER - 1; no >= 0; no--)
    {
```

```
        res = pthread_join(thread[no], &thrd_ret);
        if (!res)
        {
            printf("Thread %d joined\n", no);
        }
        else
        {
            printf("Thread %d join failed\n", no);
        }
        /* 进行 V 操作 */
        sem_post(&sem[(no + THREAD_NUMBER - 1) % THREAD_NUMBER]);
    }
    for (no = 0; no < THREAD_NUMBER; no++)
    {
        /* 删除信号量 */
        sem_destroy(&sem[no]);
    }
    return 0;
}
```

【描述 6.D.8】 thread_mutex.c

```
#include <stdio.h>
#include <stdlib.h>
#include <pthread.h>
#define THREAD_NUMBER 3            /* 线程数 */
#define REPEAT_NUMBER 3            /* 每个线程的小任务数 */
#define DELAY_TIME_LEVELS 10.0 /*小任务之间的最大时间间隔*/
pthread_mutex_t mutex;

void *thrd_func(void *arg)
{
    int thrd_num = (int)arg;
    int delay_time = 0, count = 0;
    int res;

    /* 互斥锁上锁 */
    res = pthread_mutex_lock(&mutex);
    if (res)
    {
```

```
            printf("Thread %d lock failed\n", thrd_num);
            pthread_exit(NULL);
        }

        printf("Thread %d is starting\n", thrd_num);
        for (count = 0; count < REPEAT_NUMBER; count++)
        {
            delay_time = (int)(rand( ) * DELAY_TIME_LEVELS/(RAND_MAX)) + 1;
            sleep(delay_time);
            printf("\tThread %d: job %d delay = %d\n",
            thrd_num, count, delay_time);
        }
        printf("Thread %d finished\n", thrd_num);
        pthread_exit(NULL);
    }
    int main(void)
    {
        pthread_t thread[THREAD_NUMBER];
        int no = 0, res;
        void * thrd_ret;
        srand(time(NULL));

        /* 互斥锁初始化 */
        pthread_mutex_init(&mutex, NULL);

        for (no = 0; no < THREAD_NUMBER; no++)
        {
            res = pthread_create(&thread[no], NULL, thrd_func, (void*)no);
            if (res != 0)
            {
                printf("Create thread %d failed\n", no);
                exit(res);
            }
        }

        printf("Create treads success\n Waiting for threads to finish...\n");

        for (no = 0; no < THREAD_NUMBER; no++)
```

```
    {
        res = pthread_join(thread[no]，&thrd_ret);
        if (!res)
        {
                printf("Thread %d joined\n"，no);
        }
        else
        {
            printf("Thread %d join failed\n"，no);
        }

        /* 互斥锁解锁 */
        pthread_mutex_unlock(&mutex);


    }


    pthread_mutex_destroy(&mutex);
    return 0;
}
```

程序编译后的运行结果如图 6-23、图 6-24 所示。

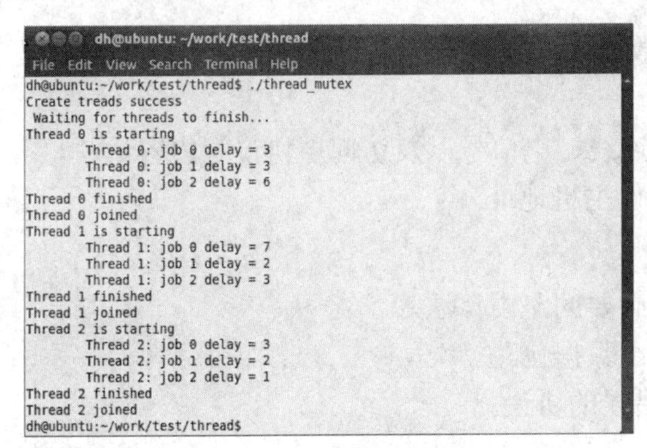

图 6-23 使用互斥锁创建线程

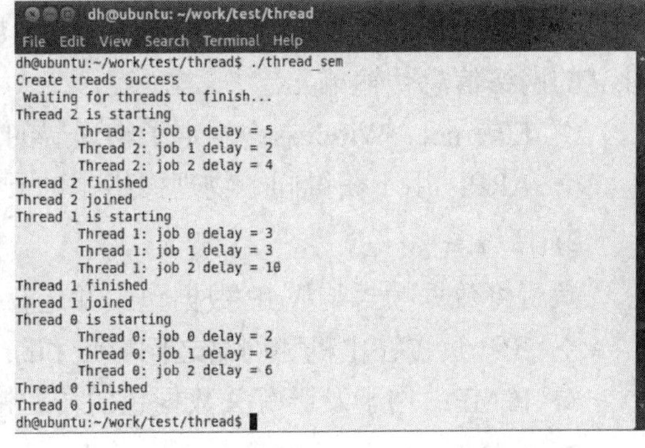

图 6-24 使用信号量创建线程

6.5 网络编程

网络在嵌入式系统中的应用日益广范，因此了解嵌入式 Linux 的网络编程非常重要。本节将从通信协议、套接字编程等方面介绍嵌入式 Linux 网络编程的流程。

6.5.1 TCP/IP 协议

通信协议用于协调不同网络设备之间的信息交换，它们建立了设备之间相互识别的信息机制。当今在通信界有许多可采用的协议，如 NetBios、IPX/SPX、TCP/IP 等。现在大多数的计算机环境都支持 TCP/IP 协议，它提供了多个网络终端之间的文件传输、电子邮件、传输服务以及网络管理等功能。

1. 协议模型

著名的 OSI(开放式系统互联)协议模型是基于国际标准化组织 ISO 的标准发展的，从上到下共分为七层：应用层、表示层、会话层、传输层、网络层、数据链路层以及物理层。这七层模型规定的非常细致和完善，但应用起来比较复杂。TCP/IP 协议将这七层模型简化成四层，从而更有利于实现和使用。OSI 协议模型与 TCP/IP 协议模型的对应关系如图 6-25 所示。

OSI	TCP/IP	
应用层 表示层 会话层	HTTP FTP DNS	应用层
传输层	TCP UDP	传输层
网络层	ICMP IP	网络层
数据链路层、 物理层	ARP Ethernet Wireless	网络 接口层

图 6-25 OSI 协议模型与 TCP/IP 协议模型的对应关系

TCP/IP 协议模型中的各层以及所用到的协议简要介绍如下：

1) 网络接口层

负责将二进制流转换为数据帧，并进行数据帧的发送和接收。要注意的是，数据帧是独立的网络信息传输单元。

✧ Ethernet、Wireless：规定了物理层的连线、电信号以及访问层协议等内容。

✧ ARP：用于获得同一物理网络中的硬件主机地址。

2) 网络层

负责将数据帧封装成 IP 数据包，并运行必要的路由算法。

✧ IP：负责在主机和网络之间寻址和路由数据包。

✧ ICMP：用于发送有关数据包的传送错误的协议。

3) 传输层

负责端对端之间的通信会话的连接与建立。传输协议的选择根据数据的传输方式而定。

✧ TCP：为应用程序提供可靠的通信连接，适于一次传输大批数据的情况及要求得到响应的应用程序。

✧ UDP：提供了无连接通信，且不对传送包进行可靠性保证，适于一次传输。

4) 应用层

负责应用程序的网络访问，这里通过端口号来识别各个不同的进程。

✧ HTTP：超文本传输协议，用于从 www 服务器传输超文本到本地浏览器的传送协议。

✧ FTP：文件传输协议，是 TCP/IP 提供的标准机制，使网络上各个计算机可共享文件。

✧ DNS：域名，与 IP 地址映射。

2. TCP 协议

TCP 协议位于传输层，实现了从一个应用程序到另一个应用程序的数据传递。TCP 协议通过三次握手来进行初始化。三次握手的目的是使数据段的发送和接收同步，告诉其他主机一次可接收的数据量并建立虚连接。

1) 三次握手

三次握手的过程简单介绍如下：

(1) 初始化主机，通过一个同步标志置位的数据段发出会话请求。

(2) 接收主机通过发回具有以下项目的数据段表示回复：同步标志置位、即将发送的数据段的起始字节的顺序号、应答并带有将收到的下一个数据段的字节顺序号。

(3) 请求主机再回送一个数据段，并带有确认顺序号和确认号。

2) 目标地址与端口号

应用程序通过目的 IP 地址和端口号来区分接收数据。对于一条 TCP 连接，可以使用<本地 IP 地址，本地端口>，<远端 IP 地址，远端端口>来表示。

例如，<192.168.2.1，1000>，<192.168.2.100，2000>表示 IP 地址为 192.168.2.1 与 IP 地址为 192.168.2.100 建立的 TCP 连接。

3. UDP 协议

UDP 即用户数据报协议，它是一种无连接协议，因此不需要像 TCP 那样通过三次握手来建立一个连接。同时，一个 UDP 应用可同时作为应用的客户或服务器方。由于 UDP 协议并不需要建立一个明确的连接，因此建立 UDP 应用要比建立 TCP 应用简单得多。

UDP 协议从问世至今已经被使用了很多年，虽然其最初的光彩已经被一些类似协议所掩盖，但是在网络质量越来越高的今天，UDP 的应用仍然得到了大大的增强。它比 TCP 协议更为高效，也能更好地解决实时性的问题。如今，包括网络视频会议系统在内的众多的客户/服务器模式的网络应用都使用 UDP 协议。

6.5.2 socket 套接字

在 Linux 中的网络编程是通过 socket 接口来实现的。

1. socket 定义

socket(套接字)是一种常用的进程之间的通信机制，通过它不仅能实现本地机器上的进程之间的通信，而且通过网络能够在不同机器上的进程之间进行通信。Linux 所提供的功能(如打印服务、连接数据库等)和网络工具(如远程登录、ftp 等)通常都是使用套接字来进行通信的。

在 Linux 中的网络编程是通过 socket 接口来进行的，socket 接口是一种特殊的 I/O 接口，也是一种特殊的文件描述符。当用户使用 socket 函数建立一个套接字时，将返回一个整型的 socket 描述符，随后的建立连接、数据传输等操作都是通过此描述符来实现的。

2. socket 属性

socket 的特性由三个属性确定，分别是域、类型和协议。socket 可以使用地址作为名字，域指定了地址的格式。

1) 域(domain)

域指定了套接字通信中使用的协议族，在 Linux 中定义为 sa_family 类型。常见的取值如表 6-14 所示。

表 6-14　socket 域指定的协议族

域类型	取　值	含　义
sa_family	AF_INET	ARPA 因特网协议(IPv4 协议)
	AF_INET6	IPv6 协议
	AF_LOCAL	UINX 协议
	AF_IPX	Novell IPX 协议
	AF_APPLETALK	Appletalk DDS

在网络编程中最常用的套接字域取值是 AF_INET 或 AF_INET6。IPv6 协议是“下一代”的互联网协议，克服了目前标准 IP 存在的诸如可用地址数量有限的一些问题，但 IPv6 目前还没有被实际应用。虽然 Linux 支持 IPv6 协议实现，但是在应用中一般还是采取 IPv4 协议。

2) 类型(type)

常见的套接字有三种类型，分别是流式 socket、数据报 socket 和原始 socket，定义如下：

✧ 流式 socket(SOCK_STREAM)提供可靠的、面向连接的通信流，它使用 TCP 协议，从而保证了数据传输的正确性和顺序性。

✧ 数据报 socket(SOCK_DGRAM)定义了一种无连接的服务，它使用数据报协议 UDP，通过相互独立的数据报文进行传输，协议本身不保证传输的可靠性和数据的原始顺序。

✧ 原始 socket(SOCK_RAW)允许对底层协议如 IP 或 ICMP 进行直接访问，它的功能强大，主要用于一些协议的开发。

3) 协议(protocol)

协议由套接字类型和套接字域来决定。

3. socket 地址结构

每个套接字都有由域指定的地址格式，每种地址格式都有固定的结构类型。在 AF_INTE 域中，socket 地址由结构体 sockaddr_in 指定，该结构类型定义在“include/linux/in.h”中。

【结构体 6-5】 sockaddr_in

```
struct sockaddr_in
{
  //协议族
  sa_family_t   sin_family;
  //端口号
  __be16   sin_port;
  //IP 地址
  struct in_addr   sin_addr;
```

```
    //填充位
    unsigned char __pad[__SOCK_SIZE__ - sizeof(short int) -sizeof(unsigned short int) - sizeof(struct
in_addr)];
    };
```

其中，sockaddr_in 结构体的各个成员及其常用取值含义如表 6-15 所示。

表 6-15　sockaddr_in 结构体成员

结构体成员	含　义
sin_family	协议族
sin_port	端口号
sin_addr	IP 地址
_pad[…]	填充位，与其他版本的结构类型匹配，一般填 0

IP 地址的结构类型定义如下。

【结构体 6-6】 in_addr

```
struct in_addr {
    __be32   s_addr;
};
```

由以上内容可知，一个 AF_INET 套接字可以由它的域、端口号和 IP 地址完全确定。

4. socket 函数

socket 编程的基本函数有 socket( )、bind( )、listen( )、accept( )、send( )、sendto( )、recv( ) 以及 recvfrom( )等。

1) 创建套接字函数 socket( )

socket( )函数用于建立一个 socket 连接，成功后返回一个描述符。函数可指定 socket 协议族及套接字类型等信息。在建立了 socket 连接之后，可以对 sockaddr_in 结构进行初始化，以保存所建立的 socket 地址信息。该函数原型及相关头文件如下。

【代码 6-49】 socket( )

```
#include <sys/types.h>              /* See NOTES */
#include <sys/socket.h>

int socket(int domain, int type, int protocol);
```

其中传入参数的含义如下：

✧ domain 为指定协议族。
✧ type 为指定套接字类型。
✧ protocol 为指定使用的协议，通常为 0，表示默认协议。

若函数创建成功，返回值为套接字描述符；若函数创建失败，返回值为 –1。

例如创建一个 socket 连接，指定协议族为 AF_INET，套接字类型为流套接字，代码如下。

【示例 6-21】 socket( )

```
socket(AF_INET, SOCK_STREAM, 0);
```

2) 命名套接字函数 bind( )

要想让通过 socket( )函数创建的套接字可以被其他进程使用，服务器程序就必须给此套接字命名。AF_INET 套接字以关联的 IP 地址来命名。bind( )函数的作用就是将本地 IP 地址分配给未命名的套接字描述符。该函数原型及相关头文件如下。

【代码 6-50】 bind( )

```
#include <sys/types.h>          /* See NOTES */
#include <sys/socket.h>

int bind(int sockfd，const struct sockaddr *addr，socklen_t addrlen);
```

其中传入参数的含义如下：

✧ sockfd 为套接字描述符。

✧ addr 为本地地址。

✧ addrlen 为地址长度，值取决于 socket( )函数中的协议族。

若函数调用成功，则返回 0；若函数调用失败，则返回 –1。

⚠ **注意**：bind( )函数主要用于 TCP 的连接，在 UDP 的连接中没有必要使用。

3) 创建请求队列函数 listen( )

listen( )函数在服务器程序成功建立套接字和与地址进行绑定之后，还需要准备在该套接字上接收新的连接请求。此时调用 listen( )函数来创建一个等待队列，在其中存放未处理的客户端连接请求。该函数原型及相关头文件如下。

【代码 6-51】 listen( )

```
#include <sys/types.h>          /* See NOTES */
#include <sys/socket.h>

int listen(int sockfd，int backlog);
```

其中传入参数的含义如下：

✧ sockfd 为套接字描述符。

✧ backlog 为请求队列中允许的最大请求数，系统默认为 5。

若函数调用成功，则返回 0；若函数调用失败，则返回 –1。

在套接字请求队列中，若等待处理的连接大于最大请求数，则连接将被拒绝，导致客户的连接失败。

4) 请求连接函数 connect( )

该函数在 TCP 协议中用于客户端向服务器请求连接，而在 UDP 中由于没有了 bind( )函数，因此 connect( )有点类似 bind( )函数的作用。该函数原型及相关头文件如下。

【代码 6-52】 connect( )

```
#include <sys/types.h>          /* See NOTES */
#include <sys/socket.h>

int connect(int sockfd，struct sockaddr *addr，socklen_t *addrlen);
```

其中传入参数的含义如下：

✧ sockfd 为套接字描述符。

✧ addr 为服务器地址。

✧ addrlen 为服务器地址长度。

若函数调用成功，则返回 0；若函数调用失败，则返回−1。

5) 接收连接函数 accept( )

服务器程序调用 listen( )函数创建等待队列之后，调用 accept( )函数等待并接收客户端的连接请求。它通常从由 listen( )所创建的等待队列中取出第一个未处理的连接请求。该函数原型及相关头文件如下。

【代码 6-53】 accept( )

```
#include <sys/types.h>                    /* See NOTES */
#include <sys/socket.h>

int accept(int sockfd, struct sockaddr *addr, socklen_t *addrlen);
```

其中传入参数的含义如下：

✧ sockfd 为套接字描述符。

✧ addr 为客户端地址。

✧ addrlen 为客户端地址长度。

若函数调用成功，则返回建立连接套接字描述符；若函数调用失败，则返回−1。

6) 发送函数 send( )与接收函数 recv( )

send( )和 recv( )这两个函数分别用于发送和接收数据。函数原型及相关头文件如下。

【代码 6-54】 send( )与 recv( )

```
#include <sys/types.h>
#include <sys/socket.h>


ssize_t send(int sockfd, const void *buf, size_t len, int flags);
ssize_t recv(int sockfd, void *buf, size_t len, int flags);
```

其中传入参数的含义如下：

✧ sockfd 为套接字描述符。

✧ buf 为发送或接收数据缓存区。

✧ len 为发送或接收数据字节长度。

✧ flags 一般为 0。

若函数调用成功，则返回发送或接收字节数，若函数调用失败，则返回−1。

7) 发送函数 sendto( )与接收函数 recvfrom( )

这两个函数的作用与 send( )和 recv( )函数类似，也可以用在 TCP 和 UDP 中。当用在 TCP 时，后面的几个与地址有关的参数不起作用，函数的作用等同于 send( )和 recv( )；当用在 UDP 时，可以用在之前没有使用 connect( )的情况下，这两个函数可以自动寻找指定地址并进行连接。这两个函数的原型及相关头文件如下。

【代码 6-55】 sendto( )与 recvfrom( )

```
#include <sys/types.h>
#include <sys/socket.h>

ssize_t sendto(int sockfd, const void *buf, size_t len, int flags,
                    const struct sockaddr *dest_addr, socklen_t addrlen);
ssize_t recvfrom(int sockfd, void *buf, size_t len, int flags,
                    struct sockaddr *src_addr, socklen_t *addrlen);
```

其中传入参数的含义如下：

✧ sockfd 为套接字描述符。
✧ buf 为发送或接收数据缓存区。
✧ len 为发送或接收数据字节长度。
✧ flags 一般为 0。
✧ dest_addr 为目的机的 IP 地址和端口号信息。
✧ src_addr 为源主机的 IP 地址和端口号信息。
✧ addrlen 为地址的长度。

若函数调用成功，则返回发送或接收字节数；若函数调用失败，则返回 –1。

8) 关闭套接字 close( )

同操作普通文件描述符一样，用户也可以使用 close( )函数来终止服务器与客户端的套接字连接。

5. socket 函数应用

在实际应用中，基本函数的调用顺序与使用的协议(TCP、UDP)和用户(客户端、服务端)有关，如图 6-26 所示。

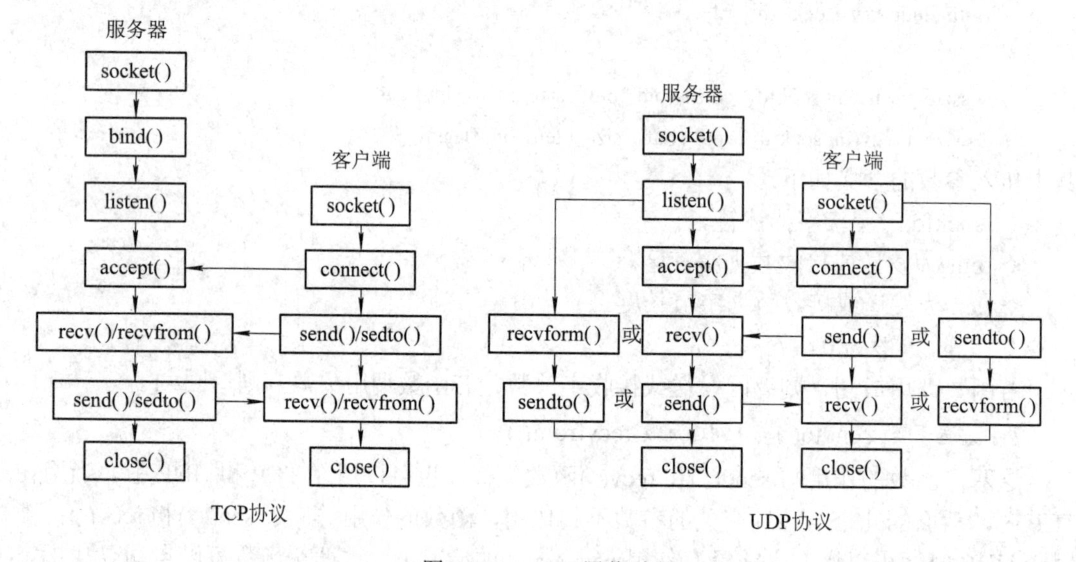

图 6-26　socket 通信过程

6.5.3 socket 编程实例

下述源码用于实现任务描述 6.D.9——即实现典型的服务器/客户机程序。源码分为两部分，服务器程序 server.c 与客户端程序 client.c。

【描述 6.D.9】 server.c

```
#include    <sys/types.h>
#include    <sys/socket.h>
#include    <stdio.h>

#include    <netinet/in.h>
#include    <arpa/inet.h>
#include    <unistd.h>
#include    <string.h>
#include    <netdb.h>
#include    <sys/ioctl.h>
#include    <termios.h>
#include    <stdlib.h>
#include    <sys/stat.h>
#include    <fcntl.h>
#include    <signal.h>
#include    <sys/time.h>

int main(void)
{
    int listensock，connsock;
    //定义要接收的数据缓存区
    char recvbuff[100];
    //定义网络套接字地址结构
    struct sockaddr_in serveraddr;

    //创建一个套接字，用于监听，IPv4 协议
    listensock = socket(AF_INET，SOCK_STREAM，0);

    //地址结构清零
    bzero(&serveraddr，sizeof(struct sockaddr));

    //指定使用的通信协议族、连接和端口
    serveraddr.sin_family = AF_INET;
```

```
serveraddr.sin_addr.s_addr = htonl(INADDR_ANY);
serveraddr.sin_port = htons(5000);

//给套接口绑定地址
bind(listensock, (struct sockaddr *)&serveraddr, sizeof(struct sockaddr_in));

//开始监听
listen(listensock, 1024);

//建立通信的套接字，accept 函数，等待客户端程序使用 connect 函数的连接
connsock = accept(listensock, (struct sockaddr *)NULL, NULL);

//接收服务器的数据
recv(connsock, recvbuff, sizeof(recvbuff), 0);

//打印接收到的数据
printf("%s\n", recvbuff);

    sleep(2);

//关闭通信套接字
close(connsock);

//关闭监听套接字
close(listensock);

return 0;

}
```

在 server.c 中，服务器首先建立 socket，然后与本地端口进行绑定，接着开始接收客户端的连接请求并建立连接，最后，接收客户端发送的消息，在通信结束后关闭套接字。

【描述 6.D.9】 client.c

```
#include    <sys/types.h>
#include    <sys/socket.h>
#include    <stdio.h>

#include    <netinet/in.h>
#include    <arpa/inet.h>
```

```
#include <unistd.h>
#include <string.h>
#include <netdb.h>
#include <sys/ioctl.h>
#include <termios.h>
#include <stdlib.h>
#include <sys/stat.h>
#include <fcntl.h>
#include <signal.h>
#include <sys/time.h>

int main(int argc, char **argv)

{
    //定义要发送的数据缓存区
    const char buff[] = "Hello! Welcome to Donghe!\r\n";
    //定义 socket 描述符
    int sockfd;
    //定义网络套接字地址结构
    struct sockaddr_in serveraddr;

    if(argc!= 2)
    {
        printf("Usage: echo ip");
        exit(0);
    }

    //创建一个套接字
    sockfd =socket(AF_INET, SOCK_STREAM, 0);

    //缓存区清零
    bzero(&serveraddr, sizeof(serveraddr));

    //指定使用的通信协议族
    serveraddr.sin_family = AF_INET;
    //指定要连接的服务器的端口
    serveraddr.sin_port = htons(5000);

    inet_pton(AF_INET, argv[1], &serveraddr.sin_addr);
```

```
    //连接服务器
    connect(sockfd，(struct sockaddr *)&serveraddr，sizeof(serveraddr))；

    //向服务器发送数据
    send(sockfd，buff，sizeof(buff)，0)；

    //关闭套接字
    close(sockfd)；

    return(0);

}
```

在客户端程序 client.c 中，在创建套接字并绑定地址后，调用 connect( )函数向服务器请求连接，连接建立后，调用 send( )函数向服务器发送数据，通信结束后关闭套接字。

将 server.c 本地编译后生成可执行文件 server 并在 PC 上运行。将 client.c 交叉编译后生成 client 可执行文件并在开发板上运行。假设 PC 的 IP 地址为 192.168.1.244，连接服务器命令如下：

```
# ./client 192.168.1.244
```

运行结果如图 6-27 所示。

```
dh@ubuntu: ~/work/apps/socket
文件(F) 编辑(E) 查看(V) 搜索(S) 终端(T) 帮助(H)
dh@ubuntu:~/work/apps/socket$ ./service
Hello! Welcome to Donghe!

dh@ubuntu:~/work/apps/socket$
```

图 6-27 socket 通信实例

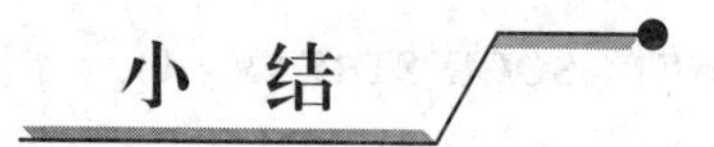

小 结

通过本章的学习，学生应该掌握：

◆ 应用程序通过系统调用获得内核的服务。

◆ 文件 I/O 操作函数有两种，一种是基于文件描述符的 I/O 函数，另一种是基于文件流的 I/O 函数。

◆ 进程是系统资源分配的最小单元，是程序动态执行的过程，会经历创建、调度和消亡的过程，由 fork( )函数来创建。

◆ 进程间的通信方式有：信号、管道、信号量、共享内存、消息队列。每种通信方式都由相关的函数创建和管理。

◆ 线程存在于进程中，由 pthread_creat( )函数创建，通过信号量和互斥锁实现资源共享。

◆ TCP/IP 是一个协议族，通过三次握手实现网络连接。

◆ UDP(用户数据报协议)，是一种无连接协议。

◆ socket 是网络接口，也是一种文件描述符，是进程间的一种通信机制。一个完整的 socket 套接字通过协议、本地地址、本地端口、远程地址、远程端口来描述。

习 题

1．下列关于 Linux 内核架构的描述，错误的是______。

A．Linux 为了保护内核，将各内存空间分为用户空间和内核空间

B．Linux 内核允许用户直接访问内核数据及使用内核函数

C．Linux 通过 API 和系统调用使应用程序获得内核服务

D．Linux 系统调用由内核提供，主要目的是为了和应用程序进行交互

2．下列关于文件 I/O 编程的描述，错误的是______。

A．Linux 的所有文件操作都是使用文件描述符 fd 进行的

B．glibc 提供了基本 I/O 函数和标准 I/O 函数供应用程序调用

C．基本 I/O 函数不带缓存区，它的基本操作函数有 fopen( )、fclose( )、fread( )等

D．标准 I/O 函数相对于基本 I/O 函数，增加了缓存区的利用，减少了系统调用次数

3．下列状态，不属于 Linux 进程运行状态的是______。

A．运行态(Running)　　B．就绪态(Ready)

C．空闲态(Idle)　　D．阻塞态(Blocked)

4．下列终止方式，不属于线程终止方式的是______。

A．从启动的例程返回　　B．被同一进程的其他线程取消

C．被产生的子进程取消　　D．线程主动调用 pthread_exit( )函数

5．下列协议层，不属于 TCP/IP 协议 4 层网络模型的是______。

A．应用层　　B．传输层

C．内核层　　D．网络层

6．简述进程间的各种通信方式。

7．简述网络编程的实现步骤。

第7章 GUI 程序设计

本章目标

◆ 了解图形用户界面的基本概念及特征。
◆ 掌握 Qt/Embedded 开发平台的搭建。
◆ 掌握 Qt Creator 图形界面设计程序的开发。
◆ 掌握 Qt 基本的程序框架类。
◆ 掌握 Qt Signal/Slot 机制的原理及应用。
◆ 掌握 Qt 基本控件和功能类的应用。

学习导航

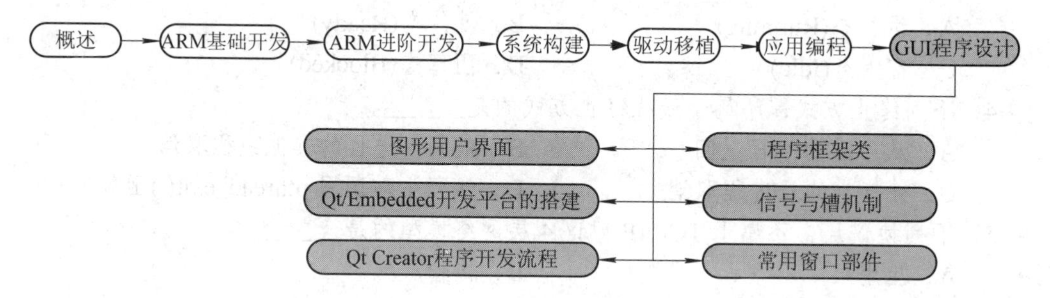

任务描述

➢【描述 7.D.1】

搭建 Qt Creator 集成开发环境。

➢【描述 7.D.2】

编译安装触摸屏校准库 tslib。

➢【描述 7.D.3】

搭建 Qt/Embedded 开发环境。

➢【描述 7.D.4】

创建“Hello World”GUI 应用程序。

➢【描述 7.D.5】

纯代码编写“Hello World”应用程序。

➢【描述 7.D.6】

子例化 QMainWindow。

➢【描述 7.D.7】

编写“SignalSlot”GUI 应用程序。

7.1　图形用户界面

图形用户界面(Graphics User Interface，GUI)作为人机交互界面的主流，广泛应用于各种类型计算机的系统软件和应用软件。嵌入式系统用户界面和用户体验已经成为决定其能否被用户接受、市场能否成功的重要因素。

7.1.1　图形用户界面的特征

图形用户界面极大地方便了非专业用户的使用，人们不再需要死记硬背大量的命令，可以通过窗口、菜单方便地操作。它的主要特征有以下三点：

✧ WIMP：其中，W(Windows)指窗口，是用户或系统的一个工作区域；I(Icons)指图标，是形象化且易于理解的图形标志；M(Menu)指菜单，可供用户选择的功能提示；P(Pointing Devices)指鼠标等，便于用户直接对屏幕对象进行操作。

✧ 用户模型：GUI 采用了不少桌面办公的隐喻，让使用者共享一个直观的界面框架，对计算机显示图标的含义容易理解，诸如文件夹、收件箱、画笔、工作簿等。

✧ 直接操作：用户可以直接对屏幕上的对象进行操作，如拖动、删除、插入和放大等，执行操作后，屏幕能立即给出反馈信息或结果，称为所见即所得。

7.1.2　嵌入式系统图形用户界面特点

嵌入式系统与桌面系统相比有以下特点：

✧ 界面简单明了，占用资源少，可靠性和性能高。

✧ 显示屏尺寸小、分辨率低，没有足够的空间显示窗口的各个部件。

✧ 小键盘、按钮面板以及屏幕键盘代替了传统的全键盘。

✧ 触摸屏和指示笔的使用代替了鼠标的功能。

✧ 由于计算能力受限，一般不采用模态交互方式。

7.1.3　几种流行的 GUI

1. X Window 系统

X Window 是 Linux 以及其他类 UNIX 系统的标准 GUI。X Window 系统采用标准的客户/服务器体系结构，具有可扩展性好、可移植性好等优点。但该系统同样存在着庞大、累赘和低效率的缺点。

2. MicroWindows/Nano-X

MicroWindows 是一个开源项目，目前的发布包括 MicroWindows 和 Nano-X 两部分代码。MicroWindows 可以运行在 UNIX、X11、MSDOS 等系统上，支持 ARM、MIPS、PowerPC、x86 等处理器架构。该项目的主要特色在于提供了比较完善的图形功能，但其提供的窗口处理功能很不完善，比如控件或构件的实现等。

3. OpenGUI

OpenGUI 采用 LGPL 条款发布，支持多种系统平台，例如 DOS、QNS 和 Linux 等，当前只支持 x86 硬件平台。OpenGUI 比较适合基于 x86 平台的实时系统，可移植性差，目前的发展已经基本停滞。

4. MiniGUI

MiniGUI 主要面向于嵌入式系统和实时系统图形用户界面的开发。MiniGUI 可以支持多种操作系统，例如 Linux/uClinux、eCos、uC/OS-II、VxWorks 等；已验证的硬件平台包括 Intelx86、ARM、PowerPC、MIPS、M68K 等。MiniGUI 良好的体系结构及优化的图形接口，为它提供了最快的图形绘制速度。目前，MiniGUI 已经应用于大量的实际系统中，尤其是在工业控制领域方面。

5. Qt/Embedded

Qt 由挪威 TrollTech 公司出品，Qt/Embedded 是面向嵌入式系统的 Qt 版本，其类库完全采用 C++封装，许多基于 Qt 的 X Window 程序可以非常方便地移植到 Qt/Embedded 上，与 X11 版本的 Qt(简写为 Qt/X11)在最大程度上接口兼容。Qt/Embedded 可以运行在多种不同架构处理器所部署的嵌入式 Linux 系统上，Qt/Embedded 凭借其丰富的控件资源和较好的可移植性，在世界各地被广泛应用。此外，Qt/Embedded 还是为小型设备提供的 Qtopia 应用环境的基础。

7.1.4 Qt 及 Qt/Embedded

1. Qt 的特点

Qt 同 X Window 上的 Motif、Openwin、GTK 等图形界面库和 Windows 平台上的 MFC、OWL、VCL、ATL 是同类型的。Qt 具有以下特点：

✧ 优良的跨平台特性。
✧ 面向对象设计。
✧ 采用 signals/slots 无缝对象通信机制。
✧ 丰富的 API。
✧ 支持 2D/3D 图形渲染，支持 OpenGL。
✧ 大量地开发文档。
✧ XML 支持。

2. Qt/Embedded 的特点

Qt/Embedded 具有以下特点：

✧ 具有跨平台的特点。

✧ 在底层抛弃了 Xlib，采用 frame-buffer(缓冲帧)作为底层图形接口。

✧ 与 Qt/X11 相比，更加节省内存。

✧ 将外部输入设备抽象为 keyboard 和 mouse 输入事件。

✧ Qt/Embeded 的应用程序可以直接写内核缓冲帧，这样可以避免开发者使用繁琐的 X lib/Server 系统。

✧ 更加适合嵌入式系统，其最小容量可以缩减到 800 KB 左右。

3. Qt/Embedded 与 Qt/X11 的区别

Qt/Embedded 与 Qt/X11 架构的区别如图 7-1 所示。

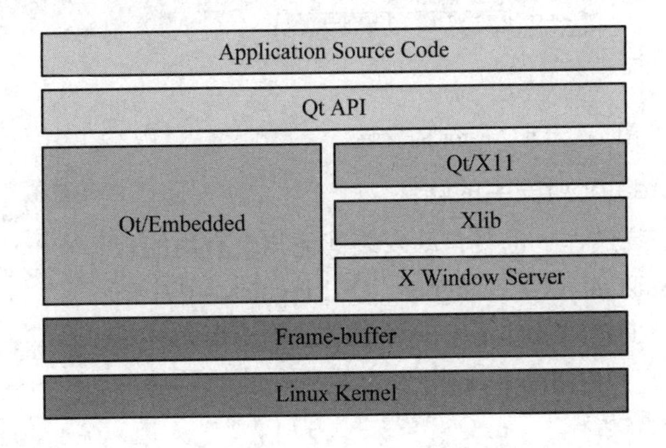

图 7-1 Qt/Embedded 与 Qt/X11 的架构比较

7.2 Qt/Embedded 开发平台的搭建

一般来说，Qt/Embedded 程序的发布都是先在装有 Linux 操作系统的 PC 上来完成开发，然后再将其发布到嵌入式 Linux 系统下。在一台装有 Linux 操作系统的 PC 上建立 Qt/Embedded 开发环境，大致分为以下四步：

(1) Qt Creator 集成开发环境的搭建。

(2) arm-linux-gcc 交叉编译环境的搭建(参见本书第 4 章，这里不再赘述)。

(3) 触摸屏校准库 tslib 的编译安装。

(4) Qt/Embedded 开发平台的搭建。

7.2.1 Qt Creator 集成开发环境的搭建

在 Ubuntu 上，apt 包管理系统能够有效的解决软件包关系依赖问题，因此这里采用最常用的 apt-get 方式来安装 Qt Creator 集成开发环境(注意，需要联网操作)。

下述内容用于实现任务描述 7.D.1——搭建 Qt Creator 集成开发环境，具体步骤如下：

1. 安装 gcc/g++ 编译器

在 Qt Creator 安装过程中，会用到 gcc/g++ 编译器，因此在安装 Qt Creator 之前应首先安装 gcc/g++ 编译器，具体操作如图 7-2 所示。

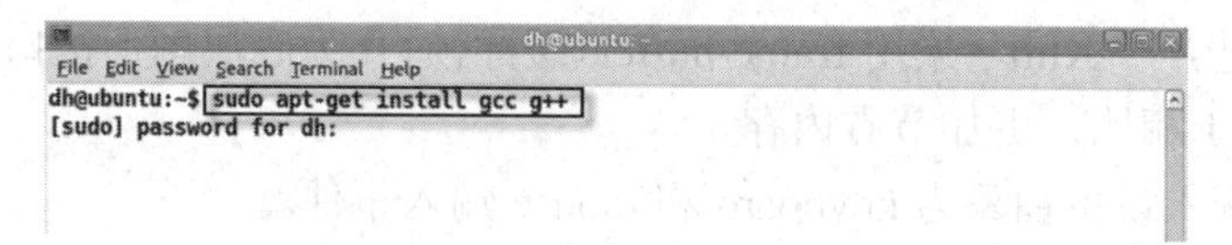

图 7-2 gcc/g++ 编译器的安装

2. 安装 Qt Creator

安装 Qt Creator 时，apt-get 包管理系统会自动安装 dev-tools、designer、doc、qtconfig、qdevelop 等软件，因此无需一步步安装 Qt 的每一个软件，具体操作如图 7-3 所示。

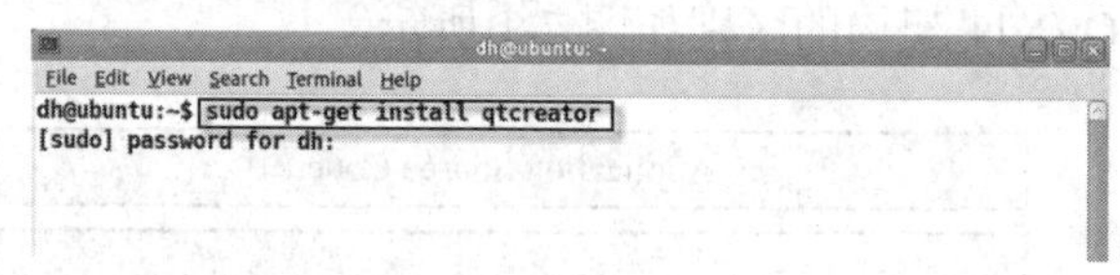

图 7-3 Qt Creator 的安装

3. 查看 Qt Creator 所安装的软件

Qt Creator 安装过程中也会自动安装其他几个有用的软件，分别是 Qt Assistant、Qt Designer、Qt Linguist，其中前两者已经被整合到了 Qt Creator 中。可以通过单击桌面菜单“Applications”→“Programming”来查看所安装的软件，具体操作如图 7-4 所示。

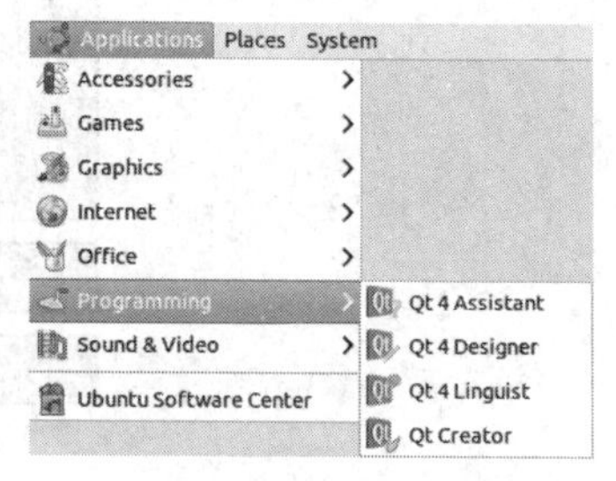

图 7-4 Qt Creator 的安装

7.2.2 编译安装触摸屏校验库 tslib

嵌入式设备中触摸屏的使用非常广泛，但触摸屏的坐标和显示屏的坐标是不对称的，需要校验。触摸屏校验普遍使用的是开源软件 tslib，它能够为触摸屏驱动获得的采样提供诸如滤波、去抖、校准等功能，通常作为触摸屏驱动的适配层，为上层的应用提供一个统一的接口。本章选用的 tslib 版本为“tslib-1.3”。

下述内容用于实现任务描述 7.D.2——编译安装触摸屏校准库 tslib，其具体步骤如下：

1. 解压缩 tslib-1.3.tar.bz2

使用 cp 命令拷贝 tslib-1.3.tar.bz2 到/opt 目录下，并使用 tar 命令解压，具体操作如图 7-5 所示。

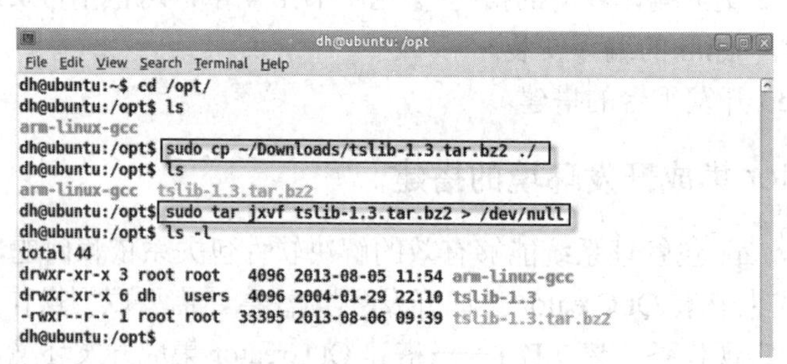

图 7-5 解压缩 tslib-1.3.tar.bz2

2. 生成 configure 文件

运行 tslib-1.3 目录中的 autogen.sh 文件，以生成 configure 文件，具体操作如图 7-6 所示。

```
dh@ubuntu: /opt/tslib-1.3
File Edit View Search Terminal Help
dh@ubuntu:/opt$ cd tslib-1.3/
dh@ubuntu:/opt/tslib-1.3$ ls
AUTHORS            ChangeLog     COPYING   Makefile.am  README
autogen-clean.sh   config.h.in   etc       NEWS         src
autogen.sh         configure.in  INSTALL   plugins      tests
dh@ubuntu:/opt/tslib-1.3$ ./autogen.sh
Libtoolize...libtoolize: putting auxiliary files in `.'.
libtoolize: copying file `./ltmain.sh'
libtoolize: You should add the contents of the following files to `aclocal.m4':
```

图 7-6　生成 configure 文件

该步操作执行成功，将会输出相应的提示信息，并将在 tslib-1.3 目录中生成 configure 的可执行文件，使用 ls 命令查看是否如上所述生成了 configure 文件，具体操作如图 7-7 所示。

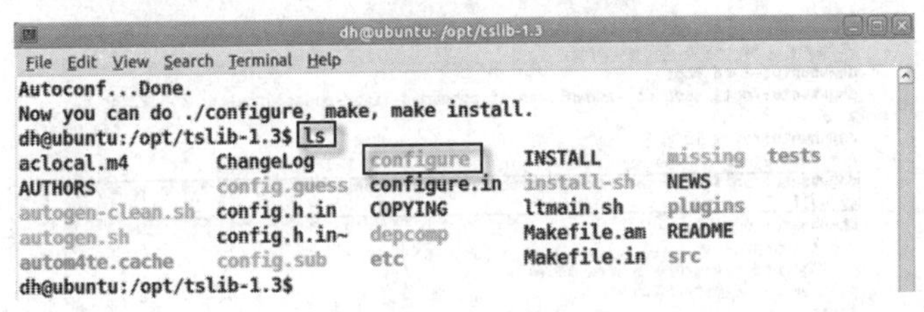

图 7-7　查看生成的 configure 文件

3. 指定交叉编译器及配置安装信息

tslib 编译安装时，需要指定其使用 arm-linux-gcc 交叉编译器进行编译，此外还需要对 tslib 安装进行相应的配置，并需要检查当前的环境是否满足安装的条件，具体操作如图 7-8 所示。

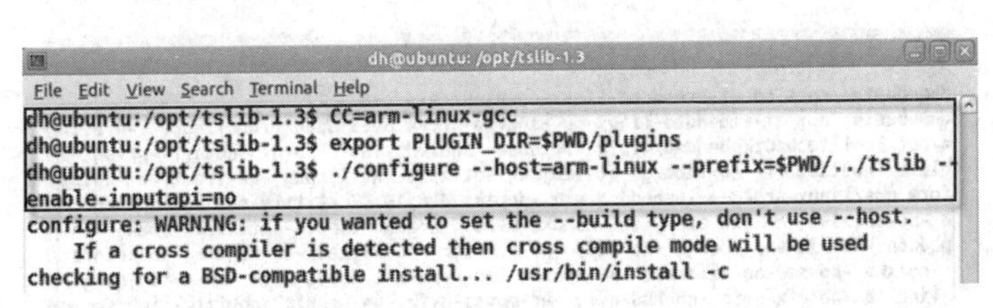

图 7-8　指定编译器及配置安装信息

4. 编译安装

tslib 的编译安装步骤遵循常规软件的编译安装步骤，只须在终端执行以下命令：

```
$ make
$ make install
```

编译安装完成后，将在/opt 目录下建立名为 tslib 的目录，里面包含 bin、etc、include、lib、share 五个目录，使用“ls”命令查看编译完成后生成的 tslib 目录，具体操作如图 7-9 所示。

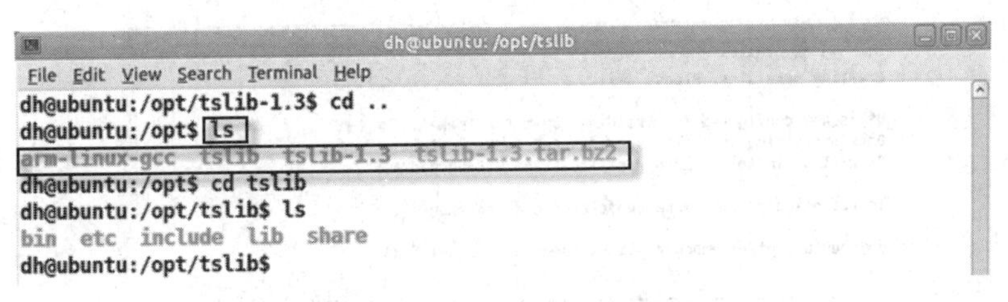

图 7-9　查看安装完成后生成的 tslib 目录

7.2.3 搭建 Qt/Embedded 开发环境

Qt/Embedded 采用编译安装的方式进行安装，本章选用的 Qt/Embedded 软件包为 qt-embedded-linux-opensource-src-4.5.2.tar.gz。

下述内容用于实现任务描述 7.D.3——搭建 Qt/Embedded 开发环境，其具体步骤如下：

1. 解压缩 qt-embedded-linux-opensource-src-4.5.2.tar.gz

将 qt-embedded-linux-opensource-src-4.5.2.tar.gz 解压缩到/opt 目录下，具体操作如图 7-10 所示。

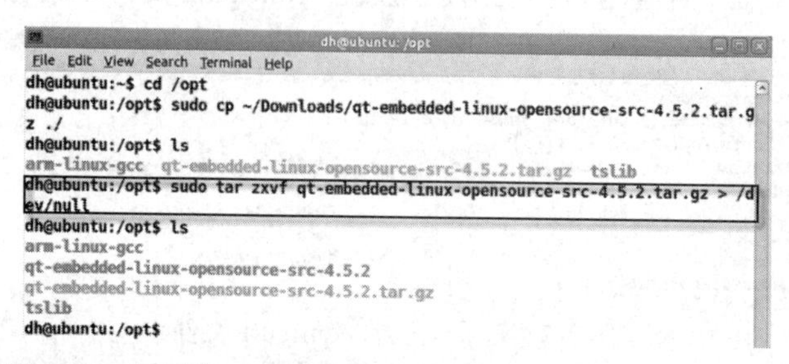

图 7-10 解压缩 qt-embedded-linux-opensource-src-4.5.2.tar.gz

2. 配置 Qt/Embedded 安装信息

运行 configure 程序对 qt-embedded-linux-opensource-src-4.5.2 的安装进行相应的配置，以及检查当前的环境是否满足安装的条件，该命令的选项较多，具体操作如图 7-11 所示。

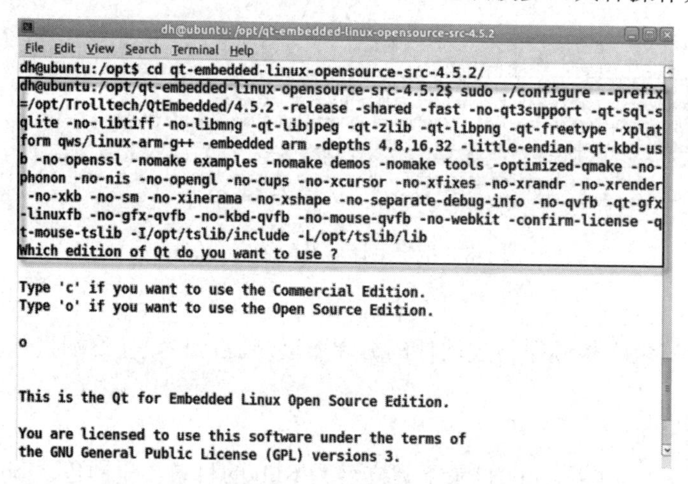

图 7-11 配置 Qt/Embedded configure 文件

安装配置信息正确，则会输出相应的提示信息，如图 7-12 所示。

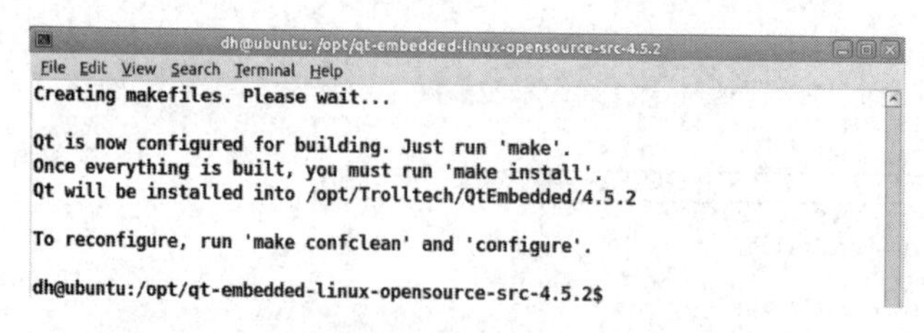

图 7-12 Qt/Embedded configure 正确输出信息

3. 编译安装

在 Qt/Embedded 安装配置信息无报错的情况下，便可继续进行 Qt/Embedded 的编译安装，其步骤遵循常规软件的安装编译步骤，只须在终端执行以下命令：

```
$ sudo make
$ sudo make install
```

若无任何错误提示信息，则表示安装成功。安装完成后会在指定的目录下，生成相应的文件，使用 ls 命令查看安装完成后的目录，具体操作如图 7-13 所示。

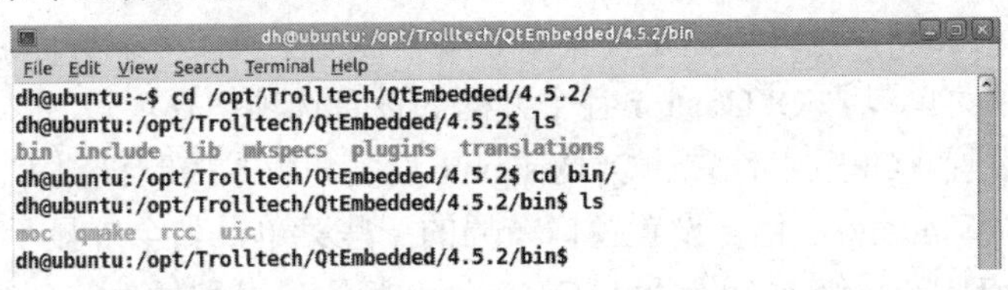

图 7-13　Qt 查看 Qt/Embedded 安装后的目录

⚠ **注意：** 由于版本兼容性的问题，若使用不同版本的交叉编译器分别编译内核及应用程序时，会导致应用程序在开发板上运行时存在 Bug，为了消除此问题，建议本章实例所采用的交叉编译器的版本为 arm-linux-gcc-3.4.5。

7.3　Qt Creator 程序开发流程

Qt Creator 是一个跨平台的、完整的 Qt 集成开发环境，其中包括了高级 C++代码编辑器、项目和生成管理工具、集成的与上下文相关的帮助系统、图形化调试器、代码管理和浏览工具等。

7.3.1　Qt Creator 启动界面简介

可以通过单击桌面菜单 Applications→Programming→Qt Creator 来启动 Qt Creator，启动界面如图 7-14 所示，主要由窗口区、菜单栏、模式选择器、常用按钮、定位器和输出面板等部分组成。

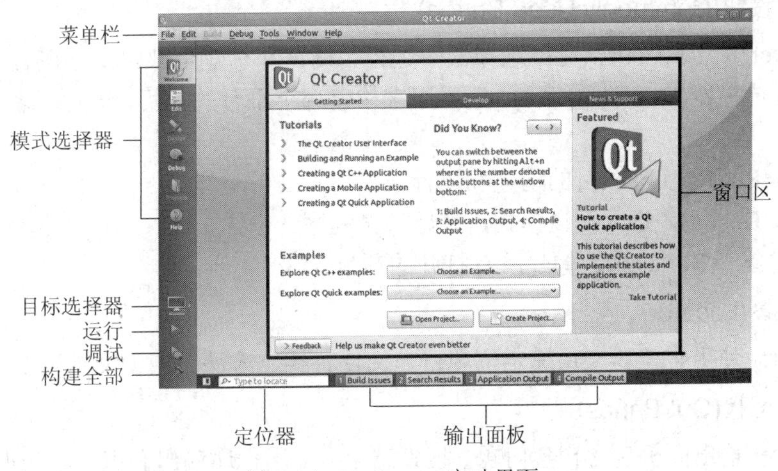

图 7-14　Qt Creator 启动界面

1. 菜单栏(Menu Bar)

Qt Creator 菜单栏有七个菜单选项，包含了常用的功能菜单。

✧ 文件菜单(File)，包含新建、打开和关闭项目(文件)、打印和退出等基本功能菜单。

✧ 编辑菜单(Edit)，包含剪切、复制和查找等功能菜单，在高级(Advanced)功能菜单中还有标示空白符、折叠代码、改变字体和使用 vim 风格编辑等子功能菜单。

✧ 构建菜单(Build)，包含构建和运行项目等相关的功能菜单。

✧ 调试菜单(Debug)，包含调试程序等相关的功能菜单。

✧ 工具菜单(Tools)，包含快速定位菜单、版本控制工具菜单、界面编辑器菜单和选项菜单等。其中选项菜单包含 Qt Creator 各个方面的设置选项：环境设置、快捷键设置、编辑器设置、帮助设置、Qt 版本设置、Qt Designer 设置和版本控制设置等。

✧ 窗体菜单(Window)，包含设置窗口布局的一些菜单，如全屏显示和隐藏边栏等。

✧ 帮助菜单(Help)，包含 Qt 帮助、Qt Creator 版本信息和插件管理等菜单。

2. 模式选择器(Mode Selector)

Qt Creator 包含欢迎、编辑、设计、调试、项目和帮助总计六种模式，各个模式完成不同的功能。

✧ 欢迎模式(Welcome)，主要提供了一些功能的快速入口，如打开帮助教程、打开示例程序、打开/新建项目、联网查看 Qt Labs 网站的新闻和打开 Qt 相关网站的链接等。

✧ 编辑模式(Edit)，主要用来查看和编辑程序代码，管理项目文件。

✧ 设计模式(Design)，主要整合了 Qt Designer 的功能，可以在这里设计图形界面，进行部件属性设置、信号/槽设置、布局设置等操作。

✧ 调试模式(Debug)，Qt Creator 默认使用 gdb 进行调试，支持设置断点、单步调试和远程调试等功能，包含局部变量和监视器、断点、线程以及快照等查看窗口。

✧ 项目模式(Projects)，包含对特定项目的构建设置、运行设置、编辑器设置和依赖关系等页面。

✧ 帮助模式(Help)，在帮助模式中将 Qt Assistant 整合进来，包含目录、索引、查找和书签等几个导航模式。

3. 常用按钮(Commonly Used Button)

Qt Creator 常用按钮包括目标选择器、运行、调试和构建全部四个按钮。

✧ 目标选择器(Target selector)，选择用来构建哪个平台的项目，这对于多个 Qt 库的项目很有用。

✧ 运行(Run)，实现项目的构建和运行。

✧ 调试(Debug)，进入调试模式，开始调试程序。

✧ 构建全部(Build all)，构建所有打开的项目。

4. 定位器(Locator)

Qt Creator 使用定位器来快速定位项目、文件、类、方法、帮助文档以及文件系统等。

5. 输出面板(Out Panes)

Qt Creater 输出面板包含构建问题、搜索结果、应用程序输出和编译输出四个选项，它们分别对应一个输出窗口。

✧ 构建问题窗口(Build Issues)，用于显示程序编译时的错误和警告信息。

✧ 搜索结果窗口(Search Results)，用于显示执行了搜索操作之后的结果信息。

✧ 应用程序输出窗口(Application Output)，用于显示在应用程序运行过程中输出的所有信息。

✧ 编译输出窗口(Compile Output)，用于显示程序编译过程输出的相关信息。

7.3.2 创建“Hello World”GUI 应用程序

本节以新建一个 GUI 应用程序为例，简述 Qt 项目的创建过程。下述内容用于实现任务描述 7.D.4——创建“Hello World”GUI 应用程序，具具体步骤如下：

1. 选择项目模板

运行 Qt Creator，选择 File→New File or Project 菜单项，进入 Choose a template 页面，选中 Qt Widget Project 中的 Qt Gui Application，再单击 Choose 按钮，具体操作如图 7-15 所示。

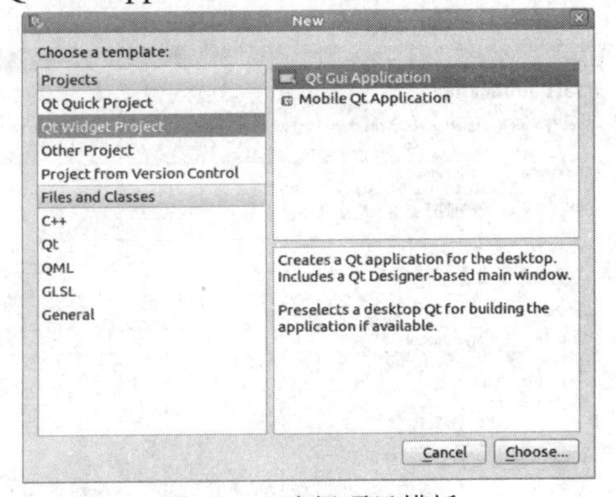

图 7-15　选择项目模板

2. 输入项目信息

在 Introduction and Project Location 页面，项目名称输入“Hello World”，存放路径输入/home/dh/Program，然后点击 Next 按钮，具体操作如图 7-16 所示。

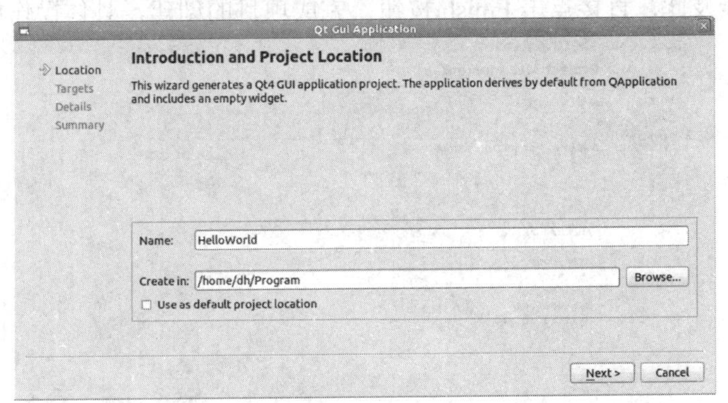

图 7-16　输入项目信息

3. 设置目标程序存放路径

在 Target Setup 页面，保持默认即可，点击 Next 按钮，具体操作如图 7-17 所示。

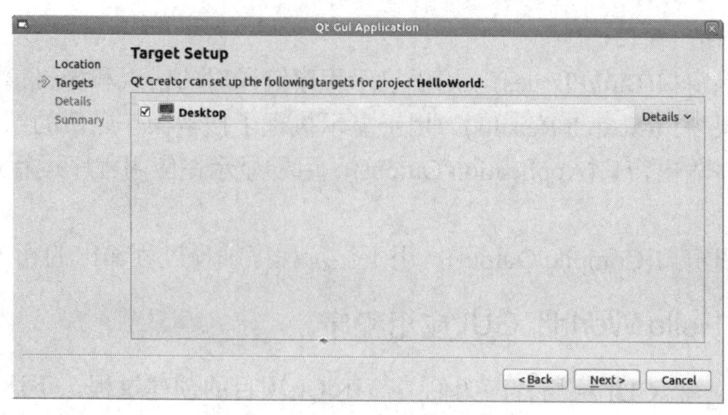

图 7-17　设置目标程序存放路径

4. 输入类信息

Class Information 页面，类名填写“MyWidget”，基类选择“QWidget”，这时下面的头文件、源文件和界面文件会自动生成，这里保持默认即可，然后单击 Next 按钮，具体操作如图 7-18 所示。

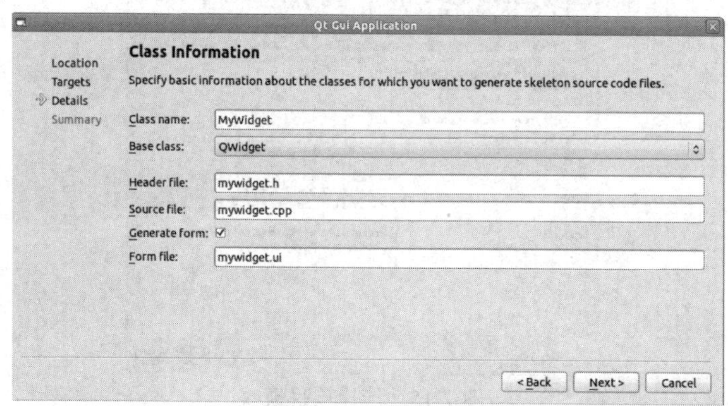

图 7-18　输入类信息

5. 设置项目管理

在 Project Management 页面，可以看到整个项目的汇总信息，还可以使用版本控制系统，本项目不涉及此，直接点击 Finish 按钮，完成项目的创建，具体操作如图 7-19 所示。

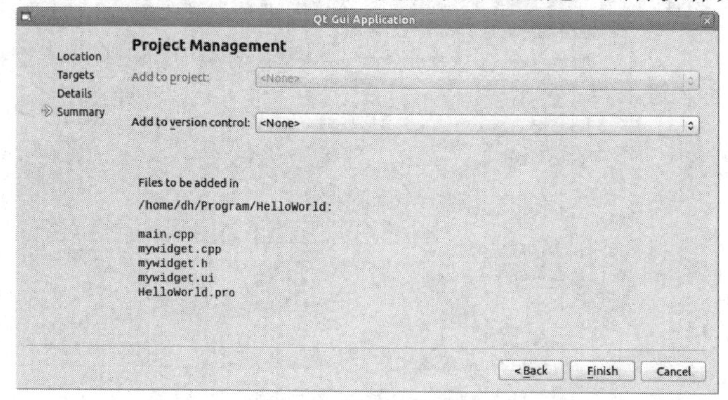

图 7-19　设置项目管理

新建立的项目会在存储路径下生成一个以项目名称命名的目录，该目录包含了六个文件，各个文件的说明如下：

✧ HelloWorld.pro，该文件是项目文件，其中包含了项目相关信息。

✧ HelloWorld.pro.user，该文件包含了与用户有关的项目信息。

✧ mywidget.h，该文件是新建的 MyWidget 类的头文件。

✧ mywidget.cpp，该文件是新建的 MyWidget 类的源文件。

✧ main.cpp，该文件包含了 main( )函数。

✧ mywidget.ui，该文件是 Qt Designer 设计的对应的界面文件。

6. 编辑模式

项目建立完成后会自动进入编辑模式。界面左侧是侧边栏，罗列了项目中的所有文件；界面右侧是编辑器，可以阅读和编辑代码，如图 7-20 所示。

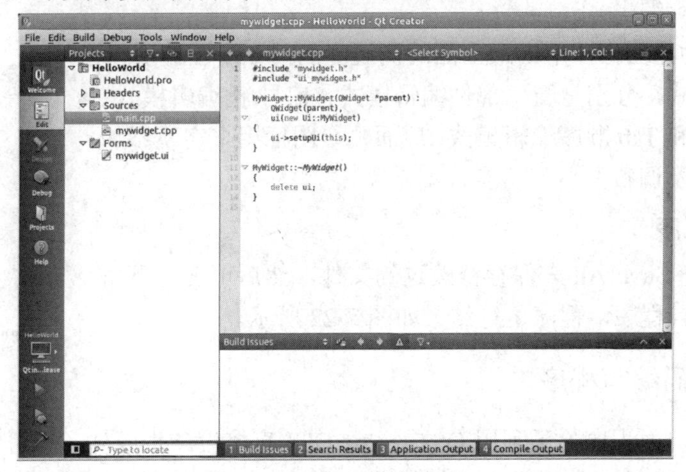

图 7-20　Qt Creator 编辑模式

7. 设计模式

双击项目文件列表中界面文件分类下的 mywidget.ui 文件，便可进入设计模式，从部件类表窗口中找到 Label(标签)部件，按住鼠标左键，将它拖入主设计区界面上，双击进入编辑状态后输入“Hello World”字符串，如图 7-21 所示。

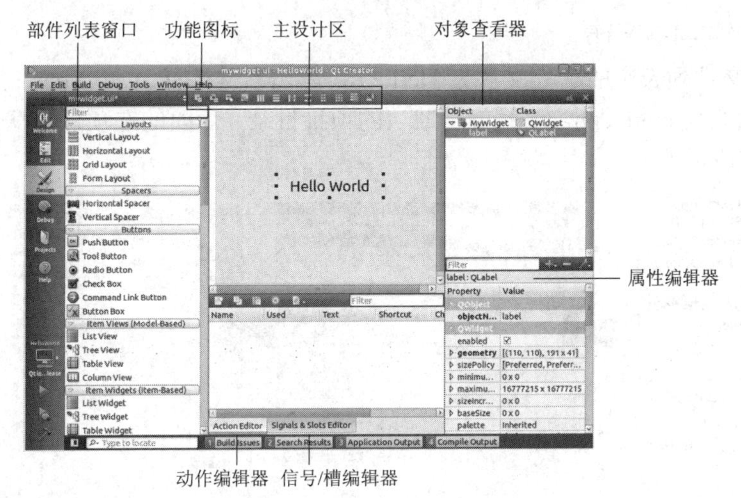

图 7-21　Qt Creator 设计模式

设计模式由以下几个部分组成：

✧ 主设计区，主要用来设计界面及编辑各个部件的属性。

✧ 部件列表窗口(Widget Box)，罗列了各种常用的标准部件，可以使用鼠标将这些部件拖入主设计区中。

✧ 对象查看器(Object Inspector)，罗列了界面上所有部件的对象名称和父类，而且以树形结构显示了各个部件的所属关系，可以单击对象来选中该部件。

✧ 属性编辑器(Property Editor)，这里显示了各个部件的常用属性信息，可以在这里更改部件的一些属性，如大小、位置等。

✧ 动作编辑器(Action Editor)与信号/槽编辑器(Signal & Slots Editor)，这里可以对相应的对象内容进行编辑。

✧ 常用功能图标，单击最上面的侧边栏的前 4 个图标可以进入相应的模式，分别是窗口部件编辑模式、信号/槽编辑模式、伙伴编辑模式和 Tab 顺序编辑模式，后面几个图标用来实现添加布局管理器以及调整大小等功能。

8. 运行程序

单击 File→Save All 来保存修改过的文件，然后单击左下角 Run 按钮来运行程序，程序运行结果如图 7-22 所示。

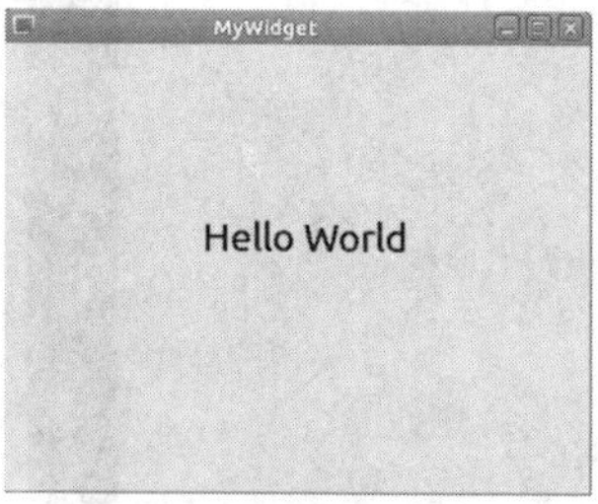

图 7-22　程序运行

7.3.3　纯代码编写程序

图形用户界面程序除了利用 Qt Creator GUI 直接设计生成外，还可以通过编写纯代码的方式来实现。下述内容用于实现任务描述 7.D.5——纯代码编写“Hello World”应用程序，其具体步骤如下：

1. 新建空项目

打开 Qt Creator 并建立新项目，Choose a template 页面中，选择 Other Project 中的 Empty Qt Project 选项，然后将项目命名为 HelloQt，其他选项均为默认即可。

2. 添加 main.cpp 文件

选中项目文件列表中的工程文件夹 HelloQt，单击右键选择 Add New，然后选择 C++ Source File，命名为 main.cpp，路径就是默认的项目目录，后面的选项保持默认即可，具体操作如图 7-23 所示。

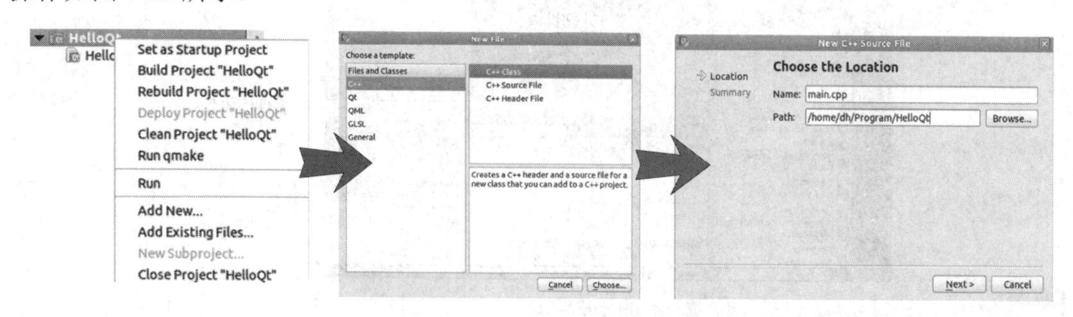

图 7-23　添加 main.cpp 文件

3. 编写源码

向新建的 main.cpp 文件中添加如下源码：

【描述 7.D.5】 main.cpp

```
1  #include <QApplication>
2  #include <QWidget>
3  #include <QLabel>
4  int main(int argc, char *argv[])
5  {
6       QApplication a(argc, argv);
7       QWidget w;
8       QLabel label(&w);
9       label.setText("Hello World");
10      w.show( );
11      return a.exec( );
   }
```

✧ 前 3 行是头文件包，Qt 中每一个类都有一个与其同名的头文件，这里用到了 QApplication、QWidget、QLabel 这 3 个类，因此要包含这些类的头文件。

✧ 第 4 行是在 C++中最常见的 main( )函数，它有两个参数，用来接收命令行参数。

✧ 第 6 行新建了一个 QApplication 类对象，用于管理应用程序的资源，任何一个 Qt GUI 程序都要有一个 QApplication 对象，因为 Qt 程序可以接收命令行参数，因此它需要 argc 和 argv 两个参数。

✧ 第 7 行新建了一个 QWidget 对象，QWidget 类对象用来实现一个窗口。

✧ 第 8 行新建了一个 QLabel 对象，并将 QWidget 对象作为参数，表明了 QWidget 类对象是它的父窗口，也就是说这个标签是放在窗口中的。

✧ 第 9 行给标签设置要显示的字符。

✧ 第 10 行让对话框显示出来，默认情况下，新建的可视部件对象都是不可见的，需要使用 show( )函数让它们显示出来。

✧ 第 11 行让 QApplication 对象进入事件循环，这样当 Qt 应用程序在运行时便可接收产生的事件。

4. 编译运行

单击 File→Save All 来保存修改过的文件，然后单击左下角 Run 按钮来运行程序，程序运行结果如图 7-24 所示。

图 7-24　程序运行

7.4　程序框架类

Qt 是一个跨平台的 C++ 开发框架，它包含了一个功能丰富的 C++ 类库及一套简便易用的集成开发工具。Qt 的 C++ 类库是完全面向对象的，该类库不仅功能强大，而且方便易用。熟练地掌握 Qt 的基本类库，有助于快速高效地编写出代码程序。

7.4.1 QApplication 类

QApplication 类主要用于管理图形用户界面应用程序的控制流及主要设置。首先，它包含主事件循环，处理和调度来自窗口系统和其他资源的所有事件。同时，它也处理应用程序的初始化和结束，并且提供对话管理。此外，它还会处理绝大多数系统范围和应用程序范围的设置。

1. QApplication 主要功能

对于任何一个使用 Qt 的图形用户界面应用程序，都正好存在一个 QApplication 对象，而不论这个应用程序在同一时间内是不是有 0、1、2 或更多个窗口。QApplication 对象可以通过全局变量 qApp 访问，它的主要功能有：

✧ 使用用户桌面设置，例如使用 palette( )、font( )和 doubleClickInterval( )来初始化应用程序，如果用户改变全局桌面，它会对这些属性保持跟踪，并同步更新。

✧ 执行事件处理，也就是说它从底下的窗口系统接收事件并且把它们分派给相关的窗口部件。通过使用 sendEvent( )和 postEvent( )，可以将自己的事件发送到窗口部件。

✧ 分析命令行参数并且根据它们设置内部状态。

✧ 定义 QStyle 对象封装应用程序的观感。在运行状态下，可以通过 setStyle( )来改变。

✧ 指定应用程序如何分配颜色。

✧ 指定默认文本编码，并且提供了通过 translate( )函数使用户可见本地化的字符串。

✧ 提供了一些像 desktop( )和 clipboard( )这样的魔术般的对象。

✧ 管理应用程序窗口。可以使用 widgetAt( )来查询一个确定点上存在哪个窗口部件，以便得到一个 topLevelWidgets( )列表和通过 closeAllWindows( )来关闭所有窗口等。

✧ 管理应用程序的鼠标、光标处理。

✧ 在 X 窗口系统上，提供刷新和同步通信流的函数。

✧ 提供复杂的对话管理支持。这使得当用户注销时，它可以让应用程序很好地结束，如果无法终止，撤消关闭进程并且甚至为未来的对话保留整个应用程序的状态。

2. QApplication 主要成员函数

QApplication 的主要成员函数分组如表 7-1 所示。

表 7-1 QApplication 成员函数分组

功能分类	函 数
系统设置	desktopSettingsAware( )、setDesktopSettingsAware( )、cursorFlashTime( )、setCursorFlashTime( )、doubleClickInterval( )、setDoubleClickInterval( )、wheelScrollLines( )、setWheelScrollLines( )、palette( )、setPalette( )、font( )、setFont( )、fontMetrics( )
事件处理	exec( )、processEvents( )、enter_loop( )、exit_loop( )、exit( )、quit( )。 sendEvent( )、postEvent( )、sendPostedEvents( )、removePostedEvents( )、hasPendingEvents( )、notify( )、macEventFilter( )、qwsEventFilter( )、x11EventFilter( )、x11ProcessEvent( )、winEventFilter( )
界面风格	style( )、setStyle( )、polish( )
颜色使用	colorSpec( )、setColorSpec( )、qwsSetCustomColors( )
文本处理	setDefaultCodec( )、installTranslator( )、removeTranslator( )、translate( )

续表

功能分类	函　　数
窗口部件	mainWidget( )、setMainWidget( )、allWidgets( )、topLevelWidgets( )、desktop( )、activePopupWidget( )、activeModalWidget( )、clipboard( )、focusWidget( )、winFocus( )、activeWindow( )、widgetAt( )
光标处理	hasGlobalMouseTracking( )、setGlobalMouseTracking( )、overrideCursor( )、setOverrideCursor( )、restoreOverrideCursor( )
窗口同步	flushX( )、syncX( )
对话管理	isSessionRestored( )、sessionId( )、commitData( )、saveState( )
线程	lock( )、unlock( )、locked( )、tryLock( )、wakeUpGuiThread( )
杂项	closeAllWindows( )、startingUp( )、closingDown( )、type( )

其中最为常用的仅有3个函数，它们分别是：

✧ QApplication::QApplication(int &argc，char **argv)。初始化窗口系统并使用argv中的argc参数来构造唯一的应用程序对象，全局指针qApp指向该应用程序对象。该应用程序对象必须在任何绘制设备(包括窗口部件、像素映射等等)之前被构造。

✧ void QApplication::setMainWidget(QWidget *mainWidget)。设置应用程序主窗口部件为mainWidget。主窗口部件的绝大部分责任和其他窗口部件类似，只是它一旦被删除，应用程序就会退出。可以不需要主窗口部件，而通过将lastWindowClosed( )连接到quit( )的方法来替换。

✧ int QApplication::exec( )。进入主事件循环并且等待，直到exit( )被调用或者主窗口部件被销毁，并且返回值被设置为exit( )。需要调用这个函数来开始事件处理，主事件循环从窗口系统中接收事件并且把它们分派给应用程序窗口部件。通常来说，在调用exec( )之前，没有用户交互可以发生。

7.4.2　QMainWindow类

主窗口为建立应用程序用户界面提供了一个框架，Qt提供QMainWindow和其他一些相关的类共同进行主窗口的管理。QMainWindow类拥有自己的布局，它包含以下组件：

✧ 菜单栏(QMenuBar)，包含一个下拉菜单项的列表，这些菜单项由QAction动作实现，它位于主窗口的顶部，一个主窗口只能有一个菜单栏。

✧ 工具栏(QToolBar)，一般用于显示一些常用的菜单项目，也可以插入其他窗口部件，并且工具栏是可以移动的，一个主窗口可以有多个工具栏。

✧ 中心部件(Central Widget)，主窗口中心区域可以放入一个窗口部件作为中心，是应用程序的主要功能实现区域，一个主窗口只能拥有一个中心部件。

✧ 停靠部件(QDock Widget)，可以停靠在中心部件的周围，用来放置一些部件以实现某些功能，就像一个工具箱，一个主窗口可以拥有多个停靠部件。

✧ 状态栏(QStatusBar)，状态栏用于显示程序的一些状态信息码，在主窗口的最底部，一个主窗口只能拥有一个状态栏。

本节将以“MyWindow”项目为例，详述QMainWindow类的创建及其组件的应用，下述内容用于实现任务描述7.D.6——子例化QmainWindow，其具体步骤如下：

1. 新建“MyWindow”项目

打开Qt Creator，新建空的Qt项目，项目名称为“MyWindow”，然后往项目里添加C++源文件main.cpp。

2. 编辑菜单栏

QMenuBar类提供了一个水平的菜单栏，QMainWindow可以直接获取并向其中添加QMenu类型菜单对象，然后向QMenu对象中添加QAction类型的动作对象，便可得到菜单栏。往main.cpp文件中添加以下代码：

【描述7.D.6】 main.cpp

```
#include <QtGui>

int main(int argc，char *argv[])
{
QApplication a(argc，argv);
QMainWindow *mw        =    new QMainWindow;
mw->resize(600，400);

QMenu *FileMenu        =    mw->menuBar( )->addMenu("File");        //创建菜单栏
QAction *NewAct    =    //菜单File下添加NewAct动作
FileMenu->addAction(QIcon("/home/dh/program/MyWindow/file01.png")，"New File");
QAction *OpenAct    =    //菜单File下添加OpenAct动作
FileMenu->addAction(QIcon("/home/dh/program/MyWindow/file02.png")，"Open File");
QAction *SaveAct    =    //菜单File下添加SaveAct动作
FileMenu->addAction(QIcon("/home/dh/program/MyWindow/file03.png")，"Save File");

mw->show( );
int ret=a.exec( );
return ret;
}
```

程序编译运行的结果如图7-25所示。

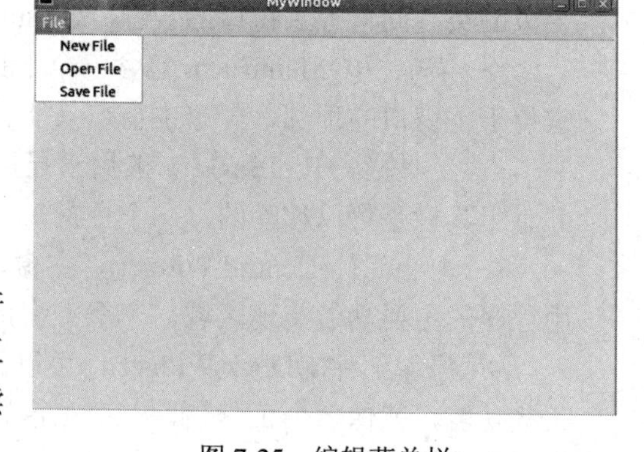

图7-25 编辑菜单栏

3. 编辑工具栏

工具栏QToolBar类提供了一个包含一组控件的可以移动的面板，可以将QAction对象添加到工具栏中，它默认的只是一个显示动作的图标。继续往main.cpp文件中添加以下代码段：

【描述7.D.6】 main.cpp

```
QToolBar *FileToolBar=    mw->addToolBar("File");        //创建工具栏
```

```
FileToolBar->addAction(NewAct);          //向工具栏添加 NewAct 动作
FileToolBar->addAction(OpenAct);         //向工具栏添加 OpenAct 动作
FileToolBar->addAction(SaveAct);         //向工具栏添加 SaveAct 动作
```

程序编译运行的结果如图 7-26 所示。

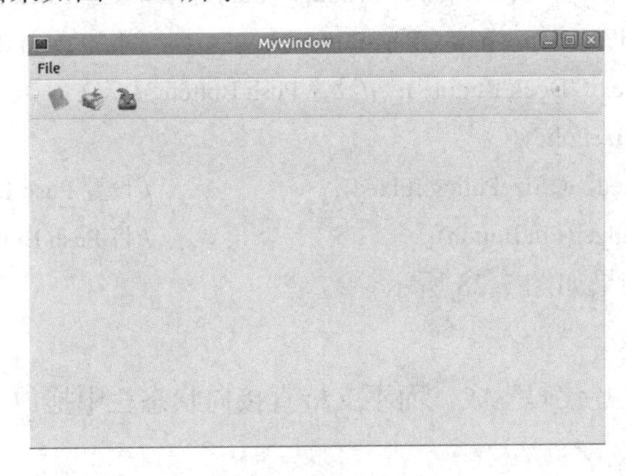

图 7-26　编辑工具栏

4. 添加中心部件

中心部件一般是编辑器或者浏览器，支持单文档部件，也支持多文档部件。继续往 main.cpp 文件中添加以下代码段：

【描述 7.D.6】 main.cpp

```
QTextEdit *CenterEdit=new QTextEdit(mw);     //添加 Text Edit 部件
CenterEdit->setText("This is Central Widget."); //设置 Text Edit 显示文本
mw->setCentralWidget(CenterEdit);   //将 Text Edit 部件设置为中心部件
```

程序编译运行的结果如图 7-27 所示。

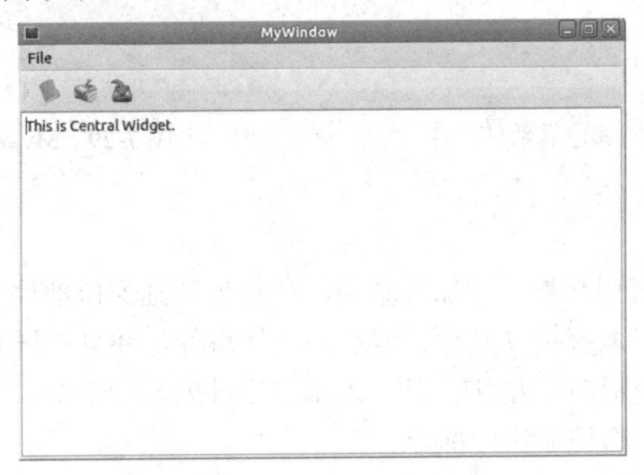

图 7-27　添加中心部件

5. 添加停靠部件

Dock 部件可以停靠在 QMainWindow 中，也可以悬浮起来作为桌面的顶级窗口，可以被拖动到任意的地方，还可以被关闭或隐藏。它一般用于存放一些其他部件来实现特殊功能，就像一个工具箱。一个 Dock 部件包含一个标题栏和一个内容显示区域，可以向 Dock 部件中放入任何部件。继续往 main.cpp 文件中添加以下代码段：

【描述 7.D.6】 main.cpp

```
QDockWidget *FileDock = new QDockWidget(mw);           //添加 Dock 部件
FileDock->setAllowedAreas(
Qt::LeftDockWidgetArea|Qt::RightDockWidgetArea);       //设置 Dock 部件的显示
QPushButton *FileButton = new QPushButton(mw);         //添加 Push Button
FileButton->setText("Dock Button"); //设置 Push Button 显示文本
FileButton->setSizePolicy(
QSizePolicy::Fixed, QSizePolicy::Fixed);               //设置 Push Button 显示尺寸
FileDock->setWidget(FileButton);                       //将 Push Button 加入 Dock 部件
```

程序编译运行的结果如图 7-28 所示。

6. 编辑状态栏

目前的设计器仅支持代码生成，而不支持直接向状态栏中拖放部件。继续往 main.cpp 文件中添加以下代码段：

【描述 7.D.6】 main.cpp

```
mw->statusBar( )->showMessage("This is QStatusBart.");
```

程序编译运行的结果如图 7-29 所示。

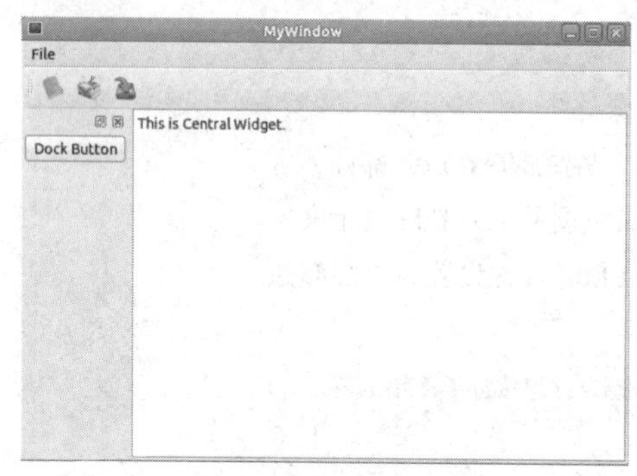

图 7-28 添加停靠部件

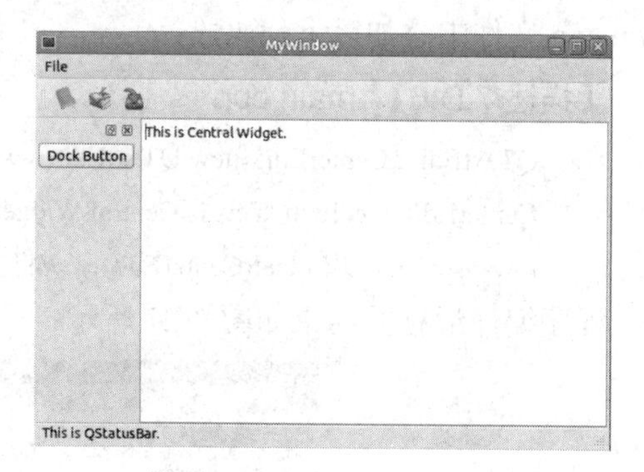

图 7-29 MyWindow 运行结果

7.4.3 QWidget 类

QWidget 类是所有用户界面对象的基类，被称为基础窗口部件。窗口部件是用户界面的一个原子：它从窗口系统接收鼠标、键盘和其他事件，并且在屏幕上绘制自己的表现。每一个窗口部件都是矩形的，并且它们按 Z 轴顺序排列。一个窗口部件可以被它的父窗口部件或者它前面的窗口部件盖住一部分。

1. 窗口与子部件

窗口部件(Widget)，这里简称部件，是 Qt 中建立用户界面的主要元素。像主窗口、对话框、标签等都是部件。这些部件有些可以接收用户的输入，显示数据和状态信息，并且在屏幕上绘制自己；有些可以作为容器，来放置其他部件。

Qt 中把没有嵌入到其他部件中的部件称为窗口。一般窗口都有边框和标题栏，QMainWindow 和大量的 QDialog 子类是最为一般的窗口类型。窗口是没有父部件的部件，

所以又称为顶级部件。与其相对的是非窗口部件，又称为子部件，它是嵌入在别的窗口中的。

QtWidget 提供了绘制自己和处理用户输入事件的基本功能，Qt 提供的所有界面元素不是 QWidget 子类就是与 QWidget 子类相关联。要设计自己的窗口部件，可以自 QWidget 或者是它的子类来继承。

下述示例是创建一个简单的 Widget 程序。

打开 Qt Creator，新建空的 Qt 项目，项目名称为 MyWidget，然后往项目里添加 C++ 源文件 main.cpp，并添加以下代码：

【示例 7-1】 main.cpp

```
#include <QtGui>
int main(int argc，char *argv[])
{
QApplication a(argc，argv);

QWidget *widget=new QWidget(0，Qt::Widget);      //parent=0，因此 widget 是窗口
widget->setWindowTitle("I am widget.");          //设置标题栏

QLabel *label01=new QLabel(0，Qt::Widget);       //parent=0，因此 label01 是窗口
label01->setWindowTitle("I am label");           //设置标题栏
label01->setText("label01:I am a window");       //设置显示信息
label01->resize(180，20);                        //改变部件大小，以显示完整信息

QLabel *label02=new QLabel(widget);          //指定其父对象为 widget，因此 label02 不是窗口
label02->setText("label02:I am a child widget"); //设置显示信息
label02->resize(250，20);        //改变部件大小，以显示完整信息

label01->show( );                //label01 在屏幕上显示出来
widget->show( );                 //widget 在屏幕上显示出来
int ret=a.exec( );

delete label01;                  //销毁 label01
delete widget;                   //销毁 widget

return ret;
}
```

这里包含了头文件#include <QtGui>，因为下面所有用到的类，如 QApplication、QWidget 等都包含在 QtGui 模块中。程序中定义了一个 QWidget 类对象的指针 widget 和两个 QLabel 对象指针 label01 和 label02，其中 label01 没有父窗口，而 label02 在 widget 中，widget 是其父窗口。(注意：这里使用了 new 操作符为 label02 分配了空间，但是并没有使用 delete

进行释放，这是因为在Qt销毁父对象的时候会自动销毁子对象，这里label02指定了其parent为widget，所以在delete widget时会自动销毁作为widget子对象的label02)程序编译运行的结果如图7-30所示。

图7-30　两个窗口的运行结果

2. 窗口类型

前面讲到窗口一般都有边框和标题栏，其实这也不是必须的。QWidget 构造函数中有两个参数：QWidget *parent=0 和 Qt::WindowFlags f=0，parent 参数是指父部件，默认值为0，表示没有父窗口；f 参数是 Qt::WindowFlags 类型，是一个枚举类型，分为窗口类型(WindowType)和窗口标志(Windowflags)。

窗口类型可以定义窗口的类型，比如f=0便表明了使用Qt::Widget这一项，这是QWidget的默认类型，这种类型的部件如果有父窗口，那么它就是子部件，否则就是独立的窗口。其中还有很多其他类型，下面使用其中的 Qt::Dialog 和 Qt::SplashScreen 更改程序中新建对象的那两行代码：

【示例7-2】 变更窗口类型

```
QWidget *widget=new QWidget(0，Qt::Dialog);
QLabel *label01=new QLabel(0，Qt::SplashScreen);
```

程序编译运行的结果如图7-31所示。

图7-31　更改窗口类型后的运行结果

可以看到，更改窗口类型后，窗口的样式发生了改变，一个是对话框类型，一个是欢迎窗口类型。而窗口标志的作用是更改窗口的标题栏和边框，而且可以和窗口类型进行位的操作，下面在此更改那两行代码：

【示例7-3】 变更窗口标志

```
QWidget *widget=new QWidget(0，Qt::Dialog|Qt::WindowStaysOnTopHint);
QLabel *label01=new QLabel(0，Qt::SplashScreen);
```

Qt::WindowStaysOnTopHint用来使该窗口停留在所有其他窗口的上面，如图7-32所示。虽然单击了 Qt Creator，但是只有 label01 窗口隐藏到了后面，而 widget 窗口依然停留在最上面。

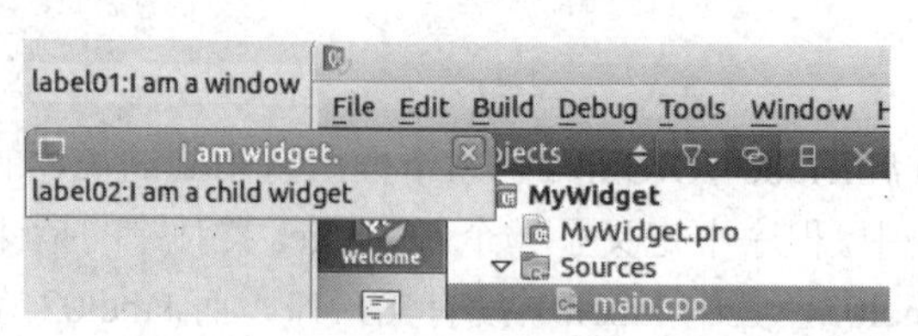

图7-32　更改窗口标志后的运行结果

3. QWidget 主要成员函数

QWidget 的主要成员函数分组如表 7-2 所示。

表 7-2　QWidget 成员函数分组

功能分类	函　数
窗口函数	show( )、hide( )、raise( )、lower( )、close( )
顶级窗口	caption( )、setCaption( )、icon( )、setIcon( )、iconText( )、setIconText( )、isActiveWindow( )、setActiveWindow( )、showMinimized( )、showMaximized( )、showFullScreen( )、showNormal( )
窗口内容	update( )、repaint( )、erase( )、scroll( )、updateMask( )
几何形状	pos( )、size( )、rect( )、x( )、y( )、width( )、height( )、sizePolicy( )、setSizePolicy( )、sizeHint( )、updateGeometry( )、layout( )、move( )、resize( )、setGeometry( )、frameGeometry( )、geometry( )、childrenRect( )、adjustSize( )、mapFromGlobal( )、mapFromParent( )、mapToGlobal( )、mapToParent( )、maximumSize( )、minimumSize( )、sizeIncrement( )、setMaximumSize( )、setMinimumSize( )、setSizeIncrement( )、setBaseSize( )、setFixedSize( )
模式	isVisible( )、isVisibleTo( )、visibleRect( )、isMinimized( )、isDesktop( )、isEnabled( )、isEnabledTo( )、isModal( )、isPopup( )、isTopLevel( )、setEnabled( )、hasMouseTracking( )、setMouseTracking( )、isUpdatesEnabled( )、setUpdatesEnabled( )
观感	style( )、setStyle( )、cursor( )、setCursor( )、font( )、setFont( )、palette( )、setPalette( )、backgroundMode( )、setBackgroundMode( )、colorGroup( )、fontMetrics( )、fontInfo( )
键盘焦点	isFocusEnabled( )、setFocusPolicy( )、focusPolicy( )、hasFocus( )、setFocus( )、clearFocus( )、setTabOrder( )、setFocusProxy( )
键鼠捕获	event( )、mousePressEvent( )、mouseReleaseEvent( )、mouseDoubleClickEvent( )、mouseMoveEvent( )、keyPressEvent( )、keyReleaseEvent( )、focusInEvent( )、focusOutEvent( )、wheelEvent( )、enterEvent( )、leaveEvent( )、paintEvent( )、moveEvent( )、resizeEvent( )、closeEvent( )、dragEnterEvent( )、dragMoveEvent( )、dragLeaveEvent( )、dropEvent( )、childEvent( )、showEvent( )、hideEvent( )、customEvent( )
事件处理	enabledChange( )、fontChange( )、paletteChange( )、styleChange( )、windowActivationChange( )
变化处理	parentWidget( )、topLevelWidget( )、reparent( )、polish( )、winId( )、find( )、metric( )
客户帮助	customWhatsThis( )
内部核心	focusNextPrevChild( )、wmapper( )、clearWFlags( )、getWFlags( )、setWFlags( )、testWFlags( )

7.4.4　QDialog 类

QDialog 类是对话框窗口的基类。对话框窗口是主要用于短期任务以及和用户进行简要通信的顶级窗口，可以是模态的也可以是非模态的。QDialog 支持扩展性并且可以提供返回值，它可以有默认按钮。

1. 模态和非模态对话框

按照运行对话框时能否可以和该程序的其他窗口进行交互，对话框通常被分为两类，模态的和非模态的：

✧ 模态对话框就是阻塞同一应用程序中其他可视窗口的输入的对话框，用户必须完成这个对话框中的交互操作并且关闭了它之后才能访问应用程序中的其他任何窗口。调用exec( )来显示模态对话框，exec( )将提供一个可用的返回值并且这时流程控制继续从调用exec( )的地方进行。

✧ 非模态对话框是和同一个程序中其他窗口操作无关的对话框，允许同时与应用程序主窗口和对话框进行交互。调用 show( )来显示非模态对话框，show( )立即返回，这样调用代码中的控制流将会继续。

本节将以“MyDialog”项目为例，简述模态与非模态对话框的区别。打开 Qt Creator，新建空的 Qt 项目，项目名称为 MyDialog，然后往项目里添加 C++源文件 main.cpp，并添加以下代码：

【示例 7-4】 main.cpp

```
#include <QtGui>

int main(int argc, char *argv[])
{
QApplication a(argc, argv);
QWidget *widget=new QWidget(0, Qt::Widget);      //定义 Widget 对象
widget->setWindowTitle("MyWidget");              //设置 widget 标题栏

QDialog *dialog01=new QDialog(widget);           //定义 Dialog 对象
QDialog *dialog02=new QDialog(widget);           //定义 Dialog 对象
dialog01->setWindowTitle("MyDialog01");          //设置 Dialog 标题栏
dialog02->setWindowTitle("MyDialog02");          //设置 Dialog 标题栏

widget->show( );                  //显示 widget
dialog01->exec( );                //显示 dialog01
dialog02->show( );                //显示 dialog02
int ret=a.exec( );
return ret;
}
```

程序编译运行的结果如图 7-33 所示。

程序仅生成了 MyWidget 窗口和 MyDialog01 对话框，MyDialog01 对话框始终置为前端，无法点击选中 MyWidget 窗口，Mydialog01 便是模态对话框。

关闭 MyDialog01 对话框，程序运行如图 7-34 所示。关闭 MyDialog01 对话框之后，生成了 MyDialog02 对话框，并且 MyWidget 窗口和 MyDialog02 对话框都可以被选中置为前端，MyDialog02 便是非模态对话框。

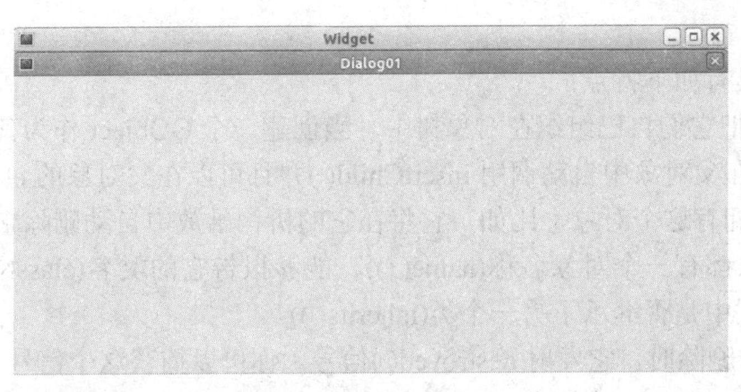

图 7-33　模态对话框

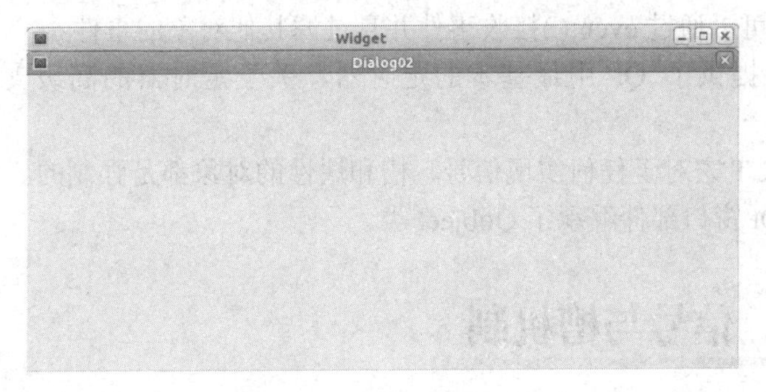

图 7-34　非模态对话框

2. 默认按钮

对话框的默认按钮是当用户按下回车键或者换行键时被按下的按钮。这个按钮用来表示用户接受对话框的设置并且希望关闭这个对话框。使用 QPushButton::setDefault( )、QPushButton::isDefault( )和 QPushButton::autoDefault( )来设置并且控制对话框的默认按钮。

3. 扩展性

扩展性是可以用两种方式来显示对话框：一个局部对话框用来显示通常最常用的选项，和一个显示所有选项的完全对话框。通常可扩展的对话框将初始化为一个局部对话框，但是有一个“更多”按钮，用户点击该按钮，完全对话框将会出现。扩展性是由 setExtension( )、setOrientation( )和 showExtension( )。

4. 返回值(模态对话框)

模态对话框通常用在需要返回值的地方，例如需要分清用户按下的是 OK 按钮还是 Cancel 按钮。对话框可以通过调用 accept( )或 reject( )槽来关闭，并且 exec( )将返回适当的 Accepted 或 Rejected 结果。如果窗口还没有被销毁，这个结果也可以通过 result( )得到。如果 WDestructiveClose 标记被设置，那么当 exec( )返回时，对话框被删除。

7.4.5　QObject 类

QObject 类是所有 Qt 对象的基类。QObject 是 Qt 对象模型的中心，该模型的中心特征就是一种用于无缝对象通信的叫做信号和槽的非常强大的机制。可以使用 connect( )把信号和槽连接起来，也可以用 disconnect( )来破坏这种连接。为了避免从不结束的通知循环，你可以调用 blockSignals( )临时地阻塞信号。保护函数 connectNotify( )和 disconnectNotify( )可以实现跟踪连接。

QObject 类具有如下特点：

✧ QObject 把它们自己组织在对象树中。当创建一个 QObject 作为其他对象的父对象时，这个对象会在父对象中自动调用 insertChild( )并且可以在父对象的 children( )列表中显示出来。父对象拥有这个对象，比如，它将在它的析构函数中自动删除它的孩子。

✧ 每个对象都有一个对象名称(name( ))，能够报告它的类名(className( ))以及它在 QObject 继承层次中是否继承了另一个类(inherits( ))。

✧ 当对象被删除时，它发射 destroyed( )信号。你可以捕获这个信号来避免对 QObject 的摇摆引用。QGuardedPtr 类提供了一种文雅的方式来使用这个机制。

✧ QObject 可以通过 event( )接收事件并且过滤其他对象的事件。

✧ QObject 提供了 Qt 中最基本的定时器，关于定时器的高级支持的用法请参考 QTimer。

✧ Q_OBJECT 宏对于任何实现信号、槽和属性的对象都是强制的。

✧ 所有的 Qt 窗口部件继承了 Qobject 类。

7.5 信号与槽机制

信号与槽机制是 Qt 的核心机制，要精通 Qt 编程就必须对信号和槽有所了解。信号和槽是一种高级接口，应用于对象之间的通信，它是 Qt 的核心特性，也是 Qt 区别于其他工具包的重要地方。

7.5.1 信号与槽机制概述

在 GUI 用户界面中，当用户操作一个窗口部件时，需要其他窗口部件的响应或者能够激活其他部件的操作。在程序开发中，经常使用回调机制来实现。所谓回调，就是事先将一个回调函数指针传递给某一个处理过程，当这个处理过程得到执行时，回调预先定义好的回调函数以期实现激活其他处理过程的目的。

不同于回调函数机制，Qt 提供了信号与槽机制。当某个对象的状态发生变化时，该对象会触发一个信号。这个信号与另外一些对象的槽函数绑定，信号的触发将导致执行这些槽函数，这些槽函数则进行对象状态变化的特殊处理，从而完成对象之间的通信。

1. 信号

当某个信号对其客户或所有者的内部状态发生改变时，信号被一个对象发射。只有定义过这个信号的类及其派生类能够发射这个信号。当一个信号被发射时，与其相关联的槽将被立刻执行，就象一个正常的函数调用一样。信号与槽机制完全独立于任何 GUI 事件循环。只有当所有的槽返回以后发射函数(emit)才返回。如果存在多个槽与某个信号相关联，那么这个信号被发射时，这些槽会一个接一个地执行，但是它们执行的顺序是随机的、不确定的，我们不能人为的指定槽函数执行的先后顺序。

信号的声明是在头文件中进行的，Qt 的 signals 关键字指出进入了信号声明区，随后即可声明自己的信号。例如，下述代码定义了三个信号：

【示例 7-5】 信号声明

```
signals:
void mySignal( );
void mySignal(int);
void mySignal(QString &);
```

⚠ 注意：在上面的定义中，signals 是 Qt 的关键字，而非 C++ 的关键字。void mySignal( ) 定义了信号 mySignal，这个信号没有携带参数；void mySignal(int) 重载了 mySignal，但是它携带了一个整形参数。

信号函数应该满足以下语法约束：

✧ 函数返回值是 void 类型，因为触发信号函数的目的是执行与其绑定的槽函数，无需信号函数返回任何值。

✧ 开发人员只能声明、不能实现信号函数，Qt 的 moc 工具才会实现。

✧ 信号函数被 moc 自动设置为 protected，因而只有包含某个信号函数那个类及其派生类才能使用该信号函数。

✧ 信号函数的参数个数、类型由开发人员自由设定，这些参数的职责是封装类的状态信息，并将这些信息传递给槽函数。

✧ 只有 QObject 及其派生类才可以声明信号函数。

2. 槽

槽是普通的 C++ 成员函数，可以被正常调用，它唯一的特殊性就是很多信号可以与其相关联。当与其关联的信号被发射时，这个槽就会被调用。槽可以有参数，但槽的参数不能有缺省值。

既然槽是普通的成员函数，因此与其他的函数一样，它也有存取权限。槽的存取权限决定了谁能够与其相关联。同普通的 C++ 成员函数一样，槽函数也分为以下三种类型。

✧ public slots：在这个区内声明的槽意味着任何对象都可将信号与之相连接。这对于组件编程非常有用，可以创建彼此互不了解的对象，将它们的信号与槽进行连接以便信息能够正确的传递。

✧ protected slots：在这个区内声明的槽意味着当前类及其子类可以将信号与之相连接。这些槽是类实现的一部分，但是其界面接口却面向外部。

✧ private slots：在这个区内声明的槽意味着只有类自己可以将信号与之相连接。这适用于联系非常紧密的类。

槽的声明也是在头文件中进行的。例如，下述代码声明了三个槽：

【示例 7-6】 槽声明

```
public slots:
void mySlot( );
void mySlot(int x);
void mySignalParam(int x, int y);
```

7.5.2 信号与槽的关联

通过调用 QObject 对象的 connect 函数将某个对象的信号与另外一个对象的槽函数相关

联，这样当发射者发射信号时，接收者的槽函数将被调用，该函数的原型如下：

【示例 7-7】 connect( )

```
bool QObject::connect ( const QObject * sender, const char * signal, const QObject * receiver, const char * method, Qt::ConnectionType type=Qt::AutoConnection)
```

这个函数的作用就是将发射者 sender 对象中的信号 signal 与接收者 receiver 中的 method 槽函数联系起来。指定信号 signal 时必须使用 QT 的宏 SIGNAL( )，当指定槽函数时必须使用宏 SLOT( )。

1. 信号与槽相关联

下述代码定义了两个对象：标签对象 label 和滚动条对象 scroll，并将 valueChanged( ) 信号与标签对象的 setNum( )相关联，另外信号还携带了一个整形参数，这样标签总是显示滚动条所处位置的值。

【示例 7-8】 信号与槽相关联

```
QLabel *label   = new QLabel;
QScrollBar *scroll = new QScrollBar;
QObject::connect( scroll, SIGNAL(valueChanged(int)), label, SLOT(setNum(int)) );
```

2. 信号与信号相关联

一个信号也可以与另一个信号相关联，下述代码中，MyWidget 创建了一个私有的按钮 aButton，按钮的单击事件产生的信号 clicked( )与另外一个信号 aSignal( )进行了关联。这样一来，当信号 clicked( )被发射时，信号 aSignal( )也接着被发射。

【示例 7-9】 信号与信号相关联

```
class MyWidget : public QWidget
{
    public:
        MyWidget( );
    signals:
        void aSignal( );
    private:
        QPushButton *aButton;
};
MyWidget::MyWidget( )
{
    aButton = new QPushButton(this);
    connect(aButton, SIGNAL(clicked( )), SIGNAL(aSignal( )));
}
```

3. 信号与槽取消关联

当信号与槽没有必要继续保持关联时，我们可以使用 disconnect 函数来断开连接，其函数原型如下：

【示例 7-10】 disconnect( )

bool QObject::disconnect (const QObject * sender，const char * signal，const Object * receiver，const char * method)

disconnect( )函数断开发射者中的信号与接收者中的槽函数之间的关联，有三种情况必须使用该函数：

✧ 断开与某个对象相关联的任何对象。

✧ 断开与某个特定信号的任何关联。

✧ 断开两个对象之间的关联。

在 disconnect 函数中，0 可以用作一个通配符，分别表示任何信号、任何接收对象、接收对象中的任何槽函数。发射者 sender 不能为 0，其他三个参数的值均可以等于 0。

7.5.3　元对象工具

元对象编译器 moc(meta object compiler)对 C++ 文件中的类声明进行分析并产生用于初始化元对象的 C++ 代码，元对象包含全部信号和槽的名字以及指向这些函数的指针。moc 读 C++ 源文件时，如果发现有 Q_OBJECT 宏声明的类，它就会生成另外一个 C++ 源文件，这个新生成的文件中包含有该类的元对象代码。

假设我们有一个头文件 mysignal.h，在这个文件中包含有信号或槽的声明。在编译之前，moc 工具将会根据该文件自动生成一个名为 mysignal.moc.h 的 C++ 源文件并将其提交给编译器；类似地，对应于 mysignal.cpp 文件，moc 工具将自动生成一个名为 mysignal.moc.cpp 文件提交给编译器。

元对象代码是 signal/slot 机制所必需的。用 moc 产生的 C++ 源文件必须与类实现一起进行编译和连接，或者用#include 语句将其包含到类的源文件中。moc 并不扩展 #include 或者 #define 宏定义，它只是简单地跳过所遇到的任何预处理指令。

7.5.4　信号/槽使用示例

本节通过一个简单的例子来进一步讲解信号与槽的相关知识，本例实现的效果是：在主界面上有 Line Edit、Spin Box 和 Push Button 三个部件，单击 Push Button 部件时，Line Edit 会显示 Spin Box 上选定的数值。

下述内容用于实现任务描述 7.D.7——编写“SignalSlot”GUI 应用程序，具体步骤如下：

1. 新建项目

打开 Qt Creator，新建 Qt Gui 应用，项目名称为 SignalSlot，基类型选择 QWidget，类名保持 Widget 不变。

在 widget.ui 界面中添加 Line Edit、Spin Box 和 Push Button 部件，调整各个部件的大小及位置，并将 Push Button 的显示文本改为“OK”，widget.ui 界面如图 7-35 所示。

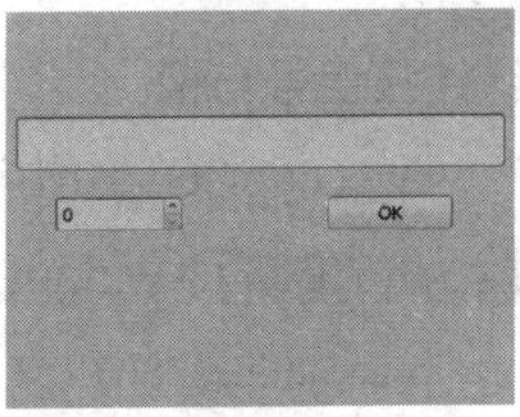

图 7-35　widget.ui 界面设计

2. 信号声明

在 widget.h 文件中添加下述源码来声明一个信号。

【描述 7.D.7】 widget.h

```
signals:
    void wgtReturn(int);
```

声明一个函数要使用 signals 关键字，signals 前面不能使用 public、private 和 protected 等限定符，因为只有定义该信号的类及其子类才可以发射该信号。此外，信号只用声明，不需要也不能通过对它进行定义来实现。

3. 编写信号发射槽函数

右键单击 Push Button，选择“Go to Slot...”，转到其单击信号 clicked( )槽，更改代码如下。

【描述 7.D.7】 widget.cpp

```
void Widget::on_pushButton_clicked( )
{
    int value=ui->spinBox->value( );
    emit wgtReturn(value);
}
```

发射信号要使用 emit 关键字，上述代码中便发射了 wgtReturn( )信号。

4. 编写信号接收槽函数

在 widget.h 文件中添加下述代码作为信号接收槽函数的声明。

【描述 7.D.7】 widget.h

```
private slots:
void showValue(int value);
```

在 widget.cpp 文件中添加下述代码作为信号接收槽函数的实现。

【描述 7.D.7】 widget.cpp

```
void Widget::showValue(int value)
{
    ui->lineEdit->setText(tr("Receive Data:%1").arg(value));
}
```

声明一个槽需要使用 slots 关键字。一个槽可以是 private、public 或者 protected 类型，槽也可以声明为虚函数，这与普通成员函数是一样的，也可以像调用一个普通函数一样来调用槽。

5. 连接信号与槽

在 widget.cpp 文件的构造函数中，添加如下代码以实现信号与槽的连接。

【描述 7.D.7】 widget.cpp

```
connect(this, SIGNAL(wgtReturn(int)), this, SLOT(showValue(int)));
```

程序编译运行的结果如图 7-36 所示。

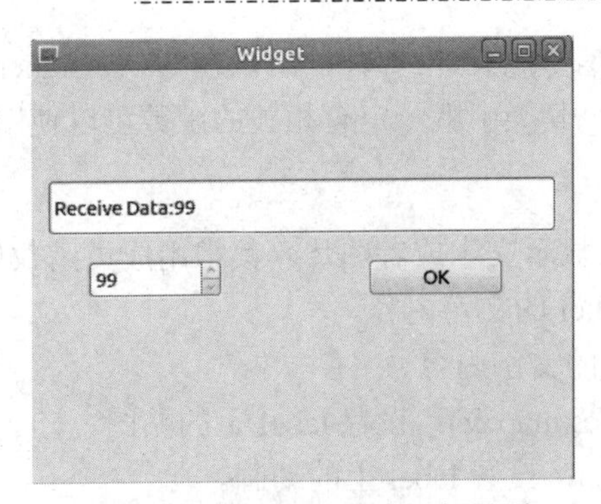

图 7-36　SignalSlot 程序运行界面

7.6　常用窗口部件

Qt 提供了一整套的窗口部件，它们组合起来可以创建用户界面的可视元素。按钮、菜单、滚动条、消息框和应用程序窗口都是窗口部件的实例。窗口部件是 QWidget 或其子类的实例，熟练掌握常用窗口部件的应用，有助于快速设计出满足需求的界面程序。

7.6.1　QFrame 类族

QFrame 类是带有边框的部件的基类，它的子类有 QLabel、QLCDNumber、QSplitter、QStackedWidget、QToolBox 和 QAbstractScrollArea 类。QFrame 类的主要功能是用来实现不同的边框效果，这主要是由边框形状(Shape)和边框阴影(Shadow)的组合来实现的。QFrame 类定义的主要边框形状如表 7-3 所示，边框阴影如表 7-4 所示。

表 7-3　QFrame 类边框形状的取值

常量	描　　述
QFrame::NoFrame	QFrame 什么也不绘制
QFrame::Box	QFrame 在它的内容四周绘制一个边框
QFrame::Panel	QFrame 绘制一个面板，使得内容表现为凸起或凹陷
QFrame::StyledPanel	QFrame 绘制一个矩形面板，它的效果依赖于当前的 GUI 样式，可以凸起或凹陷
QFrame::HLine	QFrame 绘制一条水平线，没有任何框架(可以作为分离器)
QFrame::VLine	QFrame 绘制一条竖直线，没有任何框架(可以作为分离器)
QFrame::WinPanel	QFrame 绘制一个类似于 Windows 中的矩形面板，可以凸起或凹陷

表 7-4　QFrame 类边框阴影的取值

常量	描　　述
QFrame::Plain	边框和内容没有 3D 效果，与四周界面在同一个水平面上
QFrame::Raised	边框和内容表现为凸起，具有 3D 效果
QFrame::Sunken	边框和内容表现为凹陷，具有 3D 效果

下面要讲的部件大都是 Qt 的标准部件，所以在 Qt Designer 中可以直接设置其属性。能在属性栏中设置的属性，其类中就一定有相关的函数可以使用源码来实现。

1. QLabel

标签 QLabel 部件用来显示文本或者图片，其常用成员函数如下：

✧ setText( )：设置 label 的文字内容。

✧ text( )：返回 label 的文字内容。

✧ setPixmap(const QPixmap &)：设置 label 上的贴图。

✧ setMovie(QMovie *)：设置 label 上的动画。

2. QLCDNumber

QLCDNumber 部件可以让数码显示与液晶数字一样的效果，其常用成员函数如下：

✧ setNumDigists( )：设置显示数字的位数。

✧ display( )：设置要显示的数字。

3. QStackedWidget

QStackedWidget 提供了一个部件栈，可以有多个界面，每个界面可以拥有自己的部件，不过每次只能显示一个界面。对于这个部件，需要使用 QComboBox 或者 QListWidget 来选择它的各个页面。其常用成员函数如下：

✧ addWidget( )：增加控件到该控件栈中。

✧ raiseWidget( )：升级控件到该控件栈的栈顶。

✧ removeWidget( )：删除该控件栈的控件。

4. QToolBox

QToolBox 提供了一列层叠窗口部件，就像最常用的聊天工具 QQ 中的抽屉效果。其常用成员函数如下：

✧ insertItem( )：插入一个新的条目。

✧ removeItem( )：删除一个条目。

✧ setCurrentIndex( )：设置索引条目为当前活动项目。

7.6.2 按钮部件

QButton 类是按钮窗口部件的抽象基类，提供了按钮所共有的功能，它实现了一个抽象按钮，并且让它的子类来指定如何回复用户的行为和如何画按钮。

QButton 提供了推动和切换按钮。QRadioButton 和 QCheckBox 类只提供了切换按钮，QPushButton 和 QToolButton 类则提供了切换按钮和推动按钮。

任何按钮都可以有一个文本的或者像素映射的标签。setText( )设置按钮为一个文本按钮并且 setPixmap( )设置它为一个像素映射按钮。

1. 按钮状态

QButton 提供了按钮所要用到的绝大多数状态：

✧ isDown( )：决定按钮是否被按下。

✧ isOn( )：决定按钮是否是开的，只有切换按钮才能被切换为开或关。
✧ isEnabled( )：决定按钮是否可以被用户按下。
✧ setAutoRepeat( )：决定如果用户按下按钮，按钮是否可以自动恢复。
✧ setToggleButton( )：决定按钮是否是一个切换按钮。

2. 按钮信号

QButton 提供下述五个信号：
✧ 当鼠标光标在按钮内，鼠标左键被按下时，pressed( )被发送。
✧ 当鼠标左键被释放时，released( )被发送。
✧ 当按钮首先被按下然后又被释放或者快捷键被按下，clicked( )被发送。
✧ 当切换按钮的状态变化时，toggled(bool)被发送。
✧ 当一个三态切换按钮的状态变化时，stateChanged(int)被发送。

3. 按钮部件常用函数

QPushButton、QToolPush、QRadioButton、QCheckBox 常用成员函数如下：
✧ setText( )：设置显示内容。
✧ text( )：返回显示内容。
✧ setIcon( )：设置图标。
✧ setIconSize( )：设置图标大小。
QRadioButton、QCheckBox 还有以下成员函数：
✧ setChecked( )：设置是否选择。
✧ isChecked( )：返回是否选择。
✧ setCheckable( )：设置是否可选择。
✧ isCheckable( )：返回是否可选择。

7.6.3 行编辑控件

行编辑器 QLineEdit 部件是一个单行的文本编辑器，允许用户输入和编辑单行的纯文本内容，而且提供了一些有用的功能，包括撤销与恢复、剪切和拖放等操作。

1. 显示模式

行编辑器 QLineEdit 有四种显示模式，可以在 echoMode 属性中更改，它们分别是：
✧ Normal：正常显示输入的信息。
✧ NoEcho：不显示任何输入字符，这样可以保证不泄露输入字符的位数。
✧ Password：显示为密码样式，以星号或者小黑点之类的字符代替输入的字符。
✧ PasswordEchoOnEdit：编辑时显示正常字符，其他情况下显示为密码样式。

2. 输入掩码

QLineEdit 提供了输入掩码来限制输入的内容。可以使用一些特殊的字符来设置输入的格式和内容，这些字符中有的起限制作用且必须要输入一个字符，有的只是起限制作用，但可以不输入字符而以空格代替，这些特殊字符的含义如表 7-5 所示。

表 7-5 QLineEdit 掩码字符

字符(必须输入)	字符(可保留)	含 义
A	a	只能输入 A～Z，a～z
N	n	只能输入 A～Z，a～z，0～9
X	x	可输入任意字符
9	0	只能输入 0～9
D	d	只能输入 1～9
	#	只能输入加号(+)、减号(−)、0~9
H	h	只能输入十六进制字符，A～F，a～f，0～9
B	b	只能输入二进制字符，0、1
>		后面的字符字母自动转换为大写
<		后面的字符字母自动转换为小写
!		停止字符字母的大小写转换
\		当该表中的特殊字符正常显示时用作分隔符

3. 输入验证

QLineEdit 提供了验证器(validator)来对输入进行约束，可以完成下述三种验证。

(1) 输入 int 类型，使用 QIntValidator 类确保了输入的字符串在一个规定的整数范围内，使用方法如下述代码所示。

【示例 7-11】 QIntValidator 类

```
QLineEdit *edit=new QLineEdit(this);
edit->setValidator(new QIntValidator(int bottom, int top, this));
```

(2) 输入 double 类型，使用 QDoubleValidator 类确保了输入的字符串在一个规定的浮点数范围内，使用方法如下述代码所示。

【示例 7-12】 QDoubleValidator 类

```
QLineEdit *edit=new QLineEdit(this);
edit->setValidator(new QDoubleValidator(double bottom, double top, int decimal, this));
```

(3) 输入任意匹配类型，使用 QRegExpValidator 确保了输入的字符串在一个规定的正常表达式的范围内，使用方法如下述代码所示。

【示例 7-13】 QRegExpValidator 类

```
QRegExp regExp("[A-Za-z][1-9][0-9]{0, 2}")
QLineEdit *edit=new QLineEdit(this);
edit->setValidator(new QRegExpValidator(regexp, this));
```

4. 自动补全

QLineEdit 提供了强大的自动补全功能，这是利用 QCompleter 类来实现的，下述代码用于实现自动补全功能。

【示例 7-14】 QCompleter 类

```
QStringList wordlist;
QLineEdit *edit=new QLineEdit(this);
```

```
worldlist<<"Qt Asistant"<<"Qt Designer"<<"Qt Linguist"<<"Qt Creator";
QCompleter *completer=new QCompleter(wordlist，this);
completer->setCaseSensitivity(Qt::CaseInsensitive);
edit->setCompleter(completer);
```

7.6.4 滑块部件

QAbstractSlider 类提供了一个区间内的整数值，使用滑块，可以定位到一个整数间的任意值。这个类是一个抽象基类，有三个子类 QScrollBar、QSlider 和 QDial。其中，滚动条 QScrollBar 更多地用在 QScrollArea 类中来实现滚动区域；而滑块 QSlider 最常见地用于音量控制或多媒体播放进度等；QDial 是一个刻度表盘。

滑块部件常用的成员函数如下：

✧ maximum( )：设置最大值。
✧ minimum( )：设置最小值。
✧ singleStep( )：设置每步的步长。
✧ pageStep( )：设置每页的步长。
✧ value( )：获取当前值。
✧ triggerAction：设置是否跟踪，滑块每移动一个刻度，都会发射 valueChanged 信号。

小　结

通过本章的学习，学生应该掌握：

◆ 图形用户界面方便了非专业用户的使用，无需死记命令，可以通过窗口、菜单方便地操作。其主要特征有 WIMP、用户模型、直接操作等特点。

◆ 嵌入式系统在专业性、资源受限以及便于携带、移动等方面的要求，使其在交互模态、交互手段和交互能力上，都有着与桌面系统不同的显著特点。

◆ Qt Creator 集成开发环境的搭建主要采用 apt-get 软件包管理系统在线安装方式进行

◆ 触摸屏校验库 tslib 主要采用编译安装的方式进行。

◆ Qt/Embedded 开发环境的搭建主要采用编译安装的方式进行。

◆ Qt Creator 是一个跨平台的、完整的 Qt 集成开发环境，其中包括了高级 C++代码编辑器、项目和生成管理工具、图形化调试器、代码管理和浏览工具等。

◆ Qt 是一个跨平台的 C++开发框架，它包含了一个功能丰富的 C++类库及一套简便易用的集成开发工具。

◆ 基本程序框架类包括 QApplication、QMainWindow、QWidget、QDialog、QObject 等。

◆ 信号与槽机制是 Qt 的核心机制，当某个对象的状态发生变化时，该对象会触发一个信号，信号的触发将导致槽函数的执行，从而完成对象之间的通信。

◆ Qt 提供了一整套的窗口部件，它们组合起来可以创建用户界面的可视元素；按钮、菜单、滚动条、消息框和应用程序窗口都是窗口部件的实例。

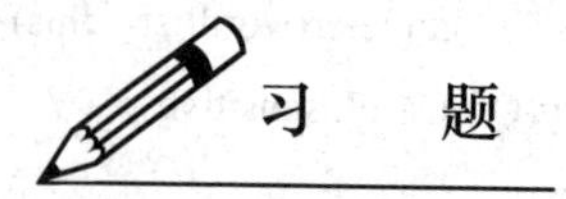

习　题

1．下列关于 Qt 程序框架类，描述错误的是______。

A．QApplication 类主要用于管理图形用户界面应用程序的控制流及主要设置

B．QWidget 类包含菜单栏、工具栏、中心部件、停靠部件、状态栏等组件

C．按运行对话框时能否与该程序其他窗口交互，QDialog 通常被分为模态和非模态两类

D．QObject 类中心特征是提供了信号和槽的非常强大的机制

2．安装 Qt Creator 时，系统会自动安装______、______、______和______等软件，可以通过点击“Applications”→“Programming”来查看。

3．简述 Qt/Embedded 集成开发环境的搭建过程。

4．创建名为“Calc”的 GUI 应用程序，实现一个能进行加、减、乘、除运算的计算器。

实践篇

实践 1 概　　述

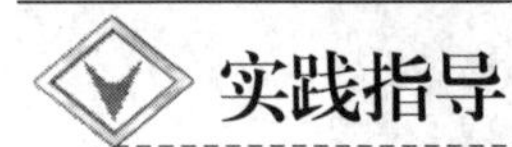

实践指导

➢ 实践 1.G.1

开发板的介绍。

分析

(1) S3C2440 开发板为本教材配套开发板，本教材所有例程均在本开发板上实现。

(2) 开发板主要包括两个部分：核心板、底板。

(3) 开发板除了可以实现 S3C2440 基础开发的相关实验外，还可进行嵌入式 Linux 操作系统、QT 图形界面和 Zigbee 等物联网相关实验。

参考解决方案

1. 开发套件的组成

S3C2440 开发套件使用过程中需要用到的设备及附件清单如表 S1-1 所示。

表 S1-1　开发套件清单

序号	名　称	规格	数量	用　途	备　　注
1	S3C2440 开发板	DH-ARM9-1 Ver1.0	1	实验主要硬件平台	包含 2440 核心板和触摸屏
2	电源适配器	DC 5V 2 A	1	为实验主板供电	5 V 2 A 适配器
3	USB 转串口线	FT232	1	串口通信	与 DNW 通信可调试程序
4	J-Link 仿真器	J-link V8	1	程序下载仿真调试	MDK 下仿真调试程序
5	USB 数据线	—	2	USB 数据传输	USB 相关实验

另外，在开发中需要的开发软件如表 S1-2 所示。

表 S1-2　开发软件

序号	名　称	备　　注
1	Realview MDK-ARM 版	用于进行 S3C2440 的基础开发
2	J-Link 驱动	MDK 通过 J-Link 在开发板上调试程序
3	USB 转串口驱动	USB 转串口驱动
4	三星 DNW	用于串口调试或程序下载
5	VMware Workstation	虚拟机软件，安装 Linux 操作系统
6	Linux 系统及相关软件	进行嵌入式 Linux 开发

2. 开发板硬件资源

开发板外观如图 S1-1 所示。

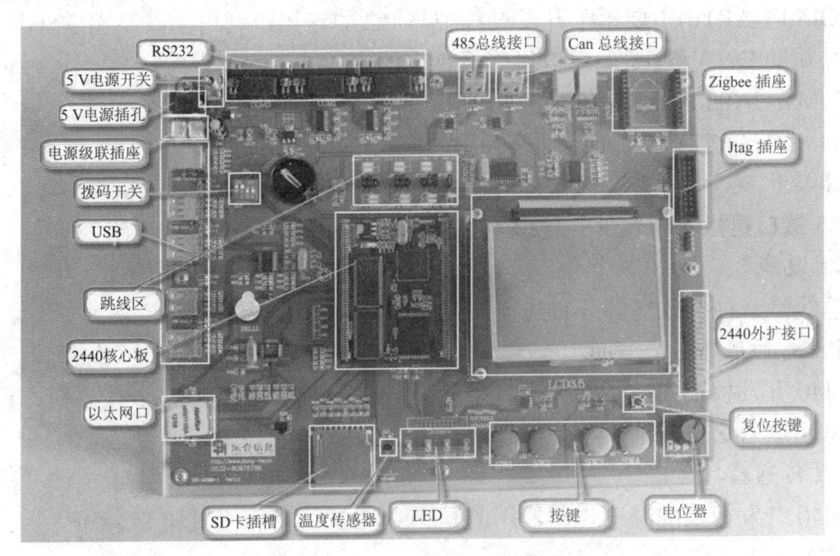

图 S1-1　S3C2440 开发板外观

S3C2440 采用 ARM920 内核，片内资源非常丰富，本书所采用的开发板扩展以下硬件资源。分类说明如下：

1) 核心板

S3C2440 核心板上集成了存储器以及辅助电路等，如图 S1-2 所示。

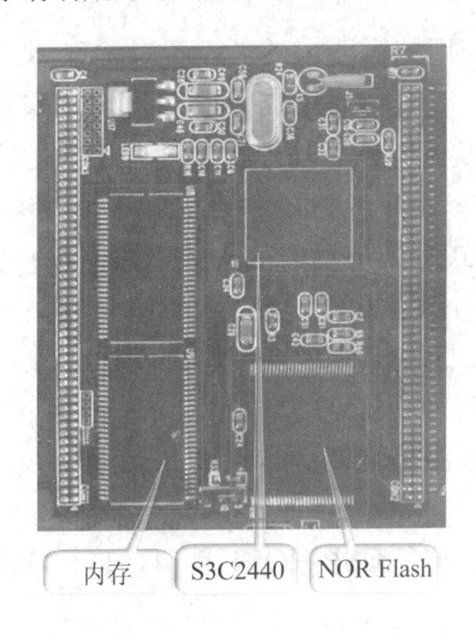

图 S1-2　S3C2440 核心板

其中：

✧ CPU 为三星 S3C2440A，主频可达 400 MHz；

✧ 外部存储器有 2 片 SDRAM，共有 64 MB 的容量；NAND Flash(K9F 2G08)，有 256 MB 的容量。

2) RS-232

S3C2440 开关板上共有 3 个 RS-232 接口，其中：

✧ COM0(UART0)主要用于开发过程中与 PC 的连接，利用串口终端软件(例如串口助手、三星公司的 DNW 工具等)可以操作运行中的嵌入式 Linux 系统；

✧ COM1(UART1)与 RS-485 接口共用，根据跳线选择；

✧ COM2(UART2)与 Zigbee 插座共用，根据跳线选择。

3) RS-485

RS-485 接口可以实现比 RS-232 较为远距离的串行通信控制。

4) Can 总线

Can 总线是一种有效支持分布式控制或实时控制的串行通信网络。

5) Zigbee 插座

S3C2440 开发板上集成了网关项目中的 Zigbee 插座，插入 Zigbee 核心板，配备相关软件，网关即可联入 Zigbee 网络。

6) 温度传感器

S3C2440 开发板上的温度传感器用的是 DS18B20，可用于试验 I/O 编程。

7) LED

共有 4 个 LED，可以根据软件的功能要求实现亮或灭。

8) 电位器

电位器用于模拟一个模拟信号的输入，旋转旋钮时输入电压发生变化，用于 A/D 转换功能。

9) 按键

共有 4 个按键，可根据应用的需要由软件设置以实现不同的功能。

10) S3C2440 外扩接口

为了便于 S3C2440 的开发试验以及功能扩展，开发板上将处理器的部分引脚引出。

11) LCD 和触摸屏

✧ 板上集成了 4 线电阻式触摸屏接口的相关电路；

✧ 1 个 40 芯 LCD 接口引出了 LCD 控制器的全部信号；

✧ 标准配置为 256 4 色、320 × 240/ 3. 5 英寸 TFT 液晶屏，带触摸屏；

12) JTAG 接口

可与 J-Link 相连，用于程序仿真调试。

13) USB 接口

S3C2440 开发板上集成了 4 个 USB HOST 接口、1 个 USB Device 接口。

14) 以太网口

一个 100 MB 网口，采用 DM9000，带连接和传输指示灯。

15) 拔码开关

拨码开关的 1、2、3、4 分别对应 S3C2440 的 4 个 GPIO 口：GPF6、GPF5、GPF1、GPG1。在开发中，可做为功能选择。

16) 跳线

4 个跳线的选择如下：

✧ JP5：设置 RS-232(COM1)/RS-485；
✧ JP6：设置 RS-232(COM2)/Zigbee；
✧ JP12：启用或关闭 Can 总线；
✧ JP13：启用或关闭 RS-485。

17) 音频接口

音频接口可分别接麦克风或耳机(音箱)。

18) SD 卡接口

S3C2440 开发板可支持 SD 卡存储。

➢ 实践 1.G.2

Realview MDK-ARM 的安装。

分析

(1) Realview MDK 开发工具源自德国 keil 公司，是 ARM 公司目前最新推出的针对各种嵌入式处理器的软件开发工具。

(2) Realview MDK 包括 uVision4 集成开发环境，包含行业领先的 ARM C/C++编译工具链、调试器和仿真环境。

(3) 支持 ARM7、ARM9 以及最新的 Cortex 系列处理器，自动配置启动代码。

(4) MDK-ARM 安装在 Windows 操作系统中，并且对系统的硬件性能及兼容性有一定的要求。具体的硬件性能及配置要求如表 S1-3 所示。

表 S1-3　MDK-ARM 安装的配置要求

硬件名称	配 置 要 求
CPU	最低 600 MHz 处理器，建议 1GHz 以上
RAM 内存	1 GB，建议 2 GB 以上
可用硬盘空间	可用空间 1.4 GB
操作系统	Windows 2000、Windows 2003、Windows XP、Windows Vista、Windows7

参考解决方案

1．安装 MDK-ARM

打开 MDK 安装软件所在的目录，以 MDK4.54 版本为例，安装文件 mdk454.exe，如图 S1-3 所示。

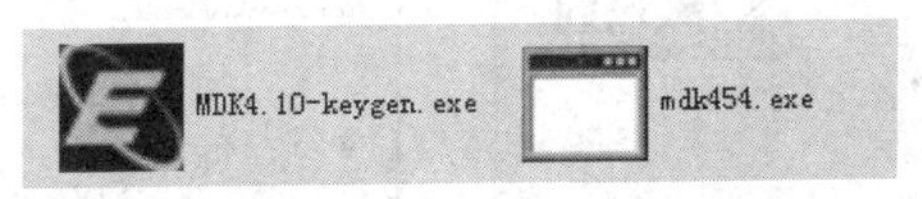

图 S1-3　MDK 安装软件

2．打开安装文件

双击 mdk454.exe，进入安装界面，出现如图 S1-4 所示的对话框，点击 Next 按钮。

3．选中“I agree to...”

在如图 S1-5 所示的安装界面中，选中“I agree to ...”，表示接受安装协议。

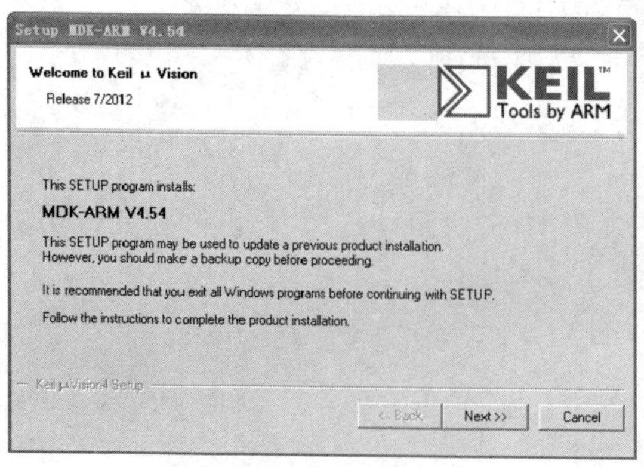

图 S1-4　MDK 安装界面

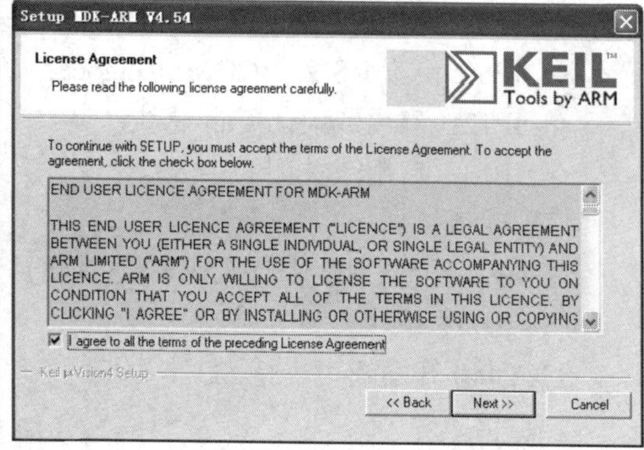

图 S1-5　接受安装协议

4. 设置要安装的目录

设置好要安装的目录，再点击 Next 按钮，如图 S1-6 所示。

5. 输入个人信息

输入个人信息后，再点击 Next 按钮(注意必须输入个人信息，否则无法点击 Next 按钮)，如图 S1-7 所示。

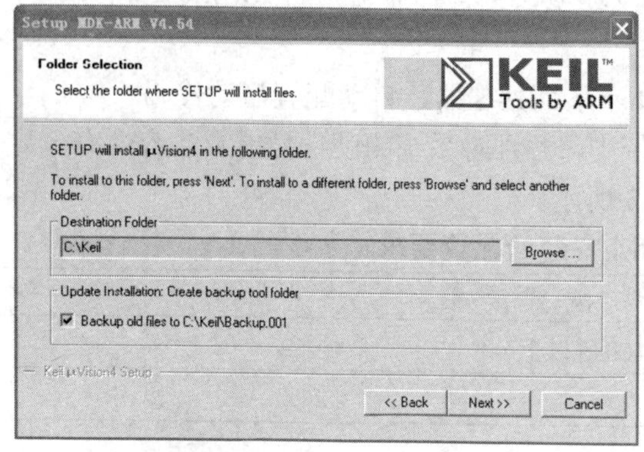

图 S1-6　选择安装目录

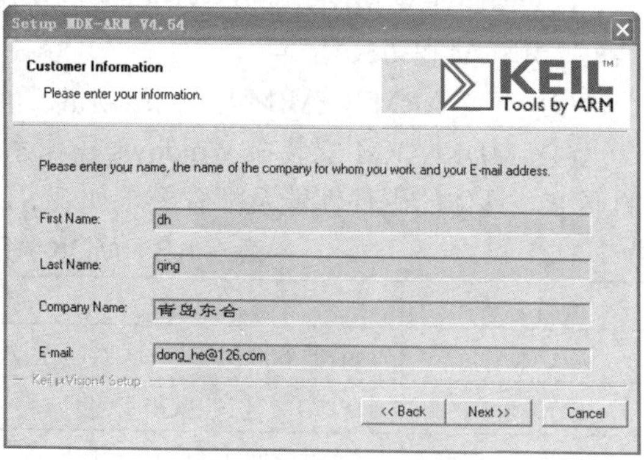

Setup MDK-ARM V4.54
Customer Information
Please enter your information.
KEIL
Tools by ARM
Please enter your name, the name of the company for whom you work and your E-mail address.
First Name: dh
Last Name: qing
Company Name: 青岛东合
E-mail: dong_he@126.com
Keil µVision4 Setup
<< Back
Next >>
Cancel

图 S1-7　输入个人信息

6. 开始安装

安装过程会有进度指示条，如图 S1-8 所示。

7. 保存当前配置

MDK 安装完成后，出现如图 S1-9 所示的画面，点击 Next 按钮。

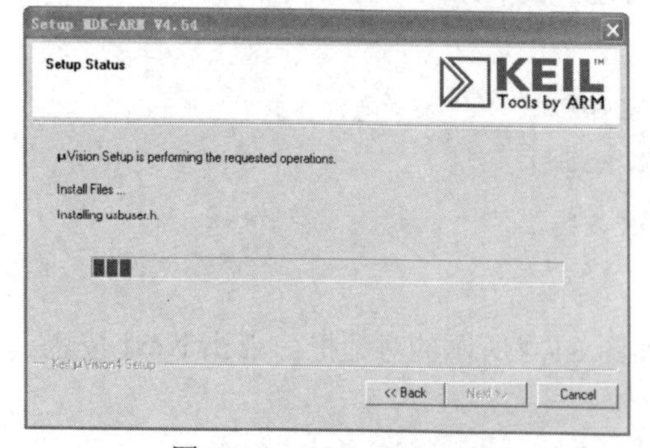

图 S1-8　MDK 正在安装

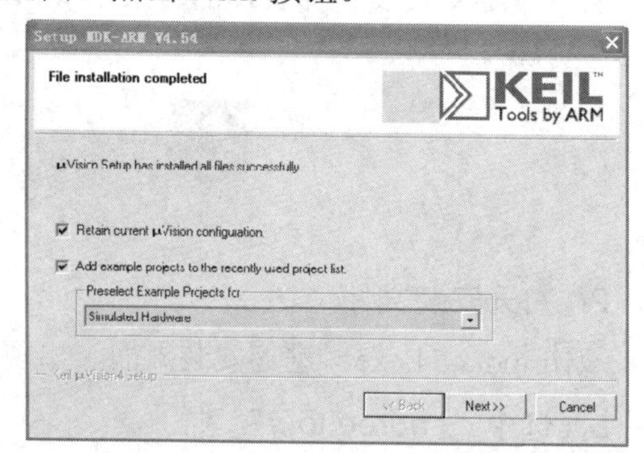

图 S1-9　保存当前配置

8. 安装完成

安装完成后，点击 Finish 按钮，如图 S1-10 所示。

9. 安装后的图标

MDK 全部安装完成后，桌面上显示的 MDK 图标如图 S1-11 所示。

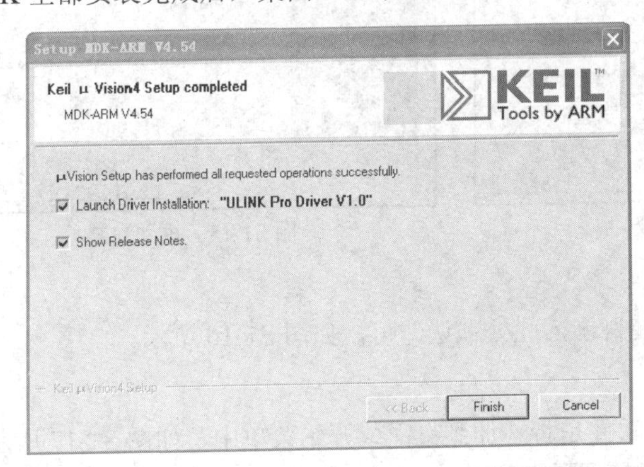

图 S1-10　安装完成

图 S1-11　MDK 图标

➢ 实践 1.G.3

J-Link 驱动程序的安装。

分析

MDK 需要配合 J-Link 才能完成程序的安装调试功能。

参考解决方案

1. 安装软件

双击 J-Link 安装软件，如图 S1-12 所示。

2. 安装程序启动

安装程序的启动画面如图 S1-13 所示。

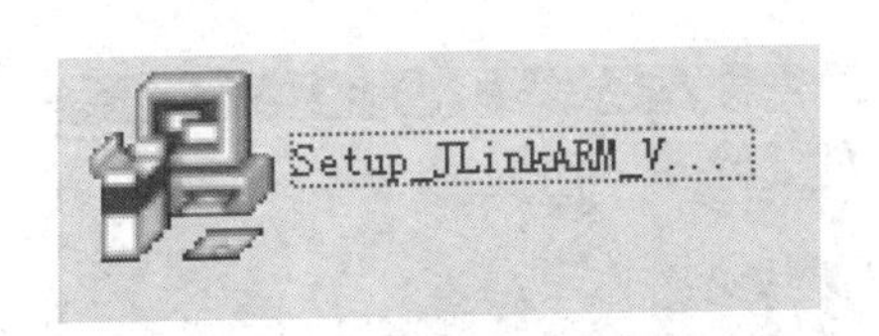

图 S1-12　J-Link 驱动安装软件

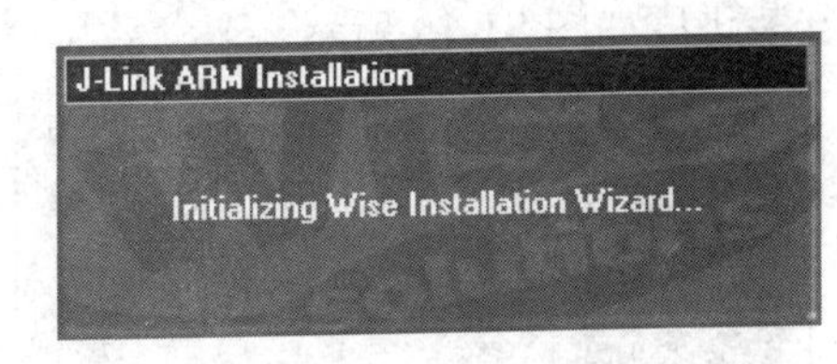

图 S1-13　J-Link 安装程序启动

3. 同意安装协议

点击 Yes 按钮表示同意安装协议，如图 S1-14 所示。

4. 安装开始

点击 Next 按钮进行下一步安装，如图 S1-15 所示。

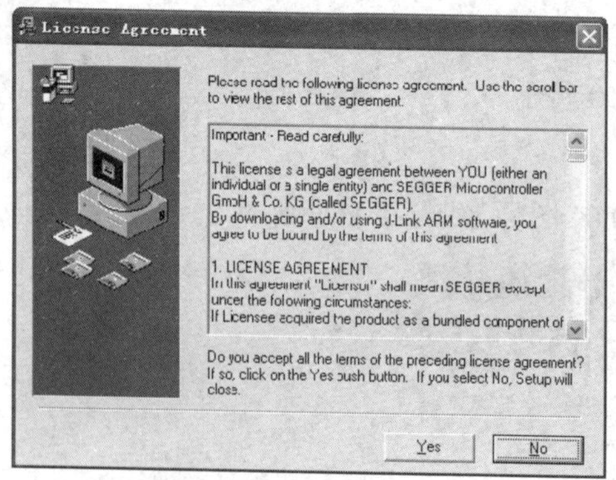

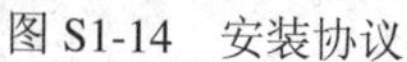
图 S1-14 安装协议

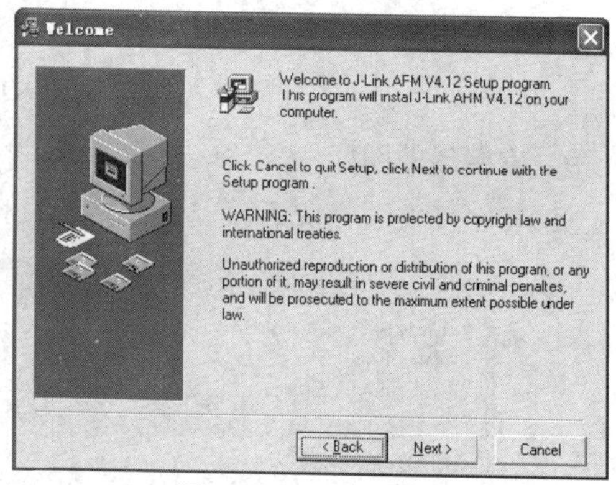

图 S1-15 进入安装

5. 选择安装目录

点击 Browse 按钮选择安装目录，此处默认即可，如图 S1-16 所示。

6. 选择安装选项

根据实际情况选择将应用软件是否添加到桌面或开始菜单中，如图 S1-17 所示。

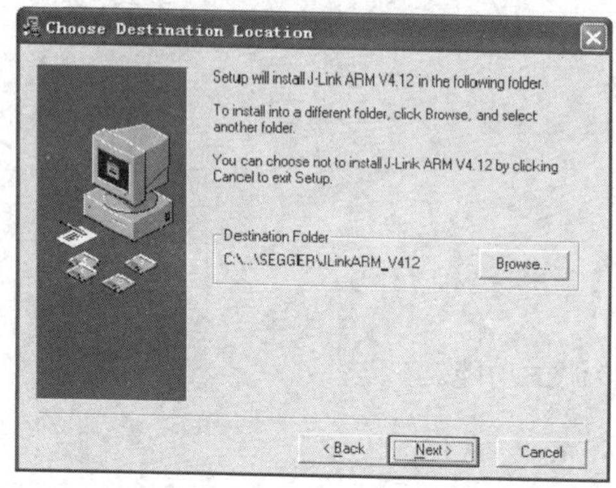

图 S1-16 选择安装目录

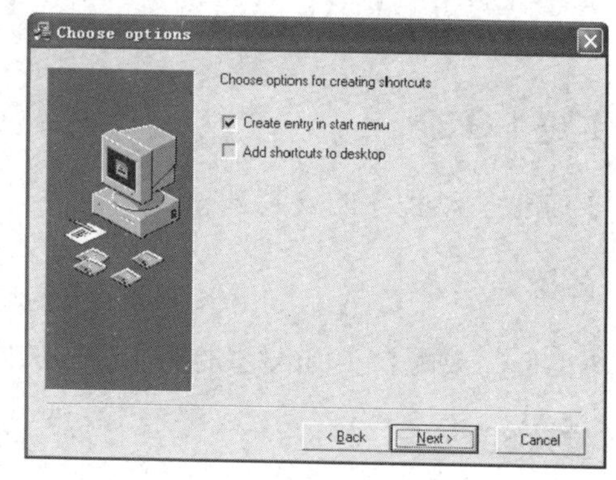

图 S1-17 安装选项

7. 开始安装

点击 Next 按钮开始安装，如图 S1-18 所示。

8. 安装进度提示

安装进度如图 S1-19 所示。

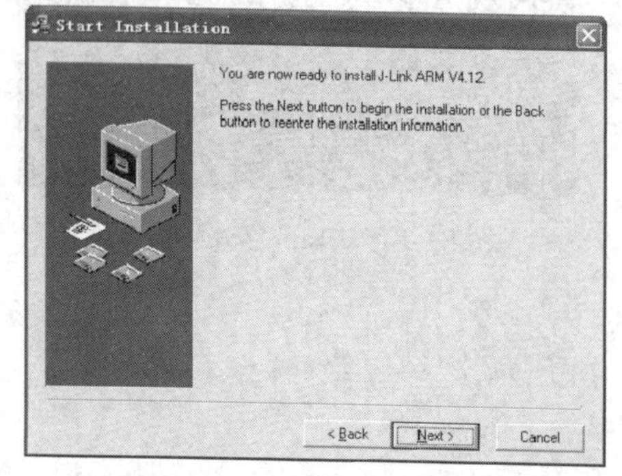

图 S1-18 开始安装驱动程序

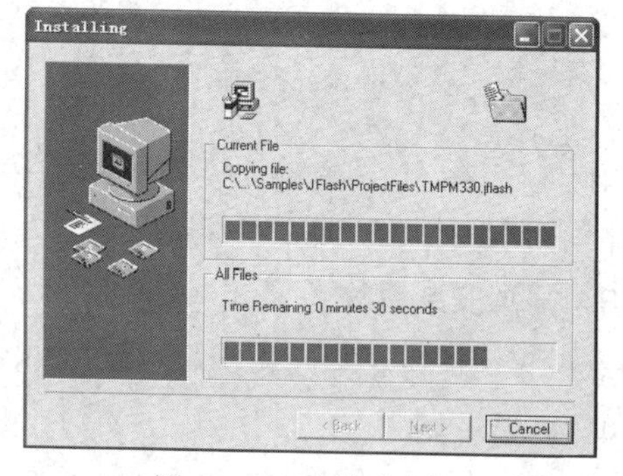

图 S1-19 安装进度

9. 安装完成

点击 Finish 按钮完成安装，如图 S1-20 所示。

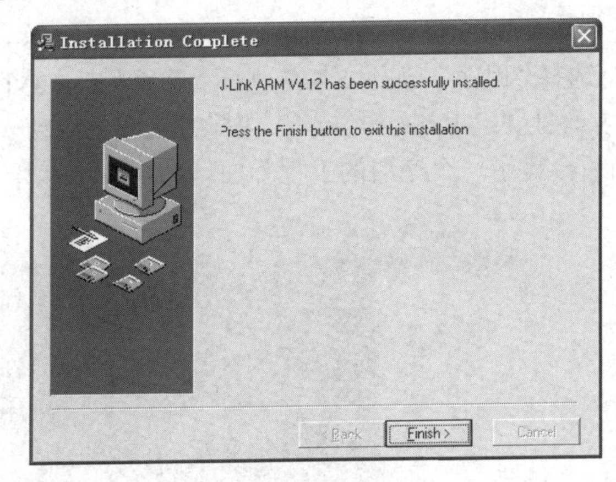

图 S1-20　安装完成

10. 连线

将 J-Link 的 JTAG 接口与开发板相连，USB 端与计算机相连，连接好后计算机将自动提示找到新硬件，如图 S1-21 所示。

11. 驱动程序自动安装

系统将自动搜寻相应的驱动程序，安装完成后，可以在设备管理器中看到如图 S1-22 所示的画面。

图 S1-21　发现新硬件

图 S1-22　J-Link 设备

➢ 实践 1.G.4

MDK 的使用。

分析

(1) MDK 的 uVision4 IDE 集成开发环境可以完成代码编辑、环境配置、调试和追踪等功能。

(2) 使用 MDK 的开发流程如下：

① 新建一个工程，从设备库中选择目标芯片，配置工程编译环境。

② 用 C 语言或者汇编语言编写源文件。

③ 编译目标应用程序。

④ 修改源程序的错误。

⑤ 测试应用程序。

参考解决方案

1．启动 uVision4 IDE

打开“开始”菜单，选择“程序”，如图 S1-23 所示，选择“Keil uVision4”，启动 uVision4 IDE，或通过直接双击桌面上的“Keil uVision4”快捷方式图标启动 uVision 4 IDE。

uVision4 IDE 启动后会显示一个空白的工程界面，如图 S1-24 所示。

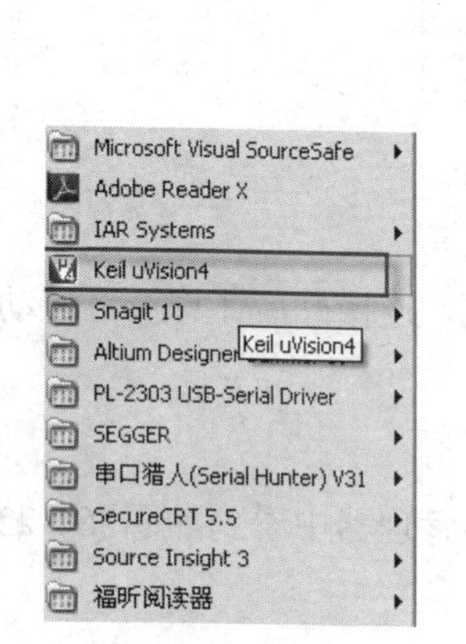

图 S1-23　启动程序

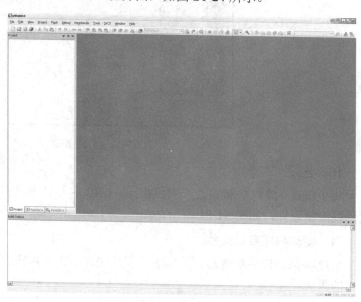

图 S1-24　空白工程界面

2．新建工程

点击菜单项 Project→New uVision Project 建立新工程，出现如图 S1-25 所示画面。选择工程所在的目录以及定义工程名。假设目录名为 led.uvproj。点击保存按钮。

3．选择 CPU

在 CPU 选择界面中选择 Samsung→S3C2440A 后，点击 OK 按钮，如图 S1-26 所示。

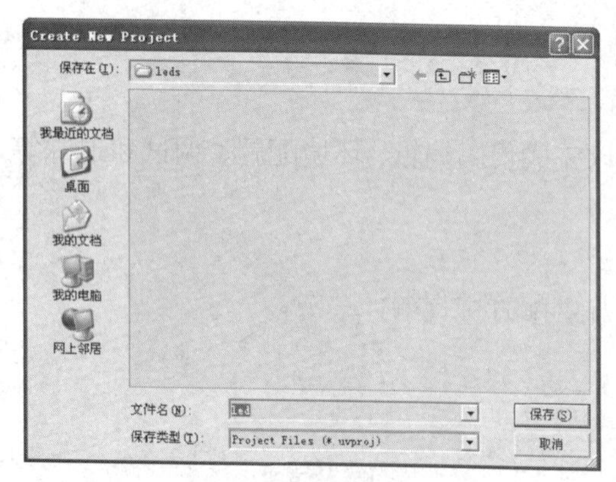

图 S1-25　新建工程

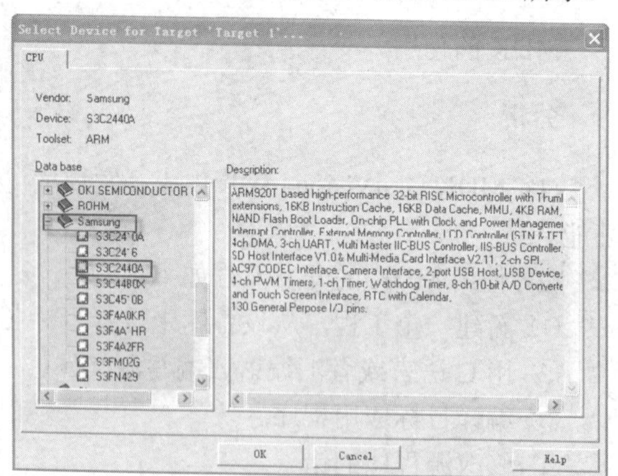

图 S1-26　选择 CPU

4．添加启动代码选择

uVision4 IDE 中集成了各个型号处理器的启动代码，新建工程可以选择使用或不使用启动源码，此处点击 No 按钮选择不使用启动代码，如图 S1-27 所示。

5．工程配置

点击 Project→Options for Taget 'Target 1' 进行工程配置，如图 S1-28 所示。

图 S1-27　启动代码

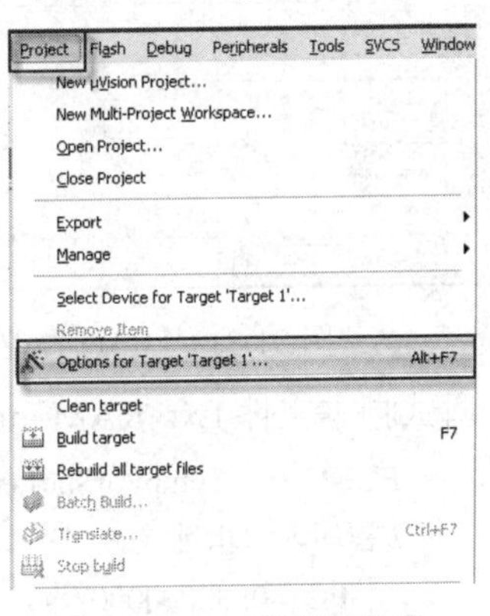

图 S1-28　工程配置选项

(1) Target 选项配置。

此项配置主要配置系统的 ROM、RAM 区域，可根据项目的需要更改，本例加载区域如图 S1-29 所示。

(2) User 选项配置。

如果要生成 bin 文件，应在 User 配置的 Run #1 里加载 fromelf.exe 文件，如图 S1-30 所示，利用 led.axf 编译后生成 led.bin，点击 OK 按钮。

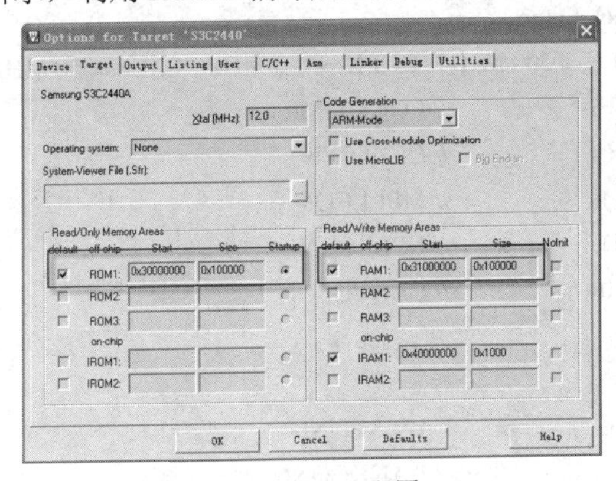

图 S1-29　Target 配置

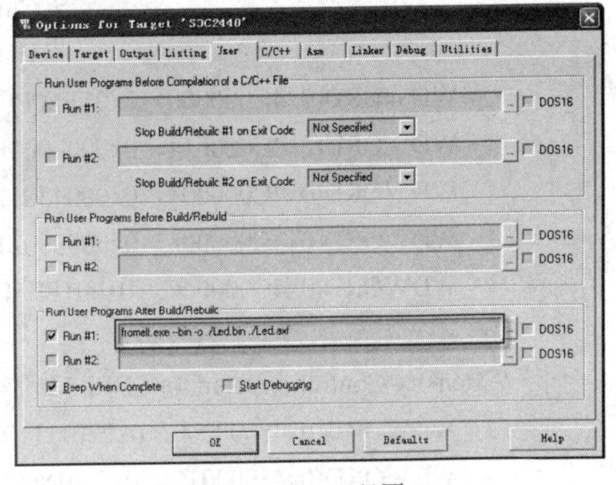

图 S1-30　User 配置

(3) Linker 选项配置。

若在 Target 配置里已将 ROM、RAM 区域确定，则此项配置应选择"Use Memory Layout from Target Dialog"，如图 S1-31 所示。

(4) Debug 配置。

使用 J-Link 仿真调试，选择"Use J-LINK…"，加载调试脚本文件 Ext_RAM.ini，并点击 Edit 按钮进行编辑，修改完成后，点击 OK 按钮，工程配置完成。如图 S1-32 所示。

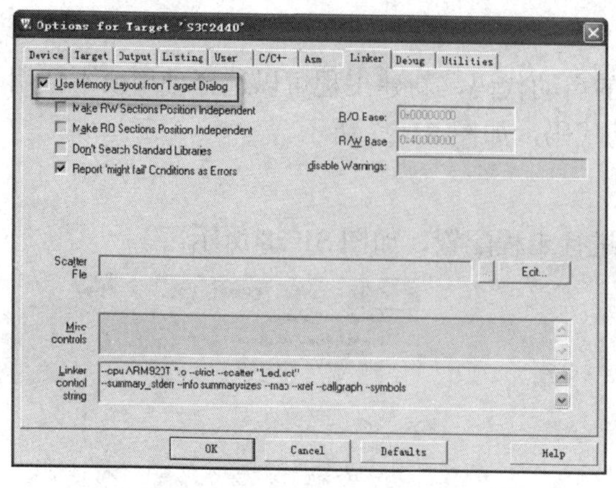

图 S1-31　Linker 配置

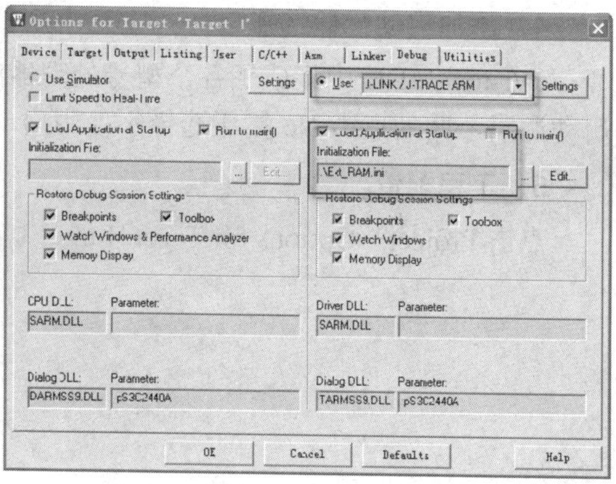

图 S1-32　Debug 配置

调试脚本文件 Ext_RAM.ini 如下：

```
FUNC void SetupForStart (void) {
//程序入口指针
    PC = 0x30000000;
}


FUNC void Init (void) {


    _WDWORD(0x4A000008，0xFFFFFFFF);              // Disable All Interrupts

    _WDWORD(0x53000000，0x00000000);              // Disable Watchdog Timer
                                                  // Clock Setup
                                                  // FCLK = 300 MHz，HCLK = 100 MHz，PCLK = 50 MHz
    _WDWORD(0x4C000000，0x0FFF0FFF);              // LOCKTIME
    _WDWORD(0x4C000014，0x0000000F);              // CLKDIVN
    _WDWORD(0x4C000004，0x00043011);              // MPLLCON
    _WDWORD(0x4C000008，0x00038021);              // UPLLCON
    _WDWORD(0x4C00000C，0x001FFFF0);              // CLKCON

// Memory Controller Setup for SDRAM
    _WDWORD(0x48000000，0x22011110);              // BWSCON
    _WDWORD(0x4800001C，0x00018005);              // BANKCON6
    _WDWORD(0x48000020，0x00018005);              // BANKCON7
    _WDWORD(0x48000024，0x08c04F4);               // REFRESH
    _WDWORD(0x48000028，0x000000B1);              // BANKSIZE
    _WDWORD(0x4800002C，0x00000030);              // MRSRB6
    _WDWORD(0x48000030，0x00000030);              // MRSRB7

    _WDWORD(0x56000000，0x000003FF);              // GPACON: Enable Address lines for SDRAM
```

```
}

map 0x48000000，0x48000030 read write exec
map 0x53000000，0x560000cc read write exec
map 0x30000000，0x32000000 read write exec
map 0x40000000，0x40001000 read write exec

// Reset chip with watchdog，because nRST line is routed on hardware in a way
// that it can not be pulled low with ULINK

_WDWORD(0x40000000，0xEAFFFFFE);    // Load RAM addr 0 with branch to itself
CPSR = 0x000000D3;                  // Disable interrupts
PC    = 0x40000000;                 // Position PC to start of RAM
_WDWORD(0x53000000，0x00000021);    // Enable Watchdog
g，0                                // Wait for Watchdog to reset chip

Init( );                            // Initialize memory
LOAD Led.axf INCREMENTAL            // Download program
SetupForStart( );                   // Setup for Running
//g，main                           // Goto Main
```

在调试脚本程序中，应注意：

✧ PC 指针应与工程配置的 ROM 开始地址相同。

✧ 加载文件名应与工程名相同。

6. 创建并添加源文件

点击 File→New 新建源文件，输入代码后保存为 Init.s，如图 S1-33 所示。同样的方式再建立源文件 Led.c。

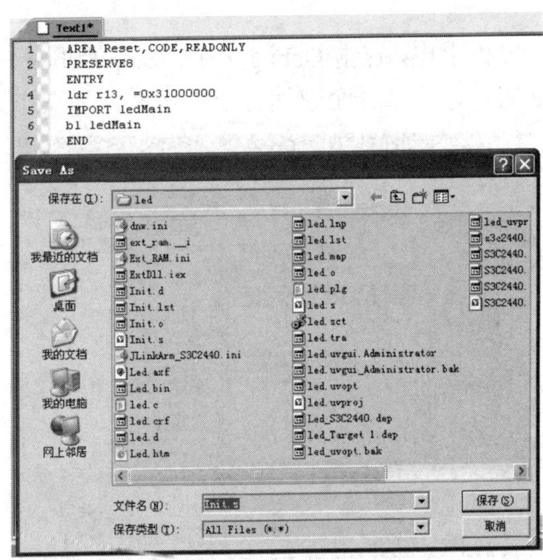

图 S1-33 创建源文件

右键点击工程窗口 Source Group 1，选择“Add Files to Group…”的界面及之后出现的界面，分别如图 S1-34 和图 S1-35 所示，选择文件，点击 Add 按钮。

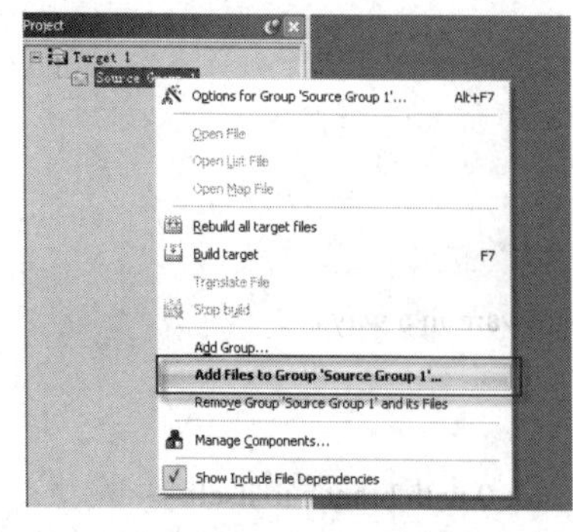

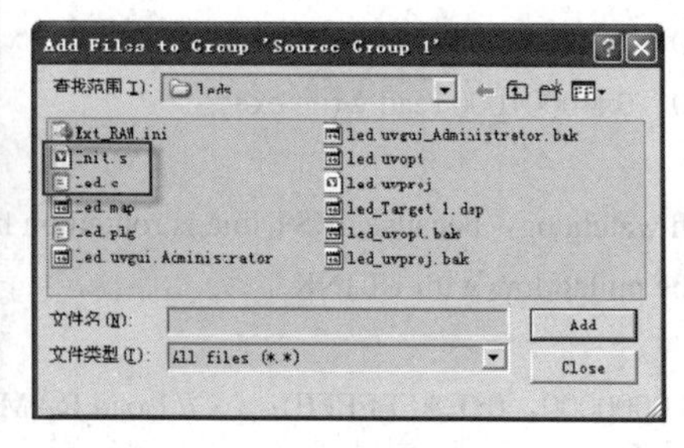

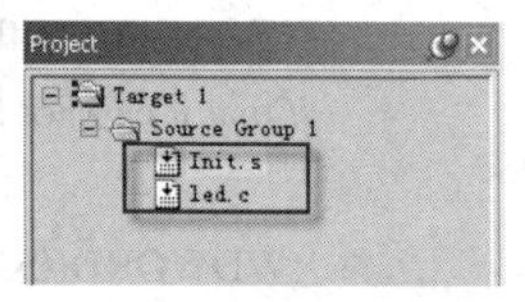

图 S1-34　添加源文件选项　　图 S1-35　添加源文件　　图 S1-36　工程所有源文件

添加完成后，Project 窗口显示这两个源文件已被加入，如图 S1-36 所示。

7. 编译程序

Project 菜单下的编译选项有两个：

✧ Build 或 ：编译当前文件

✧ Rebuild 或 ：编译所有文件。

此处点击 Rebuild 或 ，进行所有文件的编译，编译结果如图 S1-37 所示。

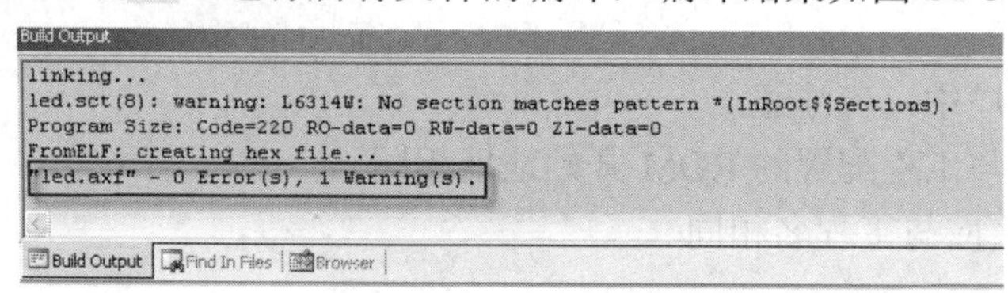

图 S1-37　编译结果

若编译结果没有错误，可以进行目标文件的调试工作。

8. 调试程序

将 J-Link 连接好，开发板上电，点击 Debug→Start/Stop Debug Session 或 进行仿真调试。调试界面如图 S1-38 所示，可选择全速运行或单步运行等操作。

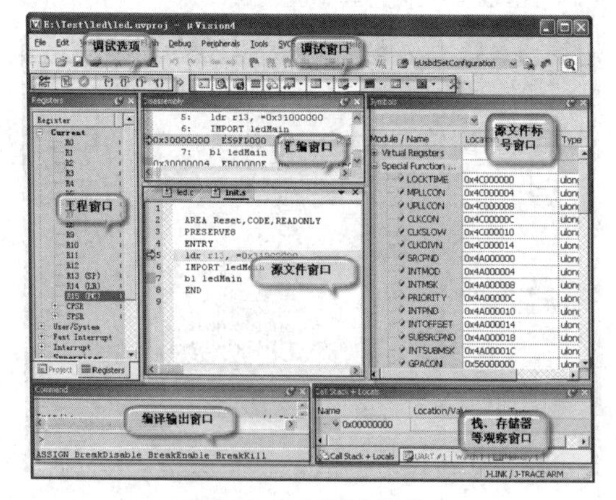

图 S1-38　调试程序

实践 2　ARM 基础开发

实践指导

➢ 实践 2.G.1

MDK 下实现按键控制蜂鸣器的鸣叫。

分析

(1) 基于实践 1.G.4 的内容。
(2) MDK 下新建工程，选择 CPU，配置工程选项。
(3) 源文件编写，包括启动代码、主函数的编写。
(4) MDK 下编译、调试、运行。

参考解决方案

1．MDK 下新建工程 key.uvproj

根据实践 1.G.4，启动 MDK，建立一个新工程 key.uvproj，选择 CPU 为 S3C2440A，不使用启动代码，配置工程选项如图 S2-1、图 S2-2 所示。

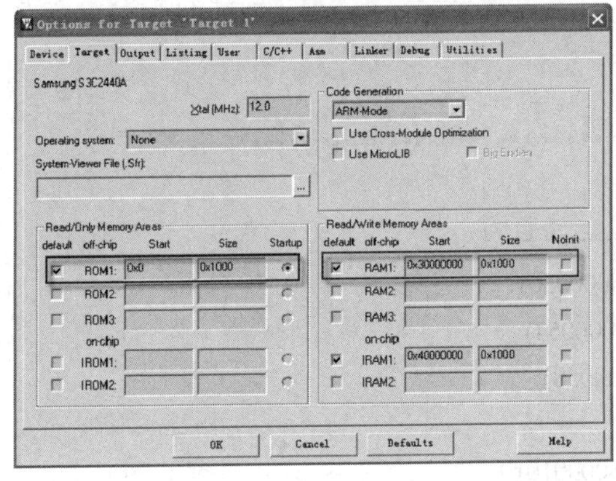

图 S2-1　key.uvproj 配置选项 1

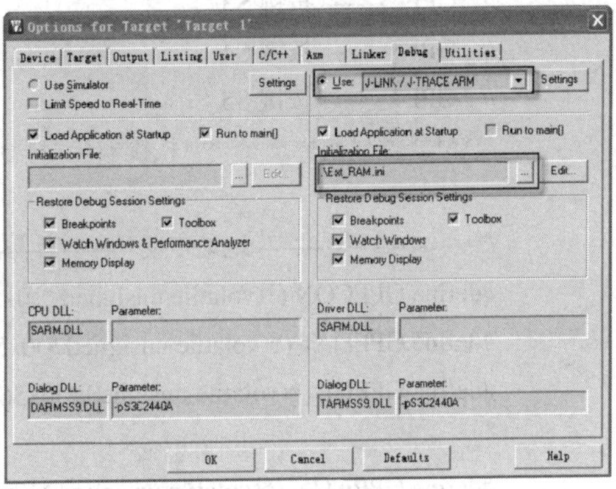

Options for Target 'Target 1'
Device | Target | Output | Listing | User | C/C++ | Asm | Linker | Debug | Utilities
Use Simulator　Settings
Limit Speed to Real-Time
Load Application at Startup　Run to main()
Initialization File:
Edit...
Restore Debug Session Settings
Breakpoints　Toolbox
Watch Windows & Performance Analyzer
Memory Display
CPU DLL: SARM.DLL　Parameter:
Dialog DLL: DARMSS9.DLL　Parameter: -pS3C2440A
Use: J-LINK / J-TRACE ARM　Settings
Load Application at Startup　Run to main()
Initialization File: .\Ext_RAM.ini　Edit...
Restore Debug Session Settings
Breakpoints　Toolbox
Watch Windows
Memory Display
Driver DLL: SARM.DLL　Parameter:
Dialog DLL: TARMSS9.DLL　Parameter: -pS3C2440A
OK　Cancel　Defaults　Help

图 S2-2　key.uvproj 配置选项 2

修改调试脚本 Ext_RAM.ini 如下：

```
FUNC void SetupForStart (void) {
//程序入口指针
```

```
    PC = 0x0;
}
...//省略，参考实践 1.G.4

LOAD key.axf INCREMENTAL                    // Download program
SetupForStart( );                           // Setup for Running
```

2．编写源文件

(1) 新建源文件 init.s。init.s 为汇编语言编写，实现了程序入口、堆栈的定义，并跳到 C 语言的入口处。其代码如下：

```
AREA RESET，CODE，READONLY
PRESERVE8
ENTRY ；程序入口

ldr r13，=0x1000 ；堆栈
IMPORT keyMain
b keyMain ；跳入 c 函数

END
```

(2) 新建源文件 key.c。key.c 由 C 语言编写，实现按键 I/O 的与蜂鸣器 I/O 初始化，并实现按键控制蜂鸣器鸣叫。根据按键的不同，蜂鸣器鸣叫的时间也不同。其代码如下：

```
/*********************按键实验*********************************/
//  本实验接口说明
//  GPB0 ------ 蜂鸣器控制口
//  GPF0 ------ 按键 S2
//  GPF2 ------ 按键 S3
//  GPF3 ------ 按键 S4
//  GPF4 ------ 按键 S5
/*********************按键实验*********************************/

/*----------------------地址声明---------------------------*/
#define GPFCON (*(volatile unsigned *)0x56000050)
#define GPFDAT (*(volatile unsigned *)0x56000054)
#define GPFUP (*(volatile unsigned *)0x56000058)

#define GPBCON (*(volatile unsigned *)0x56000010)
#define GPBDAT (*(volatile unsigned *)0x56000014)
#define GPBUP (*(volatile unsigned *)0x56000018)

/*---------------------函数声明---------------------------*/
```

```
void Delay(int count);
void Beep_On(void);
void Beep_Off(void);
void BeepCount(unsigned char count);
unsigned char    KeyNum(void);


/*-----------------------------------------------------------/
函数名称：  Delay
功能描述：  延时函数  延时 count 毫秒
传      参：  int count
返 回 值：  无
-----------------------------------------------------------*/
void Delay(int count)
{
    unsigned int i;
    while (--count != 0)
    {
        for (i=0; i<255; i++);
    }
}

/*-----------------------------------------------------------/
函数名称：  Beep_On
功能描述：  打开蜂鸣器，蜂鸣器控制口拉高后，蜂鸣器开始工作
传      参：  无
返 回 值：  无
-----------------------------------------------------------*/
void Beep_On(void)
{
    GPBDAT |= 0x01;
}

/*-----------------------------------------------------------/
函数名称：  Beep_Off
功能描述：  关闭蜂鸣器
            蜂鸣器控制口拉低后，蜂鸣器停止工作
传      参：  无
返 回 值：  无
-----------------------------------------------------------*/
```

```
void Beep_Off(void)
{
    GPBDAT &= 0xfffe;
}

/*---------------------------------------------------------/
函数名称： BeepCount
功能描述： 蜂鸣器鸣叫时间
传    参： count
返 回 值： 无
---------------------------------------------------------*/
void BeepCount(unsigned char count)
{
    unsigned int time;
    time = count * 1200;
    if (time != 0)
    {
        Beep_On( );
        Delay(time);
         Beep_Off( );
         Delay(time);
     }
}

/*---------------------------------------------------------/
函数名称： KeyNum
功能描述： 按键扫描程序，不同的按键按下，会有不同的蜂鸣器工作时间的返回值
传    参： 无
返 回 值： unsigned char KeyTemp
---------------------------------------------------------*/
unsigned char KeyNum(void)
{
    unsigned char KeyTemp;
    KeyTemp = 0;

    //根据按键的不同，蜂鸣器的工作时间依次加倍
    if ((GPFDAT&0x01) == 0) KeyTemp = 1;
    if ((GPFDAT&0x04) == 0) KeyTemp = 2;
    if ((GPFDAT&0x08) == 0) KeyTemp = 4;
    if ((GPFDAT&0x10) == 0) KeyTemp = 8;
```

```
    return KeyTemp;
}

/*------------------------------------------------------------
函数名称:   keyMain
功能描述:   入口程序，初始化后进入按键扫描死循环
传    参:   无
返 回 值:   int 0
------------------------------------------------------------*/
int keyMain(void)
{
    GPFCON = 0x3FFC0C;          // GPF0、GPF2、GPF3、GPF4 设置为输出
    GPBCON |= 0x01;             // GPB0  输出有效
    GPBUP = 0XFFF;
    GPFUP = 0XFF;

    Beep_Off( );          // 关闭蜂鸣器

    while (1)             // 死循环
    {
        BeepCount(KeyNum( ));
    }

}
```

(3) 将 init.s 和 key.c 添加到工程中。根据实践 1.G.4，添加两个源文件，如图 S2-3 所示。

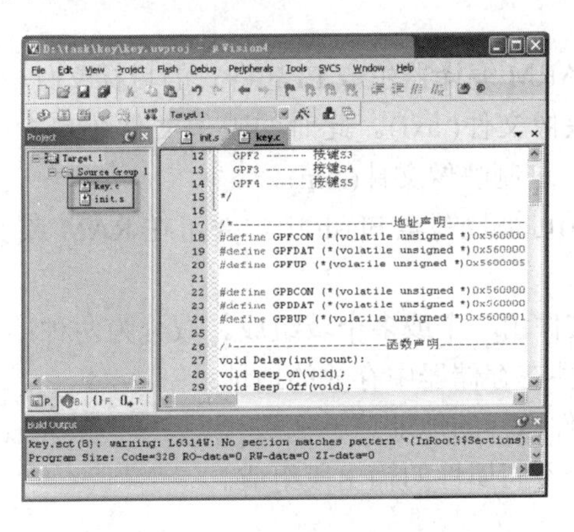

图 S2-3　key.uvproj 添加源文件

3. 编译、调试、运行。

连接并启动开发板，根据实践 1.G.4，将工程 key.uvproj 编译后运行，若没有错误，依

次按开发板按键 SW1～SW4，蜂鸣器鸣叫时间将依次增加。

➢ 实践 2.G.2

MDK 下的 S3C2440 启动代码的分析。

分析

1．启动代码的概念

启动代码是系统上电或复位以后运行的第一段代码，它的作用是在用户程序运行之前对系统硬件或软件运行环境进行必要的初始化，并在代码的最后使程序跳转至用户程序(C 程序)。它直接面对 ARM 处理器内核以及硬件控制器进行，所执行的操作与具体的目标系统紧密相关，一般使用汇编语言实现。

2．启动代码的组成

在跳转至主程序之前，启动代码要初始化系统硬件和软件运行环境，它主要由以下几个模块组成：

(1) 建立异常向量表。

(2) 初始化系统堆栈。

(3) 初始化硬件资源。

(4) 初始化软件运行。

(5) 跳转至主程序。

启动代码除了依赖于 CPU 的体系结构之外，还依赖于具体的开发板硬件配置，但启动代码的组成结构是相似的。了解启动代码的组成结构之后，可以按照它来编写自己的启动代码。

3．启动代码的相关概念

启动代码中会提及以下概念：映像文件、域和输出段。现分别说明如下：

(1) 映像文件。

源文件(.c 或.s)经过 ARM 编译器生成 ELF 格式的目标文件(.o)，目标文件经过 ARM 链接器生成 ELF 格式的映像文件(.axf)。此时的映像文件还包含一些调试信息，需要通过 fromelf 工具将其转换为二进制映像文件(.bin)。

二进制映像文件(.bin)可被烧写至 Flash 中，并可在 RAM 或 ROM 中运行。

(2) 域。

一个可执行的映像文件由一个或多个域组成。域分为两种：

✧ 加载域，映像文件在存储器中存放的地址；

✧ 运行域，映像文件运行的地址。

每个域由一个或三个不同属性的输出段组成。

(3) 输出段。

每个输出段由一个或多个属性相同的输入段组成。输入段有三种属性：

✧ RO，包括代码和常量，只读；

✧ RW，已经初始化的全局变量或静态变量，可读可写；

✧ ZI，未初始化的变量，需要初始化为 0。

同理，输出段也具备 RO、RW、ZI 三种属性。

因为 ZI 属性的数据段未被初始化，只需要在程序运行之前清零即可，所以加载域只包含 RO 与 RW，运行域则包含 RO、RW 与 ZI 数据段。

参考解决方案

1．在 MDK 下获取 S3C2440 启动代码

启动 MDK，建立一个新工程，在选择 CPU 的界面中选择“Samsung”→“S3C2440A”后，出现如图 S2-4 所示界面，点击“是”选择添加启动代码，名称为“S3C2440.s”。

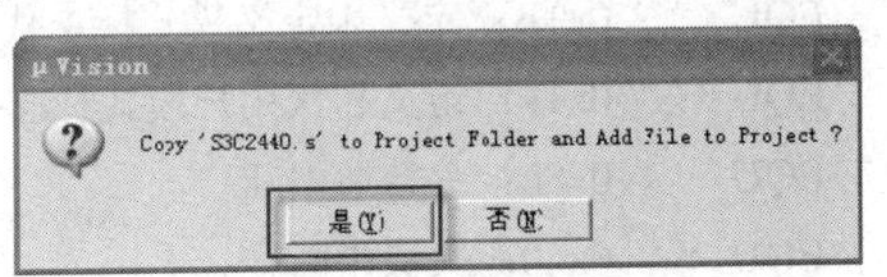

图 S2-4　选择添加启动代码

添加成功后，S3C2440.s 在工程窗口的源文件里可以看到，如图 S2-5 所示。

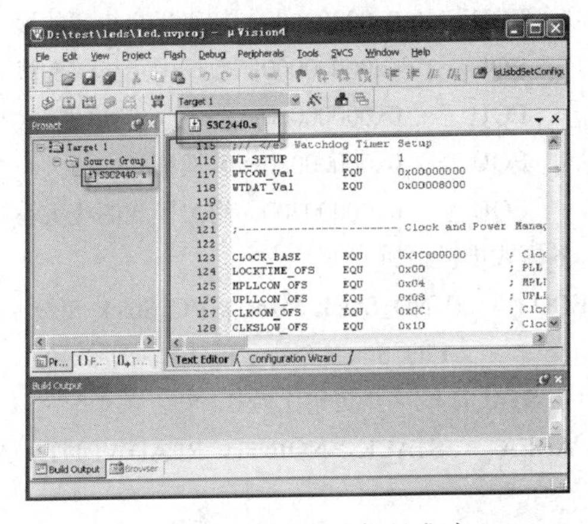

图 S2-5　添加启动代码成功

在启动代码的设置向导里面，还可以根据硬件系统的要求进行设置更改，如图 S2-6 所示。

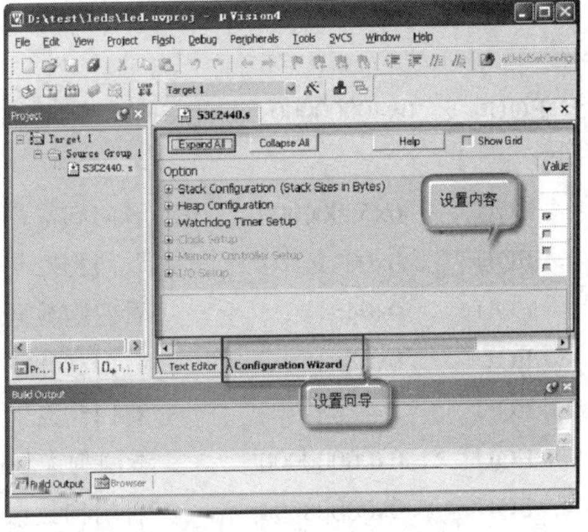

图 S2-6　启动代码设置向导

2．宏定义的分析

S3C2440 启动代码首先定义了各个常量的值。

系统工作模式定义如下：

```
；系统工作模式设定
Mode_USR        EQU    0x10；定义用户模式标志代码
Mode_FIQ        EQU    0x11；定义快中断模式标志代码
Mode_IRQ        EQU    0x12；定义普通中断模式标志代码
Mode_SVC        EQU    0x13；定义管理模式标志代码
Mode_ABT        EQU    0x17；定义中止模式标志代码
Mode_UND        EQU    0x1B；定义未定义模式标志代码
Mode_SYS        EQU    0x1F；定义超级用户模式标志代码
I_Bit           EQU    0x80；关普通中断
F_Bit           EQU    0x40；关快中断
```

各模式栈空间定义如下：

```
UND_Stack_Size  EQU    0x00000000；未定义模式的栈大小
SVC_Stack_Size  EQU    0x00000008；超级用户模式的栈大小
ABT_Stack_Size  EQU    0x00000000；数据中止模式的栈大小
FIQ_Stack_Size  EQU    0x00000000；快中断模式的栈大小
IRQ_Stack_Size  EQU    0x00000080；普通模式的栈大小
USR_Stack_Size  EQU    0x00000400；用户模式的栈大小
；总堆栈的大小，各模式堆栈相加
ISR_Stack_Size  EQU    (UND_Stack_Size + SVC_Stack_Size + ABT_Stack_Size + \
                        FIQ_Stack_Size + IRQ_Stack_Size)
；定义一个可读可写 STACK 段，并初始化为 0，8 字节对齐
                AREA   STACK，NOINIT，READWRITE，ALIGN=3
；分配内存单元
Stack_Mem       SPACE  USR_Stack_Size
__initial_sp    SPACE  ISR_Stack_Size
Stack_Top
```

内存基地址定义如下：

```
IRAM_BASE       EQU    0x40000000；片上 SRAM 的基地址
```

看门狗初始化定义如下：

```
WT_BASE         EQU    0x53000000    ；看门狗寄存器基地址
WTCON_OFS       EQU    0x00          ；看门狗控制寄存器偏移量
WTDAT_OFS       EQU    0x04          ；看门狗数据寄存器偏移量
WTCNT_OFS       EQU    0x08          ；看门狗计数寄存器偏移量
WT_SETUP        EQU    1             ；看门狗设置
WTCON_Val       EQU    0x00000000    ；看门狗控制寄存器设置值，0，关闭看门狗
WTDAT_Val       EQU    0x00008000    ；看门狗数据寄存器值
```

时钟初始化定义如下：

```
CLOCK_BASE        EQU    0x4C000000    ；时钟寄存器基地址
LOCKTIME_OFS      EQU    0x00          ；LOCKTIME 寄存器偏移量
MPLLCON_OFS       EQU    0x04          ；MPLLCON 寄存器偏移量
UPLLCON_OFS       EQU    0x08          ；UPLLCON 寄存器偏移量
CLKCON_OFS        EQU    0x0C          ；CLKCON 寄存器偏移量
CLKSLOW_OFS       EQU    0x10          ；CLKSLOW 寄存器偏移量
CLKDIVN_OFS       EQU    0x14          ；CLKDIVN 寄存器偏移量
CAMDIVN_OFS       EQU    0x18          ；CAMDIVN 寄存器偏移量
CLOCK_SETUP       EQU    0             ；时钟设置
LOCKTIME_Val      EQU    0x0FFF0FFF    ；LOCKTIME 设置值
MPLLCON_Val       EQU    0x00043011    ；MPLLCON 设置值
UPLLCON_Val       EQU    0x00038021    ；UPLLCON 设置值
CLKCON_Val        EQU    0x001FFFF0    ；CLKCON 设置值
CLKSLOW_Val       EQU    0x00000004    ；CLKSLOW 设置值
CLKDIVN_Val       EQU    0x0000000F    ；CLKDIVN 设置值
CAMDIVN_Val       EQU    0x00000000    ；CAMDIVN 设置值
```

存储器初始化定义如下：

```
MC_BASE           EQU    0x48000000    ；存储器寄存器基地址
BWSCON_OFS        EQU    0x00          ；BWSCON 寄存器偏移量
BANKCON0_OFS      EQU    0x04          ；bank0 控制寄存器偏移量
BANKCON1_OFS      EQU    0x08          ；bank1 控制寄存器偏移量
BANKCON2_OFS      EQU    0x0C          ；bank2 控制寄存器偏移量
BANKCON3_OFS      EQU    0x10          ；bank3 控制寄存器偏移量
BANKCON4_OFS      EQU    0x14          ；bank4 控制寄存器偏移量
BANKCON5_OFS      EQU    0x18          ；bank5 控制寄存器偏移量
BANKCON6_OFS      EQU    0x1C          ；bank6 控制寄存器偏移量
BANKCON7_OFS      EQU    0x20          ；bank7 控制寄存器偏移量
REFRESH_OFS       EQU    0x24          ；SDRAM 刷新控制寄存器偏移量
BANKSIZE_OFS      EQU    0x28          ；可调的 bank 寄存器偏移量
MRSRB6_OFS        EQU    0x2C          ；bank6 模式控制寄存器偏移量
MRSRB7_OFS        EQU    0x30          ；bank7 模式控制寄存器偏移量
MC_SETUP          EQU    0             ；存储器控制寄存器设置
；各个寄存器设定值
BWSCON_Val        EQU    0x22000000
BANKCON0_Val      EQU    0x00000700
BANKCON1_Val      EQU    0x00000700
BANKCON2_Val      EQU    0x00000700
BANKCON3_Val      EQU    0x00000700
BANKCON4_Val      EQU    0x00000700
BANKCON5_Val      EQU    0x00000700
```

```
BANKCON6_Val        EQU      0x00018005
BANKCON7_Val        EQU      0x00018005
REFRESH_Val         EQU      0x008404F3
BANKSIZE_Val        EQU      0x00000032
MRSRB6_Val          EQU      0x00000020
MRSRB7_Val          EQU      0x00000020
```

I/O 口初始化定义如下：

```
GPA_BASE            EQU      0x56000000         ；GPA 基地址
GPB_BASE            EQU      0x56000010         ；GPB 基地址
GPC_BASE            EQU      0x56000020         ；GPC 基地址
GPD_BASE            EQU      0x56000030         ；GPD 基地址
GPE_BASE            EQU      0x56000040         ；GPE 基地址
GPF_BASE            EQU      0x56000050         ；GPF 基地址
GPG_BASE            EQU      0x56000060         ；GPG 基地址
GPH_BASE            EQU      0x56000070         ；GPH 基地址
GPJ_BASE            EQU      0x560000D0         ；GPJ 基地址
GPCON_OFS           EQU      0x00               ；控制寄存器偏移量
GPDAT_OFS           EQU      0x04               ；数据寄存器偏移量
GPUP_OFS            EQU      0x08               ；上拉电阻使能寄存器偏移量

；// <e> I/O Setup
GP_SETUP            EQU      0
；GPA 口设定值
GPA_SETUP           EQU      0
GPACON_Val          EQU      0x000003FF
；GPB 口设定值
GPB_SETUP           EQU      0
GPBCON_Val          EQU      0x00000000
GPBUP_Val           EQU      0x00000000
⋮
```

3．异常向量表的分析

异常向量表一般位于启动代码的开始部分，是用户程序与启动代码之间以及启动代码各部分之间的纽带。它由一组跳转函数组成，与普通的跳转函数类似，不过其跳转过程有硬件机制的参与。当系统发生异常时，ARM 处理器会通过硬件机制强制把 PC 指针指向异常向量表中的跳转函数地址，并进入相应的异常中断服务子程序中去执行。

ARM 要求异常向量表必须存储在 0 地址处，当上电或复位时，PC 会指向 0 地址处。

异常向量表代码如下：

```
；异常向量表，从 0x00000000 开始，七种模式的异常向量地址被装载到 PC 指针
Vectors             LDR      PC，Reset_Addr
```

```
                LDR     PC，Undef_Addr
                LDR     PC，SWI_Addr
                LDR     PC，PAbt_Addr
                LDR     PC，Dabt_Addr
                IF      :DEF:__EVAL
                    DCD     0x4000
                ELSE
                    DCD     ||Image$$ER_ROM1$$RO$$Length||+\
                            ||Image$$RW_RAM1$$RW$$Length||
                ENDIF
                LDR      PC，IRQ_Addr
                LDR      PC，FIQ_Addr

                IF       :DEF:__RTX
                IMPORT   SWI_Handler
                IMPORT   IRQ_Handler_RTX
                ENDIF

；将各种异常或中断服务子程序入口地址赋值给地址变量
Reset_Addr      DCD      Reset_Handler
Undef_Add       DCD      Undef_Handler
SWI_Addr        DCD      SWI_Handler
Pabt_Addr       DCD      Pabt_Handler
Dabt_Addr       DCD      Dabt_Handler
                DCD      0                          ；Reserved Address
                IF       :DEF:__RTX
IRQ_Addr        DCD      IRQ_Handler_RTX
                ELSE
IRQ_Addr        DCD      IRQ_Handler
                ENDIF
FIQ_Addr        DCD      FIQ_Handler

；子程序被设置成无限循环方式，可根据实际情况进行修改
Undef_Handler   B        Undef_Handler
                IF       :DEF:__RTX
                ELSE
SWI_Handler     B        SWI_Handler
                ENDIF
Pabt_Handler    B        Pabt_Handler
Dabt_Handler    B        Dabt_Handler
```

```
IRQ_Handler     PROC
                EXPORT  IRQ_Handler            [WEAK]
                B
                ENDP
FIQ_Handler     B       FIQ_Handler
```

4. 初始化系统堆栈的分析

ARM 有七种模式，分别是用户模式、快速中断模式、中断模式、管理模式、中止模式、未定义模式和系统模式。其中除了用户模式以外的其他六种均为特权模式，在特权模式下，程序可以任意切换到其他模式并访问所有的系统资源，而用户模式无法改变 CPSR，无法切换到其他模式。

系统堆栈的初始化主要是给各个处理器模式分配堆栈空间。当发生异常或中断跳转时，堆栈用以保存现场；当异常或中断处理完毕后，再将堆栈内保存的现场数据恢复，以保证原有的程序正常运行。

在配置各模式栈之前，应先关中断，即禁止 IRQ 和 FIQ 中断申请。

系统堆栈初始化代码如下：

```
；配置各相应模式栈的大小，在之前先禁止 I 和 F 位
；加载栈顶地址
                LDR     R0，=Stack_Top

；进入未定义模式，将栈顶指针赋值给 SP 指针，设定栈指针及栈大小
                MSR     CPSR_c，#Mode_UND:OR:I_Bit:OR:F_Bit
                MOV     SP，R0
                SUB     R0，R0，#UND_Stack_Size

；进入异常中断模式，设定栈指针及栈大小
                MSR     CPSR_c，#Mode_ABT:OR:I_Bit:OR:F_Bit
                MOV     SP，R0
                SUB     R0，R0，#ABT_Stack_Size

；进入 FIQ 模式，设定栈指针及栈大小
                MSR     CPSR_c，#Mode_FIQ:OR:I_Bit:OR:F_Bit
                MOV     SP，R0
                SUB     R0，R0，#FIQ_Stack_Size

；进入 IRQ 模式，设定栈指针及栈大小
                MSR     CPSR_c，#Mode_IRQ:OR:I_Bit:OR:F_Bit
                MOV     SP，R0
                SUB     R0，R0，#IRQ_Stack_Size

；进入 Supervisor 模式，设定栈指针及栈大小
                MSR     CPSR_c，#Mode_SVC:OR:I_Bit:OR:F_Bit
                MOV     SP，R0
```

```
        SUB        R0，R0，#SVC_Stack_Size

; 进入用户模式，设定栈指针及栈大小
        MSR        CPSR_c，#Mode_USR
        MOV        SP，R0
        SUB        SL，SP，#USR_Stack_Size

; 进入用户模式
        MSR        CPSR_c，#Mode_USR
        IF         :DEF:__MICROLIB

        EXPORT __initial_sp

        ELSE

        MOV        SP，R0
        SUB        SL，SP，#USR_Stack_Size

        ENDIF
```

5. 初始化硬件系统的分析

初始化硬件系统的目的是为主程序的运行创造一个合适的硬件环境，这一部分和具体的应用密切相关。一般来说，初始化硬件系统包括以下几个方面：

(1) 关闭看门狗。

将看门狗控制寄存器的最低位清零即可关闭看门狗。其代码如下：

```
; 关闭看门狗
        IF         WT_SETUP != 0
        LDR        R0，=WT_BASE
        LDR        R1，=WTCON_Val
        LDR        R2，=WTDAT_Val
        STR        R2，[R0，#WTCNT_OFS]
        STR        R2，[R0，#WTDAT_OFS]
        STR        R1，[R0，#WTCON_OFS]
        ENDIF
```

此处代码可直接写为：

```
        LDR        R0，=WTCON
        LDR        R1，=0x0
        STR        R1，[RO]
```

(2) 初始化时钟。

S3C2440的两个锁相环MPLL和UPLL为系统提供四个时钟频率：FCLK、HCLK、PCLK和UCLK。初始化时钟的过程就是为时钟控制寄存器设置合适的参数。其代码如下：

```
; 时钟初始化
        IF         (:LNOT:(:DEF:NO_CLOCK_SETUP)):LAND:(CLOCK_SETUP != 0)
```

```
LDR     R0，=CLOCK_BASE
LDR     R1，    =LOCKTIME_Val
STR     R1，[R0，#LOCKTIME_OFS]
MOV     R1，    #CLKDIVN_Val
STR     R1，[R0，#CLKDIVN_OFS]
LDR     R1，    =CAMDIVN_Val
STR     R1，[R0，#CAMDIVN_OFS]
LDR     R1，    =MPLLCON_Val
STR     R1，[R0，#MPLLCON_OFS]
LDR     R1，    =UPLLCON_Val
STR     R1，[R0，#UPLLCON_OFS]
MOV     R1，    #CLKSLOW_Val
STR     R1，[R0，#CLKSLOW_OFS]
LDR     R1，    =CLKCON_Val
STR     R1，[R0，#CLKCON_OFS]
ENDIF
```

(3) 存储器初始化。

S3C2440 的存储地址空间被分为 8 个 BANK，可分别挂载 ROM、SRAM 或 SDRAM 的存储器，程序在运行时根据需求需要对各存储器进行读写，所以在启动代码中应先对存储系统进行初始化。

例如，SDRAM 在启动代码中必须被初始化，只有如此，NAND Flash 的映像文件才能被复制到 SDRAM 中运行。

存储器初始化代码如下：

```
; 存储器设置
        IF      (:LNOT:(:DEF:NO_MC_SETUP)):LAND:(CLOCK_SETUP != 0)
        LDR     R0，=MC_BASE
        LDR     R1，    =BWSCON_Val
        STR     R1，[R0，#BWSCON_OFS]
        LDR     R1，    =BANKCON0_Val
        STR     R1，[R0，#BANKCON0_OFS]
        LDR     R1，    =BANKCON1_Val
        STR     R1，[R0，#BANKCON1_OFS]
        LDR     R1，    =BANKCON2_Val
        STR     R1，[R0，#BANKCON2_OFS]
        LDR     R1，    =BANKCON3_Val
        STR     R1，[R0，#BANKCON3_OFS]
        LDR     R1，    =BANKCON4_Val
        STR     R1，[R0，#BANKCON4_OFS]
        LDR     R1，    =BANKCON5_Val
```

```
        STR     R1，[R0，#BANKCON5_OFS]
        LDR     R1，     =BANKCON6_Val
        STR     R1，[R0，#BANKCON6_OFS]
        LDR     R1，     =BANKCON7_Val
        STR     R1，[R0，#BANKCON7_OFS]
        LDR     R1，     =REFRESH_Val
        STR     R1，[R0，#REFRESH_OFS]
        MOV     R1，     #BANKSIZE_Val
        STR     R1，[R0，#BANKSIZE_OFS]
        MOV     R1，     #MRSRB6_Val
        STR     R1，[R0，#MRSRB6_OFS]
        MOV     R1，     #MRSRB7_Val
        STR     R1，[R0，#MRSRB7_OFS]
        ENDIF
```

(4) 各 I/O 口初始化。

I/O 口初始化代码如下：

```
；I/O 口设置
        IF      (:LNOT:(:DEF:NO_GP_SETUP)):LAND:(GP_SETUP != 0)
；GPA 口设置
        IF      GPA_SETUP != 0
        LDR     R0，=GPA_BASE
        LDR     R1，=GPACON_Val
        STR     R1，[R0，#GPCON_OFS]
        ENDIF
；GPB 口设置
        IF      GPB_SETUP != 0
        LDR     R0，=GPB_BASE
        LDR     R1，=GPBCON_Val
        STR     R1，[R0，#GPCON_OFS]
        LDR     R1，=GPBUP_Val
        STR     R1，[R0，#GPUP_OFS]
        ENDIF
；GPC/GPD/GPF/GPH/GPJ 口设置与 GPA 口设置相同
        ⋮
        ENDIF
```

6．初始化应用程序运行环境的分析

假设系统从 NAND Flash 启动，可执行映像文件在加载和运行时的地址映射关系如图 S2-7 所示。

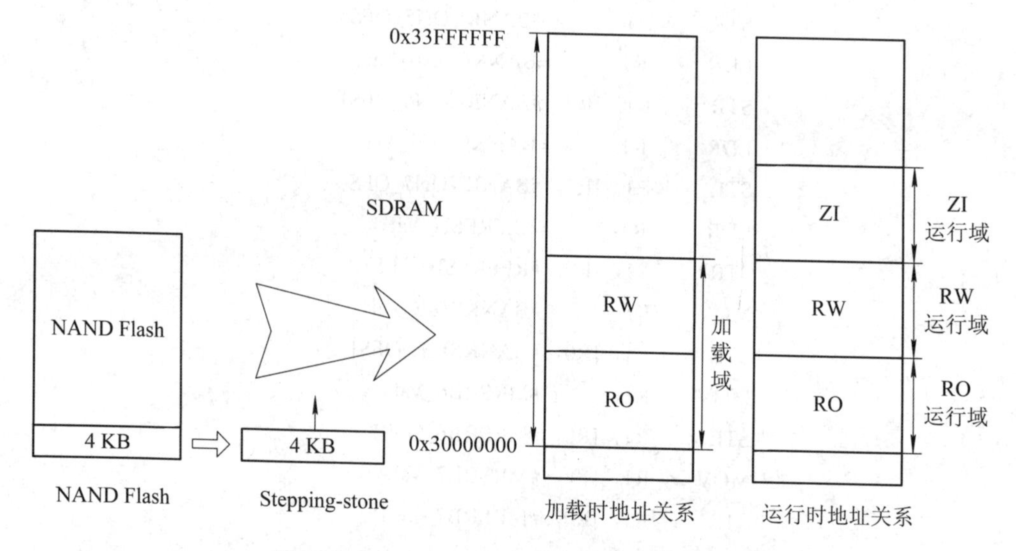

图 S2-7　NAND Flash 启动时映像文件地址映射

从图中可以看出存储在 NAND Flash 中的可执行映像文件的执行过程如下：

(1) 上电后，NAND Flash 的前 4 KB 内容被硬件机制复制到 Stepping-stone 中，程序从 Stepping-stone 的 0x00000000 处执行。

(2) 因 NAND Flash 不能执行代码，Stepping-stone 的程序需要将 NAND Flash 中的映像文件复制到 SDRAM 中，此时映像文件不能被运行，处于加载状态，包括 RO 属性的输出段和 RW 属性的输出段。

(3) 映像文件运行时，会生出 RO、RW、ZI 三个域，并且 ZI 域必须被清零。因此应用程序执行环境初始化时需要完成两项工作：

① 拷贝映像文件。

拷贝映像文件的代码一般采用简洁的 C 语言来实现，在 S3C2440 启动代码中并未提及。

② RO、RW、ZI 运行域的生成。

S3C2440 启动代码引入 MDK 下的编译器来记录各段地址。

```
；指定 RO 段
                    IMPORT    ||Image$$ER_ROM1$$RO$$Length||
；指定 RW 段
                    IMPORT    ||Image$$RW_RAM1$$RW$$Length||
```

7. 跳转至主程序

所有的初始化工作完成后，启动代码的最后一步是跳转到主函数。一般来说，主函数使用 C 语言来实现。从启动代码跳转到主程序有两种方式：

(1) 跳转至 main 主函数。main 函数为编程者自己定义的主函数。使用此方式需要编程者编写代码实现应用程序运行环境的初始化工作。

(2) 跳转至_main 主函数。_main 函数是编译器提供的主函数。此函数本身可完成三项工作：一是初始化应用程序运行环境，二是初始化库函数，三是跳转到用户定义的 main 函数。

MDK 下 S3C2440 的启动代码采用第二种方式，代码如下：

```
; 跳转至主函数
                IMPORT   _main
                LDR      R0, =_main
                BX       R0
```

实践 3 ARM 进阶开发

实践指导

➢ 实践 3.G.1

USB 转串口驱动程序的安装。

分析

(1) 开发板上的串口为 RS-232 型三线串口。

(2) 计算机主板一般不提供 RS-232 型串口，提供的是 USB 接口，需要 USB 转串口线并安装相应驱动程序进行接口类型的转换。

参考解决方案

1. 连线

将 USB 转串口线的串口端与开发板相连，USB 端与计算机的 USB 接口相连。连接好后计算机将自动提示找到新硬件。

2. 安装新硬件

自动提示找到新硬件的界面如图 S3-1 所示，选择“从列表或指定位置安装(高级)”，点击下一步按钮。

3. 浏览文件

点击浏览按钮，选择需要安装程序的文件，如图 S3-2 所示。

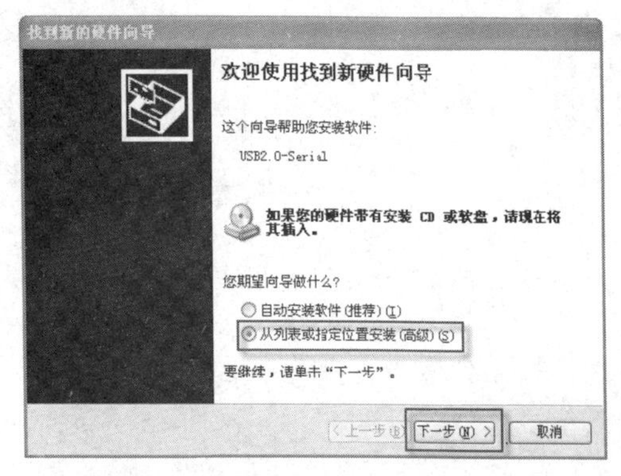

图 S3-1 USB 转串口软件驱动安装向导

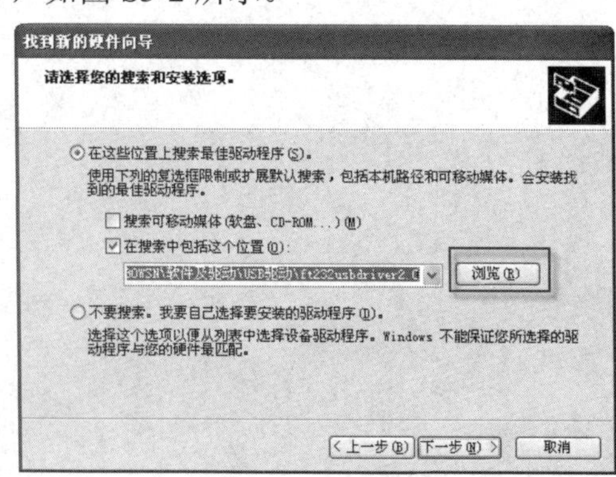

图 S3-2 浏览文件

4．查找文件

USB 转串口驱动程序在软件及驱动目录下的 USB 驱动文件夹中，如图 S3-3 所示。选择文件后，点击确定按钮。

5．安装

点击下一步按钮进行安装，如图 S3-4 所示。

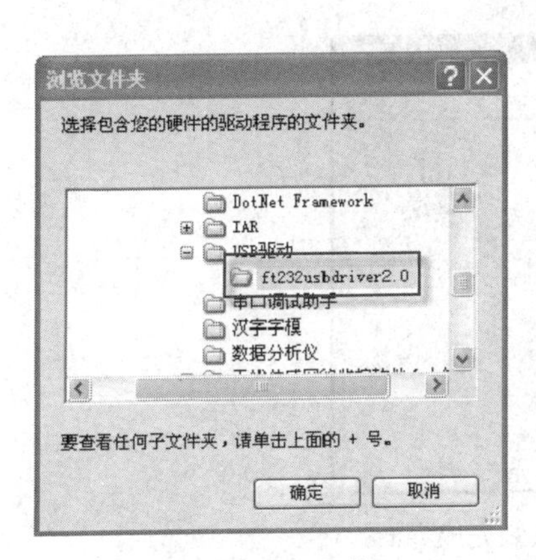

图 S3-3　查找文件

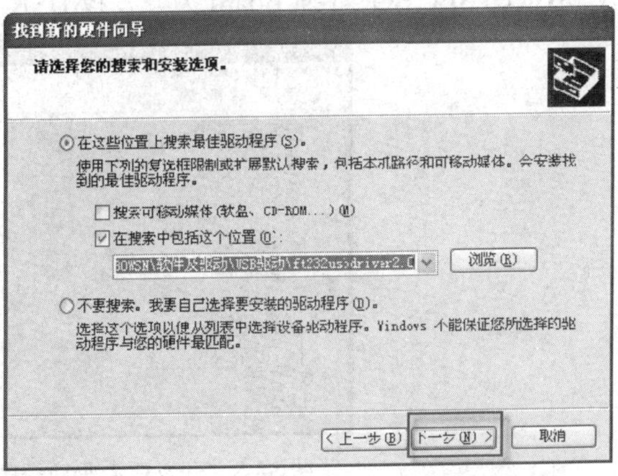

图 S3-4　安装

6．安装完成

系统安装完驱动后提示完成对话框，点击完成按钮退出程序。安装完成后，在设备管理器中可以看到如图 S3-5 所示的选项。

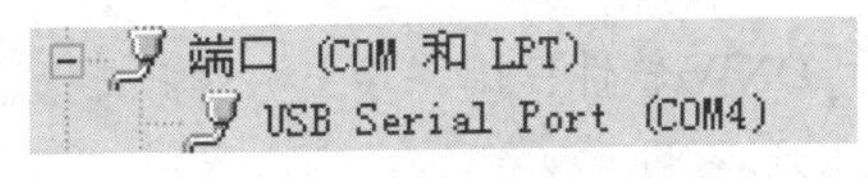

图 S3-5　COM 端口

➢ 实践 3.G.2

DNW 软件的 USB 驱动安装。

分析

往开发板的 NAND Flash 中烧写程序需要 USB 驱动程序的支持。

参考解决方案

1．连线

用 USB 线将开发板与 PC 相连，PC 系统会提示发现新硬件，并提示安装 USB 驱动，如图 S3-6 所示。

2．安装驱动程序

驱动程序的安装过程与实践 3.G.1 相似，在浏览文件时选择如 S3-7 所示的 USB 驱动程序。

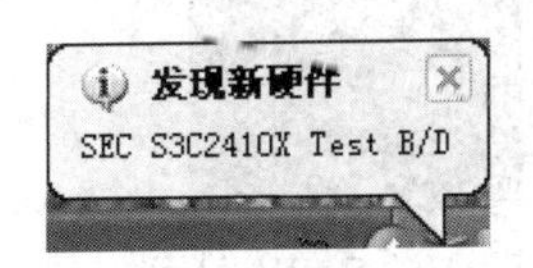

图 S3-6　发现 USB 硬件

图 S3-7　USB 驱动程序名称

3．安装完成

在开发中所需的驱动程序安装完成后，在设备管理器中可以看到如图S3-8所示的界面，其中：

✧ J-Link driver 为 J-Link 设备；

✧ USB Serial Converter 为 USB 转串口设备；

✧ Witech SEC SOC Test Board 为开发板 USB 设备。

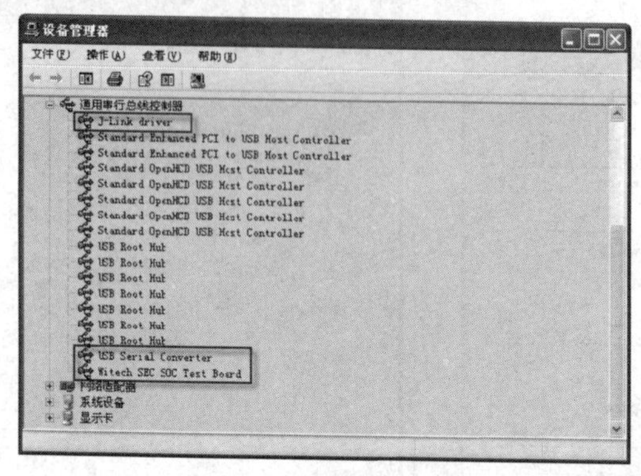

图 S3-8　开发所需驱动程序安装完成界面

➢ 实践 3.G.3

DNW 软件使用。

分析

(1) DNW 软件是三星公司为 S3C2440A 芯片配置的一款专用串口软件，在 Windows 下使用。

(2) DNW 有两个功能，一是与 PC 串口通信，二是通过 USB 方式来烧写 Flash。

(3) DNW 通过串口连接，严禁热插拔，因此在开发板上电之前一定先连接好串口线。

参考解决方案

1．连线

用 USB 转串口线和 USB 线分别将开发板与 PC 连接，如图 S3-9 所示。

2．启动 DNW

DNW 不是安装软件，可以通过直接双击的方式打开。DNW 的图标如图 S3-10 所示。

图 S3-9　开发板连接图

图 S3-10　DNW 图标

3．配置 DNW

点击 Configuration→Options 进行串口选择、波特率设置以及设定 USB 端口的下载地址。其中：

✧ 串口的选择菜单有 COM0～COM20，选择串口时应参考实践 3.G.1 中生成的串口 COMn，本例中为 COM4。

✧ 波特率的设置应与开发板设定的波特率相对应，本例为 1115200。

✧ Download Address 的地址为 DNW 通过 USB 端口下载到内存的地址，在设置时应注意不要与系统的 Bootloader 等程序的运行地址冲突，本例为 0x30800000。

配置 DNW 的界面如图 S3-11 所示。

4．连接 DNW

点击 Serial Port→Connect 进行串口连接，连接成功后的连接状态如图 S3-12 所示。

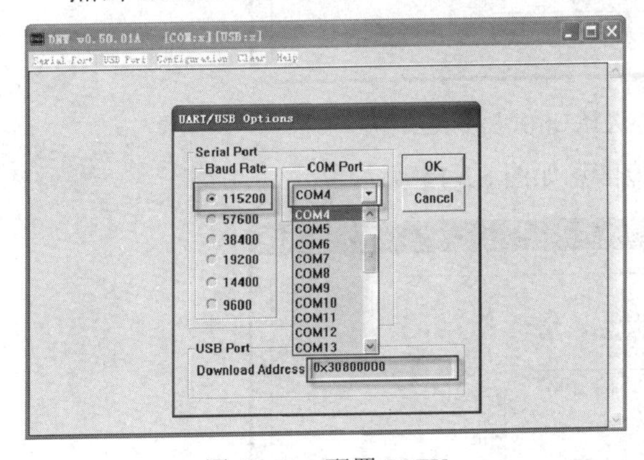

图 S3-11　配置 DNW

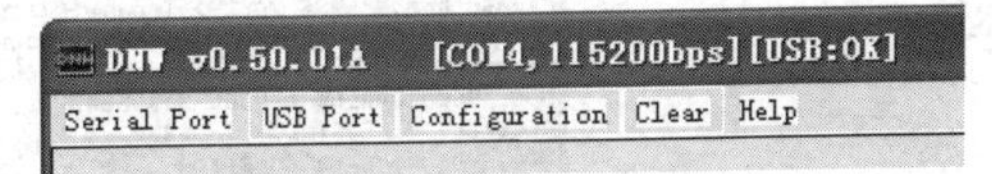

图 S3-12　COM 连接成功

5．使用 USB 烧写 Flash

注意：使用 USB 烧写 Flash 的前提是已经安装了 USB 驱动，并且开发板中 Bootloader 程序能够正常启动。

开发板上电，Bootloader 程序启动，如图 S3-13 所示。USB 设备连接提示“OK”字符。

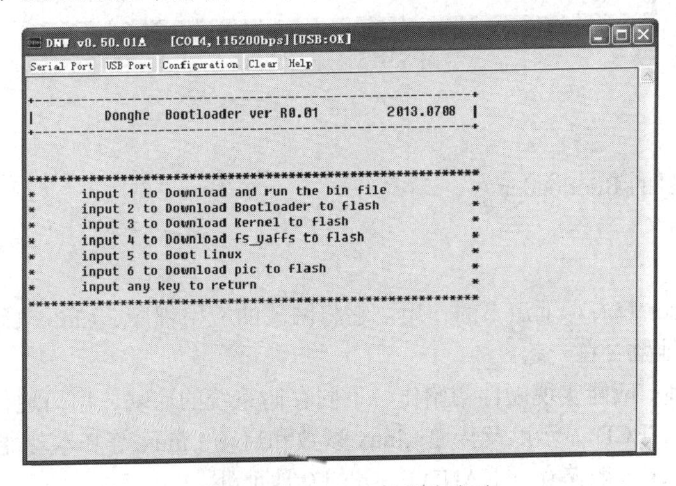

图 S3-13　Bootloader 程序启动

选择要烧写的项目，本例烧写 Bootloader，在键盘上输入“2”选择“Download Bootloader to flash” 选项后，再选择 USB Port→Transmit 来选择映像文件*.bin，如图 S3-14 所示。

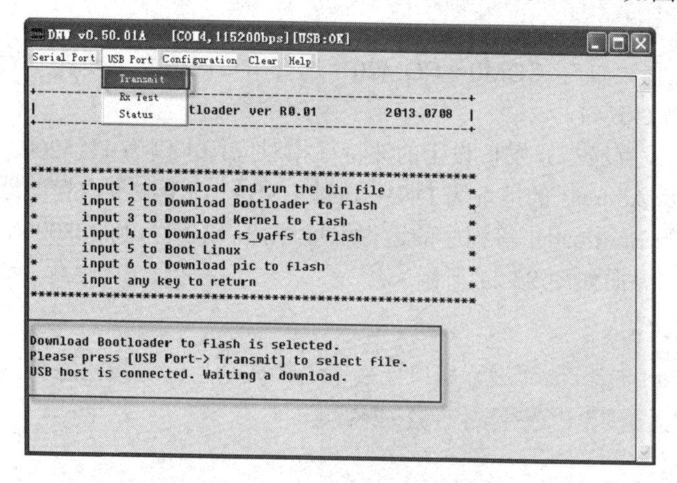

图 S3-14 选择 USB 下载

烧写完成后，显示的文件信息以及校验信息如图 S3-15 所示。

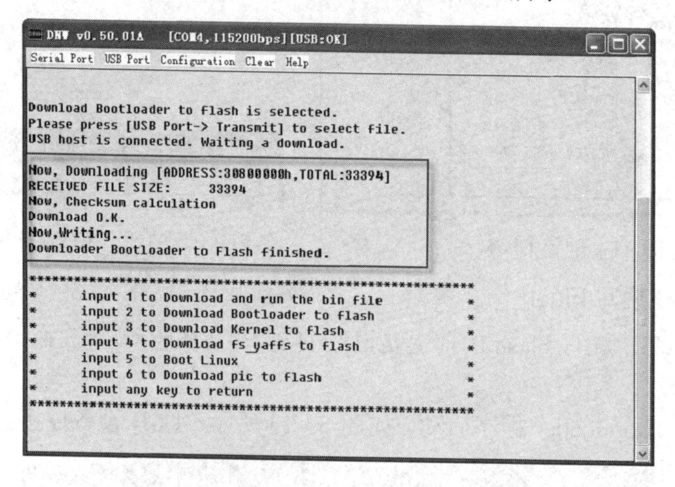

图 S3-15 烧写完成

➢ 实践 3.G.4

实现网关项目的 Bootloader。

分析

(1) Bootloader 起着承上启下的作用，它将网关的应用程序、Linux 操作系统以及开发板硬件系统完美地融合在一起。

(2) Bootloader 应能实现硬件初始化、不同存储系统的启动、串口通信、NAND Flash 读写、USB 下载、LCD 显示以及传递 Linux 参数和启动 Linux 等基本功能。

(3) Bootloader 一般储存于 NAND Flash 的 0 地址处。

参考解决方案

1．总体方案

(1) 有关 Bootloader 的介绍。

Bootloader 是嵌入式系统的引导加载程序，它是系统上电后运行的第一段程序，其作用类似于 PC 上的 BIOS。在完成对系统的初始化任务之后，它会将 NAND Flash 中的 Linux 内核拷贝到 RAM 中去，然后跳转到内核的第一条指令处继续执行，从而启动 Linux 系统。

对于嵌入式系统，Bootloader 是基于特定硬件平台来实现的。因此，几乎不可能为所有的嵌入式系统建立一个通用的 Bootloader，不同的处理器架构都有不同的 Bootloader。它不但依赖于 CPU 的体系结构，而且依赖于嵌入式系统开发板的配置。

(2) Bootloader 功能。

Bootloader 一般经过两个阶段实现功能：第一阶段为启动阶段，一般用汇编语言实现，即启动代码，最终是跳转到 Bootloader 的第二阶段，为实现 Bootloader 的功能做好准备；第二阶段为功能阶段，此阶段的功能是为了实现 Bootloader 更为复杂的功能，一般使用 C 语言实现，目的是使代码有更好的可读性和可移植性。第二阶段主要实现以下几个方面的内容：

✧ 初始化本阶段要使用到的硬件设备。

✧ 实现串口功能。

✧ 实现 USB 设备功能。

✧ 将 Linux 内核和根文件系统映像文件从 NAND Flash 读到 RAM 空间。

✧ 设置 Linux 内核启动参数。

✧ 调用 Linux 内核。

(3) 设置 Linux 启动参数。

因 Bootloader 与内核不能并行运行，所以 Bootloader 与内核的交互是单向的，在启动内核时，会向内核传递命令参数。基于此原因，Bootloader 会把参数放置在约定位置，通常为内存首地址+0x100 处(例如 S3C2440 内存首地址为 0x30000000，所以约定位置为 0x30000100)，然后启动内核，内核启动后将从约定位置处获得参数。

目前传递启动参数主要采用两种方式：即通过 struct param_struct 和 struct tag(标记列表，tagged list)两种结构传递。struct param_struct 是一种比较老的参数传递方式，在 2.6 版本以前的内核中使用较多。新版本内核为了保持和以前版本的兼容性，仍支持 struct param_struct 参数传递方式，只不过在内核启动过程中它将被转换成标记列表方式。标记列表方式是一种比较新的参数传递方式，必须以 ATAG_CORE 开始，以 ATAG_NONE 结尾。中间可以根据需要加入其他列表。

(4) 启动内核。

Bootloader 在启动内核时，首先应满足以下条件：

✧ CPU 的工作模式必须为 SVC 模式，必须禁止 CPU 中断。

✧ MMU 和数据 Cache 必须关闭。

Linux 内核存储在 NAND Flash 的某个位置上，在启动内核时，直接跳到内核入口点即可。在 C 语言中，Bootloader 可以用下列代码调用内核：

```
void call_linux(U32 a0，U32 a1，U32 a2);
goto_start = (void (*)(U32，U32))a2;
(*goto_start)(a0，a1);
```

其中：

✧ a0=0。

✧ a1 为处理器类型。

✧ a2 为内核在内存中的地址，即内核入口点，调用此函数时，直接跳到 a2 执行的地址中执行。

(5) Bootloader 程序设计。

基于 Bootloader 功能以及各功能模块的可移植性，Bootloader 程序由诸多功能不同的子程序组成，各子程序以及功能描述如表 S3-1 所示。

表 S3-1 Bootloader 各子程序功能描述

子程序		功 能 描 述
init_2440.s		启动代码，完成 Bootloader 第一阶段功能
main.c		主函数，实现初始化操作、菜单显示命令扫描与显示等
2440lib.c		硬件初始化、时钟设置以及串口通信
nand.c		NAND Flash 的基本操作
lcd.c		LCD 显示程序
USB 设备	profile.c	定时器操作函数定义
	umon.c	USB 入口
	usblib.c	USB 设备配置
	usbin.c	USB 端点 1 数据处理程序
	usbout.c	USB 端点 3 数据处理程序
	usbsetup.c	USB 设备描述符初始化及端点 0 处理程序
	usbmain.c	USB 设备主要配置及中断服务程序
boot.c		传递内核参数以及启动内核

2. 启动阶段的代码编写

Bootloader 启动阶段代码名为 init_2440.s，使用汇编语言编写。有关启动代码的功能可参考实践 2.G.1。启动代码如下：

```
;启动代码开始
    code32
    area Reset，code，readonly
    preserve8
    entry

   IMPORT main
   IMPORT NF_Read
```

```
    IMPORT NF_Write0
    IMPORT   Isr_Init
    IMPORT   |Image$$ER_ROM1$$RO$$Base|
    IMPORT   |Image$$ER_ROM1$$RO$$Limit|
    IMPORT   |Image$$RW_RAM1$$RW$$Base|
    IMPORT   |Image$$RW_RAM1$$ZI$$Base|
    IMPORT   |Image$$RW_RAM1$$ZI$$Limit|

；第一步，建立异常向量表
ResetEntry
        b   Reset_Handler        ；复位异常 0x00
        b   Undef_Handler        ；未定义异常 0x04
        b   SWI_Handler          ；软中断异常 0x08
        b   PAbt_Handler         ；指令预取错误异常 0x0c
        b   DAbt_Handler         ；数据中止异常 0x10
        nop                      ；保留 0x14
        b   IRQ_Entry            ；中断异常 0x18
        b   FIQ_Handler          ；快中断异常 0x1c

Undef_Handler   b   Undef_Handler
SWI_Handler     b   SWI_Handler
PAbt_Handler    b   PAbt_Handler
DAbt_Handler    b   DAbt_Handler
FIQ_Handler     b   FIQ_Handler
；中断处理入口
IRQ_Entry
        sub  sp，sp，#4
        stmfd    sp!，{r8-r9}

        ldr   r9，=INTOFFSET
        ldr   r9，[r9]
        ldr   r8，=HandleEINT0
        add  r8，r8，r9，lsl #2
        ldr   r8，[r8]
        str   r8，[sp，#8]
        ldmfd    sp!，{r8-r9，pc}

；进入复位函数，开始运行
Reset_Handler
```

```
ldr r0，=WTCON           ；关闭看门狗
ldr r1，=0x0
str r1，[r0]

ldr r0，=INTMSK          ；关闭所有中断
ldr r1，=0xffffffff
str r1，[r0]

ldr r0，=INTSUBMSK       ；关闭所有子中断
ldr r1，=0x03ff
str r1，[r0]

ldr   r0，=LOCKTIME      ；初始化 pll 和时钟
ldr   r1，=0x0ffffff     ；设置锁定时间
str   r1，[r0]

；FCLK = 400 MHz，HCLK = 100 MHz，PCLK = 50 MHz
ldr r0，=CLKDIVN
ldr r1，=0x0000000d
str r1，[r0]

ldr r0，=UPLLCON         ；设置 UPLLCON
ldr r1，=0x00038021
str r1，[r0]

nop；延迟至少 7 个时钟
nop
nop
nop
nop
nop
nop
nop
nop

ldr r0，=MPLLCON         ；设置 MPLLCON
ldr r1，=0x0005c011
str r1，[r0]
```

```
ldr r0，=CLKCON
ldr r1，=0x01FFFF0
str r1，[r0]

bl InitSdram；初始化 SDRAM

；栈初始化
mov     r0，lr
msr     CPSR_c，#Mode_FIQ:OR:I_Bit:OR:F_Bit
ldr     sp，=FIQStack

msr     CPSR_c，#Mode_IRQ:OR:I_Bit:OR:F_Bit
ldr     sp，=IRQStack

msr     CPSR_c，#Mode_ABT:OR:I_Bit:OR:F_Bit
ldr     sp，=ABTStack

msr     CPSR_c，#Mode_UND:OR:I_Bit:OR:F_Bit
ldr     sp，=UNDStack

msr     CPSR_c，#Mode_SVC:OR:I_Bit:OR:F_Bit
ldr     sp，=SVCStack

msr     CPSR_c，#Mode_USR:OR:I_Bit:OR:F_Bit
ldr     sp，=USRStack

；判断是 NAND Flash 启动还是 MDK 下的调试启动，如果是在调试状态下的启动，不需要从 NAND Flash 拷贝数据
；到 SDRAM
adr  r0，ResetEntry
cmp r0，#0

bne FirWflash
bl   NF_Read

；ldr     pc，=InitRamZero
ldr  pc，=NORRwCopy

FirWflash
```

```
        bl  NF_Write0
        b   InitRamZero

NORRwCopy
        ldr   r0，TopOfROM
        ldr  r1，BaseOfROM
        sub  r0，r0，r1              ；TopOfROM-BaseOfROM 得到从 0 开始 RW 的偏移地址
        ldr   r2，BaseOfBSS          ；将 RW 部分的数据从 ROM 拷贝到 RAM
        ldr   r3，BaseOfZero
0
        cmp  r2，r3
        ldrcc  r1，[r0]，#4
        strcc  r1，[r2]，#4
        bcc   %B0

InitRamZero
        mov  r0，#0
        ldr  r2，BaseOfZero
        ldr   r3， EndOfBSS
1
        cmp  r2， r3
        strcc  r0，[r2]，#4
        bcc   %B1

        ；Bootloader 应进入管理员模式运行
        msr        CPSR_c，#Mode_SVC；:OR:I_Bit:OR:F_Bit

        bl  Isr_Init
        bl  NF_Read
        ；跳转到第二阶段 C 语言代码
        ldr PC，=main       ；此处跳转至 SDRAM 运行
          b .

；SDRAM 初始化子函数
InitSdram

          mov     r1，#MEM_CTL_BASE
          adrl  r2，mem_cfg_val
          add    r3，r1，#52
```

```
loop2
        ldr    r4，[r2]，#4
        str    r4，[r1]，#4
        cmp    r1，r3
        bne    loop2
        mov    pc，lr；返回

；SDRAM 各寄存器赋值表
        ltorg
        align 4
mem_cfg_val dcd 0x22011110，0x00000700，0x00000700，0x00000700，0x00000700，
    0x00000700，0x00000700，0x00018005，0x00018005，0x008C04F4，0x000000B1，0x00000030，
0x00000030

；RO、RW、ZI 地址空间
    BaseOfROM DCD     |Image$$ER_ROM1$$RO$$Base|
    TopOfROM  DCD     |Image$$ER_ROM1$$RO$$Limit|
    BaseOfBSS  DCD    |Image$$RW_RAM1$$RW$$Base|
    BaseOfZero  DCD   |Image$$RW_RAM1$$ZI$$Base|
    EndOfBSS   DCD    |Image$$RW_RAM1$$ZI$$Limit|

；中断向量表
    HandleEINT0          EQU     IntVTAddress
    HandleEINT1          EQU     IntVTAddress +4
    HandleEINT2          EQU     IntVTAddress +4*2
    HandleEINT3          EQU     IntVTAddress +4*3
    HandleEINT4_7        EQU     IntVTAddress +4*4
    HandleEINT8_23       EQU     IntVTAddress +4*5
    HandleCAM            EQU     IntVTAddress +4*6
    HandleBATFLT         EQU     IntVTAddress +4*7
    HandleTICK           EQU     IntVTAddress +4*8
    HandleWDT            EQU     IntVTAddress +4*9
    HandleTIMER0         EQU     IntVTAddress +4*10
    HandleTIMER1         EQU     IntVTAddress +4*11
    HandleTIMER2         EQU     IntVTAddress +4*12
    HandleTIMER3         EQU     IntVTAddress +4*13
    HandleTIMER4         EQU     IntVTAddress +4*14
    HandleUART2          EQU     IntVTAddress +4*15
    HandleLCD            EQU     IntVTAddress +4*16
```

```
HandleDMA0          EQU     IntVTAddress +4*17
HandleDMA1          EQU     IntVTAddress +4*18
HandleDMA2          EQU     IntVTAddress +4*19
HandleDMA3          EQU     IntVTAddress +4*20
HandleMMC           EQU     IntVTAddress +4*21
HandleSPI0          EQU     IntVTAddress +4*22
HandleUART1         EQU     IntVTAddress +4*23
HandleNFCON         EQU     IntVTAddress +4*24
HandleUSBD          EQU     IntVTAddress +4*25
HandleUSBH          EQU     IntVTAddress +4*26
HandleIIC           EQU     IntVTAddress +4*27
HandleUART0         EQU     IntVTAddress +4*28
HandleSPI1          EQU     IntVTAddress +4*39
HandleRTC           EQU     IntVTAddress +4*30
HandleADC           EQU     IntVTAddress +4*31

  end
```

3．功能阶段的代码编写

1) 主函数 main.c

主函数 main.c 的主要工作为：

(1) 初始化各模块，如 I/O 初始化、串口初始化、USB 设备初始化。

(2) 通过串口 0 与 PC 通信，在 DNW 软件环境下显示菜单，并等待输入命令。

(3) 通过 USB 设备下载程序到内存，并根据选项烧写到 NAND Flash 的不同存储位置。

main.c 代码如下：

```
//头函数、函数声明、变量定义省略
int main(void)
{
    char *mode;

    //I/O 端口初始化，LCD 显示启动界面
    Port_Init();
    Lcd_Tft_LTV350QV_F05_Init();          //by pht.

    //串口 0 初始化
    Uart_Init(0，115200);
    Uart_Select(0);
    isUsbdSetConfiguration=0;
```

```
    //I/O 驱动电流
    rDSC0 = 0x2aa;
    rDSC1 = 0x2aaaaaaa;

    pISR_SWI=(_ISR_STARTADDRESS+0xf0);        //for pSOS
    //USB 初始化
    UsbdMain();

    mode="DMA";
    Clk0_Disable();
    Clk1_Disable();

    download_run=1;

    //显示菜单
    Uart_Printf("\n");
    Uart_Printf("+------------------------------------------------------+\n");
    Uart_Printf("|              Donghe   Bootloader ver R0.01            2013.0708   |\n");
    Uart_Printf("+------------------------------------------------------+\n");
    Uart_Printf("\n");

    while(1)
    {
          WaitDownload();              //无限循环等待命令
    }
}

void Menu(void)
{
    U8 key;
    menuUsed=1;

    while(1)
    {
        Uart_Printf("\n");
        Uart_Printf("****************************************************\n");
        Uart_Printf("*        input 1 to Download and run the bin file              *\n");
        Uart_Printf("*        input 2 to Download Bootloader to flash               *\n");
        Uart_Printf("*        input 3 to Download pic to flash                      *\n");
```

```
Uart_Printf("*        input 4 to Download Kernel to flash                 *\n");
Uart_Printf("*        input 5 to Download fs_yaffs to flash               *\n");
Uart_Printf("*        input 6 to Boot Linux                               *\n");
Uart_Printf("*        input any key to return                             *\n");
Uart_Printf("**************************************************\n");
Uart_Printf("\n");

key=Uart_Getch();

switch(key)
{

case '1'://Run in Flash

     Uart_Printf("\nDownload&Run is selected.\n");
     Uart_Printf("Please press [USB Port-> Transmit] to select file.\n");
     download_run=1;
  return;

case '2'://烧写 BootLoader 的选择

     Uart_Printf("\nDownload Bootloader to flash is selected.\n");
      Uart_Printf("Please press [USB Port-> Transmit] to select file.\n");
     download_run=2;
     return;

case '3'://烧写启动界面

     Uart_Printf("\nDownload pic to flash is selected.\n");
      Uart_Printf("Please press [USB Port-> Transmit] to select file.\n");
     download_run=6;
     return;

case '4'://烧写内核

     Uart_Printf("\nDownload Kernel to flash is selected.\n");
      Uart_Printf("Please press [USB Port-> Transmit] to select file.\n");
     download_run=3;
     return;
```

```
            case '5'://烧写文件系统

                Uart_Printf("\nDownload fs_yaffs2 to flash is selected.\n");
                 Uart_Printf("Please press [USB Port-> Transmit] to select file.\n");
                download_run=4;
                return;

            case '6'://启动 Linux 系统

                LoadRun();
                return;


            default:
                break;
          }
      }
}

void WaitDownload(void)
{
    U32 i;
    U32 j;
    U32 k;
    U16 cs;
    U32 temp;
    U16 dnCS;
    int first=1;
    float time;
    U8 tempMem[16];
    U8 key;
    checkSum=0;
    downloadAddress=(U32)tempMem;
    downPt=(unsigned char *)downloadAddress;

    downloadFileSize=0;

    //显示菜单
```

```
    Menu();

    j=0;

    if(isUsbdSetConfiguration==0)
    {
        Uart_Printf("USB host is not connected yet.\n");
    }

    while(downloadFileSize==0)
    {

        if(first==1 && isUsbdSetConfiguration!=0)
        {
            Uart_Printf("USB host is connected. Waiting a download.\n");
            first=0;
        }

        j++;
        //键盘命令字符
        key=Uart_GetKey();
        if(key!=0)
        {
            Menu();
                first=1;
        }
    }

    Timer_InitEx();
    Timer_StartEx();

//USB DMA 模式传输
#if USBDMA

    rINTMSK&=~(BIT_DMA2);
    ClearEp3OutPktReady();

    if(downloadFileSize>EP3_PKT_SIZE)//64 @@
```

```
{
    if(downloadFileSize<=(0x80000))
    {
        ConfigEp3DmaMode(downloadAddress+EP3_PKT_SIZE-8，
                                downloadFileSize-EP3_PKT_SIZE)；
    }
  else
  {
        ConfigEp3DmaMode(downloadAddress+EP3_PKT_SIZE-8，
                               0x80000-EP3_PKT_SIZE)；

          if(downloadFileSize>(0x80000*2))//for 1st autoreload
          {
                rDIDST2=(downloadAddress+0x80000-8)； //for 1st autoreload.
                 rDIDSTC2=(1<<2)|(0<<1)|(0<<0)；
                rDCON2=rDCON2&~(0xfffff)|(0x80000)；

        while(rEP3_DMA_TTC<0xfffff)
        {
              rEP3_DMA_TTC_L=0xff；
              rEP3_DMA_TTC_M=0xff；
              rEP3_DMA_TTC_H=0xf；
        }
          }
        else
        {
              rDIDST2=(downloadAddress+0x80000-8)； //for 1st autoreload.
              rDIDSTC2=(1<<2)|(0<<1)|(0<<0)；
              rDCON2=rDCON2&~(0xfffff)|(downloadFileSize-0x80000)；

         while(rEP3_DMA_TTC<0xfffff)
         {
                        rEP3_DMA_TTC_L=0xff；
                        rEP3_DMA_TTC_M=0xff；
                        rEP3_DMA_TTC_H=0xf；
         }
        }
  }
  totalDmaCount=0；
```

```
    }
    else
    {
        totalDmaCount=downloadFileSize;
    }
#endif

    Uart_Printf("\nNow, Downloading [ADDRESS:%xh, TOTAL:%d]\n",
            downloadAddress, downloadFileSize);
    Uart_Printf("RECEIVED FILE SIZE:%8d\n", 0);

#if USBDMA
    j=0x10000; //64k

    while(1)
    {
        if( (rDCDST2-(U32)downloadAddress+8)>=j)
    {
        Uart_Printf("\b\b\b\b\b\b\b\b%8d", j);
            j+=0x10000;
        }
    if(totalDmaCount>=downloadFileSize)break;
    }

#else
    j=0x10000;

    while(((U32)downPt-downloadAddress)<(downloadFileSize-8))
    {
    if( ((U32)downPt-downloadAddress)>=j)
    {
        Uart_Printf("\b\b\b\b\b\b\b\b%8d", j);
            j+=0x10000;
    }
    }
#endif

    time=Timer_StopEx();
    Uart_Printf("\b\b\b\b\b\b\b\b%8d\n", downloadFileSize);
```

```
#if USBDMA

    //校对内容
    Uart_Printf("Now，Checksum calculation\n");

    cs=0;
    i=(downloadAddress);
    j=(downloadAddress+downloadFileSize-10)&0xfffffffc;
    while(i<j)
    {
        temp=*((U32 *)i);
        i+=4;
        cs+=(U16)(temp&0xff);
        cs+=(U16)((temp&0xff00)>>8);
        cs+=(U16)((temp&0xff0000)>>16);
        cs+=(U16)((temp&0xff000000)>>24);
    }

    i=(downloadAddress+downloadFileSize-10)&0xfffffffc;
    j=(downloadAddress+downloadFileSize-10);
    while(i<j)
    {
    cs+=*((U8 *)i++);
    }

    checkSum=cs;
#else
    //checkSum was calculated including dnCS. So，dnCS should be subtracted.
    checkSum=checkSum - *((unsigned char *)(downloadAddress+
                    downloadFileSize-8-2)) - *( (unsigned char *)(downloadAddress+
                    downloadFileSize-8-1) );
#endif

    dnCS=*((unsigned char *)(downloadAddress+downloadFileSize-8-2))+
            (*( (unsigned char *)(downloadAddress+downloadFileSize-8-1) )<<8);

    if(checkSum!=dnCS)
    {
```

```
    Uart_Printf("Checksum Error!!! MEM:%x DN:%x\n", checkSum, dnCS);
    return;
}

Uart_Printf("Download O.K.\n");
Uart_TxEmpty(0);


switch(download_run)
    {

    case 1:            //运行 BIN 文件

        Uart_Printf("Downloader the Bin  to Flash finished. \n");

        rINTMSK=BIT_ALLMSK;
        run=(void (*)(void))downloadAddress;
            run();

        return;

    case 2:            //烧写 BootLoader

        Uart_Printf("Now, Writing... \n");
        rNF_Write(0, (unsigned char*)downloadAddress, downloadFileSize);
         Uart_Printf("Downloader Bootloader to Flash finished. \n");

        return;

    case 3://烧写 pic

        Uart_Printf("Now, Writing... \n");
        rNF_Write(0x100, (unsigned char*)downloadAddress, downloadFileSize);
        Uart_Printf("Downloader pic to Flash finished. \n");

        return;


    case 4:            //烧写内核
```

```
            Uart_Printf("Now, Writing... \n");
            rNF_Write(0xa00, (unsigned char*)downloadAddress, downloadFileSize);
            Uart_Printf("Downloader Kernel to Flash finished. \n");

            return;

        case 5://烧写文件系统

            Uart_Printf("Now, Writing... \n");
            rNF_Write1(0x1000, (unsigned char*)downloadAddress,
                                    downloadFileSize);
            Uart_Printf("Downloader yaffs2 to Flash finished. \n");

            return;

        default:
            break;
    }
}
```

2) 2440lib.c

2440lib.c 将完成 I/O 初始化、串口初始化以及串口与 PC 之间的通信设置。2440lib.c 代码如下：

```
//I/O 初始
void Port_Init(void)
{

    rGPACON = 0x7fffff;
   rGPBCON = 0x044555;
    rGPBUP  = 0x7ff;        // The pull up function is disabled GPB[10:0]
    rGPCCON = 0xaaaaaaaa;
    rGPCUP  = 0xffff;       // The pull up function is disabled GPC[15:0]
    rGPDCON = 0xaaaaaaaa;
    rGPDUP  = 0xffff;       // The pull up function is disabled GPD[15:0]
   rGPECON = 0xaaaaa800;    // For added AC97 setting
    rGPEUP  = 0xffff;
    rGPFCON = 0x55aa;
    rGPFUP  = 0xff;         // The pull up function is disabled GPF[7:0]
```

```
        rGPGCON = 0xff95ffba;
        rGPGUP   = 0xffff;          // The pull up function is disabled GPG[15:0]
        rGPHCON = 0x2afaaa;
        rGPHUP   = 0x7ff;           // The pull up function is disabled GPH[10:0]
        rGPJCON = 0x02aaaaaa;
        rGPJUP   = 0x1fff;          // The pull up function is disabled GPH[10:0]


       rGPBDAT &= ~0x01;
       rGPGCON &= ~(3<<24);
       rGPGCON |=  (1<<24);             // output
       rGPGUP  |=  (1<<12);             // pullup disable
       rGPGDAT |=  (1<<12);             // output

        rEXTINT0 = 0x22222222;          // EINT[7:0]
        rEXTINT1 = 0x22222222;          // EINT[15:8]
        rEXTINT2 = 0x22222222;          // EINT[23:16]
}

//UART 初始化
static int whichUart=0;
void Uart_Init(int pclk, int baud)
{
        int i;

        if(pclk == 0)
            pclk    = PCLK;
        rUFCON0 = 0x0;      //UART channel 0 FIFO control register, FIFO disable
        rUFCON1 = 0x0;      //UART channel 1 FIFO control register, FIFO disable
        rUFCON2 = 0x0;      //UART channel 2 FIFO control register, FIFO disable
        rUMCON0 = 0x0;      //UART chaneel 0 MODEM control register, AFC disable
        rUMCON1 = 0x0;      //UART chaneel 1 MODEM control register, AFC disable
//UART0
        rULCON0 = 0x3;      //Line control register : Normal, No parity, 1 stop, 8 bits
        rUCON0   = 0x245;   // Control register
        rUBRDIV0= ((int)(pclk/16./baud+0.5) -1 );       //Baud rate divisior register 0
//UART1
        rULCON1 = 0x3;
        rUCON1   = 0x245;
```

```
    rUBRDIV1=( (int)(pclk/16./baud+0.5) -1 );
//UART2
    rULCON2 = 0x3;
    rUCON2   = 0x245;
    rUBRDIV2=( (int)(pclk/16./baud+0.5) -1 );
    for(i=0; i<100; i++);
}

//选择 UART 通道
void Uart_Select(int ch)
{
    whichUart = ch;
}

void Uart_TxEmpty(int ch)
{
    if(ch==0)
        while(!(rUTRSTAT0 & 0x4)); //Wait until tx shifter is empty.

    else if(ch==1)
        while(!(rUTRSTAT1 & 0x4)); //Wait until tx shifter is empty.

    else if(ch==2)
        while(!(rUTRSTAT2 & 0x4)); //Wait until tx shifter is empty.
}

//
char Uart_Getch(void)
{
    if(whichUart==0)
    {
      while(!(rUTRSTAT0 & 0x1)); //Receive data ready
          return RdURXH0();
    }
    else if(whichUart==1)
    {
      while(!(rUTRSTAT1 & 0x1)); //Receive data ready
      return RdURXH1();
    }
```

```
    else if(whichUart==2)
    {
        while(!(rUTRSTAT2 & 0x1));        //Receive data ready
        return RdURXH2();
    }
    return 0;
}

//====================================================================
char Uart_GetKey(void)
{
    if(whichUart==0)
    {
        if(rUTRSTAT0 & 0x1)            //Receive data ready
            return RdURXH0();
        else
            return 0;
    }
    else if(whichUart==1)
    {
        if(rUTRSTAT1 & 0x1)            //Receive data ready
            return RdURXH1();
        else
            return 0;
    }
    else if(whichUart==2)
    {
        if(rUTRSTAT2 & 0x1)            //Receive data ready
            return RdURXH2();
        else
            return 0;
    }
    return 0;
}

//====================================================================
void Uart_GetString(char *string)
{
    char *string2 = string;
```

```
    char c;
    while((c = Uart_Getch())!='\r')
    {
        if(c=='\b')
        {
            if( (int)string2 < (int)string )
            {
                Uart_Printf("\b \b");
                string--;
            }
        }
        else
        {
            *string++ = c;
            Uart_SendByte(c);
        }
    }
    *string='\0';
    Uart_SendByte('\n');
}

//==========================================================================
int Uart_GetIntNum(void)
{
    char str[30];
    char *string = str;
    int base     = 10;
    int minus    = 0;
    int result   = 0;
    int lastIndex;
    int i;

    Uart_GetString(string);

    if(string[0]=='-')
    {
        minus = 1;
        string++;
    }
```

```
if(string[0]=='0' && (string[1]=='x' || string[1]=='X'))
{
    base     = 16;
    string += 2;
}

lastIndex = strlen(string) - 1;

if(lastIndex<0)
    return -1;

if(string[lastIndex]=='h' || string[lastIndex]=='H' )
{
    base = 16;
    string[lastIndex] = 0;
    lastIndex--;
}

if(base==10)
{
    result = atoi(string);
    result = minus ? (-1*result):result;
}
else
{
    for(i=0; i<=lastIndex; i++)
    {
        if(isalpha(string[i]))
        {
            if(isupper(string[i]))
                result = (result<<4) + string[i] - 'A' + 10;
            else
                result = (result<<4) + string[i] - 'a' + 10;
        }
        else
            result = (result<<4) + string[i] - '0';
    }
    result = minus ? (-1*result):result;
```

```
        }
        return result;
}

//==================================================================
void Uart_SendByte(int data)
{
        if(whichUart==0)
        {
                if(data=='\n')
                {
                        while(!(rUTRSTAT0 & 0x2));
                        Delay(10);                    //because the slow response of hyper_terminal
                        WrUTXH0('\r');
                }
                while(!(rUTRSTAT0 & 0x2));            //Wait until THR is empty.
                Delay(10);
                WrUTXH0(data);
        }
        else if(whichUart==1)
        {
                if(data=='\n')
                {
                        while(!(rUTRSTAT1 & 0x2));
                        Delay(10);                    //because the slow response of hyper_terminal
                        rUTXH1 = '\r';
                }
                while(!(rUTRSTAT1 & 0x2));            //Wait until THR is empty.
                Delay(10);
                rUTXH1 = data;
        }
        else if(whichUart==2)
        {
                if(data=='\n')
                {
                        while(!(rUTRSTAT2 & 0x2));
                        Delay(10);                    //because the slow response of hyper_terminal
                        rUTXH2 = '\r';
                }
```

```
        while(!(rUTRSTAT2 & 0x2));      //Wait until THR is empty.
        Delay(10);
        rUTXH2 = data;
    }
}

//=================================================================
void Uart_SendString(char *pt)
{
    while(*pt)
        Uart_SendByte(*pt++);
}

//=================================================================
//If you don't use vsprintf(), the code size is reduced very much.
void Uart_Printf(char *fmt, ...)
{
    va_list ap;
    char string[256];

    va_start(ap, fmt);
    vsprintf(string, fmt, ap);
    Uart_SendString(string);
    va_end(ap);
}

//************************[ Timer ]********************************
void Timer_Start(int divider)       //0:16us, 1:32us 2:64us 3:128us
{
rWTCON = ((PCLK/1000000-1)<<8)|(divider<<3);
rWTDAT = 0xffff;                    //Watch-dog timer data register
    rWTCNT = 0xffff;                //Watch-dog count register
    rWTCON = (rWTCON & ~(1<<5) & ~(1<<2)) |(1<<5);
}

//=============================================================
int Timer_Stop(void)
{
    rWTCON = ((PCLK/1000000-1)<<8);
```

```
    return (0xffff - rWTCNT);
}
//*************************[ MPLL ]*******************************
void ChangeMPllValue(int mdiv, int pdiv, int sdiv)
{
    rMPLLCON = (mdiv<<12) | (pdiv<<4) | sdiv;
}
void ChangeClockDivider(int hdivn_val, int pdivn_val)
{
   int hdivn=2, pdivn=0;
   switch(hdivn_val) {
       case 11: hdivn=0; break;
       case 12: hdivn=1; break;
       case 13:
       case 16: hdivn=3; break;
       case 14:
       case 18: hdivn=2; break;
   }

   switch(pdivn_val) {
       case 11: pdivn=0; break;
       case 12: pdivn=1; break;
   }

   //Uart_Printf("Clock division change [hdiv:%x, pdiv:%x]\n", hdivn, pdivn);
   rCLKDIVN = (hdivn<<1) | pdivn;

   switch(hdivn_val) {
       case 16:        // when 1, HCLK=FCLK/8.
           rCAMDIVN = (rCAMDIVN & ~(3<<8)) | (1<<8);
       break;
       case 18:        // when 1, HCLK=FCLK/6.
           rCAMDIVN = (rCAMDIVN & ~(3<<8)) | (1<<9);
       break;
   }

}
//*************************[ UPLL ]*******************************
void ChangeUPllValue(int mdiv, int pdiv, int sdiv)
```

```
{
    rUPLLCON = (mdiv<<12) | (pdiv<<4) | sdiv;
}
//*************************[ General Library ]**********************
void * malloc(unsigned nbyte)
{
    void *returnPt = mallocPt;

    mallocPt = (int *)mallocPt+nbyte/4+((nbyte%4)>0); //To align 4byte

    if( (int)mallocPt > HEAPEND )
    {
        mallocPt = returnPt;
        return NULL;
    }
    return returnPt;
}

//-------------------------------------------------------------------
void free(void *pt)
{
    mallocPt = pt;
}
```

3) nand.c

此部分内容请参考理论篇第 3 章任务描述 3.D.1——实现 NAND Flash 的读写操作。

4) USB 设备功能部分

此部分内容请参考理论篇第 3 章任务描述 3.D.3——USB 程序的分析。

5) LCD 显示部分 lcd.c

此部分内容请参考理论篇第 3 章任务描述 3.D.5——LCD 上显示一个矩形。

6) boot.c

boot.c 完成了 Bootloader 启动内核前的准备工作，即关掉 MMU 与 Cache，传递内核参数以及启动内核。boot.c 代码如下：

```
#include "def.h"
#include "2440addr.h"
#include "2440lib.h"
#include "2440slib.h"
#include "Nand.h"

#define COMMAND_LINE_SIZE      1024
```

```
#define DEFAULT_USER_PARAMS ""
extern int sprintf(char * /*s*/, const char * /*format*/, ...);
extern void   call_linux(U32 a0, U32 a1, U32 a2);

/**********************************************************/
static __inline void cpu_arm920_cache_clean_invalidate_all(void)
{
    __asm{
        mov r1, #0
        mov r1, #7 << 5                    /* 8 segments */
cache_clean_loop1:
        orr  r3, r1, #63UL << 26           /* 64 entries */
cache_clean_loop2:
        mcr p15, 0, r3, c7, c14, 2         /* clean & invalidate D index */
        subs r3, r3, #1 << 26
        bcs  cache_clean_loop2       /* entries 64 to 0 */
        subs r1, r1, #1 << 5
        bcs  cache_clean_loop1             /* segments 7 to 0 */
        mcr p15, 0, r1, c7, c5, 0          /* invalidate I cache */
        mcr p15, 0, r1, c7, c10, 4         /* drain WB */
    }
}
void cache_clean_invalidate(void)
{
    cpu_arm920_cache_clean_invalidate_all();
}

static __inline void cpu_arm920_tlb_invalidate_all(void)
{
    __asm{
        mov r0, #0
        mcr p15, 0, r0, c7, c10, 4         /* drain WB */
        mcr p15, 0, r0, c8, c7, 0          /* invalidate I & D TLBs */
    }
}

void tlb_invalidate(void)
{
```

```
        cpu_arm920_tlb_invalidate_all();
    }

    void call_linux(U32 a0, U32 a1, U32 a2)
    {
        void (*goto_start)(U32, U32);
        //准备内核执行环境
        rINTMSK=BIT_ALLMSK;  //关中断
        cache_clean_invalidate();       //cache 初始化
        tlb_invalidate();               //TLB 初始化

        __asm{

            mov ip, #0
            mcr  p15, 0, ip, c13, c0, 0      /* zero PID */
            mcr  p15, 0, ip, c7, c7, 0       /* invalidate I, D caches */
            mcr  p15, 0, ip, c7, c10, 4      /* drain write buffer */
            mcr  p15, 0, ip, c8, c7, 0       /* invalidate I, D TLBs */
            mrc  p15, 0, ip, c1, c0, 0       /* get control register */
            bic  ip, ip, #0x0001             /* disable MMU */
            mcr  p15, 0, ip, c1, c0, 0       /* write control register */

        }
        goto_start = (void (*)(U32, U32))a2;
        (*goto_start)(a0, a1);
    }

    void LoadRun(void)
    {
        U32 i, ram_addr;
        struct param_struct *params = (struct param_struct *)0x30000100;

        int size;
        U32 serialbaud, mem_cfgval;

        char parameters[512];
            char *rootfs;
            char initrd[32];
            char *tty_sel;
```

```
    char *devfs_sel;
    char *display_sel;

    memset(params, 0, sizeof(struct param_struct));

    rootfs = "/dev/mtdblock3";                //内核 MTD 分区中的根文件系统
     display_sel = "display=lcd480";          //显示选择
    sprintf(initrd, "load_ramdisk=0");        //内核初始化
    tty_sel = "ttySAC0";                      //串口 0 作为控制平台
    devfs_sel = "devfs=mount";                //根文件系统挂接
    serialbaud=115200;                        //波特率
    mem_cfgval=65536;                         //内存大小 64 MB

    memset(parameters, 0, sizeof(parameters));       //内存区填充 0
    sprintf(parameters,
                "root=%s init=/linuxrc %s console=%s, %d mem=%dK %s %s %s",
                rootfs,
                initrd,
                tty_sel,
                serialbaud,
                mem_cfgval,
                devfs_sel,
                display_sel,
                DEFAULT_USER_PARAMS);

    params->u1.s.page_size = LINUX_PAGE_SIZE;  //页表大小
    params->u1.s.nr_pages = 0x00004000;        //页数
    memcpy(params->commandline, parameters, strlen(parameters));

    Uart_Printf("Set boot params = %s\n", params->commandline);  //打印参数
    Uart_Printf("Load Kernel...\n");

    rINTMSK=BIT_ALLMSK;
    NF_Read0(0xa00, 0x30100000, 2*1024*1024);        //读取内核
    call_linux(0, 193, 0x30100000);                  //跳入内核执行

}
```

实践 4 系 统 构 建

实践指导

➢ 实践 4.G.1

嵌入式 Linux 开发环境构建。

分析

(1) vim 编写 calculator.c 程序。
(2) arm-linux-gcc 编译 calculator.c 程序。
(3) 采用 NFS 方式，将编译后的程序下载到开发板，进行测试运行。

参考解决方案

(1) 利用 vim 创建 calculator.c 文件，命令如下所示：

```
dh@ubuntu:~$ vim calculator.c
```

利用 vim 编辑 calculator.c 文件的代码如下所示：

```
#include <stdio.h>

int main()
{
    float result，v01，v02;
    char symbol;

    printf("======= My Calculator =======\n\n");
    printf("Please Input Your Equation:\n");

    scanf("%f%c%f"，&v01，&symbol，&v02);

    switch(symbol)
    {
        case '+':
                result=v01+v02;
```

```
                break;
        case '-':
                result=v01-v02;
                break;
        case '*':
                result=v01*v02;
                break;
        case '/':
                result=v01/v02;
                break;
        default:
                printf("Error");
                printf("================================\n");
                return 0;
    }

    printf("The Result Of Your Equation:\n");
    printf("%.2f\n", result);
    printf("================================\n");
    return 0;
}
```

(2) 采用 arm-linux-gcc 编译器重新编译 calculator.c 程序，命令如下所示：

```
dh@ubuntu:~$ arm-linux-gcc -v
Using built-in specs.
Target: arm-none-linux-gnueabi
Configured with: /scratch/julian/lite-respin/linux/src/gcc-4.3/configure --build=i686-pc-linux-gnu --host=i686-pc-linux-gnu --target=arm-none-linux-gnueabi --enable-threads --disable-libmudflap --disable-libssp --disable-libstdcxx-pch --with-gnu-as --with-gnu-ld --enable-languages=c，c++ --enable-shared --enable-symvers=gnu --enable-__cxa_atexit --with-pkgversion='Sourcery G++ Lite 2008q3-72' --with-bugurl=https://support.codesourcery.com/GNUToolchain/ --disable-nls --prefix=/opt/codesourcery --with-sysroot=/opt/codesourcery/arm-none-linux-gnueabi/libc --with-build-sysroot=/scratch/ julian/ lite-respin/linux/install/arm-none-linux-gnueabi/libc --with-gmp = /scratch/ julian/lite-respin/linux/obj/host-libs- 2008q3-72-arm-none-linux-gnueabi-i686-pc-linux-gnu/usr --with-mpfr=/scratch/ julian/lite- respin/linux/obj/host-libs-2008q3-72-arm-none-linux-gnueabi-i686-pc-linux-gnu/usr --disable-libgomp --enable-poison-system-directories --with-build-time-tools=/scratch/julian/lite-respin/linux/install/arm-none- linux-gnueabi/bin --with-build-time-tools=/scratch/julian/lite-respin/linux/install/arm-none-linux-gnueabi/bin
Thread model: posix
gcc version 4.3.2 (Sourcery G++ Lite 2008q3-72)
```

```
dh@ubuntu:~$ arm-linux-gcc calculator.c -o calculator
dh@ubuntu:~$ ls
calculator    calculator.c
```

(3) 采用 NFS 挂载方式，将 calculator 程序移植到开发板上，具体命令如图 S4-1 所示。

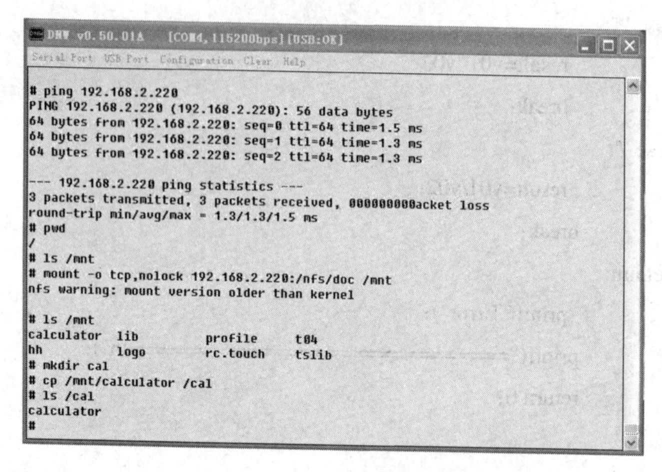

图 S4-1 移植 calculator 到开发板上的命令

(4) 在开发板上运行 calculator 程序，程序的执行结果如图 S4-2 所示。

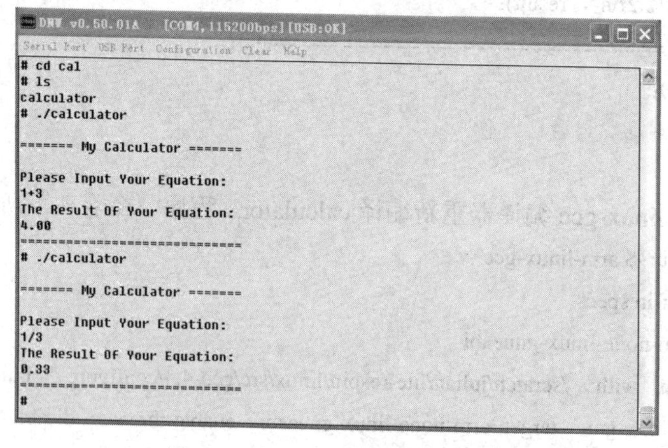

图 S4-2 calculator 程序执行结果

➢ 实践 4.G.2

基于 ARM 架构 S3C2440 的 Linux-2.6.22 版本内核移植。

分析

(1) 对 Linux-2.6.22 版本内核进行配置。

(2) 编译内核生成可下载的 zImage 文件。

参考解决方案

(1) 解压缩 linux-2.6.22.tar.bz2 压缩包，如 S4-3 所示。

```
dh@ubuntu:~$ pwd
/home/dh
dh@ubuntu:~$ mkdir s3c2440
dh@ubuntu:~$ cd s3c2440/
dh@ubuntu:~/s3c2440$ cp /home/dh/download/linux-2.6.22.tar.bz2 ./
dh@ubuntu:~/s3c2440$ ls
linux-2.6.22.tar.bz2
dh@ubuntu:~/s3c2440$ tar jxvf linux-2.6.22.tar.bz2
linux-2.6.22./
linux-2.6.22./.gitignore
linux-2.6.22./.mailmap
linux-2.6.22./COPYING
```

图 S4-3　解压缩 linux-2.6.22.tar.bz2 压缩包

(2) 进入 linux-2.6.22 目录，查看目录文件，如图 S4-4 所示。

```
dh@ubuntu:~/s3c2440$ ls
linux-2.6.22  linux-2.6.22.tar.bz2
dh@ubuntu:~/s3c2440$ rm -rf linux-2.6.22.tar.bz2
dh@ubuntu:~/s3c2440$ cd linux-2.6.22/
dh@ubuntu:~/s3c2440/linux-2.6.22$ ls
arch     crypto         include  kernel       mm              scripts
block    Documentation  init     lib          net             security
COPYING  drivers        ipc      MAINTAINERS  README          sound
CREDITS  fs             Kbuild   Makefile     REPORTING-BUGS  usr
dh@ubuntu:~/s3c2440/linux-2.6.22$
```

图 S4-4　查看目录文件

(3) 编辑 Makefile 文件，指定处理器架构及交叉编译器，如图 S4-5 所示。

```
185 ARCH            ?= arm
186 CROSS_COMPILE   ?= /opt/arm-linux-gcc/3.4.1/bin/arm-linux-
187
188 # Architecture as present in compile.h
189 UTS_MACHINE := $(ARCH)
190
191 KCONFIG_CONFIG  ?= .config
192
```

图 S4-5　指定处理器架构及交叉编译器

(4) 修改 linux-2.6.22/arch/arm/plat-s3c24xx/common-smdk.c 中 NAND Flash 分区设置，使其同 BootLoader 分区表相匹配，如图 S4-6 所示。

```
109 static struct mtd_partition smdk_default_nand_part[] = {
110         [0] = {
111                 .name   = "boot",
112                 .offset = 0x00000000,
113                 .size   = 0x0001FFFF,
114         },
115         [1] = {
116                 .name   = "pic",
117                 .offset = 0x00080000,
118                 .size   = 0x000FFFFF,
119         },
120         [2] = {
121                 .name   = "kernel",
122                 .offset = 0x00500000,
123                 .size   = 0x002FFFFF,
124         },
125         [3] = {
126                 .name   = "filesystem",
127                 .offset = 0x00800000,
128                 .size   = 0x0C5FFFFF,
129         },
130 };
:set nu                                                  109,1        66%
```

图 S4-6　修改 NAND Flash 分区设置

(5) 修改 linux-2.6.22/arch/arm/mach-s3c2440/mach-smdk2440.c 中时钟的晶振频率，使其与开发板相匹配，如图 S4-7 所示。

```
dh@ubuntu: ~/s3c2440/linux-2.6.22/arch/arm/mach-s3c2440
File Edit View Search Terminal Help
177 static void __init smdk2440_map_io(void)
178 {
179         s3c24xx_init_io(smdk2440_iodesc, ARRAY_SIZE(smdk2440_iodesc));
180         s3c24xx_init_clocks(12000000);
181         s3c24xx_init_uarts(smdk2440_uartcfgs, ARRAY_SIZE(smdk2440_uartcfgs))
    ;
182 }
183
```

图 S4-7　修改时钟晶振频率

(6) 执行 make s3c2410_defconfig 命令，生成.config 预配置文件，如图 S4-8 所示。

```
dh@ubuntu: ~/s3c2440/linux-2.6.22
File Edit View Search Terminal Help
dh@ubuntu:~/s3c2440/linux-2.6.22$ make s3c2410_defconfig
  HOSTCC  scripts/basic/fixdep
scripts/basic/fixdep.c: In function 'traps':
scripts/basic/fixdep.c:377:2: warning: dereferencing type-punned pointer will br
eak strict-aliasing rules [-Wstrict-aliasing]
scripts/basic/fixdep.c:379:4: warning: dereferencing type-punned pointer will br
eak strict-aliasing rules [-Wstrict-aliasing]
  HOSTCC  scripts/basic/docproc
  HOSTCC  scripts/kconfig/conf.o
```

图 S4-8　生成.config 预配置文件

(7) 执行 make menuconfig 命令以启动图形化配置环境，如图 S4-9 所示。

(8) 点击 File Systems→Miscellaneous filesystems，勾选“YAFFS file system support”选项，使其支持 yaffs2 文件系统，如图 S4-10 所示。

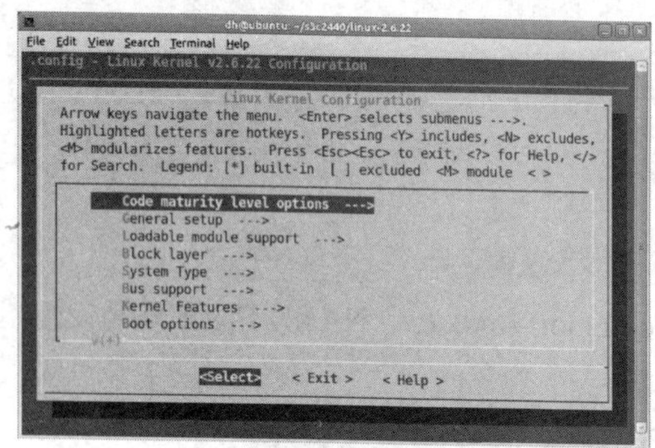

图 S4-9　linux-2.6.22 图形化配置界面

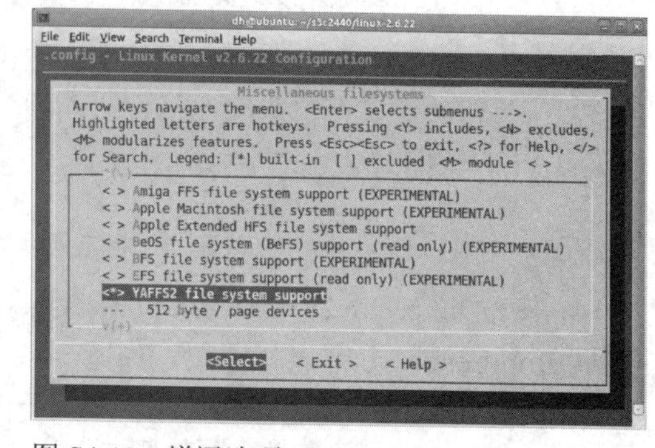

图 S4-10　增添选项“YAFFS2 file system support”

(9) 退出并保存相关配置，如图 S4-11 所示。

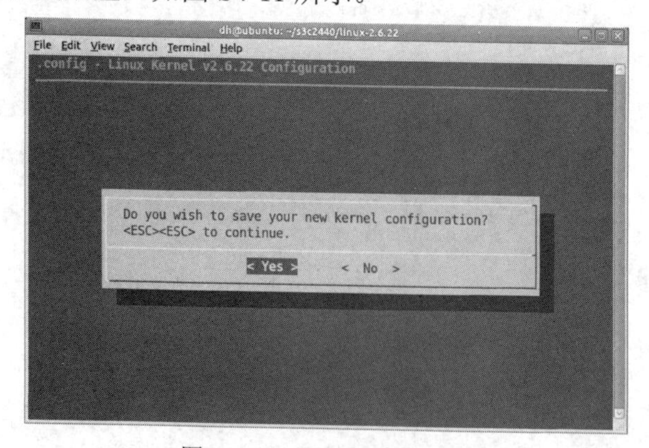

图 S4-11　退出并保存配置

(10) 制作 zImage 文件，如图 S4-12 所示。

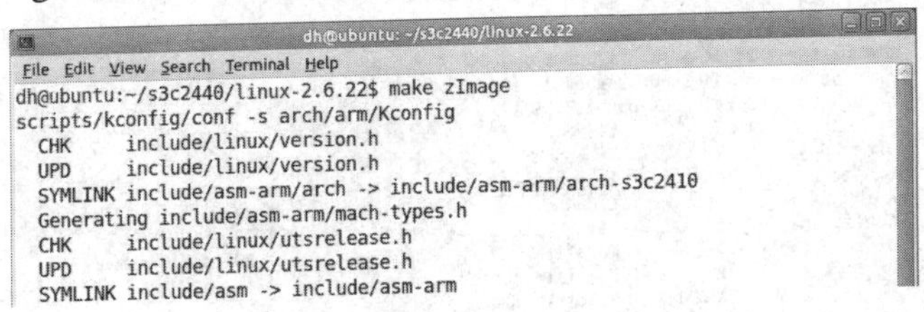

```
dh@ubuntu: ~/s3c2440/linux-2.6.22
File  Edit  View  Search  Terminal  Help
dh@ubuntu:~/s3c2440/linux-2.6.22$ make zImage
scripts/kconfig/conf -s arch/arm/Kconfig
  CHK     include/linux/version.h
  UPD     include/linux/version.h
  SYMLINK include/asm-arm/arch -> include/asm-arm/arch-s3c2410
  Generating include/asm-arm/mach-types.h
  CHK     include/linux/utsrelease.h
  UPD     include/linux/utsrelease.h
  SYMLINK include/asm -> include/asm-arm
```

图 S4-12　制作 zImage 文件

(11) 备份 zImage 文件，如图 S4-13 所示。

```
dh@ubuntu: ~/s3c2440
File  Edit  View  Search  Terminal  Help
dh@ubuntu:~/s3c2440$ ls linux-2.6.22/arch/arm/boot/
bootp  compressed  Image  install.sh  Makefile  zImage
dh@ubuntu:~/s3c2440$ mkdir download
dh@ubuntu:~/s3c2440$ cp linux-2.6.22/arch/arm/boot/zImage download/s3c2440.kerne
l
dh@ubuntu:~/s3c2440$ ls download/
s3c2440.kernel
dh@ubuntu:~/s3c2440$
```

图 S4-13　备份 zImage 文件

➤ 实践 4.G.3

利用 busybox-1.7.0 构建根文件系统。

分析

(1) 对 busybox-1.7.0 版本文件系统进行配置。

(2) 编译安装生成 Linux 文件系统。

(3) 构建/etc、/dev、/mnt、/proc、/sys 等目录。

(4) 使用 mkyaffs2 工具制作可供下载的文件系统。

参考解决方案

(1) 解压缩 busybox-1.7.0.tar.bz2 压缩包，如图 S4-14 所示。

```
dh@ubuntu: ~/s3c2440
File  Edit  View  Search  Terminal  Help
dh@ubuntu:~$ cp download/busybox-1.7.0.tar.bz2 s3c2440/
dh@ubuntu:~$ cd s3c2440/
dh@ubuntu:~/s3c2440$ ls
busybox-1.7.0.tar.bz2  download  linux-2.6.22
dh@ubuntu:~/s3c2440$ tar jxvf busybox-1.7.0.tar.bz2
busybox-1.7.0/
busybox-1.7.0/networking/
busybox-1.7.0/networking/libiproute/
busybox-1.7.0/networking/libiproute/iptunnel.c
busybox-1.7.0/networking/libiproute/rtm_map.c
busybox-1.7.0/networking/libiproute/libnetlink.h
busybox-1.7.0/networking/libiproute/iprule.c
```

图 S4-14　解压缩 busybox-1.7.0.tar.bz2

(2) 进入 busybox-1.7.0 目录，查看目录文件，如图 S4-15 所示。

(3) 编辑 Makefile 文件，指定处理器架构及交叉编译器，如图 S4-16 所示。

(4) 执行 make menuconfig 命令以启动图形化配置环境，如图 S4-17 所示。

```
dh@ubuntu: ~/s3c2440/busybox-1.7.0
File Edit View Search Terminal Help
dh@ubuntu:~/s3c2440$ ls
busybox-1.7.0  busybox-1.7.0.tar.bz2  download  linux-2.6.22
dh@ubuntu:~/s3c2440$ rm -rf busybox-1.7.0.tar.bz2
dh@ubuntu:~/s3c2440$ cd busybox-1.7.0/
dh@ubuntu:~/s3c2440/busybox-1.7.0$ ls
applets        docs        ipsvd            Makefile.help  selinux
arch           e2fsprogs   libbb            miscutils      shell
archival       editors     libpwdgrp        modutils       sysklogd
AUTHORS        examples    LICENSE          networking     testsuite
Config.in      findutils   loginutils       procps         TODO
console-tools  include     Makefile         README         TODO_config_nommu
coreutils      init        Makefile.custom  runit          util-linux
debianutils    INSTALL     Makefile.flags   scripts
dh@ubuntu:~/s3c2440/busybox-1.7.0$
```

图 S4-15 查看 busybox-1.7.0 目录文件

```
dh@ubuntu: ~/s3c2440/busybox-1.7.0
File Edit View Search Terminal Help
175 ARCH            ?= arm
176 CROSS_COMPILE   ?= /opt/arm-linux-gcc/3.4.5/bin/arm-linux-
177
178 # Architecture as present in compile.h
179 UTS_MACHINE := $(ARCH)
180
181 # SHELL used by kbuild
182 CONFIG_SHELL := $(shell if [ -x "$$BASH" ]; then echo $$BASH; \
183           else if [ -x /bin/bash ]; then echo /bin/bash; \
184           else echo sh; fi ; fi)
185
```

图 S4-16 指定处理器架构及交叉编译器

```
dh@ubuntu: ~/s3c2440/busybox-1.7.0
File Edit View Search Terminal Help
BusyBox 1.7.0 Configuration

Arrow keys navigate the menu.  <Enter> selects submenus --->.
Highlighted letters are hotkeys.  Pressing <Y> includes, <N> excludes,
<M> modularizes features.  Press <Esc><Esc> to exit, <?> for Help, </>
for Search.  Legend: [*] built-in  [ ] excluded  <M> module  < >

    Busybox Settings  --->
--- Applets
    rchival Utilities  --->
    oreutils  --->
    onsole Utilities  --->
    ebian Utilities  --->
    ditors  --->
    inding Utilities  --->
v(+)

        <Select>    < Exit >    < Help >
```

图 S4-17 busybox-1.7.0 图形化配置界面

(5) Busybox 本身有一个默认的配置，这里仅取消 Coreutils→ls 下的 Allow use of color to identify file type 选项即可，如图 S4-18 所示。

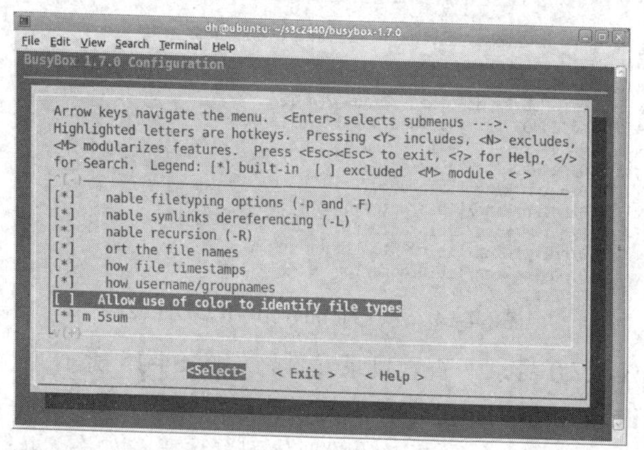

图 S4-18 取消选项 Allow use of color to identify file types

(6) 退出并保存相关配置，如图 S4-19 所示。

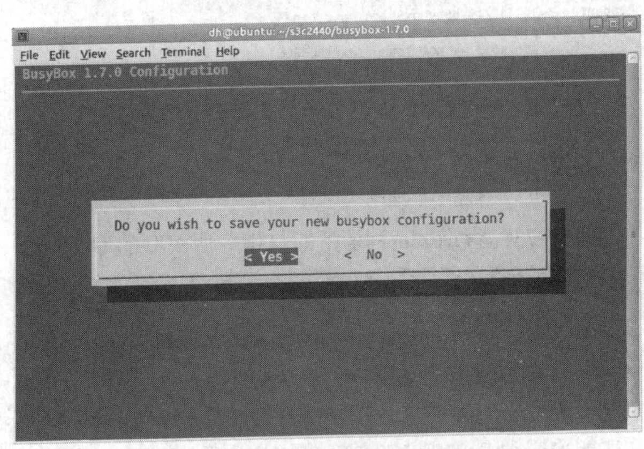

图 S4-19　退出并保存配置

(7) 编译 busybox-1.7.0 文件系统，如图 S4-20 所示。

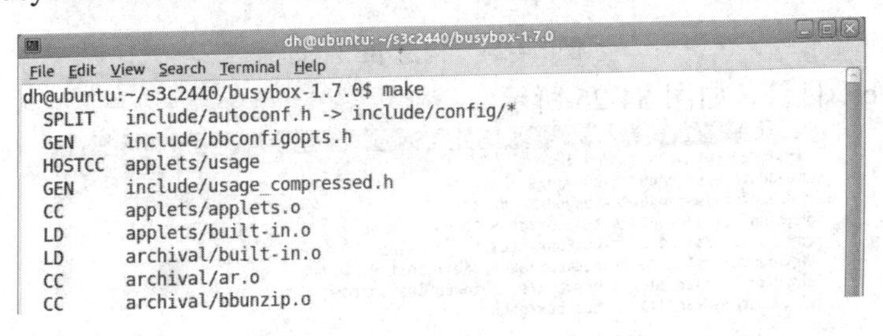

图 S4-20　编译 busybox 文件系统

(8) 安装 busybox-1.7.0 文件系统，如图 S4-21 所示。

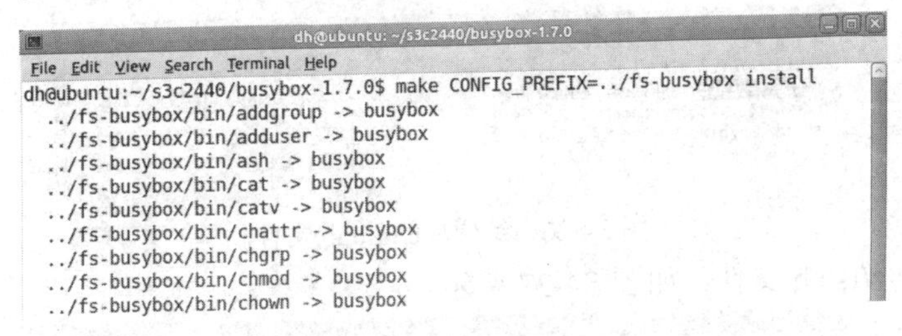

dh@ubuntu: ~/s3c2440/busybox-1.7.0
File Edit View Search Terminal Help
dh@ubuntu:~/s3c2440/busybox-1.7.0$ make CONFIG_PREFIX=../fs-busybox install
../fs-busybox/bin/addgroup -> busybox
../fs-busybox/bin/adduser -> busybox
../fs-busybox/bin/ash -> busybox
../fs-busybox/bin/cat -> busybox
../fs-busybox/bin/catv -> busybox
../fs-busybox/bin/chattr -> busybox
../fs-busybox/bin/chgrp -> busybox
../fs-busybox/bin/chmod -> busybox
../fs-busybox/bin/chown -> busybox

图 S4-21　安装 busybox 文件系统

(9) Busybox 文件系统安装完成后只生成了四个目录，如图 S4-22 所示。

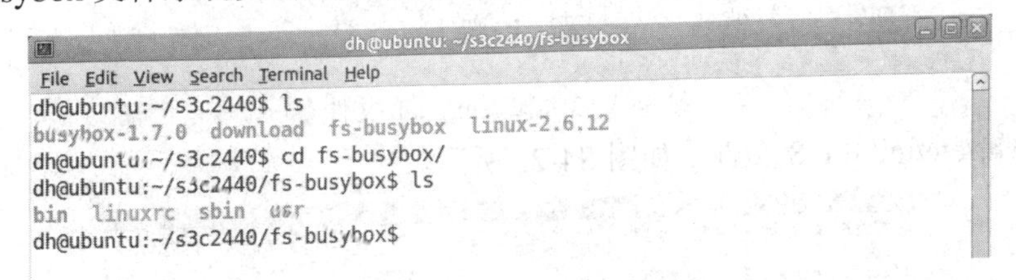

图 S4-22　查看 Busybox 文件系统

(10) 查询/bin 目录下的与指令所关联的库文件，如图 S4-23 所示。

(11) 构建/lib 目录，如图 S4-24 所示。

```
dh@ubuntu: ~/s3c2440/fs-busybox
File Edit View Search Terminal Help
dh@ubuntu:~/s3c2440/fs-busybox$ ldd.host bin/*
bin/addgroup:
        libcrypt.so.1 => not found (0x00000000)
        libm.so.6 => not found (0x00000000)
        libc.so.6 => not found (0x00000000)
        /lib/ld-linux.so.2 => /lib/ld-linux.so.2 (0x00000000)
bin/adduser:
        libcrypt.so.1 => not found (0x00000000)
        libm.so.6 => not found (0x00000000)
        libc.so.6 => not found (0x00000000)
        /lib/ld-linux.so.2 => /lib/ld-linux.so.2 (0x00000000)
```

图 S4-23 查询/bin 目录下的与指令所关联的库文件

```
dh@ubuntu: ~/s3c2440/fs-busybox
File Edit View Search Terminal Help
dh@ubuntu:~/s3c2440/fs-busybox$ mkdir lib
dh@ubuntu:~/s3c2440/fs-busybox$ cp /opt/arm-linux-gcc/3.4.5/arm-linux/lib/libcry
pt.so.1 lib
dh@ubuntu:~/s3c2440/fs-busybox$ cp /opt/arm-linux-gcc/3.4.5/arm-linux/lib/libc.s
o.6 lib
dh@ubuntu:~/s3c2440/fs-busybox$ cp /opt/arm-linux-gcc/3.4.5/arm-linux/lib/libm.s
o.6 lib
dh@ubuntu:~/s3c2440/fs-busybox$ cp /opt/arm-linux-gcc/3.4.5/arm-linux/lib/ld-lin
ux.so.2 lib
dh@ubuntu:~/s3c2440/fs-busybox$ ls lib
ld-linux.so.2  libcrypt.so.1  libc.so.6  libm.so.6
dh@ubuntu:~/s3c2440/fs-busybox$
```

图 S4-24 构建/lib 目录

(12) 构建/etc 目录，如图 S4-25 所示。

```
dh@ubuntu: ~/s3c2440/fs-busybox
File Edit View Search Terminal Help
dh@ubuntu:~/s3c2440/fs-busybox$ mkdir etc
dh@ubuntu:~/s3c2440/fs-busybox$ cd etc
dh@ubuntu:~/s3c2440/fs-busybox/etc$ touch inittab
dh@ubuntu:~/s3c2440/fs-busybox/etc$ touch fstab
dh@ubuntu:~/s3c2440/fs-busybox/etc$ mkdir init.d
dh@ubuntu:~/s3c2440/fs-busybox/etc$ touch init.d/rcS
dh@ubuntu:~/s3c2440/fs-busybox/etc$
```

图 S4-25 构建/etc 目录

(13) 编辑/etc/inittab 文件，如图 S4-26 所示。

```
dh@ubuntu: ~/s3c2440/fs-busybox/etc
File Edit View Search Terminal Help
::sysinit:/etc/init.d/rcS
s3c2410_serial0::askfirst:-/bin/sh
::ctrlaltdel:/sbin/reboot
::shutdown:/bin/umount -a -r
```

图 S4-26 编辑/etc/inittab 文件

(14) 编辑/etc/fstab 文件，如图 S4-27 所示。

```
dh@ubuntu: ~/s3c2440/fs-busybox/etc
File Edit View Search Terminal Help
# /etc/fstab: static file system information.
# <file system> <mount point>   <type>  <options>       <dump>  <pass>
proc            /proc           proc    defaults        0 0
sysfs           /sys            sysfs   defaults        0 0
tmpfs           /dev            tmpfs   defaults        0 0
```

图 S4-27 编辑/etc/fstab 文件

(15) 编辑/etc/init.d/rcS 文件，如图 S4-28 所示。

```
dh@ubuntu: ~/s3c2440/fs-busybox/etc
File Edit View Search Terminal Help
#!/bin/sh
ifconfig eth0 192.168.1.128
mount -a
echo /bin/mdev > proc/sys/kernel/hotplug
mdev -s
```

图 S4-28 编辑/etc/init.d/rcS 文件

(16) 构建/dev 目录，如图 S4-29 所示。

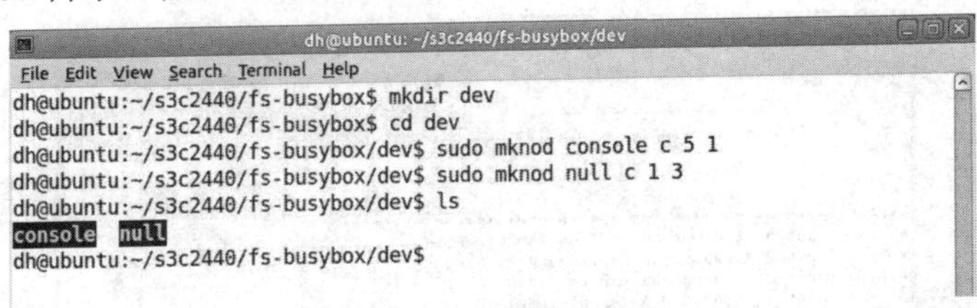

图 S4-29 构建/dev 目录

(17) 构建根目录下的其他几个目录，如图 S4-30 所示。

```
dh@ubuntu:~/s3c2440/fs-busybox$ ls
bin  dev  etc  lib  linuxrc  sbin  usr
dh@ubuntu:~/s3c2440/fs-busybox$ mkdir proc sys mnt tmp root
dh@ubuntu:~/s3c2440/fs-busybox$ ls
bin  dev  etc  lib  linuxrc  mnt  proc  root  sbin  sys  tmp  usr
dh@ubuntu:~/s3c2440/fs-busybox$
```

图 S4-30 构建其他目录

(18) 利用 mkyaffs2image 工具制作 s3c2440.yaffs2 文件，如图 S4-31 所示。

```
dh@ubuntu:~/s3c2440$ ls
busybox-1.7.0  download  fs-busybox  linux-2.6.22
dh@ubuntu:~/s3c2440$ mkyaffs2image fs-busybox/ download/s3c2440.yaffs2
mkyaffs2image: image building tool for YAFFS2 built Apr 20 2009
Processing directory fs-busybox/ into image file download/s3c2440.yaffs2
Object 257, fs-busybox//bin is a directory
Object 258, fs-busybox//bin/rpm is a symlink to "busybox"
Object 259, fs-busybox//bin/grep is a symlink to "busybox"
Object 260, fs-busybox//bin/echo is a symlink to "busybox"
Object 261, fs-busybox//bin/hostname is a symlink to "busybox"
Object 262, fs-busybox//bin/iprule is a symlink to "busybox"
```

图 S4-31 制作 s3c2440.yaffs2 文件

(19) 查看 download 目录制作完成后的内核和文件系统，如图 S4-32 所示。

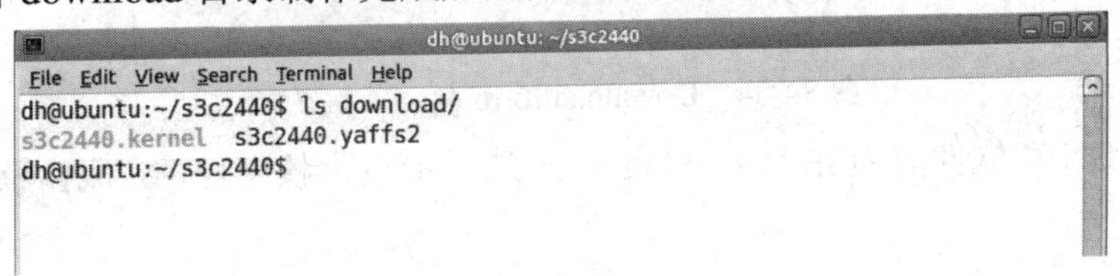

图 S4-32 查看内核和文件系统

➢ 实践 4.G.4

在 S3C2440 开发板中下载制作完成的内核和文件系统的文件。

分析

(1) 下载 s3c2440.kernel 内核到开发板。

(2) 下载 s3c2440.fs 文件系统到开发板。

(3) 启动开发板 Linux 系统。

参考解决方案

(1) S3C2440 开发板硬件连线完毕后，启动 DNW 软件，给开发板上电，按任意键进入 Select Menu 界面，如图 S4-33 所示。

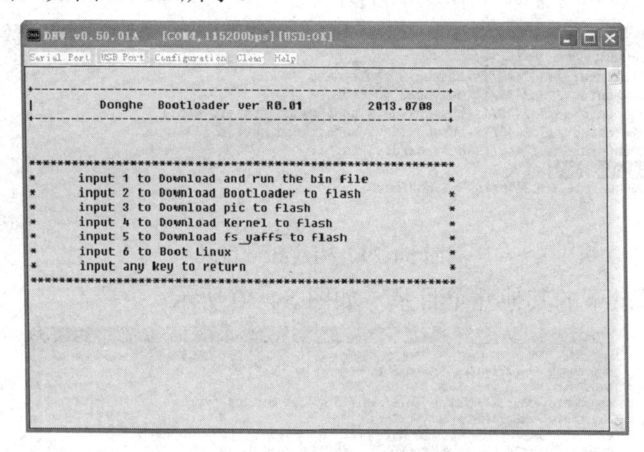

图 S4-33 Select Menu 界面

(2) 按数字键 4 进入 Download Kernel to flash 界面，如图 S4-34 所示。

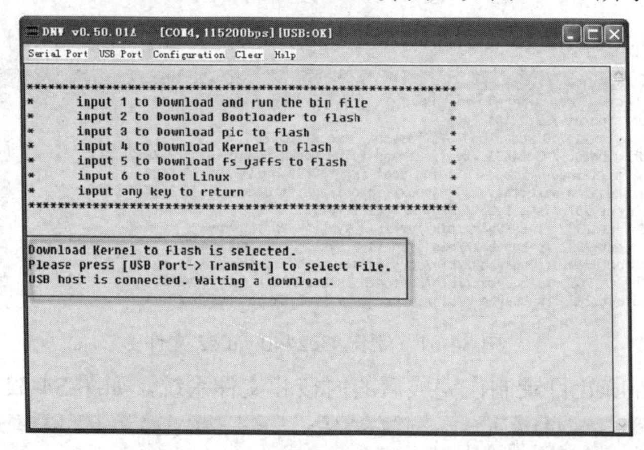

图 S4-34 Download Kernel to flash 界面

(3) 通过 DNW 软件的 USB Port→Transmit 选项加载内核文件，完成内核的下载，如图 S4-35 所示。

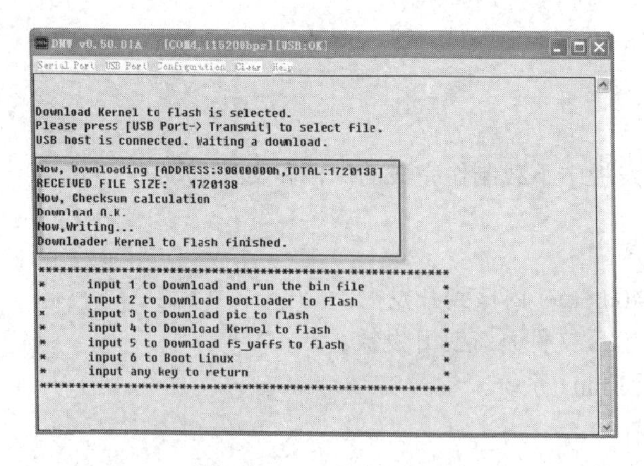

图 S4-35 下载内核文件

(4) 同理按数字键 5，选择烧写文件系统。

(5) 烧写完成后，按数字键 6，即可启动 Linux 系统，系统完成启动后便进入 Console 界面，在该界面上可以执行 Linux 系统命令，如图 S4-36 所示。

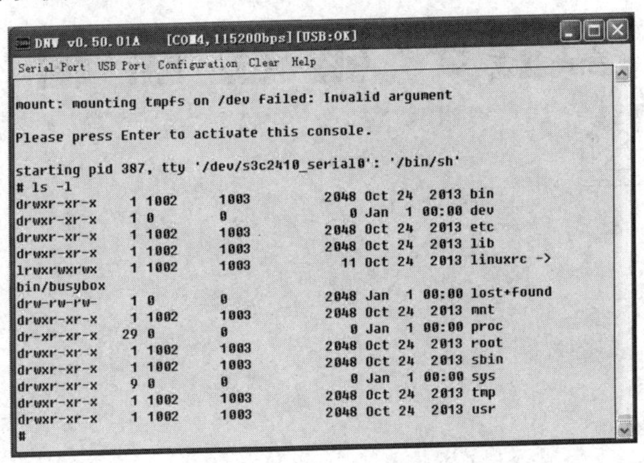

图 S4-36 Console 界面

实践5 驱动移植

实践指导

➢ 实践 5.G.1

网卡驱动程序移植。

分析

(1) S3C2440采用DM9000作为网卡控制芯片。

(2) Linux 内核对 DM9000 网卡设备的支持已经相当完善，但是因为开发板的设计不同，所以要做相应的更改。

(3) DM9000作为S3C2440的平台设备，应将其加入到S3C2440平台设备的初始化代码中，并将平台设备结构体填充。

(4) DM9000驱动程序在编译进内核后才能使用。

(5) DM9000设备的驱动程序位于Linux内核Drivers/net目录下，名称为dm9000.c。

参考解决方案

1. DM9000硬件分析

(1) 将 DM9000 片选接到 S3C2440 的 nGCS4 引脚上，所以 DM9000 的基地址为0x20000000。

(2) DM9000数据位宽为16位。

(3) CMD用来设置命令类型，与ADDR2相连。

✧ CMD=0时，数据总线传送地址信号。

✧ CMD=1时，数据总线传送数据信号。

(4) DM9000中断为外部中断7。

2. 增加平台设备

Linux内核中，有关S3C2440平台设备的定义在/arch/arm/plat-s3c24xx/common-smdk.c文件中。对common-smdk.c的修改如下：

1) 添加头文件

如果在内核配置选项中DM9000设备被选择，则应添加dm9000.h头文件。

```
#if defined(CONFIG_DM9000) || defined(CONFIG_DM9000_MODULE)
```

```
#include <linux/dm9000.h>
#endif
```

2) 添加DM9000平台结构

如果在内核配置选项中DM9000设备被选择，则应添加DM9000平台结构。

```
#if defined(CONFIG_DM9000) || defined(CONFIG_DM9000_MODULE)
//DM9000资源结构
static struct resource s3c_dm9k_resource[] = {
    //ADDR2=0，地址空间
    [0] = {
        .start = S3C2410_CS4,
        .end   = S3C2410_CS4 + 3,
        .flags = IORESOURCE_MEM,
    },
    // ADDR2=1，数据空间
    [1] = {
        .start = S3C2410_CS4 + 4,
        .end    = S3C2410_CS4 + 4 + 3,
        .flags = IORESOURCE_MEM,
    },
    //外部中断EINT7
    [2] = {
        .start = IRQ_EINT7,
        .end    = IRQ_EINT7,
        .flags = IORESOURCE_IRQ,
    }

};

//定义DM9000数据宽度为16位
static struct dm9000_plat_data s3c_dm9k_platdata = {
    .flags          = DM9000_PLATF_16BITONLY,
};

//DM9000平台设备结构
static struct platform_device s3c_device_dm9k = {
    .name           = "dm9000",
    .id         = 0,
    .num_resources    = ARRAY_SIZE(s3c_dm9k_resource),
    .resource     = s3c_dm9k_resource,
```

```
        .dev          = {
                .platform_data = &s3c_dm9k_platdata,
        }
};
#endif /* CONFIG_DM9000 */
```

这段代码分为三个部分：

✧ DM9000 资源结构 s3c_dm9k_resource，包括地址空间、数据空间和中断号；

✧ DM9000 的访问方式，指定系统以 16 位方式访问设备；

✧ DM9000 平台设备结构 s3c_device_dm9k，填充平台设备成员。

3) 将 DM9000 平台设备加入内核列表

开发板所支持的设备在 smdk_devs 数组中，在 smdk_devs 中添加如下代码：

```
static struct platform_device __initdata *smdk_devs[] = {
...
#if defined(CONFIG_DM9000) || defined(CONFIG_DM9000_MODULE)
        &s3c_device_dm9k,
#endif
⋮
};
```

这样系统启动时，smdk_devs 的所有设备会注册进内核中。

3. 修改 DM9000 驱动程序

DM9000 设备应用在 S3C2440 开发板上，因此在 dm9000.c 代码的初始设备初始化函数中增加 S3C2440 相关寄存器配置。

1) 添加头文件

regs-mem.h 头文件为 S3C2410 存储器控制寄存器的宏定义。

```
#if defined(CONFIG_ARCH_S3C2410)
#include <asm/arch-s3c2410/regs-mem.h>
#endif
```

2) 设置 S3C2440 BANK 4 存储控制寄存器 BWSCON 与 BANKCON4

设置 S3C2440 BANK 4 存储控制寄存器 BWSCON 与 BANKCON4 的步骤如下：

✧ 定义局部变量 oldval_bwscon 与 oldval_bankcon4 保存 BWSCON 与 BANKCON4 值；

```
#if defined(CONFIG_ARCH_S3C2410)
    unsigned int oldval_bwscon;
    unsigned int oldval_bankcon4;
#endif
```

✧ 配置 BWSCON 与 BANKCON4；

```
    PRINTK2("dm9000_probe( )");
#if defined(CONFIG_ARCH_S3C2410)
```

```
    oldval_bwscon = *((volatile unsigned int *)S3C2410_BWSCON);
    *((volatile unsigned int *)S3C2410_BWSCON) = (oldval_bwscon & ~(3<<16))
        | S3C2410_BWSCON_DW4_16 | S3C2410_BWSCON_WS4 |S3C2410_BWSCON_ST4;

    oldval_bankcon4 = *((volatile unsigned int *)S3C2410_BANKCON4);
    *((volatile unsigned int *)S3C2410_BANKCON4) = 0x1f7c;
#endif
```

✧ 设置默认 MAC 值；

```
    if (!is_valid_ether_addr(ndev->dev_addr))
        printk("%s: Invalid ethernet MAC address.  Please   set using ifconfig\n", ndev->name);

#if defined(CONFIG_ARCH_S3C2410)
    printk("%s: Invalid ethernet MAC address. 08:90:90:90:90:90\n");
    ndev->dev_addr[0] = 0x08;
    ndev->dev_addr[1] = 0x90;
    ndev->dev_addr[2] = 0x90;
    ndev->dev_addr[3] = 0x90;
    ndev->dev_addr[4] = 0x90;
    ndev->dev_addr[5] = 0x90;
#endif
```

✧ 恢复寄存器值；

若 DM9000 设备初始化失败，则恢复原来的寄存器值。

```
out:
    printk("%s: not found (%d).\n", CARDNAME, ret);

#if defined(CONFIG_ARCH_S3C2410)
    *((volatile unsigned int *)S3C2410_BWSCON) = oldval_bwscon;
    *((volatile unsigned int *)S3C2410_BANKCON4) = oldval_bankcon4;
#endif
```

3) 设置上升沿触发中断

DM9000 的数据发送和接收通过中断来实现。在 dm9000.c 代码的 dm9000_open( )函数中使用 request_irq 函数注册中断处理函数，修改代码如下：

```
#if defined(CONFIG_ARCH_S3C2410)
    if(request_irq(dev->irq, &dm9000_interrupt, IRQF_SHARED|
  IRQF_TRIGGER_RISING, dev->name, dev))
#else
    if (request_irq(dev->irq, &dm9000_interrupt, IRQF_SHARED, dev->name, dev))
#endif
        return -EAGAIN;
```

4. 配置编译内核

在内核根目录下执行 make menuconfig 命令进入内核配置界面，在内核配置界面中进行如下操作：Device Drivers→Network device support→Ethernet(10 Mb or 100 Mb)，将 DM9000 编译进内核或编译成模块，如图 S5-1 所示。

```
<M>     3c590/3c900 series (592/595/597) "Vortex/
<M>     3cr990 series "Typhoon" support
< >   SMC 91C9x/91C1xxx support (NEW)
<*> DM9000 support
      Tulip family network device support  --->
<M> HP 10/100VG PCLAN (ISA, EISA, PCI) support
[*] EISA, VLB, PCI and on board controllers
```

图 S5-1　DM9000 配置

重新将内核编译后烧写进开发板 NAND Flash 的 kernel 区。

5. 测试驱动程序

开发板启动 Linux 系统后，连接网线，网线指示灯点亮，执行 ifconfig eth0 192.168.2.230 为开发板系统分配 IP 地址，并利用 ifconfig 查看网卡情况。

```
# ifconfig eth0 192.168.2.230
# ifconfig
```

现象如图 S5-2 所示。

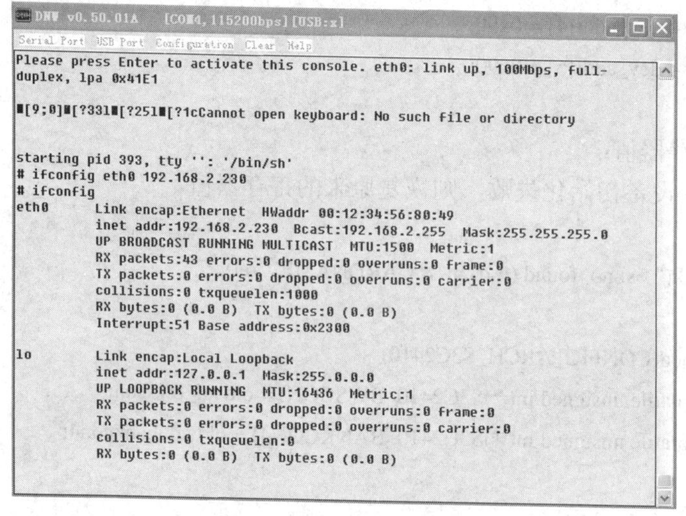

图 S5-2　测试网卡驱动程序

知识拓展

1. Linux 驱动管理和注册机制

在 linux2.6 设备模型中，总线、设备、驱动这三个实体之间的关系是，总线将设备和驱动绑定，在系统每注册一个设备的时候，会寻找与之匹配的驱动；相反，在系统每注册一个驱动的时候，寻找与之匹配的设备，匹配是由总线来完成的。

Linux 发明了一种虚拟的总线，称为 platform 总线。SoC 系统中集成的独立外设单元(LCD，RTC，WDT 等)都被当作 platform 设备来处理，其实它们本身是字符型设备。

从 Linux2.6 内核起，引入了一套新的驱动管理和注册机制：platform_device 和 platform_driver。Linux 中大部分的设备驱动，都可以使用这套机制，设备用 platform_device 表示，驱动通过 platform_driver 进行注册。

2. 平台设备

1) 平台设备结构体

平台设备用 platform_device 结构体来描述，定义在 Linux2.6.22 内核中的 include/linux/platform_device.h，其结构体如下：

```
struct platform_device {
    const char* name;
    u32         id;
    struct device    dev;
    u32         num_resources;
    struct resource * resource;
};
```

其中，resource 结构体的定义如下：

```
struct resource {
    resource_size_t start;
    resource_size_t end;
    const char *name;
    unsigned long flags;
    struct resource *parent, *sibling, *child;
};
```

在 resource 结构体中，start、end 和 flags 这 3 个字段分别标明资源的开始值、结束值和类型，flags 可以为 IORESOURCE_IO、IORESOURCE_MEM、IORESOURCE_IRQ、IORESOURCE_DMA 等类型。

在 Linux 中定义了许多平台设备，S3C2440 的平台设备定义在 arch/arm/plat-s3c24xx/devs.c 中。例如，WatchDog 平台设备资源的定义如下：

```
static struct resource s3c_wdt_resource[] = {
        //端口资源
    [0] = {
        .start = S3C24XX_PA_WATCHDOG,
        .end    = S3C24XX_PA_WATCHDOG + S3C24XX_SZ_WATCHDOG - 1,
        .flags = IORESOURCE_MEM,
    },
    //中断资源
    [1] = {
        .start = IRQ_WDT,
        .end    = IRQ_WDT,
```

```
        .flags = IORESOURCE_IRQ,
    }


};
```

WatchDog 平台设备的定义如下：

```
struct platform_device s3c_device_wdt = {
    .name               = "s3c2410-wdt",
    .id         = -1,
    .num_resources          = ARRAY_SIZE(s3c_wdt_resource),
    .resource    = s3c_wdt_resource,
};

EXPORT_SYMBOL(s3c_device_wdt);
```

2) 平台设备注册

平台设备定义好之后，ARM2440 平台的系统入口文件通过调用 platform_add_devices 函数将一系列的平台设备添加到系统中，此入口文件位于 arch/arm/mach-s3c2440，文件名为 mach-smdk2440.c。

S3C2440 平台设备有：

```
static struct platform_device *smdk2440_devices[] __initdata = {
    &s3c_device_usb,
    &s3c_device_lcd,
    &s3c_device_wdt,
    &s3c_device_i2c,
    &s3c_device_iis,
};
```

S3C2440 平台设备初始化函数：

```
static void __init smdk2440_machine_init(void)
{
    s3c24xx_fb_set_platdata(&smdk2440_lcd_cfg);

    platform_add_devices(smdk2440_devices, ARRAY_SIZE(smdk2440_devices));
    smdk_machine_init( );
}
```

3. 平台驱动

1) 平台驱动结构体

在 Linux 系统中为平台设备定义了平台驱动 platform_driver，在平台驱动结构体中定义了 probe、remove、suspend、resume 等接口函数来实现驱动。平台驱动结构体定义在 include/linux/platform_device.h 中。

```
struct platform_driver {
    int (*probe)(struct platform_device *);
    int (*remove)(struct platform_device *);
    void (*shutdown)(struct platform_device *);
    int (*suspend)(struct platform_device *, pm_message_t state);
    int (*suspend_late)(struct platform_device *, pm_message_t state);
    int (*resume_early)(struct platform_device *);
    int (*resume)(struct platform_device *);
    struct device_driver driver;
};
```

2) 平台驱动结构体初始化

下面是对 WatchDog 的 platform_driverde 进行的初始化，其中 driver 结构体中初始化了 owner、name 变量，这里的 name 要和平台设备的 name 一致，这样平台设备和平台驱动就关联起来了。

```
static struct platform_driver s3c2410wdt_driver = {
    .probe = s3c2410wdt_probe,
    .remove    = __devexit_p(s3c2410wdt_remove),
    .shutdown = s3c2410wdt_shutdown,
    .suspend = s3c2410wdt_suspend,
    .resume = s3c2410wdt_resume,
    .driver = {
        .owner = THIS_MODULE,
        .name = "s3c2410-wdt",
    },
};
```

3) 平台设备驱动实现

驱动初始化 module_init( )这个宏实现了平台驱动注册，module_exit( )实现了平台驱动注销，代码如下所示。

```
static int __init watchdog_init(void)
{
    printk(banner);
    return platform_driver_register(&s3c2410wdt_driver);
}
static void __exit watchdog_exit(void)
{
    platform_driver_unregister(&s3c2410wdt_driver);
}
module_init(watchdog_init);
module_exit(watchdog_exit);
```

实践6 应用编程

实践指导

➢ 实践 6.G.1

利用串口编程实现开发板与PC的通信。

分析

(1) S3C2440有三个独立控制的UART0、UART1和UART2。

(2) UART 的操作主要有设置波特率、数据帧格式、传输方式、产生中断以及发送和接收数据。

(3) 串口是一种终端设备文件，位于/dev 下，分别为/dev/ttySAC0、/dev/ttySAC1、/dev/ttySAC2。

(4) 读写串口文件和读写普通文件一样，使用read( )和write( )函数。

参考解决方案

1．总体设计

1) 串口配置

Linux 内核提供了一个标准接口 termios 表示终端设备(例如串口)。串口的配置主要是设置 struct termios 结构体的各成员值，struct termios 如下所示：

```
#include<termios.h>
struct termios
{
    unsigned short c_iflag;        /* 输入模式标志 */
    unsigned short c_oflag;        /* 输出模式标志 */
    unsigned short c_cflag;        /* 控制模式标志*/
    unsigned short c_lflag;        /* 本地模式标志 */
    unsigned char c_line;          /* 线路规程 */
    unsigned char c_cc[NCC];       /* 控制特性 */
    speed_t c_ispeed;              /* 输入速度 */
    speed_t c_ospeed;              /* 输出速度 */
};
```

串口配置主要涉及的结构体成员有 c_cflag、c_iflag 和 c_cc。通过对 c_cflag 进行各选项的“与”“或”运算，用户可以设置波特率、字符大小、数据位、停止位、奇偶校验位和硬件流控等。c_cflag 详细说明如表 S6-1 所示。

表 S6-1 c_cflag

名称	描 述	名 称	描 述
CBAUD	波特率的位掩码	CS6	6个数据位
B0	0 波特率	CS7	7 个数据位
B1800	1800 波特率	CS8	8 个数据位
B9600	9600 波特率	CSTOPB	2 个停止位(不设则是 1 个停止位)
B38400	38400 波特率	CREAD	接收使能
B115200	115200 波特率	PARENB	校验位使能
EXTA	外部时钟	PARODD	使用奇校验
EXTB	外部时钟	HUPCL	最后关闭时挂线
CSIZE	数据位的位掩码	CLOCAL	本地连接
CS5	5 个数据位	CRTSCTS	硬件流控

c_iflag 用于控制接收端口的字符输入，一般选取常量 IGNPAR，忽略奇偶校验错误。

c_cc 用于定义特殊的控制性质，一般设置最少读取的字符数 VMIN 和指定读取的每两个字符之间的超时时间 VTIME 为 0。

2) *串口相关函数*

串口配置使用到的函数有清空缓存区函数 tcflush( )和激活设备函数( )，其函数原型如下：

```
//用于清空输入/输出缓存区
int tcflush(int fd，int queue_selector);
//激活函数
tcsetattr(int fd，int optional_actions，const struct termios *termios_p);
```

2. 程序设计

串口设备文件位于/dev 下，通过 open( )函数打开，如果打开成功，首先串口设备进行配置和激活，然后通过 read( )和 write( )函数进行串口设备的读与写操作。其代码如下：

```
//头文件
#include <stdio.h>
#include <stdlib.h>
#include <unistd.h>
#include <fcntl.h>
#include <sys/types.h>
#include <sys/stat.h>
#include <termios.h>
#include <unistd.h>
#include <time.h>
#include <errno.h>
```

```
#include <string.h>

main( )
{
    int fd，i;
    char buf[9];
    struct termios tio;

    //打开串口 0
    if((fd=open("/dev/ttySAC0"，O_RDWR|O_NDELAY|O_NOCTTY))<0)
    {
        printf("could not open\n");
        exit(1);
    }
    else
    {
        printf("comm open success\n");
    }

    //串口配置初始化，波特率 38400、8 位数据位、无校验、读接收和本地连接
    tio.c_cflag=B38400|CS8|CREAD|CLOCAL;
    tio.c_cflag&=~HUPCL;
    tio.c_lflag=0;
    //忽略奇偶校验
    tio.c_iflag=IGNPAR;
    tio.c_oflag=0;
    //对接收和等待时间无要求
    tio.c_cc[VTIME]=0;
    tio.c_cc[VMIN]=0;

    //清空缓存区
    tcflush(fd，TCIFLUSH);
    //激活串口设备
    tcsetattr(fd，TCSANOW，&tio);
    //对串口设备文件加锁
    fcntl(fd，F_SETFL，FNDELAY);

    while(1)
    {
```

```
            //读串口
            i=read(fd，buf，1);
            if(i>0)
            {
                //接收到数据则回写串口
                write(fd，buf，1);
            }
        }
        //关闭串口
        close (fd);
    }
```

将程序交叉编译后，烧写至开发板并运行可执行程序，PC打开串口调试终端，可以看到，每当PC输入一个字符，开发板将回写一个字符，如图S6-1所示。

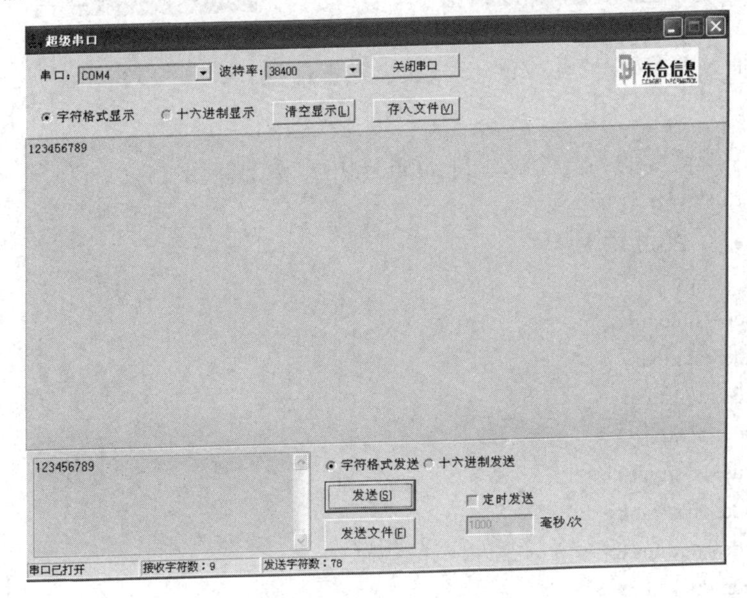

图S6-1 串口编程现象

➢ 实践6.G.2

实现一个Zigbee无线传感网到以太网的物联网网关。

分析

(1) S3C2440开发板预留Zigbee接口并通过UART2与CPU相连。

(2) S3C2440通过UART2读取Zigbee核心板中的数据信息。

(3) Linux系统下使用Socket编程实现开发板与手机的TCP连接，S3C2440为服务器端，手机为客户端。

(4) 采用了Linux线程互斥锁机制处理各个客户端的数据和命令需求。

参考解决方案

1. Zigbee 接口

S3C2440 的开发板预留了 Zigbee 接口与 Zigbee 核心板相连，连接前后分别如图 S6-2、图 S6-3 所示，Zigebee 与 COM2 端口通过跳线 JP6 进行选择。

图 S6-2 Zigbee 插座

图 S6-3 Zigbee 核心板

S3C2440 通过 UART2 读取 Zigbee 采集的数据信息。

2. 头文件

将所有程序所需要的头文件封装到 public.h 中，头文件如下：

```
#ifndef   _PUBLIC_H_
#define     _PUBLIC_H_

#include <stdio.h>
#include <stdlib.h>
#include <unistd.h>
#include <fcntl.h>
#include <sys/types.h>
#include <sys/stat.h>
#include <termios.h>
#include <unistd.h>
#include <time.h>
#include <errno.h>
#include <string.h>
#include <stdio.h>
#include <stdlib.h>
#include <pthread.h>

#include <netdb.h>
#include <netinet/in.h>
#include <sys/socket.h>

#endif
```

3. 变量定义及函数声明

网关主程序 main.c 中定义了两个互斥锁变量 g_mutexData 和 g_mutexCmd，这两个变量可以分别使服务器端与客户端的数据和命令能够有序的传输，不会出现因多个客户端对 Zigbee 数据的刷新而出现错误。

```
#include "public.h"


typedef unsigned char BYTE;
typedef unsigned short WORD;
typedef unsigned int DWORD_PTR;

#define MAKEWORD(a, b)    ((WORD)(((BYTE)((DWORD_PTR)(a) & 0xff)) | ((WORD)((BYTE)
((DWORD_PTR)(b) & 0xff))) << 8))

//巡检周期
#define   CYCLE_TIME     5
#define   BYTE_SIZE      70

float   m_fZigbeeData[28]={0.0};
//是否需要发送控制指令
int     g_bNeedSendCmd=0;
//需要发送的指令
char    g_sCmd[20]={0};

//互斥锁，数据锁和命令锁
pthread_mutex_t     g_mutexData;
pthread_mutex_t     g_mutexCmd;

//函数声明
void SerialZigbee( );
void *ServerListen(void* arg);
static void OnCallBackZigbee(unsigned char*pBuf, int BufferLength);
static void calc_sth11(float *p_humidity  ,  float *p_temperature);
```

4. 主函数

在主函数 main( )中做了三部分工作：

(1) 对互斥锁进行初始化；

(2) 创建 TCP 服务端线程，在线程服务函数 ServerListen( )里监听 TCP 的连接；

(3) 通过串口读取 Zigbee 核心板中的数据。

```
int main(int argc，char* argv[])
{
  pthread_t threadNO;

//互斥锁初始化
  pthread_mutex_init(&g_mutexData，NULL);
  pthread_mutex_init(&g_mutexCmd，NULL);

  //创建 TCP 服务端线程
  pthread_create(&threadNO，NULL，ServerListen，NULL);

  //进入 Zigbee 数据处理流程
  SerialZigbee( );


  return 0;

}
```

5．服务器监听

线程服务函数 ServerListen( )首先建立 Socket 连接并命名，然后调用 accept( )函数等待客户端的连接。每当客户端连接成功，便创建线程。在客户端线程处理函数 ClientThread( )中，服务端根据客户端发送的数据判断是控制命令还是要求返回数据。

```
#include "public.h"
#define   LISTEN_PORT      7081
#define   MAX_QUE_CONN_NM   5

extern pthread_mutex_t      g_mutexData;
extern pthread_mutex_t      g_mutexCmd;
extern float   m_fZigbeeData[28];
extern char    g_sCmd[20];
extern int     g_bNeedSendCmd;

int g_nClientNum =0;

void *ClientThread(void* arg);


//监听客户端连接线程
```

```
void *ServerListen(void* arg)
{
    int sin_size, i;
    struct sockaddr_in server_sockaddr, client_sockaddr;
    int sockfd, client_fd;

   /*建立 Socket 连接*/
   if ((sockfd = socket(AF_INET, SOCK_STREAM, 0))== -1)
   {
     printf("socket error\n");
     return;
   }
   printf("Socket id = %d\n", sockfd);
   /*设置 sockaddr_in 结构体中相关参数*/
   server_sockaddr.sin_family = AF_INET;
   server_sockaddr.sin_port = htons(LISTEN_PORT);
   server_sockaddr.sin_addr.s_addr = INADDR_ANY;

   i=1;
   setsockopt(sockfd, SOL_SOCKET, SO_REUSEADDR, &i, sizeof(i));
   /*绑定函数 bind( )*/
   if (bind(sockfd, (struct sockaddr *)&server_sockaddr,
   sizeof(struct sockaddr)) == -1)
   {
     printf("bind\n");
     return;
   }
   printf("Bind success!\n");
   /*调用 listen( )函数，创建未处理请求的队列*/
   if (listen(sockfd, MAX_QUE_CONN_NM) == -1)
   {
       printf("listen error\n");
       return;
   }
   printf("listen...\n");


   /*调用 accept( )函数，等待客户端的连接*/
   for(;; )
```

```
    {
        pthread_t threadNO;

        client_fd = accept(sockfd, (struct sockaddr *)&client_sockaddr, &sin_size);
        if (client_fd   == -1)
        {
            printf("accept error\n");
            break;
        }
        //创建客户端线程
        g_nClientNum++;

        printf("new clientID:%d, client num:%d\n", client_fd, g_nClientNum);
        pthread_create(&threadNO, NULL, ClientThread, (void*)client_fd);

    }
}

void *ClientThread(void* arg)
{
    int sockfd = (int)arg;
    for(; ; )
    {
        char sBuf[255]={0};

        int nRecvLen = recv(sockfd, sBuf, 254, 0);
        if(nRecvLen<=0)
        {
            g_nClientNum--;
            printf("cleintID-%d closed, client num:%d\n", sockfd, g_nClientNum);
            break;
        }

        //返回数据
        if(sBuf[0]==0x10)
        {
            pthread_mutex_lock(&g_mutexData);
            send(sockfd, (char*)(m_fZigbeeData), sizeof(m_fZigbeeData), 0);
            pthread_mutex_unlock(&g_mutexData);
```

```
                continue;
            }
            if(sBuf[0]==0x20) //发送控制指令
            {

                int nAddr = sBuf[1];

                pthread_mutex_lock(&g_mutexCmd);
                if(sBuf[2]==1)
                    sprintf(g_sCmd, "OPE%d", nAddr);
                else if(sBuf[2]==0)
                    sprintf(g_sCmd, "CLO%d", nAddr);
                g_bNeedSendCmd=1;
                pthread_mutex_unlock(&g_mutexCmd);

            }
        }

        close(sockfd);
    }
```

6．Zigbee 串口通信

SerialZigbee( )实现了与 Zigbee 核心板的通信，它首先根据客户端的需求判断是向 Zigbee 索要数据还是向 Zigbee 发送控制命令，其次打开串口 2 并进行初始化操作，之后激活、锁定串口，最后一直循环发送指令，等待 Zigbee 设备的数据返回。

```
void SerialZigbee( )
{
    int fd, i;
    char buf[BYTE_SIZE];
    struct termios tio;
    //打开串口 2, ttySAC2
    if((fd=open("/dev/ttySAC2", O_RDWR|O_NDELAY|O_NOCTTY))<0)
    {
        printf("could not open\n");
        exit(1);
    }
    else
    {
        printf("comm open success\n");
```

```
    }
//串口初始化
tio.c_cflag=B38400|CS8|CREAD|CLOCAL;
tio.c_cflag&=~HUPCL;
tio.c_lflag=0;
tio.c_iflag=IGNPAR;
tio.c_oflag=0;
tio.c_cc[VTIME]=0;
tio.c_cc[VMIN]=0;

//清空缓存区
tcflush(fd, TCIFLUSH);
//激活串口配置
tcsetattr(fd, TCSANOW, &tio);
//设置串口锁
fcntl(fd, F_SETFL, FNDELAY);

 g_bNeedSendCmd=0;
//业务无限循环
 while(1)
 {
    int i=0, len=0;
    //给设备发送巡检指令
    write(fd, "DATA", 4);
   //等待设备返回数据的同时，看是否有指令需要发送
   for(i=0; i<CYCLE_TIME; i++)
   {
       sleep(1);
       pthread_mutex_lock(&g_mutexCmd);
       if(g_bNeedSendCmd>0)
       {
     g_bNeedSendCmd=0;
            write(fd, g_sCmd, strlen(g_sCmd));
       }
       pthread_mutex_unlock(&g_mutexCmd);
   }


   //读取设备返回的数据
```

```
        len=read(fd, buf, BYTE_SIZE);
        //printf("get data:%d\n", len);
        if(len==BYTE_SIZE )
        {
            OnCallBackZigbee(buf, len);
        }

    }
    close (fd);

}
```

7. Zigbee 数据处理

Zigbee 返回的数据包中可能包含各个节点标识，各个节点的温度、湿度、光照等各种信息，并且这些信息只是经过 A/D 转换的数字量，网关程序需要根据协议判断数据包中的数据是哪一种类型，并且根据算法实现各种传感器数据的还原。

```
static void OnCallBackZigbee(unsigned char*pBuf, int BufferLength)
{
    int x=0;

    int nDeviceNum = BufferLength%10;
    if(nDeviceNum != 0)
        return;

    nDeviceNum = BufferLength/10;

    static float f1=0.0, f2=0.0, f3=0.0, f4=0.0;
    for(x=0; x<nDeviceNum; x++)
    {

        int nAddr = pBuf[x*10+1];
        if(nAddr ==0)
        {
            continue;
        }

        //if(nAddr<=3 && nAddr>=1)
        {
            int T   = MAKEWORD(pBuf[x*10+3], pBuf[x*10+2]);
```

```
        f1 = T;

        int RH = MAKEWORD(pBuf[x*10+5], pBuf[x*10+4]);
        if(RH<0.5)
            RH=0;
        f2   = RH;
        calc_sth11(&f2, &f1);

    }
/*
    else //18B20
    {
        if(pBuf[x*10+2]!=0x55 && pBuf[x*10+3]!=0x00)
        {
            f1 = pBuf[x*10+2]+ 0.1*pBuf[x*10+3];
        }

    }*/

    //if(nAddr>=4 && nAddr<=7)
    //    f2=0;

    int G =   MAKEWORD(pBuf[x*10+7], pBuf[x*10+6]);
    f3 = 29000 - G;
    if(f3<0)
        f3=-f3;


    if(nAddr==1 || nAddr==2)
    {
        int Y = MAKEWORD(pBuf[x*10+9], pBuf[x*10+8]);
        f4 = Y;
    }
    else
        f4=0;


    pthread_mutex_lock(&g_mutexData);
     m_fZigbeeData[(nAddr-1)*4+0] =f1;
```

```
        m_fZigbeeData[(nAddr-1)*4+1] =f2;
        m_fZigbeeData[(nAddr-1)*4+2] =f3;
        m_fZigbeeData[(nAddr-1)*4+3] =f4;
       pthread_mutex_unlock(&g_mutexData);
       //printf("%2f, %2f, %2f, %2f\n", f1, f2, f3, f4);

    }

}

static void calc_sth11(float *p_humidity ,  float *p_temperature)
{
    const float C1=-4.0;              // for 12 Bit
    const float C2=+0.648;            // for 12 Bit
    const float C3=-0.00072;          // for 12 Bit
    const float T1=+0.01;             // for 14 Bit @ 5V
    const float T2=+0.00128;          // for 14 Bit @ 5V
    float rh=*p_humidity;             // rh: Humidity [Ticks] 12 Bit
    float t=*p_temperature;           // t: Temperature [Ticks] 14 Bit
    float rh_lin;                     // rh_lin: Humidity linear
    float rh_true;                    // rh_true: Temperature compensated humidity float t_C;
        // t_C : Temperature
    t_C=t*0.04 - 40;                  //calc. temperature from ticks
    rh_lin=C3*rh*rh + C2*rh + C1;     //calc. humidity from ticks to [%RH]
    rh_true=(t_C-25)*(T1+T2*rh)+rh_lin;      //calc. temperature compensated humidity [%RH]
    if(rh_true>100)rh_true=100;       //cut if the value is outside of
    if(rh_true<0.1)rh_true=0.1;       //the physical possible range
    *p_temperature=t_C;               //return temperature
    *p_humidity=rh_true;              //return humidity[%RH]
}
```

将开发板经过网线连入局域网中，通过手机运行客户端程序，可以观察到手机对 Zigbee 中各个节点的控制信息。

实践 7 GUI 程序设计

实践指导

➢ 实践 7.G.1

创建 MyCom 项目并实现串行数据的发送与接收。

分析

(1) Qt 中并没有特定的串口控制类，实际开发过程中多采用 qextserialport 类实现串口通信。

(2) Linux 系统对于串口的读取仅能采用查询模式。

参考解决方案

(1) 打开 Qt Creator，新建 Qt Gui 应用，项目名称为 MyCom，基类型选择 QWidget，类名保持 Widget 不变。

(2) 在 http://code.google.com/p/qextserialport/downloads 网站下载 qextserialport-1.2win-alpha.zip，解压缩后，复制 qextserialbase.h、posix_qextserialport.h、qextserialbase.cpp、posix_qextserialport.cpp 这 4 个文件到项目目录下，然后将这 4 个文件加入到 MyCom 项目中。其中，qextserialbase.cpp 和 qextserialbase.h 文件定义了一个 QextSerialBase 类，posix_qextserialport.cpp 和 posix_ qextserialport.h 文件定义了一个 Posix_QextSerialPort 类。

(3) 编辑 widget.ui，将其界面设计成如图 S7-1 所示的界面。

图 S7-1 widget.ui 界面

(4) 编辑 widget.h 文件，添加对象及函数声明，具体添加内容如下：

添加头文件包含，代码如下：

```
#include "posix_qextserialport.h"
#include <QTimer>
```

在 private 中声明串口及定时器对象，代码如下：

```
Posix_QextSerialPort *myCom;
QTimer *readTimer;
```

声明私有槽函数，分别用于串口读写数据，代码如下：

```
private slots:
void on_pushButton_clicked( );
void readMyCom( );
```

(5) 编辑 widget.cpp 文件，用于实现串口的读写功能，具体编辑内容如下：

在 Widget 构造函数中实现串口的实例化，代码如下：

```
myCom = new Posix_QextSerialPort("/dev/ttyUSB0", QextSerialBase::Polling);
myCom ->open(QIODevice::ReadWrite);
myCom->setBaudRate(BAUD115200);
myCom->setDataBits(DATA_8);
myCom->setParity(PAR_NONE);
myCom->setStopBits(STOP_1);
myCom->setFlowControl(FLOW_OFF);
myCom->setTimeout(500);
```

在 Widget 构造函数中实现读取定时器的实例化，代码如下：

```
readTimer = new QTimer(this);
```

在 Widget 构造函数中启动定时器，并实现其与读串口槽函数的关联，代码如下：

```
readTimer->start(500);
connect(readTimer, SIGNAL(timeout( )), this, SLOT(readMyCom( )));
```

添加 readMyCom 函数，实现读串口并将内容显示到 textBrowser 的功能，代码如下：

```
void Widget::readMyCom( )
{
    QByteArray temp ;
    temp = myCom->readAll( );
    ui->textBrowser->insertPlainText(temp.toPercentEncoding( ));
}
```

建立 on_pushButton_clicked( )信号与写串口槽函数的关联，代码如下：

```
void Widget::on_pushButton_clicked( )
{
    myCom->write(ui->lineEdit->text( ).toAscii( ));
}
```

(6) 编译运行程序，用杜邦线将串口的 2 引脚与 3 引脚短接，执行结果如图 S7-2 所示。

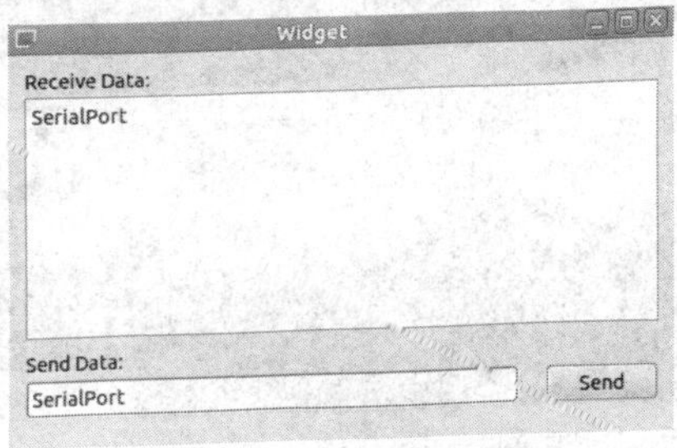

图 S7-2　MyCom 程序运行界面

➤ 实践 7.G.2

创建 SerialPort 项目，实现物联网 PC 的下述功能：

(1) PC 定时向串口发送、读取数据；

(2) 将串口读取来的数据按照指定的规则进行解码；

(3) 界面设计，用于显示 7 个站点的采集信息。

分析

(1) Qt 利用 qextserialport 类实现串口通信，Linux 系统对串口的读取采用查询模式。

(2) 利用定时器实现串口数据的定时发送与读取。

(3) 添加资源文件，加载图片；

(4) 利用 Tab Widget 实现页面间的切换。

参考解决方案

(1) 打开 Qt Creator，新建 Qt Gui 应用，项目名称为 SerialPort，基类型选择 QWidget，类名保持 Widget 不变。

(2) 在 http://code.google.com/p/qextserialport/downloads 网站下载 qextserialport- 1.2win-alpha.zip，解压缩后，复制 qextserialbase.h、posix_qextserialport.h、qextserialbase.cpp、posix_qextserialport.cpp 这 4 个文件到项目目录下，然后将这 4 个文件加入到 MyCom 项目中。其中，qextserialbase.cpp 和 qextserialbase.h 文件定义了一个 QextSerialBase 类，posix_qextserialport.cpp 和 posix_qextserialport.h 文件定义了一个 Posix_QextSerialPort 类。

(3) 在工程目录中新建 image 目录，将复制裁剪好的背景图片放到 image 目录下，新建 Qt Resource file 文件。在 Qt Resource file 文件中，首先添加前缀“background”，然后在“background”中将 image 目录下的图片加载进来。

(4) 编辑 widget.ui，拖入 Tab Widget 控件用于实现页面切换功能；利用 Tab Widget 控件创建 3 个界面，更改其 TabText 分别为“自然景区”、“城市社区”、“工业厂区”；在每个 Tab 页中，分别拖入 label 控件用于文字说明及数值显示，在其属性中设置相应的样式完成美化效果；插入相应的图片作为背景。界面设计完成的效果如图 S7-3 所示。

图 S7-3 widget.ui 界面

(5) 编辑 widget.h 文件，添加对象及函数声明，具体添加的内容如下。

添加头文件包含，其代码如下：

```
#include "posix_qextserialport.h"
#include <QTimer>
```

在 private 中声明串口及定时器对象，其代码如下：

```
Posix_QextSerialPort *myCom;
QTimer *readTimer;
QTimer *writeTimer;
```

声明私有槽函数，分别用于串口读写数据，其代码如下：

```
private slots:
    void readMyCom( );
    void writeMyCom( );
```

(6) 添加 station.h 文件，完成 Station 类的定义，其代码如下：

```
#ifndef STATION_H
#define STATION_H

class Station
{
public:
    unsigned int iAddress;
    float iTemperature;
    int iHumidity;
    int iLight;
    QString cSmog;
};

#endif
```

(7) 编辑 widget.cpp 文件，用于实现串口读写及界面显示等功能，具体编辑内容如下。

添加几个全局变量，用于数据传递，其代码如下：

```
QByteArray temp;
uchar temp01, temp02;
struct Station station[7];
```

在 Widget 构造函数中实现串口的实例化，其代码如下：

```
myCom = new Posix_QextSerialPort("/dev/ttyUSB0", QextSerialBase::Polling);
myCom ->open(QIODevice::ReadWrite);
myCom->setBaudRate(BAUD38400);
myCom->setDataBits(DATA_8);
myCom->setParity(PAR_NONE);
myCom->setStopBits(STOP_1);
```

```
myCom->setFlowControl(FLOW_OFF);
myCom->setTimeout(500);
```

在 Widget 构造函数中实例化读写定时器并启动，其代码如下：

```
readTimer = new QTimer(this);
readTimer->start(500);
writeTimer = new QTimer(this);
writeTimer->start(3000);
```

在 Widget 构造函数中建立读写定时器与读写串口槽函数的链接，其代码如下：

```
connect(readTimer, SIGNAL(timeout( )), this, SLOT(readMyCom( )));
connect(writeTimer, SIGNAL(timeout( )), this, SLOT(writeMyCom( )));
```

实现 writeMyCom( )函数，用于写串口操作，其代码如下：

```
void Widget::writeMyCom( )
{
    QString senddata="DATA";
    myCom->write(senddata.toAscii( ));
}
```

实现 readMyCom( )函数，用于读串口操作并将读取的内容进行解码，其代码如下：

```
void Widget::readMyCom( )
{
    if(myCom->bytesAvailable( ) >=70 )
    {
        temp = myCom->readAll( );

        for(int i=0; i<7; i++)
        {
            temp01 = temp[i*10+2];     temp02 = temp[i*10+3];
            station[i].iTemperature = temp01+0.1*temp02;

            temp01 = temp[i*10+4];     temp02 = temp[i*10+5];
            station[i].iHumidity     = temp01*256+temp02;

            temp01 = temp[i*10+6];     temp02 = temp[i*10+7];
            station[i].iLight        = 29000-256*temp01-temp02;

            temp01 = temp[i*10+8];     temp02 = temp[i*10+9];
            station[i].cSmog         = "No";

            stadispaly(i);
        }
```

```
        }
    }
```

实现 stadispaly( )函数，用于将各个站点接收到的数值显示在界面上，其代码如下：

```
void Widget::stadispaly(int x)
{
    switch(x)
    {
        case 0:
            ui->tlabel01->setText(QString::number(station[0].iTemperature));
            ui->hlabel01->setText(QString::number(station[0].iHumidity));
            ui->llabel01->setText(QString::number(station[0].iLight));
            ui->slabel01->setText(station[0].cSmog);
            break;

        case 1:
            ui->tlabel02->setText(QString::number(station[1].iTemperature));
            ui->hlabel02->setText(QString::number(station[1].iHumidity));
            ui->llabel02->setText(QString::number(station[1].iLight));
            ui->slabel02->setText(station[1].cSmog);
            break;

        case 2:
            ui->tlabel03->setText(QString::number(station[2].iTemperature));
            ui->hlabel03->setText(QString::number(station[2].iHumidity));
            ui->llabel03->setText(QString::number(station[2].iLight));
            ui->slabel03->setText(station[2].cSmog);
            break;

        case 3:
            ui->tlabel04->setText(QString::number(station[3].iTemperature));
            ui->hlabel04->setText(QString::number(station[3].iHumidity));
            ui->llabel04->setText(QString::number(station[3].iLight));
            ui->slabel04->setText(station[3].cSmog);
            break;

        case 4:
            ui->tlabel05->setText(QString::number(station[4].iTemperature));
            ui->hlabel05->setText(QString::number(station[4].iHumidity));
            ui->llabel05->setText(QString::number(station[4].iLight));
```

```
            ui->slabel05->setText(station[4].cSmog);
            break;

        case 5:
            ui->tlabel06->setText(QString::number(station[5].iTemperature));
            ui->hlabel06->setText(QString::number(station[5].iHumidity));
            ui->llabel06->setText(QString::number(station[5].iLight));
            ui->slabel06->setText(station[5].cSmog);
            break;

        case 6:
            ui->tlabel07->setText(QString::number(station[6].iTemperature));
            ui->hlabel07->setText(QString::number(station[6].iHumidity));
            ui->llabel07->setText(QString::number(station[6].iLight));
            ui->slabel07->setText(station[6].cSmog);
            break;

        default:
            break;
        }
    }
```

(8) 程序编译运行，将串口与网关连接，执行的结果如图 S7-4 所示。

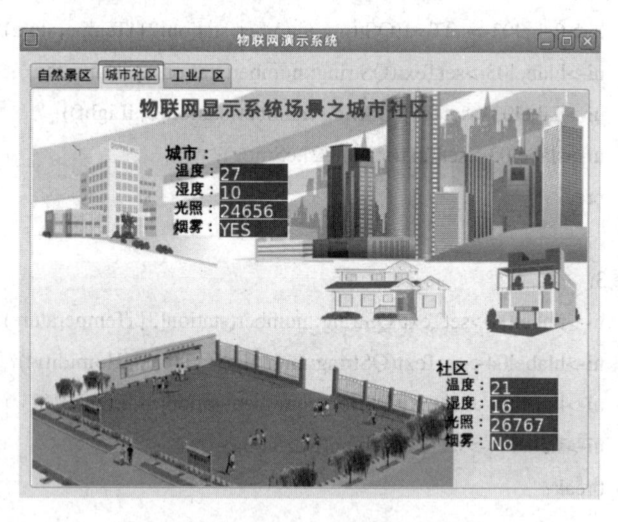

图 S7-4　SerialPort 程序运行界面

➢ 实践 7.G.3

移植触摸屏校验库 tslib 到开发板。

分析

(1) 采用 NFS 挂载方式将编译完成的 tslib 库下载到开发板中。
(2) 设置相应的环境变量。
(3) 进行触摸屏校验。

参考解决方案

(1) 采用 NFS 挂载方式将编译完成的 tslib 库下载到开发板/opt 目录中，具体挂载步骤请参见本系列教材《Linux 操作系统教程》(西安电子科技大学出版社出版)网络操作章节。

(2) 设置相应的环境变量，具体指令如下：

```
# export T_ROOT=/opt/tslib
# export PATH=$PATH:$T_ROOT/bin
# export LD_LIBRARY_PATH=$LD_LIBRARY_PATH:$T_ROOT/lib
# export TSLIB_CONSOLEDEVICE=none
# export TSLIB_FBDEVICE=/dev/fb0
# export TSLIB_TSDEVICE=/dev/touchscreen/0raw
# export TSLIB_CALIBFILE=/etc/pointercal
# export TSLIB_CONFFILE=$T_ROOT/etc/ts.conf
# export TSLIB_PLUGINDIR=$T_ROOT/share/ts/plugins
```

(3) 执行 ts_calibrate 校验程序，开发板液晶屏显示校验界面，如图 S7-5 所示。依次点击屏幕上的十字完成校验。校验完毕后，会在/etc 目录下产生 pointercal 文件，供其他程序使用。

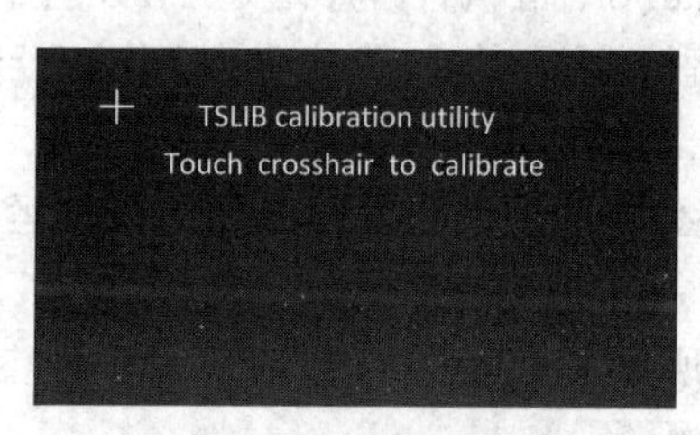

图 S7-5　tslib 校验界面

➢ 实践 7.G.4

移植 SericalPort 项目到开发板。

分析

(1) 程序移植到开发板中应移除标题栏及鼠标指针。
(2) 采用 Qt/Embedded 编译器重新编译程序，使其可在开发板上运行。

参考解决方案

(1) 编辑 main.cpp 文件，用于去除标题栏及隐藏鼠标指针，其代码如下：

```
#include <QtGui/QApplication>
#include <QWSServer>
#include "widget.h"

int main(int argc, char *argv[])
{
    QApplication a(argc, argv);

    QWSServer::setCursorVisible(false);

    Widget w;
    w.setWindowFlags(Qt::Window | Qt::FramelessWindowHint);

    w.show( );

    return a.exec( );
}
```

(2) 在 Qt Creator 中点击 Tools→Options，进入 Options 界面后点击左侧的 Qt4 图标，在 Qt Versions 选项卡中将 Qt/Embedded 的 qmake 指令加入到“qmake Location”中。

(3) 选择 Qt Creator 目标选择器中的 qt-embedded-4.5.2 Release，然后点击 Rebuild Project 的 SerialPort，重新编译该项目。

(4) 将编译完成后的 SerialPort 可执行程序通过 NFS 挂载方式下载到开发板/bin 目录下；以同样的方式将 Qt 程序所需的库文件复制到/lib 目录下，将字体文件复制到/opt/Trolltech/QtEmbedded-4.5.2/lib/fonts 目录下。

(5) 将开发板的串口链接到物联网网管，输入如下指令运行 SerialPort：

```
# SerialPort –qws
```

程序运行界面如图 S7-6 所示。

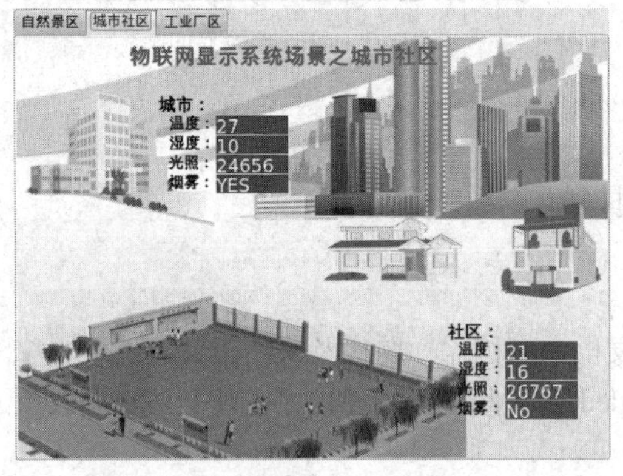

图 S7-6 开发板 SerialPort 程序运行界面